L'HYGIÈNE

ET

LES MALADIES INTERNES

DU CHEVAL

PAR

L. MORISOT

VÉTÉRINAIRE-MAJOR AU 5ᵉ RÉGIMENT D'ARTILLERIE

Avec 49 figures dans le texte

PARIS

ASSELIN ET HOUZEAU

Libraires de la Société centrale de Médecine Vétérinaire

PLACE DE L'ÉCOLE-DE-MÉDECINE

1907

L'HYGIÈNE

ET

LES MALADIES INTERNES

DU CHEVAL

CORBEIL. Imprimerie ÉD. CRÉTÉ.

L'HYGIÈNE

ET

LES MALADIES INTERNES

DU CHEVAL

PAR

L. MORISOT

VÉTÉRINAIRE-MAJOR AU 5ᵉ RÉGIMENT D'ARTILLERIE

Avec 49 figures dans le texte

PARIS

ASSELIN ET HOUZEAU

Libraires de la Société centrale de Médecine Vétérinaire

PLACE DE L'ÉCOLE-DE-MÉDECINE

1907

L'HYGIÈNE

ET LES

MALADIES INTERNES DU CHEVAL

PRÉFACE

Ce livre a surtout été écrit pour les jeunes. Mais que les anciens ne s'en désintéressent point. Il n'y a pas de vétérinaire, si expérimenté qu'il soit, qui n'ait besoin, dans les nombreuses difficultés de sa mission et à certaines heures de sa carrière, d'une autre *lumière* que la sienne, cette lumière fût-elle moins brillante.

J'ai plus de vingt-cinq ans d'une longue expérience et d'un labeur acharné, et il m'arrive encore, de temps en temps, de crier au secours.

Or celui qui appelle ne regarde pas si celui qui vient est plus fort, plus robuste que lui. Il prend la main qui lui est tendue ; et si, plus tard, il ne s'en souvient pas, il pèche par ingratitude.

Ce livre, pour n'être pas celui d'un professeur, n'en a pas moins son orgueil, l'orgueil d'avoir traité des maladies du cheval sous un angle que jusqu'alors on avait un peu trop négligé.

Les causes des maladies, l'hygiène préventive de ces maladies ? Mais on glissait sur tout cela...

Je demande pardon au public de retenir son attention sur des sujets pour lesquels il n'a pas été précisément gâté.

Cela le changera un peu. Et nous vivons dans des temps où il est d'actualité scientifique d'ouvrir des horizons nouveaux.

Louis MORISOT.

CONSIDÉRATIONS GÉNÉRALES

Depuis qu'il a été démontré expérimentalement que presque toutes les maladies, aussi bien les maladies externes que les maladies internes, avaient besoin pour se développer d'un agent spécial, presque toujours infectieux, l'hygiène, qui jusqu'alors avait été reléguée, aussi bien en médecine humaine qu'en médecine vétérinaire, au dernier plan, est entrée tout à coup dans une ère de prospérité qui, chaque année, sur la foi des découvertes nouvelles, grandit, s'élargit, rayonne et attire à elle, convertis et confiants, même les plus réfractaires.

Depuis plusieurs années déjà, l'hygiène s'est imposée dans la vie des gens et dans celle des animaux avec une autorité que justifient les bienfaits qu'elle a répandus autour d'elle, aussi bien dans la vie économique que dans la vie sociale.

C'est à l'hygiène, déjà largement répandue, que nous devons, je n'ose pas dire encore la disparition chez l'homme de certaines maladies infectieuses, mais l'atténuation de ces maladies, et aussi, et surtout, la disparition de ces grandes épidémies qui, à de certaines époques, apparaissaient dans les villes, dans les campagnes, comme de véritables fléaux que les préjugés et les superstitions du temps attribuaient à la vengeance des dieux ou aux maléfices du diable.

Si la moyenne de la vie humaine s'est sensiblement élevée, c'est surtout à l'hygiène que nous le devons.

Et, chez les animaux, combien de maladies épidémiques ont été empêchées ou enrayées dans leur marche envahissante grâce à une hygiène intelligente et rigoureusement imposée.

Il n'en faudrait pas tant pour que la cause de l'hygiène fût partout gagnée, si on voulait enfin comprendre que l'hygiène doit avoir sa place marquée partout où se trouvent réunis pour vivre en commun — qu'on me passe cette expression qui dépeint bien ma pensée — les hommes et les animaux, c'est-à-dire dans les locaux habités par les gens, comme dans ceux habités par les bêtes.

Je suis de ceux qui pensent que l'hygiène n'a pas dit son dernier mot, et qu'un jour viendra où elle s'imposera plus encore, laissant bien loin derrière elle toutes les anciennes formules thérapeutiques, que le temps a vieillies et que les découvertes nouvelles ont condamnées.

Aux temps nouveaux, il faut une médecine nouvelle : et je crois fermement qu'avant un demi-siècle toute la médecine aura pour assise principale l'hygiène, sans laquelle son œuvre resterait éternellement vaine, en dépit des plus grands efforts et des meilleures volontés.

L'hygiène a aujourd'hui droit de cité dans la médecine : *avant*, *pendant* et *après* la maladie.

Pendant et après la maladie, elle est l'auxiliaire précieuse, *indispensable*, de la thérapeutique, qui sans elle est malheureusement trop souvent impuissante.

Avant la maladie, elle est la sauvegarde de la santé. Elle est la sentinelle qui veille aux portes et empêche l'ennemi de pénétrer dans la place.

Certes, la médecine, telle qu'on la pratique encore aujourd'hui, est une belle chose; si elle ne guérit pas toujours, elle soulage souvent les souffrances humaines ; et, quand elle est bien comprise par celui qui l'exerce, elle console. Mais le vieux dicton : « Mieux vaut prévenir que guérir », a bien aussi son importance. Et c'est précisément parce que cette importance renferme un côté économique et un côté social, que tous les peuples, sans exceptions, se portent en masse vers l'hygiène, qui leur apparaît aujourd'hui comme la vraie, l'unique formule médicale, la formule bienfaisante, qui porte en soi la santé, la prospérité et le bonheur.

L'avenir de la médecine appartient à l'hygiène.

Et les temps sont proches où les médecins et les vétérinaires, qui jusqu'aujourd'hui ont été surtout des « guérisseurs », deviendront des *hygiénistes*, s'attachant moins à guérir les maladies qu'à les empêcher.

Je voudrais pouvoir crier à tous toute ma foi en l'hygiène, toutes les espérances que je fonde sur elle pour la longévité humaine et la conservation de notre capital-bétail.

Je voudrais pouvoir dire à tous que l'hygiène est l'unique garantie de la beauté, de la force et de la santé chez l'homme, de la force et de la santé chez les animaux.

Je vois dans l'hygiène non pas une panacée, — il n'y a pas de panacée universelle, attendu que toute chose est sujette à erreur et a son point faible, son défaut de la cuirasse par lequel elle est vulnérable, — mais une force vive contre laquelle viendront se briser dans l'avenir tous les maux physiques que la boîte de Pandore, maladroitement ouverte, a répandus sur nous.

Si, depuis deux cents ans, l'hygiène n'a pas marché aussi vite que nous aurions pu le désirer, cela tient à ce qu'elle a rencontré sur sa route beaucoup d'obstacles, et aussi quelques mauvaises volontés. Mais elle n'en a pas moins parcouru de longues et rudes étapes, entrant ici de force, là par la ruse, ailleurs par l'exemple et la contagion.

Et si aujourd'hui on rencontre encore, dans certaines régions de la France, des pays perdus où les bêtes vivent dans la saleté et où les gens eux-mêmes ne se lavent pas, il nous est permis cependant, sans fatuité aucune, de prétendre que, sans être d'une propreté aussi excessive que celle des Japonais, nous sommes, aussi bien pour nos bêtes que pour nous, un peu plus propres que ne l'était l'élite de la société au temps de Louis XIV.

L'hygiène entre tout doucement dans nos habitudes. Elle a pénétré dans les habitations des gens et des bêtes, y apportant non seulement le confortable, mais la santé et la prospérité.

Et c'est parce que cette prospérité table dans les campagnes et dans les villes, dans notre élevage et notre production agricole, dans notre commerce et notre industrie, sur un capital de plusieurs centaines de millions, que je viens, en apôtre convaincu, fervent, enthousiaste, faire une nouvelle campagne en faveur de l'hygiène.

Il y a longtemps déjà qu'une étude de l'hygiène, envisagée dans ses rapports avec les maladies du cheval, me tentait. Le cadre en est assez grand d'ailleurs et l'importance économique et sociale assez considérable pour séduire un écrivain qui s'est fait en quelque sorte une spécialité des choses de l'hygiène.

La diffusion du travail est devenue une loi de la production industrielle ; pourquoi ne serait-elle pas, au même titre, une loi de la production scientifique et médicale ?

La médecine vétérinaire, elle aussi, a ses spécialités et ses spécialistes, et je m'enorgueillis de m'être taillé une spécialité dans une de ses branches les plus séduisantes et les plus importantes : *l'hygiène.*

Nous sommes tous beaucoup trop médecins et pas assez hygiénistes ; et cependant l'expérience a démontré que l'hygiène peut être une arme de défense pour le malade et, pour le vétérinaire, une arme de combat qu'on ne saurait trouver dans l'arsenal thérapeutique le mieux achalandé.

C'est d'ailleurs ce que je vais essayer de prouver dans cet ouvrage, dont le titre : *L'hygiène et les principales maladies internes du cheval,* dit à lui seul toute l'importance.

CHAPITRE PREMIER

DU CHEVAL EN SANTÉ. — DU CHEVAL MALADE

Du cheval en santé. — Le cheval en santé est celui qu'une bonne hygiène met en état constant d'équilibre, celui dont tous les organes fonctionnent régulièrement, sans troubles ni perturbations.

On reconnaît le cheval en santé à certains signes extérieurs, qui sont en quelque sorte la résultante de cet état d'équilibre, dans lequel le moindre changement, le plus petit écart amènent la maladie.

Le cheval en santé a le poil court, brillant et très adhérent à la peau ; les crins de la queue et de la crinière ont eux-mêmes des reflets brillants et sont difficiles à arracher.

Le cheval en santé porte bien la tête et la queue. Il a l'œil clair et vif, la conjonctive rosée, la bouche fraîche, humide, l'haleine dépourvue d'odeur forte, les gencives roses, sans liséré apparent autour des dents, qui doivent toujours être saines, la pituitaire rosée et recouverte d'un mucus limpide, les oreilles bien plantées, mobiles et hardies, les reins flexibles à la pression des doigts.

L'appétit du cheval en santé est bon et régulier ; les fonctions digestives se font bien, sans manifestations de constipation ou de diarrhée. Les crottins sont petits, bien marronnés, luisants et de couleur plutôt foncée. La respiration est lente et régulière au repos, plus rapide pendant le travail, mais jamais irrégulière ni coupée de soubresauts. Cette respiration doit donner au repos de 12 à 15 mouvements respiratoires par minute.

Le pouls donne au repos environ 30 à 40 pulsations. La température rectale oscille entre 37 et 37°,5.

L'attitude du cheval en santé est aisée, sans contraction

ni sans trop d'abandon. Le cheval en santé doit pouvoir se mouvoir sur place sans effort. Lorsqu'il est debout, il repose toujours sur trois membres. Il se couche généralement en position sterno-costale.

En main, il se présente fier et se livre facilement à des bonds de gaîté. Son allure au trot est franche et hardie. Au travail, il est énergique et vaillant. Il ne boude jamais à la peine.

Toutes ces conditions du cheval en santé ont leur source dans l'hygiène, sans laquelle il n'y a pas d'équilibre possible dans le fonctionnement des organes et dans les multiples fonctions de la vie. Il suffit en effet de négliger pendant quelque temps les principes les plus élémentaires de l'hygiène, soit dans l'alimentation, soit dans le travail, soit même dans les soins ordinaires de la vie journalière, pour voir apparaître bientôt la maladie.

C'est que l'équilibre est rompu, que les rouages de la machine sont affaiblis et fonctionnent mal. Et si à ce moment l'hygiène n'est pas devenue tout à fait impuissante, elle ne dispose pas de moyens suffisants pour remettre à elle seule les choses en place. Il faut alors avoir recours à la thérapeutique, qui n'apporte pas toujours la guérison.

Du cheval malade. — Le cheval malade est celui chez lequel l'équilibre des fonctions de la vie est rompu, celui dont les organes ne fonctionnent plus d'une façon normale, celui dont l'organisme est en quelque sorte perturbé par des influences extérieures procédant toutes et toujours d'un défaut d'hygiène.

De même qu'on reconnaît le cheval en santé à certains signes extérieurs, on reconnaît le cheval malade à certaines manifestations de tout son être, à certains symptômes.

Le cheval malade est triste ; il porte la tête basse, se tient à bout de longe, campé sur ses quatre membres, ou piétine et s'agite dans sa stalle. Tantôt il refuse de se coucher, ou se couche à chaque instant pour se relever aussitôt. Son appétit est capricieux ou nul. Presque toujours il boude sur sa ration ou mange du bout des dents. L'œil est fixe, souvent larmoyant ; la conjonctive est injectée et reflète souvent une teinte ictérique ; la bouche est sèche, pâteuse, chaude, l'haleine souvent odorante. Le poil est terne, piqué ; les reins sont raides, quelquefois voussés en contre-haut ; la respiration est irrégulière, accélérée, et le flanc est retroussé. Le pouls est vite, l'artère est tendue et dure ; dans certains cas, au contraire, l'artère est insaisissable, et le pouls est peu perceptible et file sous les doigts. La marche est hésitante, embarrassée, pénible, quelquefois titubante, comme si l'animal était sous l'influence de l'ivresse. Après plusieurs jours de maladie, les crins de la queue et de la crinière s'arrachent facilement. A la promenade, le cheval malade se montre mou, sans énergie, sans entrain. Il sue et s'essouffle rapidement.

Certes, dans cet état, le cheval appartient encore à l'hygiène, car il y a une hygiène particulière aux chevaux malades, comme il y a une hygiène pour les chevaux en santé ; mais cette hygiène n'est déjà plus une hygiène préventive de la maladie, mais bien une hygiène de guérison intervenant comme moyen de combat contre la maladie déclarée et aidant de toutes ses forces et de toutes ses ressources la thérapeutique, malheureusement trop souvent impuissante.

Mais, si l'hygiène à laquelle doivent être soumis les chevaux en santé était toujours rigoureusement observée, combien de maladies et d'accidents seraient évités.

C'est pourquoi l'étude des causes des maladies s'impose de plus en plus, parce qu'à cette étude se trouve liée l'étude des moyens hygiéniques capables de prévenir ces causes et d'éviter ainsi la maladie.

Je ne doute pas que la thérapeutique ait son importance en médecine, parce qu'elle est capable de guérir de temps en temps ; mais j'estime que l'hygiène doit avoir le pas sur la thérapeutique, parce qu'elle est capable, elle, d'empêcher la maladie.

Guérir quand on le peut, c'est bien ; mais prévenir, c'est mieux. Pour guérir, il faut s'attaquer à la maladie elle-même, à ses lésions, à ses ravages, et l'arme dont dispose le vétérinaire est tout entière dans la thérapeutique qui, disons-le bien bas, entre nous, est loin d'être infaillible. Pour prévenir la maladie, il faut s'attaquer aux causes, et pour cela le vétérinaire, qui devient alors un hygiéniste, dispose de l'hygiène, de cette science pratique qui oblige aux recherches et qui s'attaque au mal avant qu'il soit né.

Hygiène et thérapeutique ! Entre les deux mon cœur ne balance pas, je vous l'assure. Je choisis l'hygiène, qui m'oblige à travailler sans cesse, qui m'oblige à marcher avec le progrès, qui m'oblige à être de mon temps, et qui est contre le mal une arme à la fois économique et sociale.

CHAPITRE II

MALADIES DE L'APPAREIL DIGESTIF

Maladies de la bouche et de ses annexes.

Les maladies de la bouche et de l'arrière-bouche sont assez fréquentes chez le cheval. Elles intéressent les *dents*, les *joues*, la *langue*, les *lèvres*, le *palais*, le *pharynx*.

L'inflammation de toute la muqueuse de la bouche porte le nom de *stomatite*.

Dents. — La dentition du cheval joue un si grand rôle dans l'acte de la digestion qu'il est de toute nécessité de veiller à ce que les dents, qui concourent au premier travail de la digestion par la mastication, soient parfaitement saines et en nombre suffisant pour assurer cette mastication de la façon la plut complète.

Nous verrons plus loin combien une mastication imparfaite a d'influence sur l'état général des chevaux et sur les maladies de l'appareil digestif.

Irrégularités dentaires. — La table dentaire peut présenter des irrégularités pointues et tranchantes, qui, en déterminant des blessures et des plaies des joues, de la langue, des gencives, rendent la mastication difficile et par conséquent incomplète.

Les souffrances provoquées par l'inflammation de la muqueuse de la bouche et par les blessures de la langue sont très vives. Alors les chevaux mangent difficilement. Ils broient mal leurs fourrages, laissent leur avoine, ou la déglutissent sans la broyer.

Les aliments ainsi déglutis s'accumulent dans l'estomac

et dans l'intestin, finissent par y fermenter et occasionnent alors des indigestions chroniques avec surcharge et accumulation de gaz. Je traiterai, d'ailleurs, cette question d'une façon plus détaillée, en parlant des coliques, de leurs causes, et des moyens préventifs qu'il convient d'employer pour en diminuer à la fois le nombre et la gravité.

Les chevaux qui présentent des irrégularités dentaires sont maigres et bas d'état.

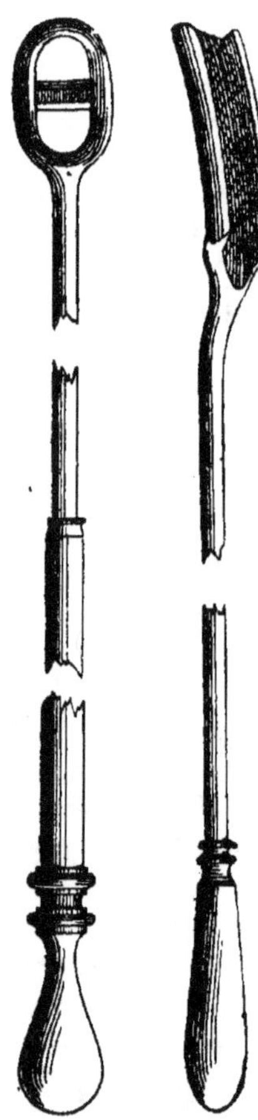

Fig. 1. — Rabots et râpes dentaires (Cadiot et Almy).

MOYENS PRÉVENTIFS. — On rencontre des irrégularités dentaires chez les chevaux de tous les âges. Il est donc indiqué de visiter de temps en temps la bouche des jeunes chevaux, des chevaux faits et des vieux chevaux.

Chaque fois qu'un cheval boudera sur son avoine, ou présentera dans ses crottins des grains d'avoine entiers ou incomplètement digérés, on devra visiter soigneusement sa bouche. On agira de même à l'égard des chevaux maigres, des chevaux qui s'entretiennent mal, et des chevaux atteints de coliques, surtout lorsque les coliques paraissent se présenter d'une façon périodique.

L'examen de la bouche est très intéressant. Il offre quelquefois de curieuses surprises. Je me souviens avoir découvert ainsi des fistules salivaires insoupçonnées et des chevaux tiqueurs appartenant à des propriétaires qui ne les avaient jamais vu tiquer.

Lorsqu'un cheval présentera des irrégularités dentaires,

la table dentaire devra être nivelée à l'aide du rabot odontriteur ou de la râpe.

Mais on devra surtout éviter les traumatismes susceptibles
de briser des dents ou de détériorer la table dentaire (chutes,
coups de fourche, de manche de fouet, de tord-nez, d'instruments de ferrure, de cravache, sur les joues).

Carie dentaire. — La carie dentaire est rare chez les chevaux. On la rencontre cepen-
dant quelquefois. Elle a pour
causes des traumatismes ayant
éclaté une ou plusieurs dents,
une mauvaise alimentation,
des eaux calcaires ou de mauvaise qualité.

On la voit se produire quelquefois pendant la convalescence de certaines maladies
infectieuses, lorsqu'on n'a pas
eu le soin de désinfecter souvent la bouche à l'aide de gargarismes et d'injections antiseptiques.

Fig. 2. — Molaire perforée par la
carie (Cadiot et Almy).

On a vu aussi la carie den-
taire succéder à un rabotage mal fait. La carie dentaire
détermine de l'inflammation de la muqueuse de la bouche
et cause, chez les chevaux, comme chez les gens, une douleur assez vive. Elle gêne la mastication et devient, comme
les irrégularités dentaires, une cause de coliques ou d'amaigrissement. Elle peut être aussi une cause de collection
purulente des sinus.

MOYENS PRÉVENTIFS. — On peut empêcher la carie dentaire par les soins de la bouche et une bonne et saine alimentation.

Dans les écuries de luxe et dans celles où il n'y a pas
beaucoup de chevaux, il est facile de donner de temps en

temps des gargarismes de propreté, gargarismes alcalins de préférence : chlorate de potasse, 20 grammes pour 1 litre d'eau ; borate de soude ou bicarbonate de soude, 30 grammes pour 1 litre d'eau.

Les alcalins sont les antiseptiques par excellence de la bouche ; on ne saurait trop les employer.

Donner en toutes circonstances, autant que possible naturellement, de l'eau très pure qui ne laisse pas de dépôt sur les dents, des fourrages de bonne qualité. Éviter surtout les boissons et les aliments acides, qui sont les ennemis des dents.

Le tartre est assez rare sur les dents des chevaux. Lorsqu'on en trouvera, on l'enlèvera soigneusement.

Si, dans l'examen de la bouche, on trouve des irrégularités dentaires, on ne confiera le soin de niveler la table dentaire qu'à un vétérinaire, qui possède les instruments nécessaires à une pareille opération.

En dehors des tumeurs suppurantes de l'actinomycose, les tumeurs et les abcès dentaires sont assez rares chez le cheval.

Joues. — Gencives. — On trouve souvent sur les gencives et à la face interne des joues des plaies produites par des irrégularités dentaires, ou qui sont la conséquence de traumatismes.

Ces plaies, très douloureuses, rendent la mastication difficile. Si elles ne sont pas soignées, les chevaux qui en sont atteints baissent vite d'état.

On rencontre aussi à la face interne des joues des fistules salivaires dues à des traumatismes, ou à l'introduction dans le canal salivaire d'un corps étranger : grain d'avoine, épillet de l'orge des murs, plantes piquantes.

Moyens préventifs. — Surveiller la table dentaire. Supprimer de l'alimentation les avoines piquantes, les fourrages renfermant une trop grande quantité d'orge des murs ou de plantes piquantes. Éviter les boissons irritantes.

Les blessures des gencives et des barres par les mors du bridon, du filet et de la bride, sont assez fréquentes, surtout chez les chevaux excitables et à bouche impressionnable.

On évitera ces blessures en employant des mors épais, doux, ou en caoutchouc, par exemple.

Un bon moyen préventif serait de supprimer la brutalité des hommes. Je cherche en vain.

Langue. — « La langue, a dit Chomel, est le miroir de l'estomac. » Dans l'état de santé, la langue est rose et fraîche. Dans l'état maladif, elle est *chargée, sédimenteuse, fuligineuse*.

La langue est chargée lorsque sa surface est recouverte d'un enduit épithélial assez prononcé. Elle est sédimenteuse quand cet enduit est blanchâtre ou jaunâtre. Elle est fuligineuse quand cet enduit reflète une couleur foncée ou noirâtre. Ces trois états sont en quelque sorte pathognomoniques des affections de l'appareil digestif.

Plaies de la langue. — Assez fréquentes chez le cheval, elles sont toujours occasionnées par des traumatismes : tractions violentes sur la bouche, introduction d'un corps étranger, irrégularités dentaires, morsures, chutes. Elles sont aussi produites par le mors du bridon, ou la longe passée dans la bouche lorsque le cheval attaché à un mur tire violemment au renard.

Elles peuvent succéder à certaines maladies infectieuses : muguet, anasarque, gourme, horse-pox, affections typhoïdes.

La gravité des plaies de la langue est en raison de l'étendue et de la profondeur de ces plaies.

Les corps étrangers susceptibles d'occasionner des plaies de la langue sont nombreux : aiguilles ordinaires, aiguilles de bas, épingles, clous, bouts de fil de fer, éclats de bois, hameçons, fragments de verre, d'os, de dents, brins de fourrages, épillets d'orge des murs, etc.

MOYENS PRÉVENTIFS. — On préviendra les plaies de la langue en ne laissant pas à la portée des chevaux des corps piquants ou tranchants : clous, crochets, instruments agricoles, etc.

Les râteliers et les bat-flancs devront être parfaitement entretenus. La table dentaire devra être surveillée et nivelée chaque fois que le besoin s'en fera sentir. Sous aucun prétexte, on ne devra attacher un cheval à l'anneau d'un mur

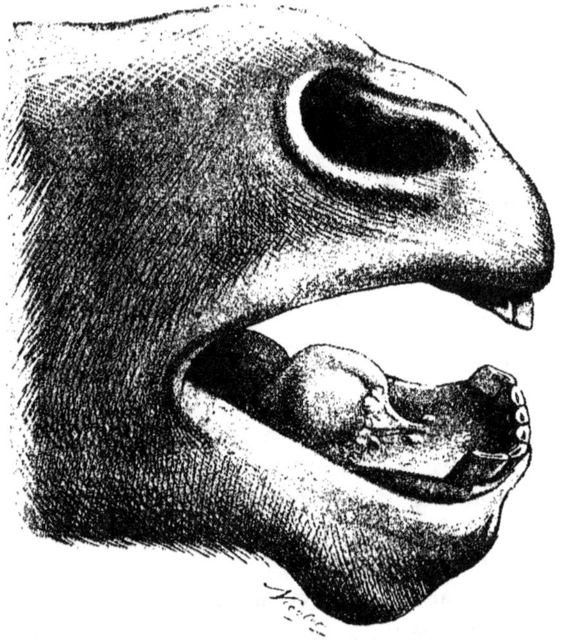

Fig. 3. — Langue sectionnée par la longe (Cadiot et Almy).

en passant la longe dans la bouche ; à plus forte raison, cette mesure d'hygiène devra être observée à l'égard des chevaux qui tirent au renard.

Glossite. — C'est l'inflammation aiguë ou chronique de la langue. Elle a pour cause les irrégularités dentaires, les blessures produites par des corps étrangers, les brûlures par des liquides trop chauds, les breuvages irritants ou caustiques, des aliments durs, des fourrages irritants, piquants ou avariés.

Elle est souvent la conséquence de certaines maladies infectieuses : horse-pox, gourme, affections typhoïdes, anasarque, charbon.

La glossite chronique est assez rare chez le cheval.

MOYENS PRÉVENTIFS. — Surveiller l'alimentation. Ne

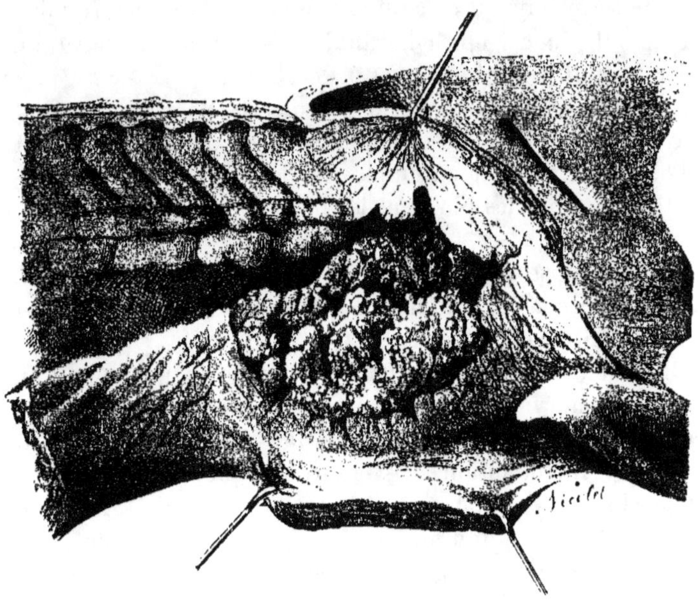

Fig. 4. — Épithéliome de la base de la langue (Cadiot et Almy).

donner que des fourrages de bonne qualité et des boissons pures. Éviter les traumatismes. Examiner souvent la bouche afin de prévenir les irrégularités dentaires.

Dans les maladies infectieuses : gourme, anasarque, affections typhoïdes, on évitera la glossite en administrant plusieurs fois par jour des gargarismes préventifs alcalins : chlorate de potasse, bicarbonate de soude, borate de soude.

Les kystes et les tumeurs de la langue sont rares chez le cheval. Les kystes peuvent être séreux, glandulaires, dermoïdes ou mucoïdes.

Nocard cite plusieurs cas de kystes mucoïdes chez le cheval. Entre autres exemples, il eut recours à la cauterisation pour un cheval atteint de kyste mucoïde de la base de la langue (1).

On peut ranger les tumeurs de la langue dans la catégorie des lipomes, des fibromes, des sarcomes, des épithéliomes.

Cadiot et Almy ont constaté sur un cheval un remarquable exemple de cancer épithélial de la base de la langue et du pilier droit du voile du palais (2).

Les kystes, les tumeurs et les ulcères de la langue ont souvent pour causes déterminantes des traumatismes. Il est possible de les éviter en employant les mêmes moyens préventifs que pour les plaies et les blessures de la langue.

Actinomycose de la langue. — Fréquente chez le bœuf, rare chez le cheval, où elle a cependant été rencontrée par Truelsen, Struve et Gruber (3).

Elle est due, comme l'actinomycose de la mâchoire, du cou et du pharynx, à un parasite des plantes : l'*Actinomyces*. Mais, pour que le parasite pénètre dans les tissus, il lui faut une voie d'introduction, c'est-à-dire une plaie, et cette plaie est le plus souvent déterminée par un épillet de l *Hordeum murinum* (orge des murs).

Quel que soit son siège, l'actinomycose donne naissance à des tumeurs suppurantes, qui épuisent le malade et se montrent rebelles à tous les traitements.

Moyens préventifs. — Il est à peu près démontré que les *Actinomyces* prospèrent à las urface de certains fourrages avariés. Certains mycologistes, Harz, F. Cohn, de Bary, Pringsheim, rapprochent ce champignon de ceux des moisissures (4).

---

(1) Cadiot et Almy, *Traité de thérapeutique chirurgicale des animaux domestiques*, page 228, vol. II, 1898,
(2) Cadiot et Almy, page 228, vol. II.
(3) Cadiot et Almy, page 229, vol. II.
(4) Neumann, *Maladies parasitaires*, page 313, 1888.

Il est donc indiqué de surveiller les fourrages et de proscrire d'une façon absolue les fourrages moisis. Et, comme la voie d'introduction du champignon est toujours due à une plaie, on éliminera aussi les fourrages renfermant des plantes piquantes et l'orge des murs.

Dans toutes les plaies de la bouche, on aura recours aux gargarismes préventifs alcalins.

Palais. — Le palais est la région de la bouche qui en constitue le plafond. Il est tapissé par une muqueuse formée d'une double rangée de sillons en forme d'arc et séparés par des crêtes intermédiaires. Tout à fait en arrière des pinces, se trouve un gros tubercule, la fève, d'où part le sillon médian, qui partage le palais en deux parties égales. C'était sur la fève que les anciens hippiatres donnaient le coup de corne dans le cas de « lampas ».

Le palais peut être le siège de malformations, de blessures, de plaies et de déchirures.

On évitera les blessures, les plaies et les déchirures du palais en employant les moyens préventifs que j'ai recommandés pour les blessures et les plaies de la langue, des joues, des gencives et des lèvres.

Palatite. — La palatite, ou lampas des anciens hippiatres, est l'inflammation du palais. C'est une affection commune au jeune âge, le plus souvent déterminée par l'éruption des dents et les affections gourmeuses. On l'observe aussi dans les maladies chroniques de l'appareil digestif et pendant le cours des affections typhoïdes. Elle peut être la conséquence de traumatismes, d'une mauvaise alimentation, ou bien encore de l'abus de boissons trop chaudes, irritantes ou caustiques.

Le cheval atteint de palatite refuse l'avoine et les fourrages secs. Il baisse vite d'état.

Moyens préventifs. — Surveiller la dentition des jeunes chevaux, éviter les traumatismes sur la bouche. Dès qu'un commencement d'inflammation apparait, donner de l'avoine cuite ou ramollie dans l'eau, des barbotages et des buvées de farine d'orge, des mashes, du foin et de la paille hachés.

Administrer des gargarismes miellés et alcalins : chlorate de potasse, borate de soude, bicarbonate de soude.

Stomatite. — L'inflammation de toutes les parties de la bouche : joues, gencives, lèvres, langue, palais, constitue la stomatite. La stomatite peut être *spécifique*. Elle est alors la conséquence de maladies générales infectieuses : horse-pox, fièvre aphteuse, gourme, anasarque, affections typhoïdes.

La stomatite *non spécifique* peut être *simple* ou *ulcéreuse*.

Stomatite simple. — Elle a pour cause la mauvaise alimentation avec des fourrages durs, piquants ou avariés, ou avec du foin renfermant des poils urticants en grande quantité, les irrégularités dentaires, les traumatismes, les liquides trop chauds, irritants ou caustiques.

Lambert a constaté des cas de stomatite dus à la présence dans le foin de poils urticants de la chenille processionnaire (1).

Tisserant accuse l'avoine contenant un grand nombre de *Blaps mortisaga* (2).

L'administration continuée trop longtemps sous forme d'électuaires, de médicaments irritants, occasionne de la stomatite (stomatite médicamenteuse).

Enfin on a vu la stomatite exister en même temps que la gastrite et l'entérite.

La stomatite simple est facile à reconnaître : bouche sèche, chaude, exhalant une odeur fade, quelquefois fétide; langue fuligineuse, c'est-à-dire recouverte d'un enduit brun et sale.

A la sécheresse de la bouche succède bientôt une salivation abondante, qui empêche souvent l'examen de la bouche.

La muqueuse buccale est rouge, œdématiée, et présente quelquefois de petites érosions.

(1) Butel, *Maladies de l'appareil digestif*, page 38, 1899.
(2) Butel, *id.*, page 38.

Stomatite ulcéreuse. — Douteuse chez le cheval. Prud-homme assure avoir constaté chez un cheval un large ulcère de la langue (1).

Butel pense que cet ulcère pouvait être d'origine mor-veuse.

La stomatite observée comme complication de l'anasarque est plutôt de la stomatite gangreneuse que de la stomatite ulcéreuse. J'en ai relevé plusieurs cas très intéressants.

Stomatite médicamenteuse. — La stomatite médicamen-teuse s'observe à la suite de l'administration prolongée, sous forme d'électuaire, de certains médicaments irritants ou caustiques : essence de térébenthine, acide phénique. Elle est souvent une conséquence du traitement par l'iodure de potassium (iodisme). On a relevé plusieurs cas de stoma-tite sur des chevaux auxquels on avait fait des frictions de pommade mercurielle ou de pommade rouge, et qu'on n'avait pas mis dans l'impossibilité de se lécher (stomatite mercurielle).

SYMPTÔMES. — Salivation abondante, odeur très pro-noncée, infecte de la bouche, muqueuse buccale très emflam-mée, ulcérée par places, gencives tuméfiées et saignantes; les dents ont perdu leur belle couleur blanche et leur poli et sont souvent déchaussées; la langue est tuméfiée et recou-verte d'un enduit brunâtre.

MOYENS PRÉVENTIFS. — Contre la stomatite simple, ali-mentation choisie et saine, fourrages de bonne qualité, bois-sons pures. Surveiller la dentition et ne pas négliger les soins de la bouche. Éviter les traumatismes.

Mais j'attire surtout l'attention sur la composition et la qualité des fourrages. Les foins renfermant des poils urti-cants, des plantes piquantes, et ceux soupçonnés de renfer-mer des chenilles processionnaires devront être impitoya-

(1) Butel, *Maladies de l'appareil digestif*, page 42.

blement éliminés. Il en sera de même des avoines piquantes.

La stomatite compliquant souvent la gastrite et l'entérite et certaines maladies infectieuses, on devra, pendant le cours de ces maladies, multiplier les soins de la bouche et donner des gargarismes alcalins : chlorate de potasse, bicarbonate de soude.

On évitera la stomatite médicamenteuse, en s'abstenant de donner aux malades des breuvages caustiques ou irritants. Chaque fois qu'on se croira obligé d'administrer de l'essence de térébenthine, de l'ammoniaque ou autres liquides irritants, on devra toujours les mélanger préalablement avec une quantité suffisante d'huile d'olive, d'huile d'arachide ou d'huile d'amandes douces. La médication sous forme d'électuaire ne devra jamais être prolongée trop longtemps.

Je note en passant que l'acide phénique cristallisé, mélangé au camphre, perd complètement ses propriétés caustiques et peut être administré en électuaire sans inconvénient.

Lorsqu'on aura fait une friction à base de mercure ou de vésicatoire sur une région que les animaux peuvent atteindre avec leur bouche, on attachera ces animaux au râtelier, afin de les empêcher de se lécher.

Horse-pox. — On trouve souvent, surtout chez les jeunes chevaux, sur la muqueuse buccale, à la face interne des joues, des lèvres, à la face inférieure et sur les bords de la langue, des pustules de horse-pox.

Le horse-pox, étant une maladie infectieuse, contagieuse, sera traité aux chapitres des maladies contagieuses (Voir chap. XXI).

Muguet. — Le muguet, si fréquent chez les enfants et chez les veaux, est plus rare chez le cheval. On l'observe cependant chez les poulains.

C'est l'inflammation de la muqueuse buccale accasionnée par un cryptogame végétal, le *Saccharomyces albicans*, ou *Oïdium albicans*, découvert en 1842 par Berg et Comby.

Le muguet est très contagieux. Cependant il est nécessaire que le terrain soit favorable au développement du cryptogame. Les meilleurs milieux de culture sont les milieux acides.

Le muguet n'est pas une maladie très grave. Il guérit souvent seul, ou cède à un traitement très simple.

ÉTIOLOGIE. — Les causes favorables sont le jeune âge, pendant lequel la muqueuse de la bouche est en quelque sorte en état permanent d'inflammation, un état général mauvais, une mauvaise alimentation, les convalescences des maladies du jeune âge, l'acidité des liquides de la bouche, enfin la contagion.

SYMPTÔMES. — On reconnait le muguet à la présence sur la muqueuse de petits ilots blanchâtres, crémeux, séparés les uns des autres ou réunis en plaques d'étendue variable. Après quelques jours, généralement au bout de trois ou quatre jours, l'enduit s'épaissit encore et devient jaunâtre.

Les plaques de muguet gagnent souvent le voile du palais et le pharynx. On en a trouvé jusque sur la muqueuse de l'estomac.

Le muguet rend la mastication et la déglutition difficiles. Les poulains qui en sont affectés baissent vite d'état.

MOYENS PRÉVENTIFS. — Les mêmes que contre le horsepox.

Néoplasies. — On trouve souvent sur la muqueuse buccale et aux lèvres des verrues et des kystes.

Les *verrues* sont des papillomes villeux. Elles sont de nature parasitaire et peuvent se propager par contagion (1).

Elles sont de forme sphérique, mamelonnée, de couleur gris rosé. Elles ne dépassent guère la grosseur d'un pois.

(1) Butel, *Maladies de l'appareil digestif* page 52.

On en trouve cependant d'accolées et formant de larges plaques.

Moyens préventifs. — Ne pas mettre les chevaux atteints de verrues aux lèvres au milieu de chevaux sains, surtout lorsque les verrues viennent d'être opérées, ou lorsqu'elles saignent. Les verrues sont très contagieuses.

Le meilleur traitement des verrues est l'excision suivie de cautérisation.

Parasites de la bouche. — On rencontre quelquefois dans la bouche du cheval, et même dans le pharynx, une ou plusieurs sangsues qui se sont fixées sur la muqueuse.

La sangsue du cheval, *Hemopis sanguisuga*, appartient à la sous-classe des Hirudinées et à la famille des Gnathodellides. Elle vit dans les fossés, dans les mares et même dans les sources. On la rencontre dans toutes les contrées de l'Europe, mais surtout dans le Midi. Elle est très commune en Afrique, en Algérie, en Tunisie et en Syrie.

Les sangsues pénètrent dans la bouche avec l'eau des boissons et se fixent sur la muqueuse, ou vont se cantonner jusque dans le fond du pharynx, ou derrière le voile du palais.

Elles affectionnent surtout la bouche des jeunes chevaux, dont la muqueuse est plus tendre.

Une fois fixées dans une région, elles se gorgent de sang et atteignent alors un volume souvent triple de leur volume habituel. Lorsque plusieurs sangsues se sont fixées dans la bouche ou dans le pharynx d'un cheval, celui-ci baisse vite d'état et finit par tomber dans une anémie profonde.

Les principaux symptômes sont les suivants : amaigrissement rapide, pâleur des muqueuses, mollesse, perte d'appétit, essoufflement pendant le travail ou même à l'exercice. Écoulement sanguin par la bouche ou par les naseaux.

Si la présence des sangsues reste inaperçue, la mort peut survenir par épuisement.

Androvande disait que neuf sangsues suffisent pour tuer

un cheval. L'observation montre combien cette assertion est exagérée. Blaise dit que, lorsqu'il était à Constantine au quartier du Bardo, il n'y avait pas un cheval ou mulet qui ne tint cachées dans ses naseaux, sa bouche ou son pharynx, au moins neuf sangsues adultes (1).

Quoi qu'il en soit, il y a des pays, en Afrique surtout, où la présence des sangsues dans les sources constitue un véritable fléau ; car, si elles ne tuent pas à coup sûr les chevaux, elles les mettent dans un tel état d'épuisement qu'ils deviennent bientôt impropres à tout travail.

En Afrique, les stomatites et les pharyngites occasionnées par les sangsues sont très fréquentes chez les chevaux et chez les mulets lorsqu'ils sont en colonne.

MOYENS PRÉVENTIFS. — La première mesure hygiénique à appliquer lorsqu'on se trouve dans une région où les sources et les mares renferment des sangsues, c'est de ne pas abreuver les chevaux à ces sources et à ces mares.

Cependant, si l'on ne peut faire autrement, on doit chercher à débarrasser ces sources et ces mares des parasites qu'elles contiennent. Pour

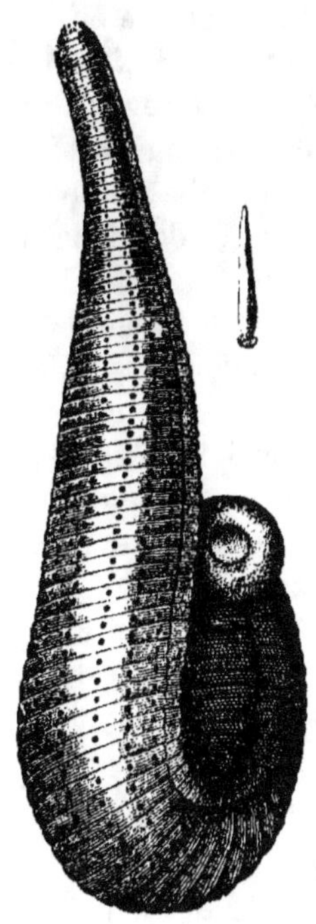

Fig. 5. — Sangsue du cheval (Railliet). A droite, un individu jeune recueilli sur la conjonctive d'un cheval.

cela, il est utile de les peupler de poissons, et surtout d'anguilles, qui sont très friandes de sangsues.

Malgré cette dernière précaution, comme on n'est jamais sûr que ces eaux sont absolument vierges de sangsues, il est indispensable de les filtrer à travers du sable ou du charbon pulvérisé.

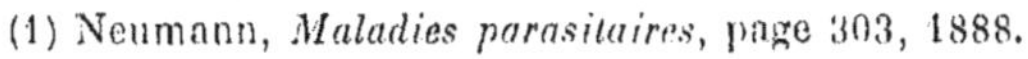

(1) Neumann, *Maladies parasitaires*, page 303, 1888.

Un moyen que je préconise consiste à faire boire les chevaux et les mulets à travers une toile souple ; la musette ordinaire est un excellent filtre contre les sangsues. Sous aucun prétexte on ne devra faire boire les chevaux dans les fossés bourbeux et dans les petites mares des bois et des forêts.

Dans les régions infestées par les sangsues, on devra procéder très souvent, une fois par semaine au moins, à l'examen de la bouche des chevaux et des mulets.

Lorsque des sangsues se sont fixées sur la muqueuse de la bouche, il est facile de les enlever avec la main, ou en les coupant en deux avec des ciseaux. L'opération est plus difficile lorsqu'elles se sont fixées dans le pharynx.

Les gargarismes salés ou vinaigrés projetés avec la seringue jusque dans le pharynx suffisent quelquefois pour les détacher.

Blaise a employé avec succès les fumigations de goudron, de baies de genèvrier, répétées deux fois par jour ; les quintes de toux qu'elles provoquent entraînent les sangsues faiblement attachées aux muqueuses (1). Ce moyen est très peu sûr. Je préfère celui qui consiste à introduire un pas-d'âne dans la bouche du cheval et à essayer de détacher les sangsues à l'aide d'un long tampon imbibé d'éther, de chloroforme ou d'essence de térébenthine.

Maladies des glandes salivaires. — Parotidite aiguë. — C'est l'inflammation aiguë de la glande parotide. On n'observe guère cette maladie que chez le cheval, où elle est très souvent une conséquence de la gourme.

Les traumatismes peuvent aussi occasionner la parotidite. On a vu des cas se produire à la suite de l'introduction d'un corps étranger dans le canal de Sténon : arêtes de graminées, épillets de brôme ou d'orge des murs (Renault, Toussaint) (2). Dans ces derniers cas, la parotidite a toujours été précédée d'une fistule salivaire.

Symptômes. — Gonflement diffus, chaud, douloureux, de la région ; plus tard, abcédation et fistule persistante.

(1) Neumann, *Maladies parasitaires*, page 304, 1888.
(2) Renault, *Recueil*, 1830. — Toussaint, *Journal de Lyon*, 1869.

Dans tous les cas, mastication difficile, douloureuse, salivation abondante, amaigrissement, quelquefois cornage.

Moyens préventifs. — Dans la gourme, on évitera la parotidite en maintenant constamment une douce chaleur sous la gorge, en pratiquant sur la région parotidienne des embrocations chaudes avec de l'onguent populeum ou de l'huile de laurier-cerise, et surtout en désinfectant chaque jour la bouche avec des gargarismes alcalins ou antiseptiques : chlorate de potasse, borate de soude, bicarbonate de soude crésyl, lysol.

On évitera la parotidite traumatique en surveillant les fourrages et en n'exposant pas les chevaux aux brutalités des palefreniers, des cochers, des charretiers et des maréchaux.

J'ai constaté plusieurs cas de parotidites, occasionnés par des coups de brochoir donnés brutalement par des maréchaux dans la région parotidienne sur des chevaux difficiles à ferrer.

Fistules salivaires. — Ces fistules sont assez fréquentes chez le cheval. Elles ont leur siège sur le canal de Sténon, la glande maxillaire et le canal de Wharton.

Elles sont généralement dues à des traumatismes, à des calculs ou à l'introduction d'un corps étranger : grain d'avoine, épillet de brôme ou d'orge des murs.

Elles sont quelquefois la conséquence d'un abcès gourmeux.

Quelle que soit leur origine, les fistules salivaires sont toujours graves, parce qu'elles nécessitent un traitement long, difficile, et parce qu'elles amènent très vite l'amaigrissement des sujets. Les fistules de la parotide et de la glande maxillaire sont moins graves que celles du canal de Sténon.

Moyens préventifs. — Les mêmes que ceux employés pour éviter la parotidite.

Corps étrangers et calculs salivaires. — Les corps étrangers grains d'avoine, brin de fourrage, brin de paille, épillet de brôme ou d'orge des murs, se rencontrent assez souvent dans le canal de Wharton. Ils déterminent souvent des abcès de la parotide.

Les calculs sont rares dans les canaux de Wharton et de Rivinus, mais assez fréquents dans le canal de Sténon.

Ils ont pour origine un grain d'avoine, un brin de fourrage,

Fig. 6. — Calcul du canal de Sténon (Cadiot et Almy).

un fragment de bois, un corps étranger quelconque, qui, en pénétrant accidentellement dans le canal, introduisent avec eux les microbes nécessaires à la formation des calculs (1). En effet, c'est toujours autour d'un corps étranger que se forme le calcul, qui est composé alors de carbonate de chaux, de phosphate de chaux et de matières organiques.

Le nombre et le poids de ces calculs sont variables. On a trouvé des solitaires pesant jusqu'à 500 grammes (2). Le Musée de Berlin en possède un qui pèse 660 grammes.

D'après Galippe, tous les calculs salivaires renferment

(1) Gervais, vétérinaire en 1er, 4 observations, *Recueil de mémoires et observations sur l'hygiène et la médecine vétérinaires militaires*, année 1903.
(2) Morot, *Journal de Lyon*, 1880.

des microbes. Ces microbes, injectés dans le canal de Sténon, ont toujours déterminé la formation de nouveaux calculs.

Cette théorie indique tout de suite en quoi doivent consister les moyens préventifs.

Les calculs salivaires se développent lentement. Ce n'est que lorsqu'ils sont en nombre, ou lorsqu'ils ont atteint un certain volume et forment alors une tumeur très apparente le long du canal que l'on se décide à appeler le vétérinaire. Souvent il est trop tard, et une opération chirurgicale devient nécessaire.

Si le calcul siège à l'orifice buccal, il refoule la joue sous les molaires supérieures. La muqueuse s'enflamme et la mastication devient difficile.

Quelquefois le canal se rompt, et le calcul vient s'enkyster dans le tissu cellulaire.

On reconnaît le calcul salivaire à son siège et à la forme de la tumeur. Celle-ci est très dure, de forme oblongue, indolente, et le plus souvent mobile sous les doigts.

MOYENS PRÉVENTIFS. — Surveiller l'alimentation. Proscrire les avoines piquantes, mal nettoyées, les fourrages renfermant des brômes, de l'orge des murs et autres plantes piquantes.

Éviter les traumatismes sur la région. Surveiller la dentition. Donner les soins de la bouche, prévenir l'inflammation de la muqueuse buccale, afin d'éviter la multiplication des microbes de la bouche, certains de ces microbes favorisant à un haut degré le développement des calculs salivaires (Galippe).

Maxillite. — Inflammation de la glande salivaire occasionnée le plus souvent par l'introduction d'un corps étranger dans le canal de Wharton.

Mêmes mesures préventives que pour la parotidite, les fistules et les calculs salivaires.

CHAPITRE III

MALADIES DE L'APPAREIL DIGESTIF

(SUITE)

Maladies du pharynx. — Maladies de l'œsophage.

Pharyngite. — C'est l'inflammation de la muqueuse qui tapisse le pharynx. Le plus souvent cette affection se complique de *laryngite* ou inflammation de la muqueuse du larynx. C'est la réunion de ces deux maladies qui constitue l'*angine*, que j'étudierai dans un autre chapitre.

La pharyngite est encore appelée *angine pharyngée*.

On distingue la *pharyngite aiguë* ou *catarrhale*, la *pharyngite chronique*, la *pharyngite phlegmoneuse*.

Pharyngite catarrhale. — C'est l'inflammation aiguë et superficielle de la muqueuse du pharynx, mais sans engorgement ni abcédation des ganglions de l'auge.

ÉTIOLOGIE. — Cette maladie, assez fréquente chez le cheval, est généralement due à l'action infectieuse de certains microbes (diplocoques, micrococques, streptocoques, pneumocoques staphylocoques, pasteurella), action presque toujours facilitée par une inflammation préparatoire de la muqueuse, due elle-même à des fourrages durs, piquants, à des liquides chauds ou irritants, à des refroidissements.

Certains de ces microbes existent en permanence dans la bouche, et il suffit souvent d'une légère irritation de la muqueuse pharyngienne pour déterminer alors l'infection, et par suite de l'angine infectieuse.

D'autres de ces microbes sont apportés par les aliments, par les boissons, l'air inspiré, ou le contact d'animaux déjà contaminés, et aussi par les éponges dans l'acte du pansage.

L'action du froid agit sur les animaux jeunes comme cause occasionnelle, comme cause prédispotante, surtout au moment de l'importation et de l'acclimatement.

Dans la *gourme*, il y a toujours de l'angine à la fois pharyngée et laryngée avec tendance à l'abcédation.

Dans les épidémies de pasteurellose (affections typhoïdes, grippes infectieuses), on a vu souvent la maladie se caractériser uniquement par de l'angine infectieuse. Joly et plusieurs vétérinaires militaires en signalent des cas. Moi-même, au 2ᵉ Hussards, j'ai relevé pendant deux années de nombreux cas d'angine infectieuse coïncidant avec une épidémie de pneumonie infectieuse (pasteurellose).

Les poussières irritantes agissent aussi comme causes préparatoires. Tous les ans, au 2ᵉ Hussards, à l'époque du travail intensif sur le terrain de manœuvre, j'ai constaté de nombreux cas d'angines tenaces, dont quelques-uns se compliquaient d'abcès.

Le terrain de manœuvre de la garnison de Senlis, situé à l'aurée de la forêt de Chantilly, est très sablonneux. Pendant l'été, les chevaux soulèvent des nuages de poussière au point de rendre quelquefois la manœuvre impossible. Cette poussière impalpable pénètre partout, irrite surtout les premières voies respiratoires et devient la cause d'angines toujours très nombreuses à cette époque de l'année.

Weber croit que toutes les angines pharyngées sont de nature gourmeuse.

Il y a dans cette assertion une grande, une très grande exagération, car j'ai vu au 2ᵉ Hussards, précisément à l'époque du travail sur le terrain de manœuvre, des angines pharyngées très caractéristiques, sur des chevaux de douze, treize, quatorze et quinze ans, avec lesquels la gourme n'avait plus rien à faire.

J'ai vu aussi des angines dues uniquement à la *Pasteurella* de Lignières, d'autres occasionnées par les poussières de foins moisis et poussiéreux.

Il est donc plus logique de dire que les angines sont généralement de nature infectieuse, et par conséquent transmissibles par contagion.

SYMPTÔMES. — Au début, difficulté de la déglutition, légère sensibilité de la région du pharynx, toux sèche, peu de fièvre.

Au bout de trois ou quatre jours, le cheval essaie encore de manger son foin et sa paille ; mais il refuse l'avoine. La déglutition devient de plus en plus difficile et douloureuse. Le cheval manifeste la douleur qu'il ressent en allongeant sa tête sur l'encolure chaque fois que le bol alimentaire passe au niveau du voile du palais.

Les boissons froides déterminent de la dysphagie, et l'animal rejette alors le liquide par le nez, en même temps que la salive s'écoule par les commissures des lèvres.

Plus tard, les naseaux laissent écouler un jetage verdâtre, mousseux, mélangé de parcelles d'aliments. La toux devient grasse et quinteuse. On la provoque facilement par une légère compression de la gorge, qui, à ce moment, est chaude, tuméfiée et très douloureuse.

À ce stade de la maladie, la fièvre est assez accusée. J'ai relevé sur des chevaux atteints d'angine des températures de 38°,7, 38°,9, 39°, 39°,5, et sur un cheval très nerveux de race Tarbes une température de 40°. Mais généralement cette fièvre ne dure pas, et la température baisse vite sous l'influence des antithermiques.

On reconnaît facilement la pharyngite au rejet des boissons par les naseaux, au jetage mélangé de parcelles alimentaires, à la toux et à la sensibilité de la gorge.

Pharyngite chronique. — Cette affection est très rare chez le cheval ; elle succède ordinairement à la pharyngite aiguë.

SYMPTÔMES. — Elle se caractérise surtout par la persistance du jetage et la fréquence de la toux pendant les repas et au moment de la déglutition des boissons.

Moyens préventifs. — Si l'on admet que presque toutes les pharyngites sont de nature infectieuse, il est de toute nécessité de combattre avant tout l'infection. Pour cela, lorsque quelques cas d'angine pharyngée se déclarent dans une écurie, il est de toute nécessité d'isoler immédiatement les malades et de procéder à la désinfection rigoureuse des intervalles occupés, des bat-flancs, des râteliers, des mangeoires, des objets de pansage et des ustensiles d'écurie. Suppression de l'éponge.

Afin de préserver les chevaux restés sains, on fera dans l'écurie des épandages de chlorure de chaux et d'eau crésylée, des fumigations avec un mélange de goudron et de crésyl. On augmentera l'aération de l'écurie, et, deux fois par jour, on fera prendre un bain d'air d'une heure à tous les chevaux. Pendant le bain d'air, on ventilera largement l'écurie.

Les promenades seront fréquentes et de longue durée. Le travail sera surveillé afin de ne pas exposer les chevaux aux poussières des routes et des terrains de manœuvre. On évitera toutes les causes de refroidissement. Les fourrages seront examinés avec soin, et on rejettera impitoyablement les foins, les pailles et les avoines poussiéreux, moisis ou avariés. Même le foin et la paille de bonne qualité seront secoués avant chaque repas pour les débarrasser des poussières irritantes qu'ils renferment. L'avoine sera vannée.

Si l'eau des boissons est froide et crue, on en élèvera la température en la tirant à l'avance, ou en l'additionnant d'eau chaude.

De grands soins de propreté seront donnés à tous les chevaux. Aussitôt qu'un jetage, même léger, apparaîtra, les naseaux seront lavés plusieurs fois par jour avec une solution crésylée.

Si la température extérieure est basse, on couvrira les chevaux à l'écurie même pendant le jour.

Pharyngite phlegmoneuse. — Plus grave que la pharyngite ordinaire, cette affection est toujours provoquée par la présence dans le tissu cellulaire de microbes pyogènes, qui donnent naissance à des adénites très douloureuses et toujours suivies d'abcès.

Elle peut débuter brusquement ou subvenir en complication de la pharyngite catarrhale. Elle est *toujours* contagieuse.

On l'observe surtout dans la gourme, et dans ce cas elle a pour agent infectieux le streptocoque gourmeux.

Symptômes. — Toujours plus accusés que dans la pharyngite catarrhale. Fièvre intense dès le début : 40 à 40°,9 de température.

Tuméfaction chaude et très douloureuse de la région de l'auge et de la gorge ; adénite très accusée. L'inflammation gagne souvent le larynx et la pituitaire et détermine alors du cornage. La déglutition est très difficile, douloureuse, souvent impossible. « Des sueurs locales très abondantes peuvent mouiller la tête, l'encolure et les avant-bras (hyperhidrose). Cet épiphénomène est dû à une compression des pneumogastriques ou du ganglion cervical supérieur du grand sympathique (1). »

Les abcès se forment au bout de quelques jours et s'ouvrent extérieurement ou intérieurement.

Ces abcès peuvent remonter et fuser jusque sous la parotide et donner lieu à des fistules pharyngiennes. Quelquefois on constate des collections des poches gutturales.

Enfin la pneumonie infectieuse peut être une complication de la pharyngite phlegmoneuse.

Moyens préventifs. — Les mêmes que pour la pharyngite aiguë, en veillant toutefois à ce que les mesures soient encore plus rigoureusement appliquées.

Dans aucune circonstance les abcès ne devront être ouverts dans les écuries. Autant que possible, on devra recevoir le pus dans un récipient. Le pus qui tombera sur le sol

(1) Butel, *Maladies de l'appareil digestif*, page 71.

devra être enlevé immédiatement et la place soigneusement désinfectée.

Collection des poches gutturales. — L'inflammation des poches gutturales est toujours secondaire. Elle survient généralement en complication de la gourme ou de la pharyngite phlegmoneuse.

Symptômes. — Jetage blanchâtre, crémeux, inodore, se montrant par intermittence, mais toujours abondant lorsque le cheval mange ou lorsqu'il boit. Cette abondance du jetage à ce moment est due à la compression des poches gutturales par les bols alimentaires ou les liquides au moment de leur passage au niveau de ces poches.

Le jetage est unilatéral ou bilatéral, suivant qu'une seule poche est atteinte ou que les deux poches sont enflammées.

La région parotidienne est tuméfiée, douloureuse, surtout dans sa partie inférieure. Dans l'auge, on trouve toujours une glande dure, non adhérente à la peau.

Si la collection devient chronique, le pus devient pâteux et se caséifie. A la longue, il prend la forme de dragées ou de galets auxquels on a donné le nom de chondroïdes, à cause de leur consistance cartilagineuse (1).

Pronostic toujours grave.

Moyens préventifs. — Les mêmes que pour la pharyngite phlegmoneuse et que pour la gourme. Au chapitre « Gourme », je donnerai les mesures hygiéniques préventives à appliquer rigoureusement pour empêcher la propagation de cette maladie.

La mycose des poches gutturales est rare chez le cheval.

C'est une forme de l'*aspergillose* due à un champignon du genre *Aspergillus* (2).

Ce champignon est apporté par les fourrages et par les litières.

(1) Cagny et Gobert, tome II, *Dictionnaire vétérinaire*, page 523 1904.
(2) Ries, *Recueil de médecine vétérinaire*, 15 avril 1903.

Les moyens préventifs consistent donc dans la propreté des litières et dans la surveillance des fourrages.

Proscrire impitoyablement les pailles rouillées, moisies, charbonnées, les foins poussiéreux, vasés et moisis, les avoines avariées.

La tympanite des poches gutturales est encore plus rare. D'après Cadiot et Almy, on ne l'observe guère que sur les poulains.

Déchirures du pharynx. — Accident assez rare dû à l'ingestion d'un corps étranger : aiguille à tricoter, aiguilles ordinaires, épingles à cheveux.

La déchirure du pharynx peut être déterminée par la maladresse d'un opérateur dans une exploration mal faite, soit par l'introduction d'une sonde ou de ciseaux. Elle peut être aussi produite par l'échappement du rabot odontriteur, ou l'administration maladroite d'un bol purgatif.

Elle est d'autant plus grave que la blessure est plus profonde et plus étendue. Elle détermine toujours de la pharyngite aiguë avec œdème et tuméfaction intenses pouvant aller jusqu'à l'asphyxie.

Moyens préventifs. — Ne pas laisser à la portée des animaux des corps étrangers susceptibles d'être ingérés et de blesser le pharynx. Éviter comme la peste les opérateurs maladroits et surtout les empiriques.

Contre les *tumeurs du pharynx* (*polypes*), je ne vois, comme mesures préventives, que les soins de propreté et la plus rigoureuse antisepsie chaque fois que des opérations devront être pratiquées dans cette région.

Parasites du pharynx. — On rencontre assez fréquemment des sangsues dans le pharynx du cheval. J'ai indiqué les moyens préventifs à employer en parlant des parasites de la bouche.

Les *larves d'œstres* (*Gastrophilus hemoroïdalis*) sont fréquentes en automne et en hiver sur les chevaux et les poulains qui vivent aux pâturages. Ces larves, introduites dans le pharynx, occasionnent des pharyngites tenaces.

MOYENS PRÉVENTIFS. — Surveiller les chevaux aux pâturages. Les débarrasser soigneusement des œufs que les œstres viennent déposer à la surface de certaines régions : épaules, flancs, encolure, genoux, paturons, car c'est en se léchant que les chevaux introduisent dans le pharynx des œufs qui s'y arrêtent et ne tardent pas à éclore.

Pratiquer avec soin l'exploration de la cavité pharyngienne. Dans le doute, faire des fumigations de goudron et de crésyl.

L'*actinomycose du pharynx* est rare chez le cheval (Voir, pour les moyens préventifs, l'*actinomycose de la langue*).

Maladies de l'œsophage. — Les maladies de l'œsophage, assez fréquentes chez le cheval, comprennent : l'*œsophagite*, le *jabot œsophagien*, la *déchirure de l'œsophage*, l'*obstruction par des corps étrangers*, la *paralysie de l'œsophage*, l'*œsophagisme*, les *tumeurs*, les *parasites*.

Œsophagite. — C'est l'inflammation de la muqueuse de l'œsophage. Assez rare chez le cheval, elle est due à l'ingestion de liquides irritants ou brûlants, de breuvages caustiques ou de corps étrangers piquants ou tranchants (1).

SYMPTÔMES. — Le principal symptôme de cette maladie est la *dysphagie œsophagienne*. Le bol alimentaire et les liquides, en arrivant au niveau des points enflammés, déterminent une vive douleur. L'animal accuse cette douleur en étendant la tête sur l'encolure et en restant pendant quelque temps dans cette position. Très souvent les aliments et les liquides sont rejetés par une contraction antipéristaltique de l'œsophage.

(1) Larthomas, vétérinaire militaire, *Recueil d'hygiène militaire*, année 1905.

Le plus souvent la région de la gorge est insensible, de sorte qu'il est impossible de confondre cette maladie avec la pharyngite ou la laryngite.

Bien que la fièvre soit peu accusée, la soif est intense.

La maladie peut durer quinze jours et même trois semaines. Dans les cas graves, des abcès sous-muqueux se forment et finissent par s'ouvrir dans l'intérieur de l'œsophage.

MOYENS PRÉVENTIFS. — Éviter de donner des boissons trop chaudes, des breuvages irritants ou caustiques. Ne jamais laisser à la portée des animaux, comme cela se fait dans les écuries à la campagne, des corps étrangers : clous, épingles, aiguilles à bas, fragments de bois, ferraille, etc.

Jabot œsophagien. — Le jabot œsophagien est une dilatation anormale de l'œsophage qui a son siège soit dans la portion cervicale, soit dans la portion thoracique de l'organe.

Assez fréquent chez les chevaux, il est d'autant plus difficile à diagnostiquer qu'il siège dans les régions plus profondes.

Le jabot peut consister dans une simple dilatation des deux tuniques qui constituent le canal œsophagien, ou dans une hernie de la muqueuse à travers la paroi musculaire.

ÉTIOLOGIE. — Le jabot œsophagien se forme le plus généralement d'une façon purement mécanique. D'après *Mauri*, c'est par une série d'engouements successifs que se produit l'obstacle (1). Il se forme donc lentement, progressivement, sans porter tout d'abord préjudice à la nutrition et par conséquent à l'état général de la santé.

On l'observe plus souvent chez les vieux chevaux, dont l'appareil dentaire est en mauvais état, que chez les jeunes chevaux, chez lesquels la dentition est parfaite.

Dans ce cas, il a donc pour cause une mastication incomplète. Le jabot, de formation lente et progressive, est plus

(1) Mauri, *Journal de Toulouse*, 1890.

rare chez les bovidés, où cette formation est contrariée par l'acte de la rumination.

Trasbot pense que les engouements successifs qui provoquent une dilatation permanente du canal œsophagien se produisent seulement dans le cas de paralysie et d'atrophie de la couche musculaire, consécutives elles-mêmes à une altération nerveuse (1).

Chez le cheval, le jabot œsophagien peut atteindre un volume énorme. Hurtrel d'Arboval cite l'exemple de jabots qui renfermaient presque un seau d'aliments.

Le jabot œsophagien peut être constitué par un corps étranger qui a déchiré sur une certaine longueur la tunique musculaire de l'œsophage. Ce genre de jabot est assez fréquent chez les bovidés.

On observe aussi le jabot œsophagien à la suite de traumatismes violents : coups de pied, coups de fourche, coups de manche de fouet, heurts, chutes, etc.

Symptômes. — Pendant un temps assez long, le jabot œsophagien ne cause aucune gêne, et, comme rien à l'extérieur ne laisse supposer son existence, il passe inaperçu. Ce n'est que lorsque la déglutition des aliments devient difficile, lorsque la rumination chez les bovidés se fait moins bien, lorsque les éructations chez le cheval apparaissent accompagnées de véritables régurgitations d'aliments et de météorisme que l'attention est attirée du côté de l'appareil digestif.

Si le jabot siège dans la partie cervicale de l'encolure, on voit du côté gauche une tumeur dure, ou molle, suivant son ancienneté, de forme oblongue, de volume variable, sans chaleur ni douleur. Cette tumeur, qui peut atteindre le volume de la tête d'un enfant (2), est produite par le tassement des aliments.

Lorsque le jabot a son siège dans cette région de l'encolure, le diagnostic en est des plus faciles, car on réduit facilement

(1) Butel, *Maladies de l'appareil digestif*, page 88.
(2) Cagny et Gobert, *Dictionnaire vétérinaire*, vol. II, page 49.

la tumeur produite par le massage et la dispersion des aliments, surtout si le jabot est récent.

Si le jabot a son siège dans la partie thoracique de l'œsophage, on peut en soupçonner l'existence, mais on doit se garder d'être affirmatif.

Pendant le repas, le cheval atteint de jabot œsophagien rapproche ses membres, allonge l'encolure, porte la tête basse et fait les plus violents efforts pour obliger le bol à cheminer (1).

Puis tout à coup l'animal cesse brusquement de manger ; il devient très inquiet ; il engage fortement sous le tronc les membres postérieurs, au point de rendre la chute imminente ; l'œsophage se contracte, et bientôt surviennent des efforts de vomiturition, suivis du retour, par la bouche ou par le nez, d'un flot de mucus et de salive mêlés d'aliments non acides, non chymifiés, qui se sont accumulés dans la poche. A ce moment se produisent un violent accès de toux quinteuse et de la dyspnée (2).

Lorsque l'accès est passé, le cheval se remet à manger.

Moyens préventifs. — Surveiller la dentition, niveler la table dentaire chaque fois que le besoin s'en fait sentir. Surveiller les convalescents de maladies infectieuses internes, et donner des aliments de déglutition facile : mashes, barbotages, buvées, aliments cuits ou parfaitement divisés. Tenir en permanence de l'eau à la disposition des chevaux. Surveiller les chevaux tiqueurs et les chevaux gourmands, qui ont la mauvaise habitude d'engloutir leur avoine sans la broyer. Empêcher les chevaux de manger leur litière, surtout lorsque celle-ci est souillée. Éviter les traumatismes.

Déchirure de l'œsophage. — La déchirure de l'œsophage est généralement due à un traumatisme : coups de pied, coups de fourche, coups de manche de fouet, heurts, chutes,

(1) Arloing, *Journal de Lyon*, 1868.
(2) Butel, *Maladies de l'appareil digestif*, page 89.

ou à l'ingestion d'un corps étranger piquant ou coupant (1). Un sondage maladroit et brutal peut déterminer une déchirure de l'œsophage.

Les symptômes sont ceux de l'œsophagite aiguë.

Moyens préventifs. — Éviter les traumatismes ; ne pas laisser à la portée des animaux des corps étrangers susceptibles, lorsqu'ils sont déglutis, de blesser la muqueuse de l'œsophage.

Dans le cas de sondage de l'œsophage, apporter dans le manuel opératoire de cette opération toute la douceur, le tact et la délicatesse possibles.

Obstruction par corps étrangers. — Assez rare chez le cheval, elle se produit cependant lorsque l'animal distrait, pressé, ou effrayé pendant son repas, déglutit rapidement des fragments trop volumineux de carottes, de betteraves, de panais, de morceaux de biscuit (2), de caroube (3).

Ces fragments peuvent s'arrêter dans l'œsophage et déterminer une obstruction.

Symptômes. — Dès le début trèsaccusés. L'animal est inquiet ; sa physionomie exprime une angoisse profonde ayant quelque ressemblance avec l'angoisse de l'asphyxie. Il porte la tête basse, tend son encolure et fait des efforts continuels pour vomir ou plutôt pour se débarrasser du corps étranger qui le gêne.

La bouche est ouverte, la langue pendante, et la salive s'écoule abondamment.

Moyens préventifs. — Ne jamais troubler sous aucun prétexte le repas des chevaux. Dans toutes les circonstances,

______

(1) Quatre observations : Laborde, vétérinaire en 1er : Ditard, vétérinaire en 2e : Jacoulet, vétérinaire principal : Dupas, vétérinaire en 2e.

(2) Hurpez, vétérinaire militaire. *Recueil d'hygiène militaire*, année 1898. — Jean, vétérinaire militaire.

(3) Maury, *Recueil*, 15 septembre 1899.

les prescriptions relatives à la police des repas doivent être rigoureusement observées. Si les carottes, les panais, les betteraves, entrent dans la composition de la ration, diviser ces aliments en fragments assez peu volumineux pour qu'à la rigueur ils puissent être déglutis sans avoir été mâchés et par conséquent sans être la cause d'accidents.

Parasites de l'œsophage. — On rencontre dans l'œsophage des larves d'œstres et quelquefois des *gonglyomènes*, qu'on reconnait facilement à leur couleur jaune foncé et à leur forme en zigzags.

MOYENS PRÉVENTIFS. — Surveiller les chevaux aux pâturages et les débarrasser des œufs que les mouches déposent sur leur corps dans certaines régions. Beaucoup de parasites provenant de l'eau des boissons, surveiller l'eau destinée à ces boissons.

Abcès de l'œsophage. — Consécutifs à des traumatismes (coups de pied, coups de corne) ou à une obstruction par corps étranger (1).

MOYENS PRÉVENTIFS. — Les mêmes que pour prévenir les obstructions et les déchirures de l'œsophage.

(1) Fafin, *Recueil de médecine vétérinaire*, 15 avril 1902.

CHAPITRE IV

MALADIES DE L'APPAREIL DIGESTIF

(suite)

Des coliques. — Causes. — Moyens préventifs.

Dans ce chapitre relatif aux maladies de l'appareil digestif, j'aurais pu suivre aussi la nomenclature classique, commencer par l'étude des troubles qu'on observe le plus habituellement dans l'estomac, et terminer par l'étude de ceux qu'on constate si fréquemment sur l'intestin. Certainement je suivrai l'ordre classique en traitant des altérations pathologiques de ces organes : gastrite, entérite, etc. Mais il m'a semblé que je devais faire une large part aux *coliques*, en les étudiant d'une façon toute spéciale et en les groupant sous un titre général.

En effet, de toutes les maladies de l'appareil digestif du cheval, les plus fréquentes, et en même temps les plus graves, sont celles que l'on a réunies sous le nom générique de *coliques*.

A dire vrai, le mot *coliques* ne désigne pas d'une façon absolue une maladie, il signifie plutôt un ensemble de symptômes. Mais, comme il est entré dans notre langage médical, je ne vois aucun inconvénient à le conserver, et cela d'autant mieux que, dans la pratique courante, il caractérise très bien les symptômes observés et dispense les praticiens d'entrer dans de grands détails explicatifs sur les formes de coliques et sur les localisations diagnostiquées.

Depuis quelque temps déjà, la question des coliques est à l'ordre du jour. Partout on a compris que les diverses affections que l'on a en quelque sorte synthétisées sous le nom générique de *coliques* devenaient de plus en plus redoutables, à la fois par le nombre des cas observés, la gravité des manifestations, et par la grande mortalité qui en est trop souvent la terminaison. Mais on a compris aussi qu'il était temps enfin de pénétrer plus intimement dans le domaine des causes et de chercher s'il n'y a pas là un moyen plus puissant de combattre ces maladies, cette vieille formule médicale étant de plus en plus vraie que, lorsqu'on connaît la cause d'un mal, le remède devient plus facile et aussi plus sûr.

L'étude des causes des coliques chez le cheval est certainement une des plus complexes, une des plus intéressantes parmi les études étiologiques des maladies. Ces causes sont en effet si nombreuses et si variées qu'il a fallu plusieurs séances de la Société centrale de médecine vétérinaire pour les grouper dans un ordre logique, et encore quelques points obscurs sont restés qui ne seront bien éclairés que plus tard, lorsque les doctrines nouvelles seront entrées plus avant dans la pratique courante et que chacun de nous aura bien voulu allumer sa lanterne pour mieux voir.

En ma qualité d'hygiéniste, j'étudierai donc les causes des coliques uniquement dans leurs rapports avec l'hygiène, car je suis persuadé que, tout compte fait, on peut beaucoup contre elles en faisant de l'hygiène, qui s'impose aujourd'hui comme une auxiliaire puissante de la thérapeutique.

Dans une des séances de la Société centrale, un de nos plus distingués confrères, M. Benjamin, a émis cette opinion : qu'il y a des *coliques civiles* et des *coliques militaires*.

Je ne vois rien de paradoxal dans cette assertion, que les choses de chaque jour prouvent d'une façon irréfutable, pas plus que je ne comprends qu'elle ait donné lieu à quelques froissements.

Notre confrère Benjamin a dit : « Il y a des coliques civiles et des coliques militaires. »

Qu'est-ce que cela prouve? Cela prouve qu'il y a dans l'armée des causes de coliques qu'on ne trouve ni dans les campagnes, ni dans les villes chez le propriétaire, ni même dans certaines grandes administrations.

De même, il y a dans les campagnes des causes qu'on ne rencontre jamais dans l'armée.

Et cette phrase très juste, très sage, frappée au coin d'un grand esprit d'observation, prouve aussi que, en thèse générale, les causes des coliques chez les chevaux sont surtout liées à l'hygiène du milieu dans lequel vivent ces chevaux. Et, par milieu, j'entends l'ensemble des conditions auxquelles se trouve soumis le cheval : habitation, alimentation, travail, soins divers, etc.

Or, tel milieu enregistre certains genres de coliques, alors que tel autre milieu enregistre des genres de coliques tout à fait différents.

Pourquoi? Parce que, l'hygiène de ces milieux étant différente, les causes qui en émanent sont elles-mêmes différentes et donnent lieu à des troubles différents.

Parmi les causes de coliques chez le cheval, il en est qui, grâce à une hygiène parfaitement entendue, devraient à tout jamais disparaître de l'étiologie. Ce sont celles-là surtout que je vais passer en revue.

De tous les genres de coliques, les *coliques d'indigestion* sont certainement les plus fréquentes, celles que l'on observe le plus généralement aussi bien chez le cheval isolé que chez les chevaux qui vivent réunis.

Ce genre de coliques est cependant plus fréquent dans les grandes administrations où les chevaux travaillent beaucoup et longtemps, et où ils reçoivent en compensation de leur fatigue une ration forte, une ration en quelque sorte *massive*, selon l'expression très juste de M. Lavalard.

M. Drouin, dans un travail remarquable qu'il a publié dans la *Revue générale de médecine vétérinaire* sur les coliques du cheval, donne de ces coliques la statistique suivante, sur 146 cas mortels pendant l'année 1902 à la Compagnie générale des Petites Voitures :

Déchirures de l'estomac...................... 62
Déchirures intestinales...................... 10
Indigestions sans déchirures................. 32
Congestions intestinales..................... 13
Torsions intestinales et obstructions diverses.. 23
Entérites 6

Les coliques d'indigestion suivies de mort figurent donc dans cette statistique au nombre de 104. Cela donne une idée du nombre de cas de coliques d'indigestion qui ont été traités à la Compagnie des Petites Voitures et qui ont été suivis de guérison.

D'autre part, rien ne prouve, comme le fait judicieusement remarquer Butel dans une note sur les coliques du cheval (1), rien ne prouve que, parmi les cas groupés par M. Drouin sous les titres : congestions intestinales, torsions intestinales, obstructions, entérites, plusieurs n'aient pas eu pour point de départ une indigestion.

Pendant l'année 1901, dans les 759 pertes qui ont eu lieu dans l'armée pour maladies de l'appareil digestif, sur 11 000 malades, je relève :

Congestions intestinales. 164
Indigestions stomacales avec rupture. 123
Indigestions stomacales sans rupture. 61
Indigestions intestinales avec rupture. 56
Indigestions intestinales sans rupture. 48

Donc 164 cas de congestions intestinales et 288 cas d'indigestions stomacales et intestinales ; et, parmi les autres cas de la statistique, figurent encore en bonne place les indigestions suite de tic, les indigestions d'eau, les indigestions de sable.

D'ailleurs tous les vétérinaires, professeurs et praticiens, sont d'accord pour dire que, de tous les genres de coliques, ce sont les coliques d'indigestion qui sont les plus fréquentes, celles qui fournissent aux statistiques la plus grande morbidité et aussi la plus grande mortalité.

C'est donc sur ce genre de coliques que je vais m'arrêter tout particulièrement dans l'étude des causes et des moyens prophylactiques susceptibles de prévenir ces causes et de diminuer par conséquent le nombre des cas généralement observés.

____

(1) Butel, *Bull. Soc. cent.*, séance du 10 décembre 1903.

Contrairement à ce que pensent certains vétérinaires, j'estime que les moyens prophylactiques, qui résident tous dans l'hygiène, ont quelque chose à faire dans la lutte contre les coliques du cheval. Je crois de plus en plus que l'hygiène, partout et largement répandue, contribuera dans une large part, dans la plus forte peut-être, non seulement à diminuer la gravité des coliques, mais encore à en diminuer le nombre. L'avenir dira si j'ai raison.

Dans l'armée, par exemple, étant donnée la faible ration du cheval de troupe, il ne devrait pas y avoir de coliques d'indigestion ; et cependant il n'y a pas un vétérinaire militaire qui n'ait eu à enregistrer souvent, sous la forme aiguë ou sous la forme chronique, ce genre de coliques toujours accompagnées de météorisme plus ou moins prononcé.

Les coliques d'indigestion peuvent se présenter sous plusieurs formes : embarras gastrique, embarras intestinal, indigestion stomacale avec ou sans rupture, indigestion intestinale avec ou sans rupture, indigestion à la fois stomacale et intestinale.

La forme dépend des causes et de leur intensité.

Ces causes sont nombreuses et variées. Elles se rattachent *à la disposition anatomique de l'estomac et de l'intestin, à l'état des chevaux, à l'alimentation, au travail, aux soins divers, au défaut d'hygiène générale, aux influences extérieures,* et à d'autres causes particulières telles que *le tic, les parasites, les occlusions accidentelles,* etc.

Disposition anatomique de l'estomac et de l'intestin. — L'estomac du cheval étant d'une capacité relativement faible, 10 à 15 litres environ, les aliments y séjournent très peu et passent rapidement dans l'intestin.

Mais, si la digestibilité des aliments n'a pas été préparée par une mastication suffisante qui favorise l'imprégnation de ces aliments par la salive, ou si des causes agissent défavorablement sur l'estomac, le travail de digestion qui doit se faire dans cet organe devient difficile, et les aliments y séjournent beaucoup plus de temps qu'ils ne devraient y séjourner, d'où des fermentations et de la surcharge; ou bien ces aliments passent mal préparés dans l'intestin, qui se trouve alors en face d'un travail au-dessus de ses propres moyens.

De même l'intestin, qui est long, très flexueux et de diamètre irrégulier, facilite les fermentations par la lenteur de l'acte complet de la digestion.

Il est donc juste de dire que, par leur disposition anatomique, l'estomac et l'intestin du cheval constituent en quelque sorte une cause prédisposante de coliques.

MOYENS PRÉVENTIFS. — En présence de cette disposition anatomique, il est de toute nécessité de multiplier le nombre des repas et de donner peu à la fois. Si les exigences du service s'y opposent, on divisera les aliments. Cette division des aliments sera surtout employée pour les chevaux dont l'appareil digestif est paresseux et qui sont sujets aux fermentations stomacales et intestinales. Il est préférable de faire boire souvent et peu à la fois que copieusement, afin de ne pas charger outre mesure l'estomac.

Enfin, après un repas copieux, on devra toujours laisser au moins deux heures de repos au cheval avant de le remettre au travail. Cette prescription hygiénique est de rigueur pour tous les chevaux qui, en raison de leur travail, reçoivent une ration forte.

État des chevaux. — Plusieurs états chez le cheval peuvent favoriser dans une certaine mesure le développement des coliques chez les chevaux : l'état *pléthorique*, l'état de *maigreur* ou *mauvais état*, l'*impressionnabilité nerveuse*.

L'état *pléthorique* chez les chevaux fortement nourris peut favoriser la congestion intestinale et même l'indigestion, lorsque d'autres causes extérieures viennent agir brusquement comme causes déterminantes. L'état pléthorique agit alors comme cause prédisposante.

L'état de *maigreur*, ou *mauvais état*, prédispose surtout aux indigestions chroniques, surtout aux indigestions intestinales.

Le cheval hors d'état, le cheval maigre, le cheval qui a la raie de misère, le ventre levretté, le flanc retroussé, l'échine saillante, les salières creuses, digère mal. Il accumule à la longue des aliments dans l'intestin, et l'on voit apparaître ces indigestions intestinales chroniques si fréquentes dans l'armée chez les chevaux bas d'état et fatigués.

Tous les vétérinaires militaires ont constaté que les indigestions intestinales chroniques sont plus fréquentes chez les chevaux en mauvais état, chez les chevaux déprimés et relevant de maladies infectieuses graves, chez les chevaux rentrant fatigués des grandes manœuvres.

L'*impressionnabilité nerveuse* peut devenir, dans certaines circonstances, une prédisposition.

En effet, les chevaux nerveux, impressionnables, sont plus exposés que d'autres aux dépressions provoquées par les changements brusques de la température, par les variations atmosphériques et l'état électrique de l'atmosphère, et il est parfaitement démontré que ces dépressions de l'état nerveux ne sont pas sans influence sur les fonctions digestives. On a enregistré de nombreux cas d'indigestions chroniques dus à cet état de déséquilibre du système nerveux.

J'ai remarqué depuis longtemps déjà que les chevaux qui se dépensent beaucoup dans le travail, qui dans les colonnes s'excitent continuellement et sont toujours en sueur, baissaient rapidement d'état s'ils n'étaient pas l'objet de soins attentifs et constants, et devenaient de ce fait plus exposés que d'autres aux coliques.

J'ai remarqué aussi que plus l'état de ces chevaux baissait, plus leur impressionnabilité nerveuse augmentait, et plus ils subissaient le contre-coup des influences extérieures. Ces chevaux-là fournissent un certain contingent aux indigestions intestinales chroniques.

MOYENS PRÉVENTIFS. — Ce que l'on doit chercher avant tout, aussi bien chez le propriétaire, chez l'éleveur, dans les administrations civiles, que dans l'armée, c'est d'arriver à avoir toujours des chevaux en état.

Dans l'armée, l'état des chevaux doit être le grand, l'éternel souci des capitaines-commandants. Or, pour avoir des chevaux en état, il faut les bien nourrir, et bien nourrir un cheval, *c'est lui donner une ration en rapport avec le travail qu'on exige de ses forces, s'assurer qu'il mange bien sa ration, et que cette ration lui profite* (1).

Tout le secret est là, et ce secret réside tout entier dans certains moyens que j'indiquerai en parlant de l'alimentation.

Mais, par cheval en état, je n'entends pas dire cheval pléthorique. Le cheval pléthorique est au-dessus de l'état qu'exigent les conditions d'un travail quotidien et d'une bonne santé.

Le cheval pléthorique est le plus souvent un cheval nourri trop abondamment. Il faut diminuer sa ration, ou lui donner des aliments qui ne favorisent pas encore son état congestif : barbotages de farine d'orge, buvées d'orge, de son, de maïs, en remplacement d'une certaine quantité d'avoine.

Les chevaux maigres, bas d'état, devront être l'objet de soins hygiéniques particuliers, tendant surtout à remettre ces chevaux en état : régime varié, toniques alimentaires et médicamenteux, multiplication des repas, travail modéré, repos fréquents, alimentation sucrée.

L'impressionnabilité nerveuse peut être modifiée ou diminuée par une nourriture saine et nutritive : bons fourrages, bonne avoine, farine d'orge, carottes, mashes, alimentation sucrée, et par des bains d'air prolongés.

Alimentation. — Les causes se rattachant à un défaut d'hygiène dans l'alimentation sont nombreuses.

En première ligne, je placerai l'*abreuvage des chevaux*.

Dans les administrations civiles, dans l'armée, chez le propriétaire, la privation d'eau, ou mieux un abreuvage insuffisant, est une cause de coliques chez les chevaux.

En général les chevaux ne boivent pas assez ou boivent mal.

____

(1) Morisot, *Hygiène du cheval de troupe*, 1904.

Les chevaux de troupe ne boivent pas assez. — Le règlement dit : les chevaux doivent boire deux fois par jour. Le règlement est sage. Mais ce même règlement ne défend pas de faire boire plus de deux fois, lorsque cela est nécessaire.

De même qu'il y a des chevaux gros mangeurs, des chevaux gourmands, il y a aussi de grands buveurs. Dans les corps de troupe, ce sont ces chevaux-là surtout qu'il faut connaître. Il faut les connaître afin de veiller plus attentivement encore à leur hygiène.

En effet, l'abreuvage de ces chevaux a besoin d'être particulièrement surveillé. Il faut avoir vu les grands buveurs à l'abreuvoir pour se bien pénétrer de l'inconvénient qui peut résulter à laisser ces chevaux boire comme ils veulent, et autant qu'ils veulent.

L'hygiène la plus élémentaire exige que ces chevaux, qui ont par nature besoin d'une assez grande quantité d'eau, soient conduits à l'abreuvoir trois et quatre fois par jour, et que des ordres soient donnés pour qu'on les laisse boire peu à la fois. En effet, si, au lieu de faire boire ces chevaux plusieurs fois par jour, — et on dispose dans l'armée *de tout le temps nécessaire* pour cela, — on ne les fait boire que deux fois seulement, il se passera deux choses : ou ces chevaux ne boiront pas assez si les cavaliers ne les laissent pas satisfaire entièrement leur soif, ou ils boiront trop en une seule fois si on les laisse boire à leur guise, d'où des troubles digestifs toujours graves.

Évidemment, si ces chevaux avaient de l'eau en permanence devant eux, comme le demande M. le vétérinaire principal Jacoulet, la question hygiénique de l'abreuvage serait résolue, et jamais ces chevaux-là ne seraient exposés à des troubles digestifs pour n'avoir pas assez bu, ou pour avoir trop bu en une seule fois (1).

Chez beaucoup de propriétaires, et dans quelques administrations civiles, les chevaux ont ce confort hygiénique.

____

(1) Jacoulet, *Bull. Soc. cent.*, 28 janvier 1904.

Mais il manque totalement dans l'armée pour le cheval de troupe.

Voilà donc une catégorie de chevaux dont l'abreuvage devra toujours être l'objet d'une surveillance attentive et constante.

Une autre catégorie est formée par les chevaux qui se dépensent énormément dans le travail.

Pendant les marches et pendant les évolutions, ces chevaux sont toujours couverts de sueur, quelquefois blancs d'écume. Ils ont donc besoin de boire plus que les autres en raison des déperditions plus fortes auxquelles ils sont constamment soumis. Mais cela ne veut pas dire qu'on doit les laisser boire en une seule fois plus que les autres.

Mais, si on s'en tient à la lettre du règlement, et si ces chevaux sont conduits à l'abreuvoir seulement deux fois par jour, ici encore il se produira ce qui se produit pour les grands buveurs : où ils boiront trop en une seule fois si on les laisse faire, où ils ne boiront pas assez pour compenser les pertes qu'ils ont faites par la sueur. Et alors cette pratique défectueuse se traduira par des troubles digestifs d'une certaine gravité.

Tous les vétérinaires militaires ont reconnu que la privation d'eau ou un abreuvage insuffisant sont dans l'armée une des principales causes de coliques chez le cheval.

Deux faits appuyés sur de nombreuses statistiques, et qui se renouvellent, le premier tous les ans, le second chaque semaine, en donnent des preuves irréfutables.

Tous les ans, pendant les grandes manœuvres, les vétérinaires militaires constatent des cas de coliques uniquement dus à un abreuvage insuffisant. Il m'est arrivé plusieurs fois, pendant les longues et chaudes journées de la fin d'août, de guérir aux manœuvres, presque instantanément, des chevaux atteints de coliques, en leur présentant un seau d'eau.

Ces chevaux avaient des coliques parce qu'ils n'avaient pas bu avant le départ, ou parce qu'on avait négligé de les faire boire en cours de route, alors qu'ils s'étaient dépensés outre mesure dans le travail.

Une circulaire ministérielle prescrit de faire boire le plus souvent possible les chevaux pendant les marches et les évolutions ; mais trop souvent les difficultés matérielles s'opposent à l'application de cette circulaire, et on voit alors apparaître dans les unités de nombreux cas de coliques dus à la privation d'eau.

D'autre part, tous les vétérinaires militaires ont observé que les coliques d'indigestion dans les corps de troupe sont surtout fréquentes les jours de fête, les dimanches, et dans la nuit du samedi au dimanche, et dans celle du dimanche au lundi.

J'ai relevé à ce sujet des statistiques fort intéressantes, et je puis affirmer que, sur 100 cas de coliques observés dans l'armée, il y en a toujours 70 qui se produisent le dimanche dans l'après-midi, le lundi matin ou les jours de fête. Il y a des dimanches où les vétérinaires militaires sont appelés à donner leurs soins à deux, trois, quatre chevaux atteints de coliques. Et, après enquête, presque toujours on découvre que ces chevaux n'ont pas bu ou ont insuffisamment bu le samedi soir, le dimanche matin ou le dimanche soir.

Un exemple : dans un régiment de cavalerie qui tient garnison dans une petite ville située à 50 kilomètres de Paris, le colonel n'autorisait pas les hommes qui allaient en permission du samedi au dimanche soir à partir avant la fin du pansage du samedi soir. Il y avait un train à quatre heures du soir et un train à huit heures. Les hommes, sous aucun prétexte, ne pouvaient partir à quatre heures. Alors le pansage était fait, les soins étaient bien donnés, et tous les chevaux étaient conduits à l'abreuvoir et y buvaient à leur soif. Aussi les cas de coliques n'étaient pas plus fréquents les dimanches que les autres jours de la semaine.

Un moment vint où le colonel fut remplacé : le nouveau colonel, par mesure de bienveillance, autorisa les hommes à partir à quatre heures du soir. Les résultats furent désastreux. 70 à 80 p. 100 des cas de coliques se produisirent le dimanche, et les vétérinaires et les maréchaux de service, alors que tout le monde se reposait ou se distrayait, employaient leur journée à donner des soins aux chevaux atteints de coliques.

Il y a là un fait connu de tous : nos chevaux ne boivent pas assez le samedi soir et pendant la journée du dimanche. Et il ne faut pas s'étonner si cette pratique défectueuse est devenue une cause de morbidité et de mortalité par coliques chez les chevaux de l'armée.

Mais ce n'est pas seulement dans l'armée que les vétérinaires ont constaté qu'un abreuvage insuffisant était souvent une cause de coliques chez les chevaux.

Ce que M. le vétérinaire principal Jacoulet et d'autres vétérinaires militaires ont parfaitement démontré, de nombreux vétérinaires civils l'ont également observé dans leur clientèle et dans les administrations où la cavalerie est nombreuse.

M. Lavalard s'exprime ainsi dans le *Bulletin de la Société centrale* (séance du 14 avril 1904) : « Depuis longtemps, j'avais remarqué que les coliques étaient fréquentes si la boisson, que les hommes donnent parcimonieusement lorsqu'ils doivent la porter à chaque cheval, n'était pas suffisante. C'est alors que, reprenant une vieille habitude des maîtres de poste, de toujours présenter à boire aux chevaux au moment du départ et à la rentrée pour les relais, je fis la même chose pour notre compagnie, et les résultats furent excellents. Aujourd'hui, les chevaux en ont tellement l'habitude qu'ils se dirigent immédiatement, surtout en rentrant, vers l'abreuvoir, et que les hommes ne peuvent les en empêcher (1). »

La grande autorité et la grande expérience de M. Lavalard donnent encore à ces faits une valeur étiologique plus grande. Je vois les chevaux de la Compagnie des Omnibus se diriger d'eux-mêmes vers l'abreuvoir, comme je vois les chevaux de troupe s'y diriger au galop chaque fois qu'ils ont réussi à se détacher et à s'échapper de leur écurie. C'est un fait d'ailleurs constant, et qu'on observe dans toutes les écuries

____

(1) *Bull. Soc. centr.*, séance du 14 avril 1904.

civiles et militaires, que, chaque fois qu'un cheval s'échappe de son écurie, il se rend à l'abreuvoir.

Or, croyez bien que, si ce cheval n'avait pas soif, il n'irait pas de lui-même à l'abreuvoir. Les animaux ne boivent pas lorsqu'ils n'ont pas soif, et un philosophe, dont le nom n'a rien à faire ici, a pu dire que ce qui différencie l'homme de la bête, c'est que l'homme boit sans soif et sans mesure, alors que la bête ne boit que suivant ses besoins. C'est peu flatteur pour l'homme, mais combien vrai !

Souvent les chevaux boivent mal. — Dans l'armée, on voit encore certaines unités faire boire les chevaux à jeun. Le règlement le défend, et cependant cette pratique défectueuse est encore en usage dans certains corps de troupe par suite d'une mauvaise interprétation.

Je vais m'expliquer.

Au réveil, avant le départ, les chevaux reçoivent une petite ration de foin. En été, le départ a lieu généralement vers cinq heures, et les chevaux rentrent du travail vers neuf heures et demie. On bouchonne alors les chevaux, on les panse, puis on les conduit à l'abreuvoir avant de rentrer dans les écuries.

Cela me rappelle le fait suivant : un jour, à dix heures, du matin, je passais derrière les chevaux d'un escadron qui venait de rentrer du travail. Ces chevaux étaient attachés, hors des écuries, et les hommes achevaient le pansage. J'entends tout à coup le maréchal des logis de semaine commander : « A l'abreuvoir ! »

Alors je m'avançai près de ce sous-officier :

« Maréchal des logis, vous ne vous souvenez sans doute pas qu'il est interdit de faire boire les chevaux à jeun.

— Mais, Monsieur le vétérinaire, mes chevaux ne sont pas à jeun ; ils ont mangé ce matin au réveil. »

Voilà bien la mauvaise interprétation. En effet, les chevaux de cet escadron avaient mangé une poignée de foin avant cinq heures du matin ; il en était dix, et ils avaient travaillé pendant quatre heures, peinant et suant à plaisir. Bon Dieu !

la poignée de foin était loin, et ce sous-officier, qui d'ailleurs était très consciencieux dans le service, croyait bien en toute conscience pouvoir faire boire ses chevaux sans danger, parce qu'il les considérait comme n'étant pas à jeun. Il ne se doutait pas que ces chevaux, qui avaient mangé 500 grammes de foin environ à cinq heures du matin, étaient à jeun comme ils l'étaient au réveil.

Or je ne sais pas d'habitude plus dangereuse que celle qui consiste à faire boire les chevaux avant le repas, quelles que soient l'heure et l'importance de ce repas.

Afin de bien pénétrer les capitaines-commandants des inconvénients qui en peuvent résulter, j'ai fait boire des chevaux à jeun, sous leurs yeux. Lorsqu'ils eurent constaté le frisson, le tremblement auquel ces chevaux se trouvaient aux prises immédiatement après avoir bu, ils furent à jamais guéris de la pratique de faire boire leurs chevaux à jeun.

L'introduction d'une certaine quantité d'eau presque toujours froide dans un estomac vide amène un abaissement énorme de température, emplit inutilement l'estomac, provoque une forte réaction de tout l'organisme et paralyse les fonctions digestives.

Une autre cause de coliques tient à la manière dont les animaux sont abreuvés.

Lorsque l'abreuvage n'est pas surveillé, les hommes perdent très vite l'habitude de couper l'eau à leurs chevaux, d'où ingestion d'une trop grande quantité de liquide d'un seul coup. Combien de fois j'ai entendu des cavaliers dire à leur camarade : « Mon vieux, ce que mon « canard » avait soif, il en a pris pour toute la semaine ! » Et, bien entendu, le soir même on me présentait le « canard » atteint de coliques.

Nature et qualité de l'eau. — La nature et la qualité de l'eau peuvent être aussi la cause de troubles digestifs graves. C'est pourquoi, lorsque les eaux sont très chargées en sels de chaux, et sont par conséquent lourdes, indigestes, la pratique de ne pas laisser les chevaux absorber une trop grande quantité d'eau à la fois a son importance.

A Senlis, par exemple, où les eaux sont très calcaires, j'en avais tous les ans la preuve dans l'abreuvage des jeunes chevaux. Si je n'avais pas le soin, à leur arrivée au corps, de surveiller moi-même leur abreuvage, ils payaient tous leur tribut aux affections de l'appareil digestif. Il fallait un certain temps à ces jeunes chevaux pour s'habituer à ces eaux calcaires, et ce n'est que lorsque l'accoutumance s'était faite qu'ils devenaient moins exposés aux troubles digestifs du fait de l'abreuvage.

Mais l'accoutumance ne doit pas dispenser de rechercher pour les chevaux des eaux saines.

Les eaux troubles, bourbeuses, les eaux jaunes, noirâtres, les eaux qui exhalent une odeur ammoniacale, une odeur sulfhydrique, les eaux qui renferment des matières organiques, peuvent occasionner des troubles digestifs.

L'eau des mares est surtout dangereuse, dangereuse par la mauvaise qualité même de l'eau, dangereuse par les parasites qu'elle renferme et qui, ingérés par les chevaux, sont la cause de troubles digestifs graves : tels les sclérostomes et certains ascarides.

Certaines eaux sont dangereuses par le fait même de leur basse température. Telles les eaux de puits, de certaines sources, les eaux provenant des glaciers, de la fonte des neiges.

D'autres sont dangereuses parce qu'elles sont peu aérées ; elles sont alors lourdes, indigestes : telles les eaux de puits et de certaines citernes.

D'autres renferment des matières organiques en grande quantité : les eaux des étangs dépourvus de poissons, les eaux des marais, les eaux de drainage, les eaux d'écoulement.

Toutes ces eaux peuvent occasionner des troubles digestifs si on n'en corrige pas les défauts à l'aide de moyens que j'indiquerai en parlant des mesures préventives.

On dit bien qu'à la longue l'accoutumance préserve les animaux de tout danger. On cite des fermes où les chevaux et le bétail boivent pendant toute l'année l'eau des mares sans en paraître incommodés. Je n'ai pas dans cette assertion une très grande confiance, car personne n'a encore *établi* la statistique de la morbidité du bétail dans les campagnes par le fait de la mauvaise qualité de l'eau.

Certes je crois à l'accoutumance, mais je suis avant tout un hygiéniste, et je crois de mon devoir de signaler les dangers qui peuvent et doivent forcément résulter de l'ingestion d'une eau de mauvaise qualité, même chez les *animaux accoutumés.*

Avant d'aborder la question si importante des moyens préventifs, je vais dire quelques mots des inconvénients de l'abreuvage immédiat chez les chevaux en sueur. Beaucoup de vétérinaires condamnent cette pratique, qu'ils trouvent défectueuse et dangereuse.

D'autres, tout en la condamnant pour le principe, prétendent qu'on en a exagéré les inconvénients.

En principe, il est toujours dangereux de faire boire un cheval en sueur s'il doit rester aussitôt après dans un repos prolongé. Si ce cheval n'est pas parfaitement bouchonné et couvert, on peut voir survenir des troubles digestifs occasionnés par un refroidissement trop brusque.

Cependant M. Lavalard cite ce fait qu'à la Compagnie des Omnibus les chevaux vont boire à la rentrée du travail (1). Mais il est probable que, si ces chevaux sont en sueur, ils sont soignés, bouchonnés et couverts. Le contraire m'étonnerait à la Compagnie des Omnibus, où l'hygiène est parfaitement entendue et pourrait être proposée comme exemple.

Il n'y a aucun inconvénient à faire boire pendant les routes, aux manœuvres, des chevaux même en sueur, s'ils doivent repartir immédiatement et ne pas être soumis à ces interminables *parties de drogue* si fréquentes dans l'armée. C'est même une très bonne mesure hygiénique, pendant les journées chaudes et pendant les évolutions, de faire boire souvent les chevaux.

Moyens préventifs. — Dans l'armée, dans les grandes

(1) *Bull. Soc. centr.*, séance du 14 avril 1904.

administrations, chez le propriétaire, à la ferme, l'abreuvage des chevaux devra être, dans toutes les circonstances, l'objet d'une surveillance toute particulière.

Dans l'armée, les officiers ne devront pas s'en rapporter aux cavaliers ni aux sous-officiers placés sous leurs ordres, du soin d'abreuver les chevaux.

L'officier de semaine doit assister à l'abreuvage des chevaux depuis le commencement jusqu'à la fin. Il ne doit s'en dispenser *sous aucun prétexte*. Il doit connaître les grands buveurs afin de modérer leur abreuvage, ceux qui se sont surmenés pendant le travail, ceux qui boivent peu à la fois, afin de donner des ordres pour que ces chevaux soient conduits plus de deux fois par jour à l'abreuvoir. Il prendra note des chevaux qui auront refusé de boire — il y en a toujours — afin de faire ramener ces chevaux à l'abreuvoir une heure ou deux après. Il veillera à ce que l'eau soit coupée à tous les chevaux sans exception, afin que ces chevaux n'absorbent pas une trop grande quantité d'eau à la fois, et que les grands buveurs ne soient jamais conduits à l'abreuvoir en licol, ou en liberté, mais en bridon, et même en bride. Il veillera aussi à ce que *tous les chevaux* paraissent *au moins* deux fois par jour à l'abreuvoir. Sa surveillance devra s'exercer plus particulièrement le samedi soir, le dimanche matin et le dimanche soir.

Quelles que soient les exigences du service et du travail, on ne devra jamais abreuver des chevaux à jeun.

L'eau des boissons ne devra jamais être trop froide. En toute saison, les auges devront être remplies deux ou trois heures avant l'heure de l'abreuvoir. Pendant l'hiver, ces auges seront couvertes, et, si cela est nécessaire, on élèvera la température de l'eau par l'addition d'une certaine quantité d'eau chaude.

L'eau devra toujours être pure et saine. Si les eaux sont crues, lourdes, indigestes, si on suppose qu'elles renferment des matières organiques, on devra précipiter ces matières organiques et rendre les eaux moins lourdes en y ajoutant de la poudre de charbon, du sulfate de fer ou du permanganate de potasse. Il faut très peu de permanganate de potasse pour assainir les eaux des boissons : V à X gouttes pour 1 litre suffisent.

On ne devra jamais abreuver des chevaux en sueur, si ces chevaux doivent être laissés au repos et s'ils ne peuvent être bouchonnés, massés et couverts.

En route, aux manœuvres, pendant le travail, les chevaux devront être abreuvés aussi souvent que possible : à l'étape et en cours de route.

Il n'y a pas d'inconvénient à abreuver les chevaux en sueur pendant les routes, s'ils doivent repartir immédiatement, et il n'y a que des avantages à en obtenir.

L'eau des mares, des étangs, des marais, les eaux de drainage, devront être absolument proscrites. Si on utilise l'eau des puits, cette eau devra être tirée au moins deux heures à l'avance, aérée et exposée au soleil, ou à la chaleur de l'écurie.

Si on abreuve aux ruisseaux ou aux rivières, on conduira peu de chevaux à la fois, afin de ne pas troubler l'eau.

Si, par suite de circonstances tout à fait exceptionnelles, on est obligé d'abreuver les chevaux dans les mares, dans les étangs, dans les marais, dans les eaux bourbeuses, on fera boire à travers une toile — musette ordinaire — qui servira de filtre.

Toutes ces prescriptions peuvent être observées dans l'armée, dans les grandes administrations, chez le propriétaire et à la ferme. Il suffit d'y tenir la main.

Dans presque toutes les grandes administrations, les chevaux ont maintenant de l'eau pure en permanence devant eux. C'est parfait.

C'est cette mesure hygiénique que M. le vétérinaire principal Jacoulet voudrait voir se généraliser dans les écuries de l'armée (1). Il s'en est fait le propagandiste. La cause est en bonnes mains.

Mais c'est à la ferme que je voudrais voir soigner un peu

____

(1) Jacoulet, *Bull. Soc. centr.*, séance du 28 janvier 1904.

plus l'abreuvage des chevaux et du bétail en général. Certes ce sera un grand progrès réalisé dans les campagnes lorsque toutes les fermes seront agencées pour qu'on ne soit plus obligé d'abreuver les chevaux et le bétail dans les mares. Je sais bien que souvent de grosses difficultés matérielles s'opposent à l'installation d'abreuvoirs donnant de l'eau pure. Mais combien de fermes, de grosses fermes, en sont encore à la mare, à la vieille mare noire, bourbeuse et empestée, alors qu'il y aurait très peu de chose à faire pour avoir de l'eau potable. Ah ! c'est que Dame Routine est là qui veille, et j'entends encore Pierre Joigneaux, qui certes était plutôt l'ami des paysans, me dire qu'il s'écoulerait encore bien des années, bien des siècles, avant qu'on l'ait chassée des campagnes, même des fermes où l'on se targue de progrès et de civilisation...

Dans toutes les écuries, lorsque les chevaux rentrent fatigués d'une longue course, d'un travail long et pénible, il est bon de leur donner de l'eau blanchie avec un peu de farine d'orge. Ce n'est pas une grosse dépense, et cette mesure hygiénique, qui ne complique en rien le service d'écurie, peut éviter des troubles digestifs si fréquents chez les chevaux rentrant fatigués du travail.

D'autres causes dans l'alimentation peuvent devenir la source d'accidents graves du côté de l'appareil digestif : la *dentition des chevaux*, la *nature*, la *quantité* et la *qualité des aliments distribués*, le *mode de distribution de la nourriture*, la *police des repas*, les *économies intempestives faites sur la ration*.

Dentition des chevaux. — Une mauvaise dentition est très souvent une cause de coliques chez le cheval, soit par le fait d'un simple embarras intestinal, soit par le fait d'une véritable indigestion chronique.

A ce sujet, les avis sont très partagés. Mais, en dépit des preuves apportées par plusieurs praticiens sur le rôle peu important de la dentition des chevaux dans la digestion, je reste, avec Jacoulet, Butel, Benjamin, Cagny, Esclauze, absolument convaincu que cette importance est de premier ordre.

Dans l'espèce humaine, combien de gens digèrent mal et ont des troubles digestifs uniquement dus au mauvais état de leurs dents.

Le cheval qui mastique mal digère mal et finit par baisser d'état. A la longue, il accumule des aliments « qui se tassent dans les renflements de l'intestin » (1), d'où des indigestions chroniques graves.

Dans ma carrière, j'ai constaté de nombreux cas d'indigestions stomacales et intestinales chroniques dus au mauvais état de la table dentaire.

L'état de la table dentaire chez le cheval a donc son importance. Le nombre des chevaux qui présentent des irrégularités dentaires est plus grand qu'on ne le croit généralement. On trouve ces irrégularités sous forme de pointes piquantes et tranchantes, non seulement chez les vieux chevaux, mais même chez les jeunes, chez des chevaux de cinq ans, de trois ans. J'en fais l'observation chaque année à l'arrivée des jeunes chevaux.

De son côté, Benjamin a souvent fait des nivellements à la table dentaire de jeunes chevaux (2).

Un fait qui prouve encore combien est grande sur la digestibilité des aliments l'influence de l'intégrité de la table dentaire est celui rapporté par Brun dans le *Bulletin de la Société centrale* du 25 juillet 1901.

Brun a fait l'autopsie d'une jument de cinq ans qui présentait une déchirure du diaphragme due à une dilatation permanente anormale de l'estomac. Ses recherches ont prouvé que le mauvais état de la table dentaire, — le maxillaire inférieur paraissant affecté d'ostéomalacie, — était une cause probable, sûre, de la dilatation de l'estomac. La jument mastiquait mal, faisait magasin, et les aliments arrivaient dans l'estomac à peine broyés (3).

(1) Butel, *Maladies de l'appareil digestif*, p. 474.
(2) Benjamin, *Bull. Soc. centr.*, séance du 26 novembre 1903.
(3) Brun, *Bull. Soc. centr.*, 25 juillet 1901.

MOYENS PRÉVENTIFS. — On surveillera la dentition des chevaux, aussi bien celle des jeunes chevaux et des chevaux faits que celle des vieux chevaux.

J'ai pris depuis longtemps l'habitude, chaque fois qu'on me présente un cheval qui ne mange pas, de commencer par examiner sa bouche, et souvent je trouve des blessures des joues, des gencives et de la langue occasionnées par des irrégularités dentaires.

Les capitaines-commandants et les officiers de peloton, comme aussi tous les propriétaires de chevaux, ont donc intérêt à surveiller ou à faire examiner de temps en temps par le vétérinaire la bouche de leurs chevaux. Et je ne crois pas trop les humilier en leur donnant le conseil de regarder souvent les crottins. Les deux choses se lient. Un cheval qui mastique mal digère mal. C'est pourquoi, lorsqu'on trouve dans le crottin d'un cheval des grains d'avoine entiers ou incomplètement digérés, on fait bien, avant de chercher mille causes à côté, d'examiner la bouche du cheval.

Cet examen de la bouche, je le fais aussi et surtout chaque fois qu'on me présente un cheval atteint de coliques, et je m'en suis toujours bien trouvé. Cela me permet de voir s'il tique ou s'il a des irrégularités dentaires. Dans ce dernier cas, le rabot odontriteur intervient avec beaucoup d'efficacité, ce qui m'amène à dire que cet instrument, quoi qu'on en dise, est un des plus précieux de l'arsenal chirurgical vétérinaire.

Certes oui, des plus précieux, car les irrégularités dentaires ont leur importance à deux points de vue, dont l'un a été beaucoup trop négligé jusqu'ici :

1° Parce qu'elles empêchent les animaux de broyer complètement leurs aliments ;

2° Parce que ces aliments imparfaitement mâchés arrivent dans l'estomac *sans être imprégnés de salive* et sont, de ce fait, d'une digestibilité plus difficile.

C'est ce qui se produit chez les chevaux nourris avec des aliments divisés, concassés, réduits en farine, qui mangent au pochet et qui déglutissent leurs aliments sans les mâcher.

Trasbot, qui cite ce fait, savait très bien qu'il donnait un argument en faveur de la mastication et de la théorie de Butel et de Benjamin.

Donc, pour que la mastication se fasse, il faut que le cheval ait le temps et les moyens de la pratiquer. Les moyens, c'est une table dentaire en parfait état.

Si, après un rabotage, on constate des blessures de la muqueuse buccale, de la stomatite, on fera cuire l'avoine, on donnera du foin et de la paille hachés, des barbotages et des buvées de farine d'orge, sous cette réserve que ces aliments préparés seront donnés en petite quantité à la fois. C'est surtout dans le cas de maladies et de blessures de la bouche que l'on doit donner des aliments de digestion facile.

Nature et qualité des aliments. — La nature des aliments a aussi son importance dans l'hygiène de l'alimentation au point de vue des coliques.

La ration du cheval de troupe se compose ordinairement de foin, de paille et d'avoine. Tous les aliments distribués en dehors de ces trois denrées sont des aliments temporaires : luzerne sèche, sainfoin sec, fourrages verts, ou des aliments de substitution : son, farine d'orge, maïs concassé, paille d'avoine, carottes, panais, aliments sucrés.

Toutes ces denrées données comme le prescrit le règlement sont incapables d'occasionner des troubles digestifs, attendu qu'elles ne sont jamais distribuées en trop grande quantité.

Cependant le son, aujourd'hui très peu nutritif, donné en trop grande quantité, peut à la longue occasionner des indigestions. Le son sec, qui oblige le cheval à une mastication plus longue, est moins dangereux que le son donné en barbotage. Le son en barbotage forme sur l'estomac un platras indigeste. *C'est une hérésie hygiénique.*

De même les fourrages hachés trop menus, le seigle, le trèfle incarnat, le trèfle flamand, la luzerne sèche, le maïs, l'orge, le biscuit, donnés en grande quantité, peuvent occasionner des indigestions.

Le foin nouveau, l'avoine nouvelle, sont quelquefois, et

dans certaines circonstances, une cause de troubles digestifs.

Il ne faut cependant pas s'exagérer les inconvénients de l'avoine nouvelle. J'ai toujours fait usage de l'avoine nouvelle pendant les manœuvres, et je n'ai jamais remarqué qu'elle ait été une cause plus fréquente de coliques.

Les fourrages verts : sainfoin, luzerne, trèfle, donnés en grande quantité, peuvent occasionner des indigestions intestinales graves. Ces fourrages sont plus dangereux encore lorsqu'ils sont distribués mouillés, ou déjà en voie de fermentation.

Les grands trèfles de Hollande causent plus d'accidents digestifs que la luzerne et le sainfoin.

Les tourteaux, mélassés ou non, donnés sans mesure, occasionnent souvent des indigestions graves.

Certains chevaux ont l'habitude au bivouac de manger du sable, de la terre. Les coliques de sable, sans être très fréquentes, se voient quelquefois. Bourgès en cite plusieurs exemples.

Ce genre de coliques est toujours grave.

Certaines plantes mêlées aux fourrages occasionnent, lorsqu'elles sont ingérées en grande quantité, des coliques et même des entérites graves. Telles les plantes irritantes, les plantes narcotiques, les plantes narcotico-acres (1).

La qualité des aliments a aussi une grande influence sur la digestibilité de ces aliments et sur le bon fonctionnement du tube digestif.

Les fourrages poussiéreux, avariés, moisis, altérés par divers champignons, peuvent occasionner des indigestions chroniques, même de l'entérite.

Le biscuit et le pain moisis peuvent être aussi la cause de troubles digestifs graves.

MOYENS PRÉVENTIFS. — Donner de préférence des aliments en nature. Ne pas abuser des aliments hachés trop menus, de l'avoine concassée, du son en barbotage. Ne donner

____

(1) Morisot, *Hygiène du cheval de troupe*, pages 102 et suivantes.

que des denrées de très bonne qualité, et exclure impitoyablement de la ration les foins poussiéreux, altérés, ou qui renferment des plantes nuisibles, les avoines moisies, germées, altérées, la farine d'orge ou le son moisis ou piqués.

Pendant le régime du vert, multiplier les mesures d'hygiène et de surveillance.

Dans l'armée, on donne rarement la ration entière de vert, qui est de 40 kilogrammes par jour. Les chevaux sont généralement soumis au quart de la ration, soit 10 kilogrammes par jour. Quelques-uns sont à la demi-ration.

Et encore a-t-on la précaution de mélanger le fourrage vert au foin et à la paille.

Ces mesures sont sages, et c'est grâce à elles que, pendant le régime du vert, les coliques sont peu nombreuses et peu graves.

Distribution de la nourriture. — La façon dont la nourriture est distribuée aux chevaux a une grande influence sur la digestion.

Les repas trop copieux ne conviennent pas aux chevaux qui travaillent, surtout aux chevaux de cavalerie qui galopent.

Dans l'armée, bien que la ration du cheval ne soit pas une ration forte, on a vu souvent des troubles digestifs avoir pour cause un repas mal ordonné.

Dans les grandes administrations où les chevaux de travail reçoivent une ration forte, *une ration massive*, les coliques d'indigestion sont fréquentes, soit que les repas aient été mal ordonnés, soit que les chevaux aient été soumis à un travail pénible aussitôt après leur repas.

Le cheval est constitué anatomiquement pour manger lentement et peu à la fois. Ses repas devraient être aussi nombreux que possible et jamais très copieux.

Même dans les corps de troupe, la distribution en deux repas peut avoir des inconvénients pour certains chevaux, bien que cette ration ne constitue jamais des repas très copieux. Elle peut avoir des inconvénients pour les gros mangeurs, qui boivent leur avoine, qui engloutissent leur ration, qui mastiquent mal, pour les chevaux qui tiquent et pour ceux qui rentrent du travail fatigués et affamés.

D'autre part, les chevaux qui mangent lentement, qui becquillent, qui s'amusent en mangeant, qui sont toujours distraits ou aux écoutes, ne profitent pas d'une nourriture donnée seulement en deux repas. Ou ils la gaspillent, ou cette nourriture est mangée par leurs voisins, surtout dans les écuries qui sont encore pourvues de mangeoires et de râteliers collectifs.

Cette disposition collective des râteliers et des mangeoires est donc mauvaise pour deux raisons : 1° les gourmands mangent la ration de leurs voisins et sont exposés de ce fait aux troubles digestifs ; 2° les amuseurs, les chevaux qui rentrent fatigués du travail et qui ne mangent que lorsqu'ils sont reposés, les chevaux qui mangent lentement, voient leur ration pillée par d'autres, baissent d'état et sont exposés, du fait de leur mauvais état, aux accidents du côté des voies digestives.

Les chevaux qui se détachent pendant la nuit et vont se gaver au coffre à avoine ou au coffre à son y gagnent toujours une indigestion souvent mortelle. J'ai vu, dans un régiment d'artillerie, un cheval de cinq ans mourir auprès d'un tas de carottes, dans lequel il avait fourragé une partie de la nuit.

Les chevaux qui mangent au pochet et qui se hâtent, de crainte d'être toujours appelés à repartir, contractent plus que d'autres des indigestions graves, par suite d'une ingestion trop rapide de leur avoine, surtout si celle-ci a été préalablement concassée.

« L'indigestion stomacale, écrit Trasbot, résulte souvent de l'ingestion trop rapide de substances préparées, telles que son, avoine aplatie et concassée, seuls ou mélangés, qui peuvent être déglutis sans ou presque sans être mâchés. Et dans quelles conditions cela a-t-il lieu? Lorsque les animaux sont naturellement gloutons, qu'ils sont pressés par la faim ou semblent craindre d'être brusquement empêchés de satisfaire leur appétit, et mieux encore quand ces trois conditions se trouvent réunies. Ainsi un cheval se détache à l'écurie et trouve ouvert le coffre à avoine ou à son; il se bourre l'estomac avec précipitation, et l'indigestion s'ensuit. Un autre, un peu plus tard qu'à l'heure habituelle, étant alors pressé par le besoin, est arrêté dans la rue tout attelé et mange au pochet des grains concassés mélangés ou non à d'autres matières sèches finement divisées, permettant une ingurgitation rapide. Craignant d'être obligé de repartir, il mange trop vite et est pris d'indigestion stomacale (1). »

Les rations massives sont aussi une cause fréquente de coliques d'indigestion.

A la Compagnie des Omnibus, M. Lavalard a observé que, toutes les fois qu'il avait été obligé, par suite d'un excès de travail, de forcer la ration, le nombre des cas de coliques augmentait. Il suffisait, dit-il, de reprendre l'ancienne ration pour voir disparaître immédiatement ces accidents.

Mais, s'il y a de gros inconvénients à donner au cheval une ration trop forte, il y en a d'aussi grands à le laisser jeûner.

Quelles que soient les circonstances et les exigences du service, le cheval doit toujours faire au moins un repas.

J'ai vu souvent, et mon camarade Bourgès en signale plusieurs cas, j'ai vu souvent aux grandes manœuvres des indispositions passagères, de véritables coliques provoquées par la faim, comme on en observe qui sont provoquées par la soif. *Ce sont les coliques de faim.*

J'ai toujours présent à la mémoire le cas d'un cheval de hussards qui, sellé à trois heures et demie du matin, avait marché toute la journée sans avoir bu ni mangé, et qui, à six heures du soir, avait été pris de coliques si violentes que j'ai cru le perdre.

Quand j'ai pu obtenir de l'homme qui le montait les renseignements dont j'avais besoin pour éclairer ma religion, j'ai guéri presque instantanément le malade en lui donnant à manger et à boire.

______

(1) Trasbot, *Bull. Soc. cent.*, séance du 10 décembre 1903.

Cela dit surtout pour bien montrer qu'on ne saurait trop, dans toutes les circonstances, se renseigner sur les causes probables d'une maladie, tout en faisant la part des exagérations et des mensonges des cavaliers.

Dans le cas que je cite ici, supposez qu'au lieu de m'éclairer j'aie donné au cheval en question de l'opium, de la pilocarpine, de l'ésérine, et toutes les herbes de la Saint-Jean. Comme cela aurait fait plaisir à ce malheureux cheval qui mourait de faim! C'est le cas de dire que le plus petit grain de mil aurait mieux fait son affaire.

Moyens préventifs. — Plus les repas seront nombreux et peu copieux, moins les chevaux seront exposés à des accidents digestifs.

Dans l'armée, par exemple, il n'y a aucune difficulté de service à donner la ration du cheval de troupe en *trois repas*. Ces trois repas doivent être assez espacés, pour que le premier ait lieu le matin de bonne heure, le deuxième vers onze heures ou midi, suivant les saisons, et le troisième le soir. Le repas du matin devra être sommaire, moins cependant qu'on ne le fait généralement, et les deux autres plus copieux.

J'ai vu plusieurs régiments de cavalerie où les choses se passent ainsi, et je vous assure que les chevaux s'en trouvent bien, et que le service ne s'y fait pas plus mal qu'ailleurs.

Pour le repas du soir, on ne devra pas tomber dans l'exagération, si on ne veut pas exposer les chevaux à des accidents du côté des organes abdominaux. M. le vétérinaire principal Perrin et d'autres vétérinaires militaires ont remarqué souvent que, dans les régiments d'artillerie, les nombreux cas de coliques observés pendant la nuit avaient pour causes, avec le défaut de soins à la rentrée tardive du travail, un abreuvage insuffisant et une distribution trop abondante de nourriture en une seule fois.

Il arrive en effet qu'un cheval reste absent une partie de la journée ; si l'homme qui le conduit rentre tard, il oublie de faire boire son cheval, pressé qu'il est d'en finir avec sa journée, place devant lui dans sa mangeoire et dans son râtelier une forte ration, et va comme je te pousse au petit bonheur. Mais à deux heures du matin le cheval a des coliques.

Il est de toute nécessité de munir les écuries civiles et militaires de mangeoires et de râteliers individuels assez éloignés les uns des autres.

De ne jamais placer des chevaux gourmands à côté des chevaux à appétit capricieux et qui mangent lentement.

Ces derniers, de même que les chevaux impressionnables, les chevaux qui ne mangent que lorsqu'ils sont reposés, les amuseurs, les chevaux maigres, bas d'état, les chevaux tiqueurs, devront être l'objet de soins particuliers. Leur ration devra être donnée en trois ou quatre repas, si cela est nécessaire.

La multiplicité des repas excite l'appétit et permet de donner très peu à la fois, ce qui est indispensable pour ces chevaux, dont les fonctions digestives sont en quelque sorte presque toujours troublées.

Les substitutions devront être fréquentes pour ces chevaux : son sec, farine d'orge, en barbotages et en buvées, maïs concassé, riz cuit, carottes, fourrages verts, *alimentation sucrée*.

Les repas chauds, les mashes chauds, les buvées chaudes, leur conviennent bien.

J'ai souvent évité des accidents du côté des voies digestives chez les chevaux rentrant très fatigués de reconnaissances à longue distance, en leur donnant des repas chauds. Mais ce qui est indispensable pour tous ces chevaux aux organes digestifs impressionnables, c'est qu'ils aient toujours devant eux, dans un seau ou dans leur mangeoire, de l'eau ordinaire, de l'eau blanchie avec de la farine d'orge ou du thé de foin.

Certes je ne conseillerais pas cette mesure à l'égard de l'homme, surtout si l'eau se trouvait changée en vin, car il est probable qu'il ne s'arrêterait de boire que lorsque sa raison d'animal civilisé aurait tout à fait chancelé. Mais le cheval, si inférieur qu'il soit en face de l'homme, est plus sage ; il boira à sa soif et n'abusera pas.

On ne devra pas abuser des substitutions de luzerne et de sainfoin chez les chevaux qui n'y sont pas aussi habitués que les chevaux de la campagne ; mais on fera souvent usage de l'alimentation sucrée, qui a donné d'excellents résultats à M. Lavalard (1).

On évitera surtout les écarts de régime, qui sont certainement une des causes principales de coliques chez les chevaux.

Les repas au pochet ne devront être donnés qu'exceptionnellement, et toujours on devra laisser au cheval le temps de manger en toute tranquillité et sans se presser.

Drouin considère l'alimentation hors de l'écurie au pochet comme une pratique déplorable (2).

Lorsqu'on est obligé d'avoir dans les écuries les coffres à avoine et à son, ces coffres devront toujours être soigneusement fermés. On ne devra jamais laisser dans un coin de l'écurie ni foin, ni fourrages verts, ni carottes.

Contre les coliques de faim, la plus élémentaire des mesures de l'hygiène est de toujours donner à manger au cheval régulièrement.

C'est un crime de faire travailler un cheval et de ne pas le nourrir en raison du travail qu'il fournit. Cela se voit cependant, et pareille chose ne peut éclore que dans des cervelles humaines.

Je ne vois pas de brutalité plus excessive et, par conséquent, plus condamnable, que celle qui consiste à demander à un cheval un effort de dix à douze heures sans lui donner à boire et à manger.

Il n'y a pas de situation, si tragique qu'elle soit, qui justifie une telle manière de faire.

Les coliques de faim sont une exception ; elles ne devraient pas exister, surtout dans l'armée.

(1) Lavalard, *Bull. Soc. cent.*, séance du 10 avril 1902.
(2) Drouin, *Bull. Soc. cent.*, séance du 10 avril 1902.

Police des repas. — Parmi les nombreuses indications de la police des repas, il en est une qui, lorsqu'elle n'est pas observée, peut devenir une cause de coliques : c'est celle qui a trait au repos qui doit toujours succéder au repas des chevaux.

Le travail aussitôt après le repas contrarie la digestion et occasionne souvent des troubles digestifs.

A l'encontre de plusieurs vétérinaires, qui n'ont jamais observé de cas de coliques pendant le travail succédant immédiatement au repas, j'en ai observé plusieurs ne laissant aucun doute sur la cause.

Chez l'homme, les efforts violents après le repas occasionnent des troubles digestifs. Cela me rappelle le temps que nous avons mis, à Saumur, à nous habituer à monter à cheval aussitôt après le repas de midi. J'ai vu des stagiaires être pris à cheval de malaise accompagné de vomissement.

Je veux bien, avec Alix, s'appuyant sur l'autorité de Wolff, que le travail aussitôt après le repas occasionne plutôt de l'hyperémie pulmonaire (1). C'est en effet logique, et je crois très bien que les accidents occasionnés par le travail aussitôt après le repas ont une certaine tendance à se localiser de préférence sur les organes de l'appareil respiratoire. J'en ai été témoin plusieurs fois. Mais j'ai vu aussi des accidents se produire sur l'appareil digestif sur des chevaux impressionnables, sur des chevaux maigres, bas de condition, et surtout sur des chevaux tiqueurs.

Cela suffit pour permettre à l'auteur de crier *gare* !!!

Les chevaux qui sont tracassés pendant leur repas, soit par leurs voisins, soit par le bruit des cavaliers circulant dans les écuries, se hâtent de manger leur ration, broient imparfaitement leurs aliments et sont de ce fait exposés aux troubles digestifs.

Moyens préventifs. — Dans toutes les circonstances, les chevaux devront prendre leur repas dans la plus grande

______

(1) Alix, *Bull. Soc. cent.*, séance du 10 mars 1904.

tranquillité. On évitera de faire du bruit dans les écuries, de circuler autour des chevaux, d'entrer dans leurs intervalles pendant qu'ils mangent l'avoine.

Un repos de deux heures devra toujours être laissé à tous les chevaux après les repas.

Exception sera faite, bien entendu, dans certaines circonstances : grandes manœuvres, campagne.

Des économies faites sur la ration. — Dans presque tous les corps de troupe, on a l'habitude, pendant l'hiver, de faire des économies sur la ration d'avoine, afin de pouvoir donner une ration plus forte au moment du travail intensif. Ces économies, lorsqu'elles ne sont pas faites avec beaucoup de prudence, deviennent préjudiciables à l'état et à la santé des chevaux.

Certains chevaux nerveux, impressionnables, ne peuvent supporter ces économies sans baisser très vite d'état (1).

Alors, lorsqu'arrive l'époque des travaux de printemps et d'été, ces chevaux fatiguent plus que les autres et sont exposés, du fait même de leur état général et du fait de l'augmentation subite de leur ration d'avoine, à des troubles digestifs.

MOYENS PRÉVENTIFS. — User avec modération des économies faites pendant l'hiver sur la ration des chevaux, et au besoin n'en pas faire du tout ; ne jamais faire d'économies sur la ration des chevaux nerveux, impressionnables, des chevaux maigres, des chevaux fatigués, des chevaux tiqueurs.

Il est donc indispensable que ces chevaux soient connus dans les pelotons, dans les escadrons et batteries, et dans toutes les écuries en général.

Travail. — Le travail a une grande influence sur la digestion. J'ai déjà dit que le travail, aussitôt après les repas,

______

(1) Morisot, *Hygiène du cheval de troupe en garnison.*

pouvait occasionner des troubles digestifs. Mais une cause fréquente de coliques chez les chevaux, c'est le *surmenage*.

Nous en avons la preuve dans l'armée par les statistiques annuelles qui démontrent que les coliques sont beaucoup plus fréquentes pendant la période de travail intensif, c'est-à-dire pendant la campagne de printemps et d'été et pendant les grandes manœuvres.

Non seulement le surmenage a des résultats immédiats se traduisant par des coliques pendant la période de surmenage même, mais ces résultats se manifestent aussi quelque temps après, alors que les chevaux sont au repos, ou à un travail modéré. C'est ainsi que les coliques sont plus fréquentes dans les corps de troupe après les grandes manœuvres, c'est-à-dire depuis la fin du mois de septembre jusqu'à la fin du mois d'octobre.

J'ai eu souvent l'occasion, comme mon collègue Alix, de constater dans le mois qui suivait la rentrée des grandes manœuvres de véritables *entérites de fatigue*.

Le surmenage, qui a toujours pour résultat une grande dépression nerveuse, de la fatigue générale et un amaigrissement momentané, est dans ce cas l'unique cause des troubles digestifs observés, ce qui vient à l'appui de ce que j'ai dit en parlant de l'état des chevaux, que les chevaux maigres, les chevaux fatigués, les chevaux qui ont perdu de leur condition, sont plus exposés que d'autres aux troubles digestifs.

Jacoulet, Benjamin, Lavalard, Cagny, Mollereau, A. Barrier, ont aussi constaté que le surmenage était une cause très fréquente de coliques.

Les à-coups dans le travail, le travail irrégulier, le travail violent, intensif, avec ration forte, peuvent occasionner des troubles de la digestion et amener des indigestions chroniques, et même des congestions intestinales sur les chevaux fortement nourris.

Moyens préventifs. — Autant il est facile d'éviter le surmenage dans l'armée pendant l'hiver, autant cela devient quelquefois difficile à l'époque du travail intensif, c'est-à-dire pendant la campagne de printemps et d'été. Cependant je crois que le travail, pendant cette époque et pendant la période de préparation aux grandes manœuvres, peut très bien être ordonné de façon à éviter tout surmenage.

La chose est plus difficile pendant les grandes manœuvres, où il faut faire vite ; mais alors on doit combattre les mauvais effets du surmenage en multipliant les autres soins hygiéniques : nourriture saine, abreuvage fréquent, soins de la peau aussi prolongés que possible, repos de nuit.

C'est pendant les grandes manœuvres, où les chevaux de la cavalerie et de l'artillerie sont souvent surmenés, qu'il y aurait avantage à faire un large usage de l'alimentation sucrée : sucréine, sons, tourteaux mélassés, pall-mail, betteraves séchées au four.

Dans les grandes administrations, il y a des époques où la cavalerie, elle aussi, est surmenée.

Aux époques de surmenage, M. Lavalard s'est très bien trouvé pour les chevaux de la Compagnie des Omnibus de l'alimentation sucrée (1).

Mais dans aucun cas les chevaux de cinq ans et de six ans ne devront être surmenés. Ils devront toujours être soumis à un travail de préparation régulier, sans à-coups, sans violence et surtout parfaitement surveillé.

En tout temps, on évitera les mauvais effets de la fatigue chez les chevaux et surtout les troubles digestifs, en soumettant ces chevaux à une bonne hygiène : repas variés, *repas chauds*, bouchonnages vigoureux suivis de bons massages, couvertures chaudes en hiver, bonne litière, respect du repos.

Atonie du tube digestif. — L'atonie du tube digestif est souvent une cause de coliques d'indigestion. Cette atonie du tube digestif s'observe généralement à la suite et pendant les convalescences des maladies infectieuses : gourme, affections typhoïdes, anasarque.

(1) Lavalard, *Bull. Soc. cent.*, séance du 10 avril 1902.

Pendant une épidémie de pasteurellose à forme abdominale, qui a sévi sur les chevaux du 2e Hussards du mois de février au mois de mai 1903, j'ai relevé de nombreux cas d'indigestion en dépit même des soins hygiéniques auxquels mes convalescents et mes malades étaient soumis.

Les indigestions sont fréquentes chez les convalescents d'entérite, si on ne surveille pas constamment leur nourriture.

Certains parasites déterminent de l'atonie du tube digestif.

Moyens préventifs. — Quelles que soient les causes qui ont déterminé l'atonie du tube digestif, multiplier et varier les repas, donner des aliments de digestion facile, des repas chauds, des buvées chaudes ; donner des toniques alimentaires : carottes, sucre, et user modérément des toniques médicamenteux.

Travail modéré, promenades fréquentes.

Débarrasser les chevaux des parasites qui vivent dans leur estomac et dans leur intestin.

Hygiène générale. — Soins divers. — Le défaut de soins et une mauvaise hygiène générale sont souvent une cause de coliques. Combien de fois j'ai eu l'occasion de constater des coliques chez des chevaux rentrant en sueur du travail et qui avaient été attachés dehors dans un courant d'air, ou conduits à la forge, sans avoir été préalablement bouchonnés et couverts.

De même, j'ai vu des chevaux rentrant du travail en sueur ou mouillés par la pluie être pris de coliques dans la journée, parce qu'on ne les avait pas bouchonnés, massés et couverts.

D'autres ont manifesté des troubles digestifs, parce que, sous prétexte de laver les membres, on les avait inondés d'eau froide jusque sous le ventre.

Les refroidissements sont donc une cause de coliques, surtout lorsqu'ils exercent leur action sur des chevaux rentrant fatigués du travail. Ils peuvent occasionner soit de l'indigestion, soit de la congestion intestinale, quelquefois les deux à la fois.

MOYENS PRÉVENTIFS. — Éviter, dans toutes les circonstances de la vie journalière, les refroidissements dans les écuries, dehors, à la forge, à la visite des indisponibles. Faire de bons pansages-massages afin d'activer les fonctions de la peau (1).

Éviter les courants d'air dans les écuries et chercher à obtenir dans ces écuries, aussi bien pendant l'hiver que pendant l'été, une température jamais inférieure à 10° et jamais supérieure à 20°.

Tenue des écuries. — Je n'envisagerai ici que l'état des litières. Les litières malpropres, les litières souillées, lorsqu'elles sont ingérées par les chevaux en certaine quantité, peuvent occasionner des troubles digestifs graves : indigestion intestinale chronique, entérite.

Le nombre des chevaux qui ont la mauvaise habitude de manger leur litière est plus grand qu'on ne le croit généralement. Pendant longtemps, j'ai observé surtout ce défaut chez les jeunes chevaux.

Il se passe en effet chez les jeunes chevaux qui croissent ce qui se passe chez les enfants. Ils savent moins modérer leur appétit, et, comme l'enfant, ils mangent volontiers tout ce qu'ils trouvent devant eux.

J'ai observé ce même défaut chez des chevaux maigres ou convalescents de maladies infectieuses graves : affections typhoïdes, pneumonie infectieuse, gourme, anasarque.

J'en étais là de mes observations, lorsque j'ai eu l'occasion d'observer ce même fait sur des chevaux âgés, paraissant bien portants.

Parti en permission le 28 septembre 1904, je rentrais le 25 octobre. Dès mon retour à la garnison, M. Gobert, vétérinaire en second, me rendait compte des nombreux cas de coliques qu'il avait observés pendant mon absence.

Comme il partait lui-même le lendemain, il n'eut pas le temps d'entrer dans beaucoup de détails, et, comme les entrées continuaient de plus belle, je me suis mis à l'étude,

____

(1) Morisot, *Hygiène du cheval de troupe.*

demandant uniquement à l'observation le secret d'un état pathologique aussi anormal.

D'abord j'ai pensé que, étant donnée la diminution de l'effectif en hommes, par suite du départ de la classe, les soins hygiéniques moins bien donnés pourraient être invoqués comme cause de cette situation médicale mauvaise. Alors j'ai surveillé plus attentivement encore l'abreuvage, la rentrée du travail, l'aération des écuries, la distribution de la nourriture, les fourrages, la dentition des chevaux, la police des repas, les soins divers ; de ces différents côtés, je n'ai rien trouvé d'anormal.

J'ai pensé à l'état de fatigue des chevaux à la rentrée des grandes manœuvres. Mais, cette année, les manœuvres avaient été particulièrement douces, et, de plus, les troubles digestifs se montraient aussi bien sur les chevaux en parfait état que sur les chevaux maigres et qui avaient baissé de condition.

La lumière m'est venue de l'infirmerie même.

Comme j'avais toujours en même temps à l'infirmerie cinq ou six chevaux atteints de coliques, l'observation sur place devenait une méthode de recherches facile et profitable.

D'abord j'ai été surpris de voir les coliques persister cinq, six, huit jours, et plus surpris encore de rencontrer de véritables entérites ne cédant qu'à un long traitement.

Des troubles digestifs, durant huit jours et plus, la chose avait lieu de surprendre, et cependant toujours la cause m'échappait.

Un matin, — j'avais à ce moment à l'infirmerie six chevaux atteints des mêmes troubles, et tous les six placés les uns à côté des autres, — un matin je trouvai la litière complètement piétinée et bouleversée, et mes six chevaux fourrageant dans cette litière, et cherchant de préférence les parties les plus souillées, les plus fermentées.

Ce fut là l'éclair. Je fis aussitôt répandre de la paille fraîche devant les chevaux, et je m'absentai un instant. Quand je revins, la paille blanche était ramenée sous les pieds de derrière, et les chevaux fourrageaient dans les parties souillées de la litière.

Je pouvais donc attribuer tout d'abord la persistance des troubles digestifs à l'ingestion de la litière souillée. J'en fus plus convaincu encore lorsque je vis cesser ces troubles aussitôt que mes chevaux furent attachés au râtelier et mis ainsi dans l'impossibilité de manger leur litière.

Cependant, et cela est très humain, ma curiosité n'était pas encore satisfaite. Je voulais savoir si l'acte de manger la litière chez mes chevaux était la cause même des troubles digestifs observés, ou si cet acte était occasionné par les troubles eux-mêmes, comme on l'observe dans la convalescence de certaines maladies. Mais, comme je ne pouvais pas faire attacher au râtelier tous les chevaux du régiment, je me contentai de faire attacher seulement les convalescents sortis de l'infirmerie.

Or, chaque fois que cette prescription hygiénique fut négligée, j'observai des récidives même chez des chevaux complètement guéris.

Enfin je constatai que certains escadrons, étant plus malheureux que d'autres au sujet de la litière, fournissaient un plus grand nombre de cas.

Cagny et plusieurs vétérinaires ont constaté aussi des troubles digestifs à la suite d'ingestion de litières souillées.

Je persiste donc à dire que les litières souillées, lorsqu'elles sont ingérées par les chevaux, peuvent occasionner des troubles digestifs.

Que les chevaux mangent leur litière par pica, ou pour se procurer du sel, ou parce que leur ration est insuffisante, n'importe, le fait est là, brutal, avec ses conséquences : troubles digestifs.

Moyens préventifs. — Les chevaux qui mangent leur litière recherchent surtout les matières salines renfermées dans les parties souillées. On leur fera perdre cette mauvaise habitude en mettant un bloc de sel brut dans leur mangeoire, en variant et salant leurs aliments.

Certains chevaux ont une perversion momentanée du goût, une sorte de pica qui les incite à manger les parties les plus souillées de leur litière. Ce sont le plus souvent des convalescents de maladies infectieuses. On attachera ces chevaux au râtelier pendant la journée, et on variera leur repas le plus possible.

Afin d'éviter les accidents occasionnés par l'ingestion des litières, il est tout indiqué d'entretenir ces litières dans le plus grand état de propreté. Dans l'armée, ce n'est pas toujours chose facile, parce que les escadrons et les batteries ne touchent pas de paille de litière, et parce qu'aussi, pendant l'hiver surtout, les chevaux mangent presque toute leur paille de ration. Mais on devra s'ingénier pour avoir autant que possible sous les pieds des chevaux des litières blanches, propres et saines. On peut arriver à ce résultat en enlevant le crottin au fur et à mesure qu'il est rendu par les chevaux et en enlevant tous les jours les parties souillées par les urines. On peut aussi enlever complètement la litière pendant la journée et ne la replacer sous les chevaux que pour la nuit.

Cette mesure d'hygiène s'impose surtout pendant l'application du régime du vert.

La litière des chevaux en box, qui est plus facilement souillée, devra être irréprochable.

Lorsqu'on peut mettre ses chevaux en box, on doit avoir les moyens de leur procurer une excellente litière.

La litière de tourbe présente aussi des avantages. Elle est à essayer.

Parasites de l'estomac et de l'intestin. — Les parasites de l'estomac et de l'intestin, les vers intestinaux, peuvent occasionner des troubles digestifs graves : tels les nématodes, les œstres, les ténias, les ascarides, les oxyures, les sclérostomes.

Œstres gastricoles. — L'œstre gastricole est un des parasites les plus fréquents de l'estomac du cheval. Si les nématodes (*spiroptères*) sont à peu près inoffensifs et déterminent

simplement dans le sac droit des tumeurs sans troubles
digestifs bien appréciables, il n'en est pas de même des
larves d'œstres gastricoles. On a peut-être exagéré l'influence
de ces larves, et on a eu tort, à une certaine époque, d'en faire

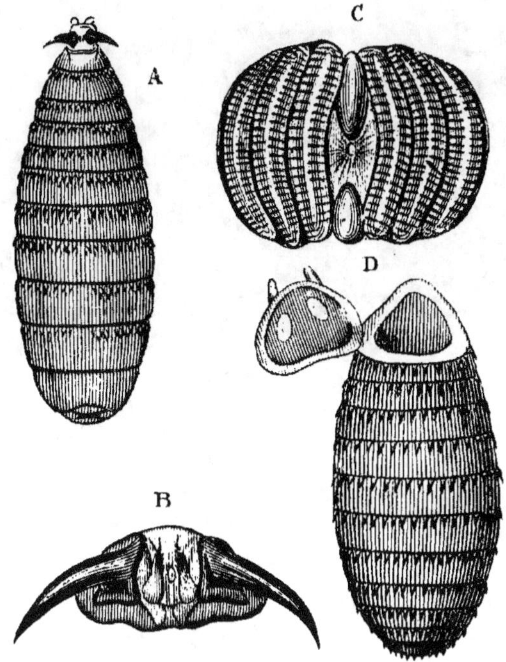

Fig. 17. — Larve et pupe de *Gastrophilus equi* (Delafond).

A. Larve au dernier stade. — B. Son appareil buccal. — C. Ses stigmates postérieurs.
— D. Pupe avec son opercule.

un véritable épouvantail, car la fréquence de ces larves dans
l'estomac et le grand nombre des chevaux qui en sont
porteurs devraient augmenter sensiblement la morbidité par
coliques et aussi la mortalité. Mais il ne faut pas tomber dans
l'exagération contraire et croire, comme certains auteurs,
que non seulement ces larves sont inoffensives, mais qu'elles
exercent une action excitante facilitant la digestion des
aliments. *Il n'y a pas de parasites de l'estomac et de l'intestin*

absolument inoffensifs, encore moins sont-ils bienfaisants.

Les autopsies ont prouvé que ces larves d'œstres gastricoles déterminent des ulcérations profondes de la muqueuse et entravent de ce fait la digestion.

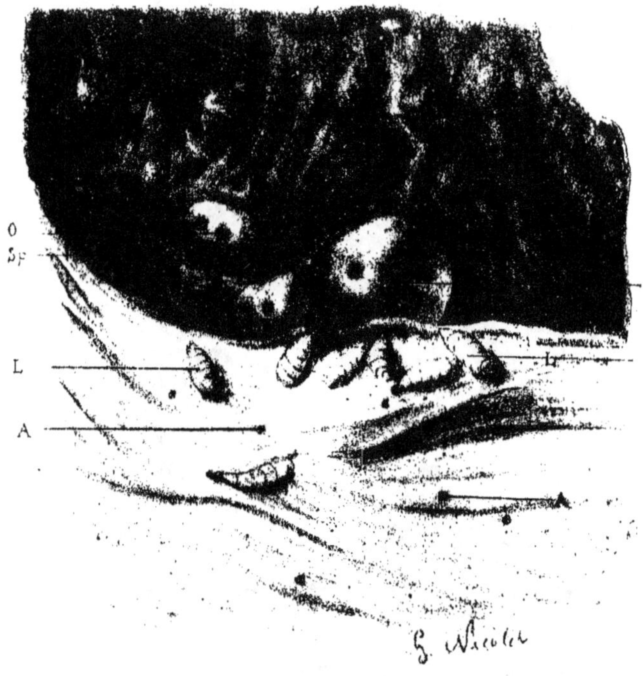

Fig. 8. — Larves implantées sur la muqueuse de l'estomac (Railliet).

Sp. Tumeurs à *Spiroptera megastoma* développées dans le sac droit. — O, Orifices de ces tumeurs. — L, Larves de *Gastrophilus equi*, fixées sur la muqueuse du sac gauche. — A, Alvéoles d'insertion des larves du *Gastrophilus hæmorrhoidalis*, qui ont abandonné l'estomac.

Elles peuvent donc occasionner des indigestions chroniques graves, lorsqu'elles sont très nombreuses et que leurs ravages s'exercent depuis longtemps.

Les perforations de l'estomac par ces larves ont été assez souvent constatées pour qu'on en tienne compte.

Je les ai moi-même constatées, et cela me rappelle l'autopsie d'un cheval mort de coliques et dont l'estomac, renfermant une quantité considérable de larves d'œstres, était perforé comme une écumoire.

Neumann, dans son *Traité des maladies parasitaires*, cite plusieurs cas de perforations par les œstres du *Gastrophilus equi*.

Deux œstres peuvent occasionner des troubles digestifs par la présence de leurs larves dans l'estomac et dans l'intestin : l'*œstre gastrique du cheval* (*Œstrus equi*, *Gastrophilus equi*), l'*œstre hémorroïdal* (*Gastrophilus hemorroidalis*).

L'*œstre gastrique du cheval* est facile à reconnaître. C'est

Fig. 9. — *Gastrophilus equi* (Neumann).

A. Femelle vue en dessous. — B. La même, vue de profil. — C. Mâle vu en dessous.

un diptère velu, à tête un peu jaunâtre ainsi que le corselet. L'abdomen est d'un roux clair avec des taches noirâtres. Les ailes transparentes portent deux bandes noires au milieu avec deux points noirâtres aux extrémités. Le mâle est de forme plus arrondie, la femelle de forme plus allongée.

L'*œstre hémorroïdal* est un diptère de couleur brune très foncée, presque noirâtre, un peu plus petit que l'œstre gastrique du cheval.

On a cru pendant longtemps que les œstres du cheval ne s'attaquaient qu'aux animaux qui paissent en liberté dans les pâturages. On a reconnu, depuis, que les chevaux logés dans les écuries situées au voisinage des prés ne sont pas à l'abri de ces diptères.

« Les œstres gastrophiles, écrit Neumann, vivent à l'état

parfait depuis le mois de juin jusqu'au mois d'octobre, mais particulièrement en août. Aux heures les plus chaudes de la journée, la femelle voltige en bourdonnant autour des chevaux, des ânes ou des mulets. Elle se balance, tenant son oviscopte dirigée en avant et en bas ; elle plane pendant quelques secondes au-dessus de l'endroit où elle veut pondre, y dépose un œuf et s'envole aussitôt. Au bout de peu de temps, elle revient, pond un second œuf et répète si souvent

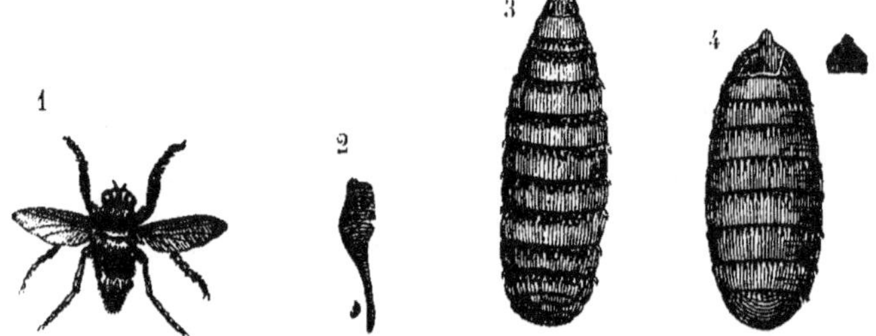

Fig. 10. — *Gastrophilus hemorroidalis* (Neumann).

1, Femelle, grandeur naturelle. — 2, Œuf grossi dix fois. — 3, Larve au dernier stade, grossie deux fois. — 4, Pupe avec son opercule, grossie deux fois.

cette opération que l'on peut trouver des centaines d'œufs sur le même cheval (1). »

C'est ordinairement au pli du genou, le long des membres, quelquefois aux épaules, que les œufs sont déposés. Ces œufs, de forme conique et d'un blanc jaunâtre, adhèrent fortement aux poils au moyen d'un enduit glutineux.

Lorsque les œufs éclosent, ce qui a lieu au bout de vingt à vingt-cinq jours, les larves rampent sous les poils et déterminent un prurit qui oblige les chevaux à se lécher. Alors les larves introduites dans la bouche se cantonnent dans le pharynx, ou sont dégluties et arrivent dans l'estomac, où elles restent environ un an. Passé ce temps, les larves se détachent, cheminent avec les matières alimentaires, puis sont expulsées avec les crottins.

(1) **Neumann**, *Maladies parasitaires*, page 325, 1888.

Je citerai en passant le *gastrophile des bestiaux* (*Gastrophilus pecorum*) et le *gastrophile nasal* (*Gastrophilus nasalis*), assez fréquents en Hongrie, en Autriche, en Suède, en Prusse, mais beaucoup moins en France.

C'est généralement autour du pylore que les larves d'œstres se cantonnent de préférence. On en trouve aussi en grand nombre dans le sac droit et le sac gauche de l'estomac, et même dans la partie renflée de l'intestin grêle. Ces larves se nourrissent de sérum et de sang. Leur nombre peut varier de 10 à 1 000.

Les larves de l'œstre hémorroïdal se cantonnent, avant d'être définitivement expulsées, dans le rectum, où elles déterminent un prurit désagréable qui oblige les chevaux à se gratter contre tous les objets environnants.

Il n'est pas indispensable que la femelle de l'œstre gastrique du cheval dépose ses œufs sur le corps du cheval pour que les larves se répandent dans l'estomac. Le cheval

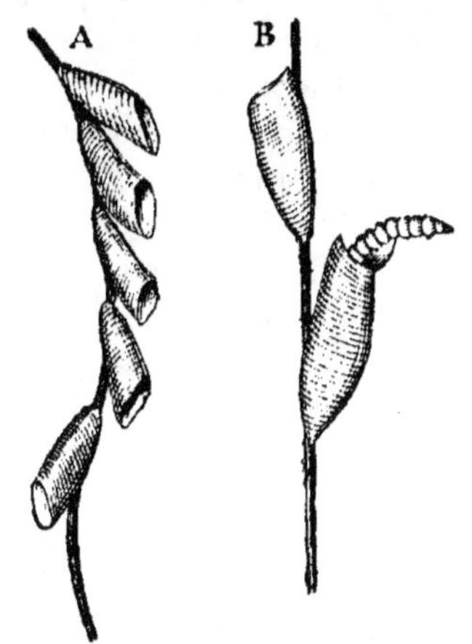

Fig. 11. — Œufs de *Gastrophilus equi* fixés aux poils. — **On** voit en B l'éclosion d'une larve.

peut déglutir des larves d'œstre en léchant ses voisins, ou en mangeant du foin, sur lequel on en trouve souvent.

Moyens préventifs. — Il est difficile de préserver les animaux qui sont au pâturage. Mais, ce que l'on peut faire, c'est de débarrasser les chevaux des œufs que les œstres ont déposés à la surface de leur corps. On y arrive facilement à l'aide de savonnages, de lotions crésylées ou phéniquées et de bons pansages. Tous les ans j'applique cette mesure hygiénique aux jeunes chevaux qui arrivent des dépôts de transition, et à tous les chevaux au retour des grandes manœuvres.

Dans les campagnes, on ne se préoccupe pas des œufs de mouche que les chevaux portent, à une certaine époque de l'année, sur différentes parties du corps. On a tort, car combien de cas de coliques on éviterait si on s'en préoccupait un peu plus !

Dans les écuries, on peut préserver plus ou moins les chevaux des œstres en maintenant dans ces écuries une certaine fraîcheur et une demi-obscurité, en brûlant dans ces écuries des substances odorantes, en imprégnant les parties du corps où les œstres déposent leurs œufs de préférence avec des solutions phéniquées, crésylées ou amères, comme l'infusion de feuilles de noyer ou de *Quassia amara*.

Fig. 12. — *Tænia perfoliata*, grandeur naturelle ; incomplet (Railliet).

Fig. 13. — *Tænia mamillana*, grandeur naturelle (Railliet).

L'odeur forte que répand le chlorure de chaux a pour propriété de chasser les mouches des écuries. On fera bien d'en épandre dans les allées et dans les coins.

Surtout laissons la queue à nos chevaux. C'est leur arme de défense, arme que ni les filets, ni les caparaçons d'été, ni les couvertures, ni les émouchettes, ni les camails, ne peuvent remplacer.

Les chevaux qui ont la mauvaise habitude de lécher leurs voisins devront être mis en box ou isolés.

Enfin on ne donnera que des foins bien conservés, parfaitement secs et de très bonne qualité.

Ténias. — Trois sortes de ténias vivent dans l'intestin du cheval : le *ténia perfolié*, le *ténia mamillan*, le *ténia plissé*. Ces trois ténias sont inermes. Mais celui qu'on rencontre le plus fréquemment dans l'intestin du cheval est le ténia perfolié. On le trouve principalement dans le cæcum, plus rarement dans le côlon *et* dans l'intestin grêle. Le ténia mamillan a son habitat de préférence dans l'intestin grêle. Le ténia plissé se rencontre surtout dans l'intestin grêle, quelquefois dans l'estomac.

Suivant Grève et Krabbe, le ténia du cheval est plus fréquent qu'on ne le croit généralement.

Certains auteurs assurent que le ténia du cheval est sans danger. Mégnin est d'un avis contraire. Mais, ce qui est certain, c'est que les ténias déterminent assez rapidement de l'anémie. Les chevaux baissent d'état et deviennent plus sujets aux indigestions chroniques.

Bucquoi cite un exemple de perforation intestinale par des *Tænia perfoliata* avec péritonite septique consécutive (1).

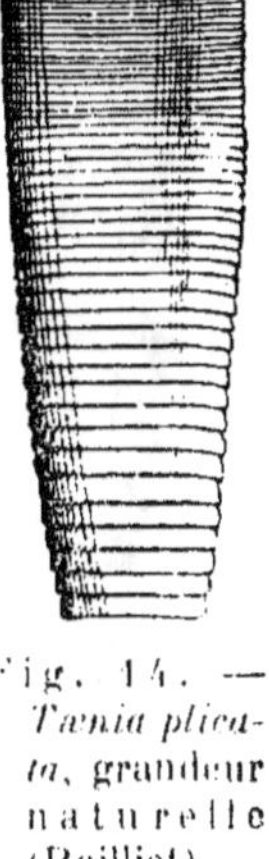

Fig. 14. — *Tænia plicata*, grandeur naturelle (Railliet).

Moyens préventifs. — Éviter de laisser dans les cours des fermes et des quartiers, dans le voisinage des cuisines et des fumiers, des amoncellements de détritus, car c'est là que souvent les chevaux se rendent lorsqu'ils réussissent à s'échapper des écuries.

Ascarides. — On rencontre dans l'intestin du cheval l'*ascaride mégalocéphale* (*Ascaris mégalocéphale*). C'est un ver de 15 à 25 centimètres de longueur, de couleur blanc sale. Très fréquent dans l'intestin du cheval, où on le trouve souvent en nombre considérable. Il émigre quelquefois dans l'estomac.

Bien que la présence des ascarides passe souvent inaperçue, ces vers peuvent donner lieu à des troubles digestifs assez graves. Il y a donc lieu de s'en préoccuper.

(1) Bucquoi, vétérinaire en premier, *Rec. de mém. et d'observ. sur l'hygiène et la médecine vétérinaires militaires*, année 1904.

Neumann dit qu'on observe fréquemment « un état catarrhal de l'intestin, une diarrhée légère et constante ; l'expulsion des crottins est immédiatement précédée de celle d'un liquide trouble ; les chevaux sont dits vidards et rendent quelquefois de ces vers avec leurs excréments. Des coliques peuvent être la conséquence d'une obstruction de l'intestin, laquelle peut persister et se terminer par la mort du sujet (1) ».

D'autre part, la présence de ces vers dans l'intestin amène de l'anémie et rend les animaux plus sujets aux troubles digestifs.

Neumann ajoute « qu'il n'est pas absolument rare de rencontrer des déchirures de l'intestin dues à son obstruction, à son ramollissement par l'état congestif et aux efforts violents auxquels l'animal s'est livré sous l'incitation des coliques (2) ».

Je relève dans le *Recueil de mémoires et d'observations sur l'hygiène et la médecine vétérinaires militaires* deux observations très intéressantes : une d'helminthiase intestinale et de péritonite secondaire aiguë par contiguité inflammatoire consécutive à une occlusion intestinale par des ascarides bouchant l'intestin grêle au niveau de la valvule iléocæcale (Pomaret) (3) ; l'autre, de perforation de l'intestin par des ascarides avec péritonite consécutive (Gendrot) (4).

MOYENS PRÉVENTIFS. — On suppose que les ascarides sont introduits dans le tube digestif

Fig. 15. — Ascaride mégalocéphale (Railliet).

(1 et 2) Neumann, *Maladies parasitaires*, page 366, 1888.

(3) Pomaret, vétérinaire militaire.

(4) Gendrot, vétérinaire militaire.

à l'état d'œufs ou d'embryons soit par les fourrages, le vert, soit par l'eau des boissons.

Il est donc indiqué de ne donner aux chevaux que de l'eau très pure et des fourrages de bonne qualité, très secs, l'humidité étant favorable à l'éclosion des œufs.

Chaque fois que des vers seront évacués par les chevaux, on devra les détruire par l'incinération, afin que ces vers ne soient pas mêlés aux fumiers.

Oxyures. — Les oxyures (oxyure courbé) sont plus inoffensifs. Comme l'oxyure de l'homme, ils n'occasionnent guère que de la chaleur et du prurit à l'anus, quelquefois de légères coliques.

Renaux donne, dans le *Recueil de mémoires et d'observations sur l'hygiène et la médecine vétérinaires militaires* une observation relative à un cas d'anémie profonde consécutive à une helminthiase causée par l'oxyure à longue queue (1).

On n'est pas bien fixé sur les migrations des oxyures.

Sclérostomes. — On rencontre, dans l'intestin du cheval, deux espèces de sclérostomes : le *sclérostome*

(1) Renaux, vétérinaire militaire.

Fig. 16. — Oxyure du cheval femelle, grandeur naturelle (Neumann).

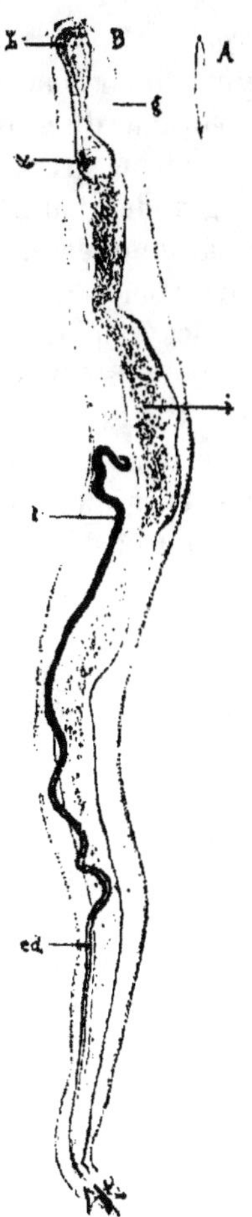

Fig. 17. — Oxyure du cheval mâle, grandeur naturelle (Railliet).

A. Grandeur naturelle. — B. Grossi. — *d*. Bulle antérieure. — *r*. Bulle postérieure ou ventricule. — *g*. Glandes dites salivaires. — *i*. Intestin. — *t*. Testicule. — *cd*. Canal déférent.

armé et le *sclérostome tétrachante*. C'est surtout le *sclérostome armé* qu'on rencontre dans l'intestin, où il habite le cæcum et l'origine du gros côlon. C'est un ver de 18 à 25 millimètres, de couleur grise, droit et raide. On le trouve quelquefois en grande quantité dans l'intestin, où il se fixe étroitement à la muqueuse. On en rencontre fréquemment dans des anévrysmes de la grande mésentérique, dans les artères rénales, hépatiques, testiculaires, dans le pancréas. On en a trouvé, surtout des sclérostomes tétrachantes, formant des kystes vermineux du cæcum et du duodénum.

Certains auteurs assurent que, lorsque les sclérostomes sont en grande quantité dans l'intestin, ils déterminent des indigestions intestinales chroniques et de véritables entérites amenant une anémie progressive profonde.

Mais où la présence des sclérostomes devient plus grave, c'est lorsque ces vers à *l'état agame* pénètrent dans le torrent circulatoire, où ils viennent former à l'origine de la grande mésentérique, dans les artères de l'intestin grêle et dans la petite mésentérique, des anévrysmes d'origine thrombo-embolique, que beaucoup de vétérinaires considèrent comme une cause de la congestion intestinale.

C'est ainsi que Bollinger prétend que, sur 100 cas de coliques, il y en a plus de 80 dus à la présence de sclérostomes et à des anévrysmes vermineux.

Certes voilà des chiffres difficiles à contrôler. J'ai fait, moi aussi, quelques recherches, et cela sur l'animal mort, c'est-à-dire le couteau en main.

Eh bien, sur beaucoup de chevaux morts de pneumonie ou autres maladies, ou abattus pour fractures des membres, j'ai toujours trouvé des sclérostomes et des anévrysmes de la grande mésentérique, lorsque ces chevaux avaient dépassé l'âge de douze ans. Et pas un de ces chevaux n'avait été de son vivant atteint de coliques.

Semmer de Dorpat affirme que presque tous les poulains de la région en sont affectés.

Magnin a repris tout récemment la thèse de Bollinger et semble croire que la congestion intestinale chez le cheval a le plus souvent pour cause un anévrysme vermineux de la grande mésentérique, et il communique, au sujet de luzerne, à la Société centrale, une note des plus intéressantes. Cette note tend à prouver que la luzerne peut être un véhicule des œufs de sclérostomes.

Mais voilà que dernièrement éclate tout à coup, comme un coup de tonnerre, une protestation contre la théorie de Bollinger, remise à jour et au point par le vétérinaire en premier Magnin.

Coquot et Basset s'inscrivent en faux contre cette théorie, et tous les deux, après avoir ligaturé l'artère colique directe et déterminé ainsi la formation d'un volumineux thrombus, démontrent, pièces à l'appui, que la muqueuse intestinale est restée absolument saine (1).

De ce fait, ils concluent que l'origine thrombo-embolique de la congestion intestinale a été exagérée et qu'il est temps de réagir contre cette théorie.

Ils sont appuyés dans cette lutte toute scientifique par G. Petit, Drouin, Barrier.

Petit dit « qu'il suffit de la simple réflexion pour éliminer toute idée d'accident redoutable d'ordre circulatoire consécutif à la thrombose. Étant donnée la disposition des artères coliques directe et rétrograde, qui s'anasto-

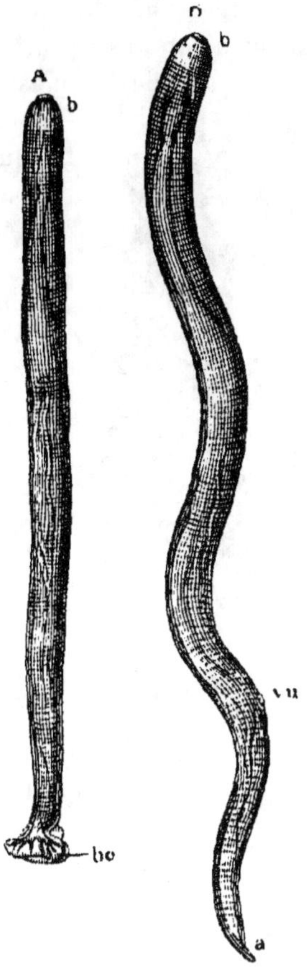

Fig. 18. — Sclérostome armé (Delafond).

A. Mâle. — B. Femelle. — b. Bouche. — a. Anus. — vu. Vulve. — bc. Bourse caudale.

(1) Coquot et Basset, *Bull. Soc. cent.*, séance du 27 juillet 1905.

mosent par inoculation, c'est-à-dire qui se continuent l'une dans l'autre, à plein canal, il est facile de comprendre que l'oblitération, en un point quelconque, de l'une de ces artères doit rester sans conséquence fâcheuse, pour ce motif que la circulation n'est nullement interrompue dans toute le territoire colique, le sang arrivant jusqu'au point thrombosé par l'une comme par l'autre des deux artères, grâce à leur disposition en U (1) ».

C'est d'ailleurs cette théorie que Barrier a toujours professée dans son cours d'anatomie. Mais Magnin revient à la rescousse et ne se déclare pas convaincu.

Ce qui prouve, aussi surabondamment que les plus séduisantes théories, que nous aurons encore l'occasion d'allumer moult fois notre lanterne pour éclairer notre ignorance dans le labyrinthe obscur où se cachent les nombreuses causes de coliques chez les chevaux.

Quoi qu'il en soit, les observations des praticiens et les lésions trouvées aux autopsies nous autorisent à croire encore que la présence des sclérostomes dans l'intestin et dans le torrent circulatoire du cheval constitue un danger.

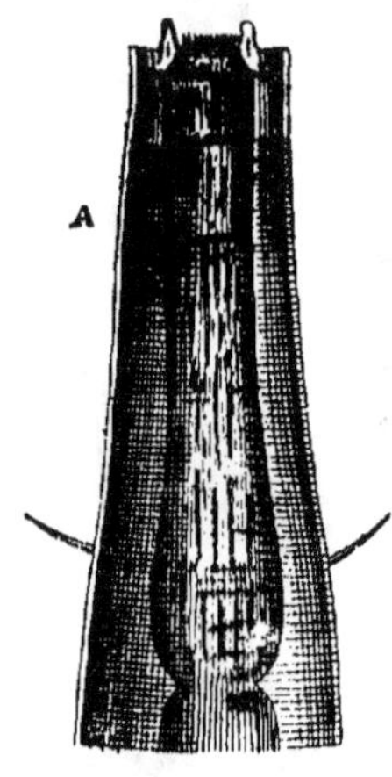

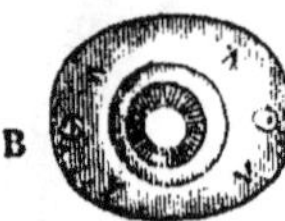

Fig. 19. — Sclérostome tétrachante (Neumann).

Il y a donc lieu de prendre toutes les mesures d'hygiène nécessaires pour prévenir ce danger.

MOYENS PRÉVENTIFS. — G. Colin croit que les sclérostomes armés sont des vers, dont le développement s'effectue sur place.

C. Baillet a démontré, au contraire, que les œufs sont

(1) G. Petit, *Bull. Soc. cent.*, séance du 27 juillet 1905.

rejetés avec les excréments et éclosent au bout de quelques jours, surtout s'ils ont été déposés dans un milieu favorable, c'est-à-dire humide. Ils retourneraient dans l'organisme du cheval avec les boissons.

Magnin accuse les fourrages artificiels, la luzerne en par-

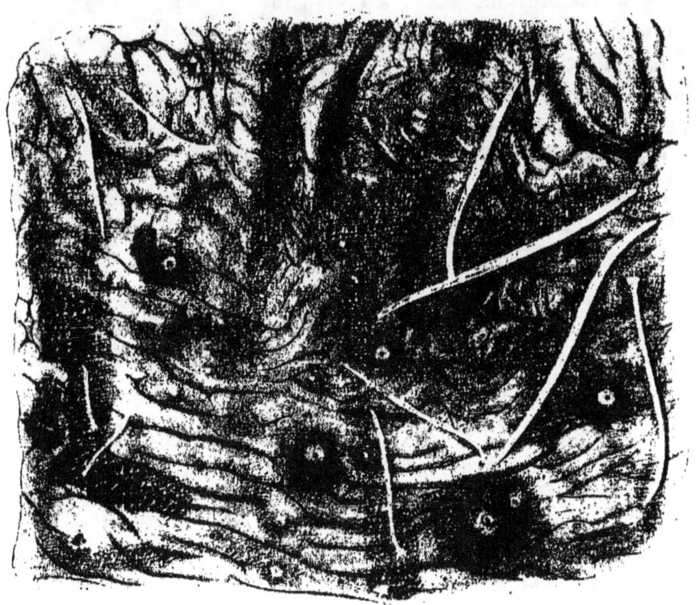

Fig. 20. — Fragment de cæcum montrant des tumeurs à sclérostomes (Railliet).

ticulier (1). Cela n'a rien d'impossible, et j'accuserais volontiers tous les fourrages humides en général, ceux qui ont été récoltés au voisinage des étangs, des marais, ceux qui ont été souillés.

Il est donc tout indiqué de surveiller l'eau des boissons, de donner de l'eau potable et de proscrire d'une façon absolue l'eau des étangs, des mares, des marais, des fossés bourbeux, enfin de toutes les eaux polluées.

(1) Magnin, vétérinaire en premier, *Bull. Soc. cent.*, séance du 28 janvier 1904.

On devra toujours donner des fourrages de bonne qualité, bien récoltés, bien conservés, et modérer surtout l'usage de la luzerne, surtout lorsqu'elle aura été récoltée par un temps humide.

Flore microbienne. — On a émis tout dernièrement cette opinion que les coliques, les coliques de congestion comme aussi les coliques d'indigestion, avaient pour cause une véritable flore microbienne facilitant les fermentations.

Cette thèse est soutenue de façon très brillante d'une part par Lignières, d'autre part par Dassonville (1).

Évidemment, ce n'est encore là qu'une hypothèse, mais une hypothèse échafaudée déjà sur quelques faits d'observations microbiologiques, et à laquelle je suis très enclin à me rallier, étant de ceux qui croient fermement *qu'il y a très peu de maladies* sans la présence d'un agent infectieux.

L'infection microbienne serait, pour Lignières et Dassonville, la cause de beaucoup de congestions et d'indigestions intestinales. Mais quelle est cette flore microbienne? Quel est ce microbe? D'où vient-il? Comment prospère-t-il? Autant de questions encore à résoudre, mais qui, en attendant mieux, doivent nous mettre en garde.

Cette flore microbienne dont parle Lignières n'est pas encore absolument connue ; mais je me garderai bien de la nier, sûr que je suis qu'on la connaîtra un jour.

Et puis rien ne m'autorise à tomber dans le travers de ceux qui nient une chose parce qu'ils ne l'ont pas vue.

Ainsi fut fait à l'égard d'une note que j'ai adressée à la Société centrale sur la nocuité des litières ingérées lorsqu'elles sont souillées.

Il s'est trouvé ce jour-là, en séance, quelques vétérinaires qui n'avaient jamais vu cela. Et le fait fut contesté.

On a cru, je crois bien, en dépit de la façon très claire dont Benjamin avait présenté la note, que je voulais affirmer que les litières souillées étaient toujours, et dans tous les cas,

(1) Dassonville, *Bulletin Soc. centr.*, 29 février 1904.

lorsqu'elles étaient ingérées, une cause sûre de coliques. Et de suite on m'a opposé l'exemple de chevaux, mangeant leur litière depuis des années, et qui n'avaient jamais été atteints de coliques.

Cela je le crois très volontiers; mais précisément parce que je crois ce que disent mes confrères, je m'étonne qu'on ait contesté un fait d'observation qui n'aurait pas échappé au vétérinaire le plus myope de la création.

Certes, je ne suis ni un hygiéniste, ni un clinicien d'hier; et j'ai des yeux qui voient, qui voient bien.

Je crois donc qu'en présence de la nouvelle théorie microbienne des coliques on fera bien d'appliquer des mesures d'hygiène préventives.

Moyens préventifs. — Ne donner aux chevaux que des aliments de très bonne qualité. Proscrire les fourrages moisis, poussiéreux, humides, avariés, fermentés, les pailles charbonnées, souillées, moisies, les avoines avariées.

Empêcher surtout les chevaux de manger *leur litière*, les détritus des cuisines, le pain et le biscuit moisis ou avariés.

Donner de l'eau très pure et ne jamais faire boire les chevaux dans les mares, dans les marécages, dans les fossés et dans les étangs dépeuplés de poissons.

Influences extérieures. — Les influences extérieures peuvent exercer une action défavorable sur la digestion.

Lorsque la pression atmosphérique a des variations brusques, violentes, les affections du tube digestif se montrent plus fréquentes et aussi plus graves. Toutes les perturbations de l'atmosphère ont leur répercussion sur l'organisme, soit qu'elles produisent un malaise général, soit qu'elles troublent profondément les fonctions digestives.

Tous les vétérinaires ont constaté la fréquence et la gravité des coliques par les temps orageux, lorsque la température monte brusquement et que l'atmosphère est chaude et chargée d'électricité.

Moyens préventifs. — Ces moyens ne sont pas à la

portée de toutes les écuries, car le travail a des exigences avec lesquelles il faut compter.

Il faudrait pouvoir diminuer le travail et la ration pendant les grandes journées chaudes et orageuses, faire boire souvent, et profiter de ce demi-repos pour donner des rafraîchissants : barbotages, buvées d'orge, graine de lin, carottes.

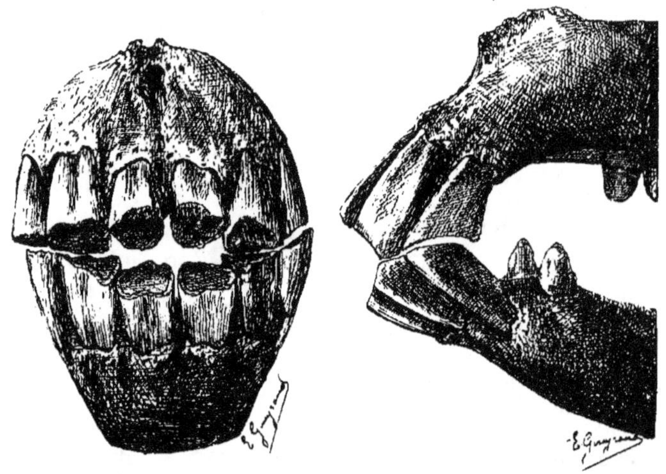

Fig. 21. — Incisives du cheval tiqueur (Orig.).

Tic. — Le tic est une habitude vicieuse du cheval caractérisée par une contraction des muscles de l'encolure ou de la bouche, amenant tantôt une ingurgitation d'air, tantôt une éructation, quelquefois les deux à la fois.

Dans une thèse remarquable qu'il vient de publier sur les *tics aérophagiques*, le Dr Chomel, vétérinaire en premier au 4e Régiment d'artillerie, nie l'éructation des chevaux tiqueurs.

Déjà Cadéac, contrairement à l'opinion de Friedberger et Frœhner, avait soutenu qu'il n'y a pas habituellement d'éructation chez le cheval tiqueur, et que le double courant d'introduction et d'expulsion d'air est vraiment exceptionnel (1).

(1) Cadéac, *Encyclopédie vétérinaire.*

Voilà donc renversée la théorie de Bouley, Mignon, Reynal, Hertwig, etc.

Chomel définit ainsi le tic aérophagique :

« Un jeu inspiratoire, un effort convulsif de déglutition, précédé d'une aspiration d'air avec bruit de déglutition, non d'éructation, et suivi de la pénétration de cet air dans le pharynx, l'œsophage, l'estomac (1). »

Pour Chomel, le tic est un acte volontaire au début, inconscient dans la suite. Ce qui est certain, c'est que les animaux finissent par tiquer par habitude, mais que jamais la volonté n'est complètement abolie, car certains tiqueurs invétérés ne tiquent pas lorsqu'on les observe. On dirait qu'ils se cachent pour tiquer.

Le tic a des inconvénients graves. Presque tous les tiqueurs ont le gros ventre et digèrent mal. Ils sont souvent ballonnés. Pour peu qu'ils travaillent, ils baissent vite d'état. Ils sont en outre exposés aux indigestions chroniques, avec météorisme plus ou moins prononcé.

Tous les vétérinaires militaires ont constaté la fréquence des coliques de tic dans l'armée. Ces coliques ne sont pas les moins graves. Elles le sont d'autant plus que le tic est plus ancien et que le cheval est plus âgé. On peut poser en principe que tous les chevaux tiqueurs finissent par mourir de coliques.

Étiologie. — Les causes du tic ne sont pas très bien connues. Alors que certains vétérinaires voient dans le tic un besoin, d'autres l'attribuent à un état maladif. Quelques vétérinaires font jouer un certain rôle à l'hérédité. Mais ce qui est absolument démontré, c'est que l'habitude de tiquer se contracte par *imitation*. Il suffit souvent qu'un cheval soit voisin d'un cheval tiqueur pour devenir tiqueur à son tour.

Chomel n'admet pas le tic par imitation. Il n'en a pas observé d'exemples, comme pour le tic de l'ours, dont on ne peut pas nier la « contagion » par imitation.

(1) Chomel, *Les tics aérophagiques.*

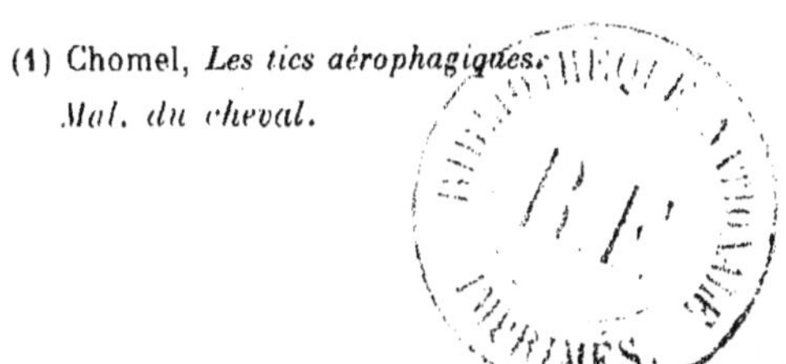

Parmi les causes, il fait surtout jouer un rôle prépondérant aux *facteurs psychiques* (1).

Les tiqueurs seraient selon lui des *dégénérés*, des *asymétriques*, au même titre que les chevaux méchants, rétifs, etc.

Cette théorie est très séduisante et me semble d'autant plus vraie de la vérité qu'elle vérifie en quelque sorte les observations que j'ai faites chez les enfants, et chez l'homme, relatives à l'asymétrie.

Il y a dans les tics aérophagiques chez les animaux une étude à fouiller.

Moyens préventifs. — Dans une agglomération de chevaux, on devra isoler impitoyablement les tiqueurs ou, ce qui est mieux, s'en défaire. Dans les écuries de prix, on ne doit pas tolérer un tiqueur, qui est un mauvais exemple pour les autres chevaux. Il vaut mieux perdre sur le prix d'achat et le vendre.

Le cheval tiqueur trouvant une certaine jouissance à tiquer, le tic est d'un traitement long, difficile, et le plus souvent sans résultat.

Alors que l'éducation réussit quelquefois, du moins comme moyen préventif, les corrections sont sans effet, et je conseille d'y renoncer d'une façon absolue.

Beaucoup de moyens, tous empiriques, sont employés contre le tic et peuvent réussir.

Si le cheval tique sur sa mangeoire, il suffit souvent de garnir les bords de cette mangeoire de tôle, de peau de mouton, de clous ou d'une bande de cuir. S'il tique au fond de sa mangeoire, il suffit d'y mettre une planchette garnie de pointes. On réussit quelquefois en attachant le cheval le derrière à la mangeoire.

Certains chevaux ne tiquent que sur le bois ; on leur donnera une mangeoire en pierre. La mangeoire mobile qu'on ne place qu'au moment des repas donne aussi d'excellents résultats.

(1) Chomel, *Les tics aérophagiques.*

Un bon moyen consiste à mettre le cheval en liberté dans un box dépourvu de mangeoire. On peut aussi attacher le cheval très court au râtelier, ou aux parois de la stalle, avec deux longes.

On peut également placer dans la mangeoire un bloc de sel. Les chevaux ont une grande faiblesse pour le sel. Dès qu'ils ont un bloc à leur portée, ils passent leur temps à le lécher. Ils peuvent ainsi perdre l'habitude de tiquer.

On a remarqué qu'un compagnon, en occupant le cheval, empêchait celui-ci de tiquer.

Cagny et Gobert citent l'exemple de certains chevaux restant parfaitement tranquilles, si leur box les met en communication par une ouverture grillée avec un autre cheval ; d'autres veulent avoir auprès d'eux un chien, un mouton ou un chat qui saute sur leur dos. La jument *Lausanne*, ajoutent Cagny et Gobert, ne pouvait même pas voyager en chemin de fer sans un mouton (1).

Si un cheval tique sur son râtelier, il est tout indiqué de le supprimer. S'il tique sur sa longe d'écurie, on la remplacera par une chaîne. Mais tous ces moyens ne sont pas absolus, car nous savons tous que rien n'arrête un tiqueur invétéré. S'il a l'habitude de tiquer sur son râtelier ou sur sa mangeoire, et qu'on les lui supprime, il tiquera sur autre chose.

On a vu des chevaux tiquer sur leurs genoux, sur les épaules et la croupe de leurs voisins d'écurie.

Les amers : teinture d'aloès, *Quassia amara*, coloquinte, goudron, huile de cade, huile empyreumatique, crésyl, suie de cheminée, réussissent quelquefois.

Cagny a eu quelques succès en administrant chaque jour aux chevaux tiqueurs 20 centigrammes de vératrine et 20 grammes de sulfate noir d'antimoine. On recommande également la noix vomique et les sels de strychnine.

Mais, devant les grandes difficultés qu'on éprouvait à empêcher les chevaux de tiquer, on a cherché des moyens mécaniques qui, dès la première application, ont paru de

(1) Cagny et Gobert, *Dictionnaire vétérinaire.*

suite plus efficaces. Ces moyens consistent à serrer la gorge à l'aide d'une simple courroie ou d'un collier antitiqueur.

La courroie serrée modérément empêche la contraction des muscles du cou et rend l'action de tiquer plus difficile. Elle a plus d'efficacité sur les chevaux qui tiquent à l'appui que sur ceux qui tiquent en l'air. Mais elle est dangereuse et d'un emploi difficile. Lorsqu'elle est trop serrée, elle détermine du cornage ou devient une cause d'asphyxie ou de congestion cérébrale.

Butel conseille de mettre au cheval un touret en cuir dur, large de 9 à 10 centimètres, comprimant la gorge et qu'on serre au degré convenable. Il assure n'avoir jamais vu échouer ce moyen même en cas de vice invétéré (1).

Le collier antitiqueur, mieux compris et plus perfectionné, est aussi très efficace. Mais encore faut-il qu'il soit bien ajusté, bien placé, car, dans le cas contraire, il devient aussi dangereux que la simple courroie.

Les modèles des colliers antitiqueurs sont aussi nombreux que variés. On n'a que l'embarras du choix (2).

Occlusion intestinale. — L'occlusion intestinale a pour cause un obstacle mécanique quelconque s'opposant au cours des matières alimentaires. Elle peut être déterminée par un *rétrécissement*, un *volvulus*, une *invagination*, une *obstruction*.

Occlusion par rétrécissement. — On ne la rencontre guère que sur l'intestin grêle dans ses premières portions et au voisinage du pylore, où elle se manifeste quelquefois d'une façon si prononcée que c'est à peine si la lumière du canal laisse pénétrer le doigt (Benjamin).

Le plus souvent l'occlusion est précédée d'une dilatation énorme en forme de poire.

On a trouvé à l'autopsie, sur plusieurs chevaux morts d'indigestion intestinale, plusieurs rétrécissements successifs.

(1) Butel, *Maladies de l'appareil digestif*, page 30.
(2) Voir Morisot, *Hygiène du cheval de troupe*.

ÉTIOLOGIE. — Les thromboses des artères intestinales, en gênant la circulation locale dans la région, occasionnent souvent des rétrécissements de l'intestin.

Le rétrécissement intestinal peut être lié à une altération des parois de l'intestin (polypes, cancers, abcès) (1).

J'ai eu l'occasion de faire l'autopsie d'un pur sang mort de coliques, alors qu'il était en pleine convalescence gourmeuse. J'ai trouvé un rétrécissement intestinal produit par un volumineux abcès gourmeux.

Les abcès du rectum sont moins dangereux, parce qu'il est facile alors de les ouvrir.

Ils entraînent rarement la mort, comme les abcès de l'intestin.

On a trouvé des rétrécissements de l'intestin dus à la formation de tissu cicatriciel.

Occlusion par étranglement. — L'étranglement de l'intestin chez le cheval a de nombreuses causes.

Je citerai surtout : la perforation du diaphragme, les déchirures du mésentère, la hernie de l'hiatus de Winslow.

Les traumatismes : chutes, efforts, coups violents sur l'abdomen, peuvent déterminer des déchirures du mésentère, dans lesquelles déchirures vient faire hernie une anse intestinale, d'où son étranglement.

D'autres fois, l'intestin s'introduit accidentellement dans une fente du ligament falciforme du foie.

Dans d'autres cas, l'étranglement est produit par un faux ligament né d'une péritonite, lequel ligament peut étrangler une anse intestinale.

On a aussi observé l'étranglement intestinal à la suite de la castration. Cet étranglement est dû à une adhérence de l'intestin grêle au niveau du tissu de cicatrice.

Chez les juments, le ligament ovarien allongé anormalement peut produire l'étranglement de l'intestin à son niveau. Les kystes des ovaires, lorsqu'ils sont très volumineux, peuvent, par leur pression sur l'intestin, déterminer de l'occlusion intestinale avec coliques et météorisme.

(1) Bergeon.

MOYENS PRÉVENTIFS. — On évitera ces accidents : occlusion par rétrécissement, occlusion par accident, en empêchant la formation des thromboses artérielles de l'intestin (Voir plus haut *Sclérostomes*), en soignant scrupuleusement les convalescents de gourme.

A ce propos, on ne devra jamais, et pendant longtemps, négliger l'antisepsie intestinale, car c'est souvent très longtemps, — j'en ai eu plusieurs exemples, — après la guérison de l'affection gourmeuse que se produisent les abcès de l'intestin.

Comme antisepsie préventive de l'intestin, je recommande le salol, le naphtol β, le benzo-naphtol, le salicylate de soude, le bicarbonate de soude, et enfin les purgatifs salins légers (sulfate de soude, sulfate de magnésie, crème de tartre soluble).

On devra éviter autant que possible les traumatismes : chutes, efforts violents dans les démarrages, coups sur l'abdomen.

Enfin l'opération de la castration devra être entourée de tous les soins antiseptiques recommandés pour éviter les accidents consécutifs.

Dans le cas de péritonite, surveiller la convalescence.

Occlusion par volvulus. — Le volvulus est une occlusion de l'intestin occasionnée par la torsion ou l'étranglement de l'intestin, et particulièrement de l'intestin grêle. On l'observe plus rarement sur le gros côlon et sur le côlon flottant.

ÉTIOLOGIE. — La cause du volvulus réside le plus souvent primitivement dans une indigestion intestinale, dont il est quelquefois la terminaison.

L'ingestion d'eau froide en grande quantité peut occasionner le volvulus. Quelques auteurs incriminent les purgatifs drastiques.

La torsion de l'intestin est assez fréquente, surtout chez les chevaux entiers, pendant les coliques à la suite de mouvements violents, de ruades, de chutes brusques, et surtout lorsque le cheval se roule violemment.

Ces mouvements désordonnés de l'animal produisent souvent dans l'indigestion stomacale une déchirure de l'estomac et, dans l'indigestion intestinale, un volvulus.

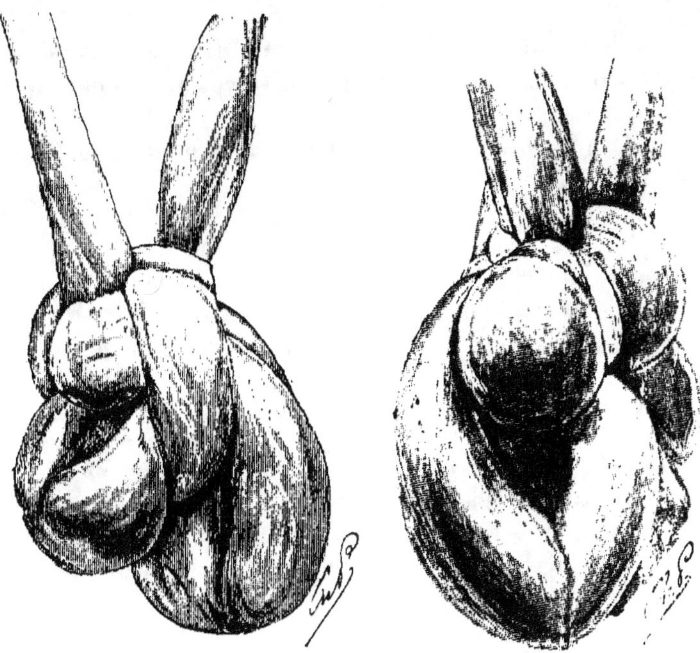

Fig. 22. — Volvulus de l'intestin grêle (Mollereau, *Bull. Soc. cent.*, 25 mars 1897).

MOYENS PRÉVENTIFS. — Éviter tout d'abord chez le cheval les indigestions et employer pour cela les moyens que j'ai indiqués précédemment. Éviter surtout les indigestions d'eau froide.

Lorsqu'un cheval est atteint de coliques, quel que soit le genre des coliques, prendre toutes les mesures nécessaires pour l'empêcher de ruer, de se jeter à terre brusquement, de se rouler.

Occlusion par invagination. — L'invagination est une occlusion intestinale due à la pénétration d'une portion de l'intestin dans une autre portion. Elle se produit généralement comme le volvulus sur l'intestin grêle.

Elle peut être *simple* ou *double*. Dans ce dernier cas, la portion invaginée se replie deux ou plusieurs fois sur elle-même.

Presque toujours le sens de la pénétration se trouve dans la direction suivie par les matières, rarement en opposition avec cette direction.

Souvent le mésentère s'invagine aussi et produit un étranglement de la partie invaginée.

L'intestin grêle peut s'invaginer dans le cæcum. J'en ai vu plusieurs exemples, un entre autres dernièrement sur un cheval du 5e Régiment d'artillerie.

Quelle que soit la forme de l'invagination, l'obstruction intestinale dans ce cas est toujours grave. L'intestin s'enflamme, la partie invaginée peut être frappée de gangrène, et presque toujours la mort survient.

ÉTIOLOGIE. — Les causes de l'invagination sont à peu près les mêmes que celles du volvulus : indigestion intestinale, congestion intestinale, entérite, ingestion d'eau froide, paralysie de l'intestin, certaines maladies infectieuses (anasarque, pasteurellose abdominale).

MOYENS PRÉVENTIFS. — Éviter les indigestions et toutes les causes qui peuvent occasionner des troubles digestifs ; surveiller la convalescence des chevaux convalescents de maladies infectieuses. On alimentera ces chevaux d'une façon modérée et avec des aliments de facile digestion.

Occlusion par obstruction. — Ce genre d'occlusion peut être produit par des *pelotes*, des *calculs*, des *égagropiles*, un *amas de vers intestinaux*, un *amas de sable ou de terre*.

Pelotes. — Les pelotes sont formées par un amas de matières desséchées agglomérées en boules, et qu'on rencontre le plus souvent dans la portion flottante du côlon : ce sont les pelotes stercorales. Elles coïncident généralement avec l'indigestion intestinale chronique.

ÉTIOLOGIE. — Toutes les causes de l'indigestion chronique peuvent concourir à la formation des pelotes : mauvaise dentition des chevaux, irrégularité des repas, ingestion trop rapide des aliments ou de fourrages durs, de son en trop grande quantité, d'avoine concassée, de maïs concassé.

MOYENS PRÉVENTIFS. — Surveiller l'alimentation, observer rigoureusement toutes les règles de la police des repas. Proscrire l'alimentation au pochet, et ne jamais gaver les animaux de son en barbotages, de mashes, d'avoine et de maïs concassés. Faire boire souvent.

Calculs. — Les calculs, encore appelés *bézoards, entéro-lithes,* sont des corps étrangers constitués par un noyau central : grain d'avoine, morceau de terre, fragment de pierre, corps dur quelconque, lequel noyau est entouré de couches concentriques de sels calcaires et ammoniaco-magnésiens.

Assez fréquents chez le cheval, on les rencontre surtout dans la courbure diaphragmatique du gros côlon. Les calculs du cæcum sont très rares. Ceux qu'on rencontre dans le côlon flottant et dans le rectum sont des calculs qui ont cheminé et qui sont à la veille d'être évacués.

Les calculs ont généralement une forme arrondie. Ils sont parfaitement lisses. On en trouve d'aplatis comme des galets.

Leur couleur dans l'intestin varie du jaune verdâtre au bleu clair et au rouge. Mais, lorsqu'ils sont expulsés, ils deviennent tous uniformément gris.

Leur poids est variable. On en trouve pesant quelques grammes, et d'autres pesant plusieurs kilogrammes. Lafosse en a trouvé un pesant 15 kilogrammes. Butel en a présenté un à la Société centrale pesant 5 kilogrammes (1).

(1) Butel, *Maladies de l'appareil digestif,* page 255.

Lorsque les calculs atteignent une certaine grosseur, ils occasionnent de l'obstruction avec ses conséquences et ses dangers.

ÉTIOLOGIE. — On attribue la formation des calculs à la nourriture spéciale de certains chevaux, comme les chevaux de meuniers, qui font une grosse consommation de son.

Le son étant très riche en phosphate de chaux et en

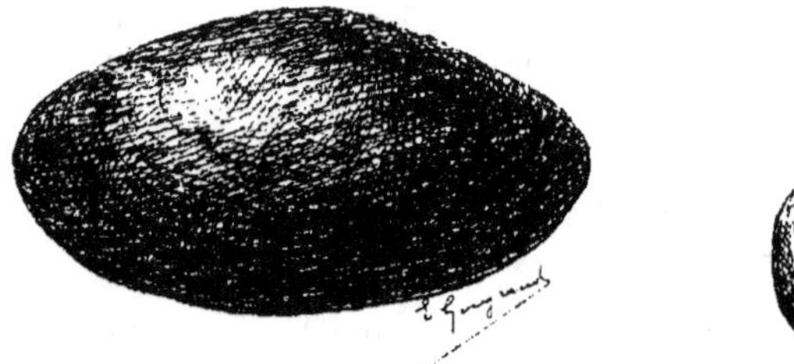

Fig. 23. — Calculs gastro-intestinaux (Orig.).

magnésie, on l'accuse tout naturellement du mal. Certains auteurs contestent cette cause, qui n'a jamais été prouvée d'une façon absolue.

Mais ce qui est parfaitement démontré, c'est que le phosphate ammoniaco-magnésien, qui entre dans la composition chimique des calculs, existe naturellement à l'état de saturation dans les liquides de l'intestin. Peu soluble, il se cristallise facilement, surtout s'il trouve un corps étranger qui forme noyau central et lui sert alors d'axe de cristallisation.

Lorsque le calcul est en voie de formation, il grossit très vite. En quelques mois, il peut atteindre la grosseur du poing (1).

MOYENS PRÉVENTIFS. — Ne pas faire abus du son, des recoupes et des avoines trop riches en phosphates. Ne pas donner au phosphate ammoniaco-magnésien contenu dans

____

(1) Colin, vétérinaire militaire, *Recueil*, 15 août 1900.

les liquides de l'intestin les moyens de se cristalliser, et pour cela, donner des aliments de facile digestion, et ne jamais laisser de corps étrangers, si petits qu'ils soient, à la portée des animaux. On devra surtout empêcher les chevaux de manger du sable, de la terre, des écorces d'arbre, de mordre leur râtelier ou leur bat-flanc. On arrive facilement à ce résultat en laissant en permanence dans la mangeoire une pierre de sel.

Égagropiles. — Les égagropiles sont formés par une sorte de feutrage de poils d'animaux ou de poils de végétaux, et autour duquel viennent souvent se concréter des sels calcaires ou ammoniaco-magnésiens.

On les trouve surtout dans le gros côlon, rarement dans le cæcum.

Comme pour la formation des calculs, il faut, pour la formation de l'égagropile, un noyau central : grain d'avoine, grain de maïs, fragment de pierre, etc.

Leur volume est variable ; on en a trouvé plusieurs pesant plus de 1 kilogramme.

Lorsque les égagropiles atteignent un certain volume, ils occasionnent de l'obstruction intestinale : indigestion chronique.

ÉTIOLOGIE. — C'est surtout dans l'intestin des chevaux qui ont la mauvaise habitude de se lécher et de lécher leurs voisins qu'on rencontre des égagropiles. Les poulains à la mamelle qui lèchent leur mère en renferment quelquefois.

Le trèfle incarnat, les feuilles et les tiges de certaines plantes, les poils fins qui recouvrent le caryope du grain d'avoine, peuvent concourir, dans certaines circonstances, à la formation des égagropiles.

MOYENS PRÉVENTIFS. — Empêcher les chevaux de se lécher et de lécher leurs voisins. Les chevaux lécheurs devront être isolés. On occupera ces chevaux en maintenant en permanence dans leur mangeoire un bloc de sel. On enduira les

régions que le cheval lèche de préférence avec de la teinture
d'aloès, une infusion concentrée de feuilles de noyer ou de
Quassia amara, une solution crésylée ou phéniquée.

User modérément pour le cheval du trèfle incarnat et des
avoines velues. Ne jamais laisser à la portée des animaux

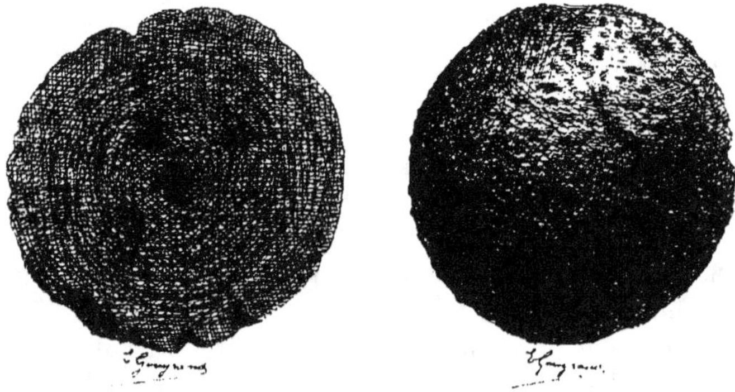

Fig. 24. — Égagropiles (Orig.).

de corps étrangers pouvant faciliter la formation dans
l'intestin des égagropiles.

Corps étrangers. — Coliques de sable. — Il arrive fréquemment que les chevaux ingèrent accidentellement des
corps étrangers. On rencontre surtout ces corps étrangers
dans l'intestin, plus rarement dans l'estomac.

C'est le plus souvent de la terre, du sable, des fragments
de bois, des morceaux de drap, des éponges, du fil de fer,
des aiguilles, des fragments de molaire, etc., que l'on trouve
dans l'intestin du cheval.

Ces corps étrangers occasionnent toujours des coliques,
suivies quelquefois de déchirure ou de perforation de l'intestin.

Coliques de sable. — Les coliques de sable, occasionnées
par l'ingestion de sable ou de terre, s'observent sur les
chevaux de troupe, attachés à la corde, soit en campagne,

soit au bivouac, pendant les grandes manœuvres. Elles sont assez fréquentes dans l'artillerie, les artilleurs ayant conservé l'habitude de mettre leurs chevaux à la corde pendant les routes et aux manœuvres, alors qu'ils pourraient les loger dans les écuries.

Les chevaux et les poulains dans les pâturages ingèrent souvent de la terre et du sable avec les racines des plantes.

Mais c'est surout dans les bivouacs que l'on observe les vraies coliques de sable (1).

Au bivouac, les chevaux mangent la terre et le sable, par désœuvrement, par pica, ou par besoin de matières salines.

Le cheval est très friand de sel, il le recherche partout, sur les murs et dans la terre. C'est pourquoi tous les chevaux, sans exception, attachés dehors à la corde, fourragent dans le sol et sont exposés aux coliques de sable.

Bourgès cite plusieurs cas de coliques de sable. Moi-même j'ai eu l'occasion de soigner plusieurs fois des chevaux appartenant à de malheureux ambulants qui campaient hors des villes. Chaque fois, j'ai eu à donner mes soins à des chevaux maigres, bas d'état, attachés au piquet et atteints de coliques de sable.

La quantité de sable ou de terre ingérée peut atteindre plusieurs kilogrammes.

Les symptômes des coliques de sable sont ceux des coliques par obstruction.

La mort survient rarement, si on intervient à temps ; mais souvent les coliques se compliquent d'entérite.

MOYENS PRÉVENTIFS CONTRE LES CORPS ÉTRANGERS. — Ne jamais laisser de corps étrangers à la portée des animaux. Veiller au parfait entretien des bat-flancs, des râteliers, afin d'en éviter les éclats qui pourraient être mordillés par les chevaux et ingérés.

Surveiller les chevaux et les poulains aux pâturages. User du bivouac et de la corde exceptionnellement pour les

____

(1) Roy, vétérinaire militaire, *Recueil*, 15 avril 1899.

chevaux de troupe, du moins en temps de paix, les conditions hygiéniques en campagne étant toujours primées par les nécessités du moment.

Telles sont, passées en revue, les différentes causes des coliques chez le cheval et les moyens préventifs permettant, sinon d'empêcher ces manifestations, du moins d'en diminuer la gravité.

Si partout, dans les administrations civiles, dans l'armée, on se plaint d'une certaine recrudescence dans le nombre des cas de coliques observés, la raison en est ou dans la mauvaise hygiène à laquelle sont soumis les chevaux, ou à une mauvaise application des mesures d'hygiène, ou bien encore à un défaut absolu d'hygiène.

La médecine a marché, l'hygiène aussi, et plus peut-être que la médecine. Il n'y a donc pas de raison pour que les coliques soient plus fréquentes aujourd'hui qu'il y a vingt ans.

C'est pourquoi j'essaie de démontrer ici que, si les coliques menacent d'atteindre bientôt le point culminant de leur courbe ascendante, nous sommes seuls coupables.

Et j'ajoute que, partout si on exige une application rigoureuse et intelligente des mesures d'hygiène, on verra bien vite le nombre des cas diminuer d'une façon sensible, pour descendre bientôt, dans l'armée du moins, au-dessous de la normale.

En ma qualité d'hygiéniste convaincu, je m'en porte garant.

CHAPITRE V

MALADIES DE L'APPAREIL DIGESTIF

(SUITE)

Caractères généraux des coliques. — Caractères particuliers. — Complications.

Ce livre ayant été écrit surtout pour les vétérinaires, j'aurais pu me dispenser d'entrer dans des détails sur les caractères généraux des coliques, les caractères et les symptômes de ces troubles digestifs étant connus de tous, des jeunes praticiens comme de ceux dont la carrière s'achève. Mais mon travail ne serait pas complet, et mon but ne serait pas atteint, si je ne donnais, au moins dans une envolée rapide, un exposé succinct des caractères généraux des coliques et de leurs principales complications. Cet exposé, indispensable à un ouvrage de cette importance, justifiera encore mieux la campagne hygiéniqueque j'ai entreprise en montrant combien sont grandes les souffrances supportées par les chevaux atteints de coliques, et combien la mortalité, qui en est souvent la conséquence, est fréquente et redoutable pour notre commerce, notre industrie, notre élevage et notre défense nationale.

On désigne sous le nom de *coliques* un ensemble de symptômes douloureux, occasionnés par des troubles digestifs, des maladies diverses, ayant leur siège soit dans l'estomac, soit dans l'intestin, soit dans les deux à la fois.

Le mot colique est donc plutôt un *syndrome* qu'une maladie spéciale et unique.

Ce qui apparaît surtout à la pensée lorsqu'on prononce ce mot si caractéristique, c'est la vision de souffrances ressenties, souffrances que les animaux accusent par leur inquiétude d'abord, puis par leurs mouvements violents, désordonnés, et enfin par la perte de tout sentiment.

Le mot colique signifie donc souffrances. Ce sont ces souffrances que je vais décrire ici.

Les coliques débutent presque toujours brusquement à l'écurie, pendant ou après le repas, plus rarement pendant le travail.

Le cheval manifeste des signes d'inquiétude ; de temps en temps, il regarde son flanc, comme s'il voulait indiquer le siège de la douleur. Puis il s'agite dans sa stalle, piétine, gratte le sol avec ses pieds de devant, se frappe violemment le ventre avec les pieds de derrière, remue fréquemment la queue, se couche, puis se relève pour se coucher de nouveau. S'il est attelé ou monté, il ralentit le pas, refuse de marcher ou se jette de côté.

Si les coliques deviennent plus graves, le cheval vousse la colonne vertébrale, se campe en vain pour uriner ; puis, sous l'influence des douleurs violentes qu'il éprouve, il se laisse tomber brusquement sur sa litière en faisant entendre une plainte, se roule violemment en tenant ses quatre pieds rapprochés du ventre. Quelquefois il reste couché pendant quelques instants sur le dos, puis se relève brusquement, se projette en avant dans sa stalle, tire au renard, ou frappe des pieds de derrière. C'est généralement dans ces mouvements violents que se produisent la déchirure de l'estomac et le volvulus, accidents graves, toujours suivis de mort.

De temps en temps, on voit le cheval fléchir ses genoux en ramenant sous lui ses pieds postérieurs, comme s'il voulait se coucher. Il reste ainsi pendant quelques instants, puis se relève ou se laisse tomber violemment sur le sol.

Des moments de calme de quelques minutes succèdent à ces crises de douleur, puis les symptômes reprennent plus rapprochés, plus violents. A mesure que s'accentue l'épuisement nerveux, les moments d'accalmie deviennent plus fréquents et plus longs.

La bouche est sèche, pâteuse, chaude ; les naseaux sont dilatés ; la respiration est courte ; les reins sont raides et insensibles.

La marche du sujet est ralentie, difficile ; d'autres fois accélérée et comme automatique.

Le cheval atteint de coliques refuse généralement la nourriture et les boissons.

Lorsque les coliques doivent se terminer d'une façon heureuse, le cheval se secoue et se détire ; puis il se campe pour uriner et expulse par l'anus des matières avec une grande quantité de gaz. Cette expulsion soulage l'animal, et les coliques cessent presque aussitôt.

Si, au contraire, les coliques doivent se terminer par la mort, les douleurs augmentent d'intensité, et les mouvements deviennent de plus en plus violents et de plus en plus désordonnés. En même temps la physionomie change d'aspect ; le faciès se grippe, les naseaux se dilatent fortement, les yeux restent fixes, saillants et sans éclat. L'animal reste immobile, la tête basse, et se montre insensible à toute excitation. Il semble avoir perdu le sentiment de ce qui se passe autour de lui.

La respiration est tremblotante, le ventre est fortement ballonné ; la peau est froide ou couverte d'une sueur abondante. La marche est de plus en plus difficile. Ces signes sont des signes d'agonie, de mort prochaine.

Les coliques ont presque toujours une marche suraiguë. Elles se terminent rapidement par la guérison ou par la mort, sauf dans le cas d'indigestion chronique. Il est donc de toute nécessité que le vétérinaire intervienne à temps, car souvent un retard de quelques minutes amène la mort.

Quelques symptômes sont particuliers à la forme des coliques et aux causes qui les ont déterminées. Je vais les passer en revue rapidement.

Indigestion stomacale. — Ces coliques apparaissent le plus souvent deux ou trois heures après un repas copieux, ou pendant le travail, lorsque ce travail succède immédiatement au repas. Lorsqu'il y a simple embarras de l'estomac, les coliques sont peu intenses et durent peu. Mais, s'il y a surcharge, l'animal présente les premiers symptômes généraux des coliques. Il gratte le sol, mais se couche avec hésitation, avec précautions, et ne se roule point. Il reste volontiers couché en position normale ou étendu de tout son long sur la litière.

Le ventre se ballonne assez rapidement et devient très vite douloureux à la pression.

L'animal refuse toute nourriture, même les breuvages.

La marche est trainante, difficile ; les reins sont raides et insensibles.

La respiration est accélérée et comme frappée par instants de dyspnée. Cette difficulté de la respiration est due aux violentes douleurs ressenties à ce moment et au refoulement du diaphragme par l'estomac.

Le facies est fortement grippé ; l'animal bâille fréquemment. On observe aussi des éructations fréquentes d'odeur acide.

Si les symptômes s'aggravent, les coliques se montrent alors dans toute leur force. Ou l'animal se laisse tomber, ou s'assied sur son train postérieur, à la manière du chien. Ce dernier symptôme est caractéristique de l'indigestion stomacale avec surcharge. Puis les nausées apparaissent avec rejet de parcelles alimentaires, ou bien encore le *vomissement*.

Le *vomissement* indique presque toujours la rupture de l'estomac. C'est une complication mortelle de l'indigestion stomacale. Il consiste dans l'expulsion convulsive par la bouche et par les naseaux des matières fermentées contenues dans l'estomac.

Rupture de l'estomac. — C'est une complication de l'indigestion stomacale avec surcharge. Elle se produit généralement pendant les mouvements violents de l'animal ou au moment d'une chute brusque sur le sol, même lorsque le cheval n'est pas atteint d'indigestion stomacale (1).

La cause indique donc les précautions à prendre dans le cas d'indigestion stomacale pour éviter cet accident toujours mortel.

(1) Courteaud. *Recueil d'hygiène*, année 1895.

On cite des cas de déchirures de l'estomac dans la gastrique chronique, à la suite d'abcès, de tumeurs, d'ulcères ou de perforations par les ascarides.

Indigestion d'eau. — Assez rare et produite par l'ingestion d'une quantité considérable de boisson. Cette indigestion présente les caractères de l'indigestion par surcharge avec reflux de l'eau jusque dans l'œsophage, dyspnée et vomissement de liquide mélangé à des mucosités.

Les coliques, d'abord peu accusées, augmentent d'intensité assez rapidement, sans acquérir cependant la violence des coliques d'obstruction ou de congestion. Le ballonnement se montre surtout du côté du flanc droit.

Congestion intestinale. — La congestion intestinale, *coliques de sang, apoplexie intestinale*, se montre toujours d'une façon soudaine, avec des symptômes extrêmement violents dès le début.

Qu'elle soit due à un refroidissement brusque, à un anévrysme vermineux, ou à une autre cause, les caractères des coliques sont toujours les mêmes, c'est-à-dire continus avec des moments de calme pour ainsi dire inappréciables.

L'animal gratte le sol violemment, piétine, se couche, se relève, se couche de nouveau, se roule, se met sur le dos, se relève, pour s'agiter dans sa stalle et se jeter violemment de côté. Parfois il bondit en avant, grimpe dans la mangeoire, recule, tire au renard.

Lorsque les douleurs sont moins vives, comme elles persistent néanmoins, le cheval fléchit les genoux comme s'il voulait se coucher, puis se redresse, répète ce mouvement plusieurs fois et finit par se laisser tomber brusquement sur sa litière.

La marche est tout à fait caractéristique ; l'animal marche en engageant son arrière-main, en fléchissant les jarrets et en appuyant la croupe soit à droite, soit à gauche.

Les coliques sont si violentes que, même pendant la promenade, on arrive difficilement à empêcher le cheval de se coucher et de se rouler.

La défécation est nulle, la miction est complètement supprimée.

Le facies est fortement grippé, les naseaux sont dilatés, le flanc est retroussé, coupé de soubresauts ; les reins sont très raides et insensibles.

Les yeux sont brillants et fixes. La conjonctive est très injectée et de teinte foncée. Le pouls est vite, fébrile ; l'artère, tendue et dure.

Le sujet peut mourir en pleine souffrance d'épuisement nerveux.

Une complication assez fréquente de la congestion intestinale est l'*hémorragie, entérorragie.*

Alors les caractères des coliques changent subitement. Les muqueuses des yeux et de la bouche pâlissent, la peau se couvre d'une sueur froide, les membres et les oreilles se refroidissent ; le pouls devient filant, insaisissable ; l'anus laisse écouler des matières mélangées de sang ; puis l'animal meurt dans le coma.

Occlusion intestinale. — Les coliques par occlusion intestinale, qu'elles soient occasionnées par un rétrécissement, un volvulus, une invagination ou une obstruction, débutent souvent d'une façon brusque, violente, quelquefois aussi brusquement que les coliques déterminées par la hernie étranglée.

Ces coliques ont quelque ressemblance avec celles de la congestion intestinale. On observe cependant quelques caractères différentiels : rémittences plus fréquentes et plus prolongées ; mouvements presque continuels de la tête (mouvements d'encensoir), position du sphinx ou du chien assis, mouvements continus de la lèvre inférieure.

Dans l'occlusion chronique, les symptômes débutent au contraire lentement et restent pendant quelque temps insidieux.

Indigestion intestinale aiguë. — L'indigestion intestinale aiguë (*tympanite, météorisme*) survient toujours quelque temps après le repas. Elle se caractérise par des coliques peu intenses et de la météorisation. Le ballonnement est donc un des principaux symptômes de cette forme de l'indigestion. Il débute toujours à droite, puis finit par gagner l'abdomen tout entier.

Le ballonnement est quelquefois si accusé qu'il refoule le diaphragme et provoque de la dyspnée.

Les coliques d'indigestion intestinale guérissent généralement. Elles peuvent se compliquer cependant de congestion intestinale, de torsion de l'intestin, de déchirure du cæcum ou du gros côlon, ou même du diaphragme. Ces différentes complications amènent toujours la mort.

Indigestion intestinale chronique. — Cette indigestion a beaucoup de ressemblance avec l'obstruction intestinale, dont elle est souvent la conséquence. Les coliques qui en résultent sont d'abord peu intenses et cèdent très vite à un traitement approprié. Puis elles apparaissent de nouveau après plusieurs jours de guérison apparente et toujours à la suite d'un repas.

A ce moment, il n'y a pas encore de ballonnement, et le malade expulse sans difficultés des matières demi-liquides et mal digérées.

Mais, à mesure que l'embarras intestinal s'accentue, les coliques deviennent plus fréquentes et plus accusées. La constipation se produit et avec elle le ballonnement.

La caractéristique de ces coliques est leur longue durée : deux à six jours.

Alors que j'étais vétérinaire en premier au 2e Hussards, je me suis trouvé aux prises avec plusieurs cas d'indigestion intestinale chronique dus à l'ingestion de litières souillées. Tous les cas traités n'ont pas duré moins de dix jours.

J'ai eu l'occasion aussi de constater que beaucoup de cas de coliques sourdes et peu graves pouvaient être mis sur le compte de l'indigestion intestinale chronique, surtout sur les chevaux tiqueurs et qui présentent de l'atonie du tube digestif.

Je me souviens d'un pur sang qui, avant de présenter des symptômes bien nets et bien accusés d'indigestion intestinale chronique, commençait toujours par présenter une ou deux fois par semaine des coliques légères, et cédant à quelques lavements qui débarrassaient la dernière portion de l'intestin. Puis un beau jour apparaissait l'indigestion chronique dans toute sa force.

Les vieux chevaux dont la dentition n'est pas surveillée, et qui sont très sujets aux irrégularités dentaires, les convalescents de maladies internes graves et de maladies infectieuses, sont exposés plus que les autres aux indigestions chroniques de l'intestin.

Les complications de l'indigestion chronique sont les mêmes que celles qui surviennent dans l'indigestion aiguë. La déchirure de l'intestin est la plus fréquente et la plus redoutable.

Coliques par corps étrangers. — **Coliques de sable.** — Les symptômes de ces coliques sont identiquement les mêmes que ceux de l'occlusion intestinale par obstruction.

Dans les coliques de sable, il y a toujours expulsion de sable en nature ou mélangé à des matières mal digérées. Presque toujours on constate en même temps des symptômes d'entérite.

Coliques vermineuses. — Ces coliques se caractérisent par leur peu d'intensité et leur état passager. Mais, lorsque les parasites habitent depuis quelque temps l'estomac ou l'intestin du cheval, on relève des symptômes assez accusés d'helminthiase : troubles de la nutrition, anémie et amaigrissement, pâleur des muqueuses, appétit capricieux, mollesse et manque d'entrain pendant le travail, nausées fréquentes, constipation, plus souvent diarrhée, coliques passagères. Dans les cas graves et anciens, perforation de l'estomac (œstres), ou hémorragie intestinale, phénomènes nerveux.

Si le malade se gratte la queue aux parois de sa stable ou

au mur, c'est un signe de la présence dans le rectum d'œstres hémorroïdales ou d'oxyures.

La perforation de l'estomac, la déchirure de l'intestin, l'hémorragie intestinale, peuvent survenir en complications des coliques vermineuses.

Coliques de faim et de soif.— Elles se caractérisent surtout par la faiblesse et la prostration du malade. La bouche est sèche, les muqueuses sont très injectées, le pouls est dur et vite, l'artère tendue ; les reins sont raides et insensibles. Le cheval porte la tête basse, et, dans la marche, c'est à peine s'il lève les membres. On sent qu'il est dominé par une grande fatigue, un grand abattement. Le flanc est tellement retroussé que le cheval paraît comme efflanqué (Bourgès).

J'ai eu l'occasion, aux grandes manœuvres, de constater plusieurs cas de coliques de faim et de soif. Presque toujours ces coliques étaient dues à la négligence et à l'insouciance des cavaliers qui ne s'étaient point préoccupés de leur monture. Et, en même temps que j'étais pris d'une profonde pitié pour ces pauvres chevaux qui mouraient de besoin, je sentais monter en moi une violente colère contre les brutes qui les avaient mis en pareil état.

CHAPITRE VI

MALADIES DE L'APPAREIL DIGESTIF

(SUITE)

Gastrite aiguë. — C'est l'inflammation aiguë de la muqueuse de l'estomac. Elle précède souvent l'indigestion stomacale

ÉTIOLOGIE. — Mauvaise hygiène. Écarts de régime, irrégularité dans la distribution de la nourriture et dans la composition des repas, travail irrégulier, violent, par à-coups, et suivant immédiatement le repas, inobservance des règles de la police des repas, alimentation au pochet, ingestion en trop grande quantité de son, d'avoine, d'eau froide, de fourrages verts ou fermentés, de fourrages avariés, alimentation intensive.

Certaines plantes renfermées dans les fourrages : les plantes piquantes, irritantes, les plantes narcotiques, narcotico-acres, peuvent occasionner de la gastrite aiguë lorsqu'elles sont ingérées en grande quantité. Il en est de même des litières souillées.

Les larves d'œstres, lorsqu'elles s'accumulent dans l'estomac, déterminent toujours de la gastrique et quelquefois de la perforation de l'estomac.

On a vu la gastrite se produire à la suite de l'abus de l'arsenic, de la noix vomique, de poudres et d'électuaires irritants, de liquides trop chauds ou légèrement caustiques.

Elle est souvent une conséquence des affections typhoïdes ou gourmeuses, de la pneumonie infectieuse, de l'anasarque, dont elle trouble la convalescence.

Symptômes. — Tristesse, abattement, inappétence absolue, ou appétit capricieux, bouche sèche, exhalant une odeur acide, langue fuligineuse, rouge foncé sur les bords et la pointe, bâillements fréquents, nausées aigrelettes, constipation opiniâtre.

Muqueuses de la bouche et des yeux légèrement ictériques.

L'animal avide de boissons froides refuse les boissons tièdes.

Coliques légères sans ballonnement.

S'il y a *gastro-duodénite*, les symptômes s'accusent. La teinte ictérique des muqueuses devient plus prononcée ; il y a atonie de l'intestin, ce qui augmente encore la constipation.

Si, par suite d'efforts continus, l'animal arrive à expulser quelques crottins, ces crottins sont petits, marronnés et très durs. H. Benjamin écrit que, lorsque ces crottins tombent à terre, ils rebondissent sur le sol avec un bruit de cailloux, tant ils sont durs (1).

Les coliques se montrent plus violentes avec des rémittences fréquentes ; elles durent généralement huit à dix jours et coïncident toujours avec l'heure des repas, quelque légers qu'ils soient.

Il y a très peu de ballonnement ; mais le foie participe toujours à l'inflammation, et souvent la région hépatique est douloureuse.

L'urine, plutôt rare, est épaisse et de couleur très foncée (teinte café noir).

Le pronostic de la gastrite est variable.

Toujours grave dans la gastro-duodénite.

Gastrite chronique. — Elle succède généralement à la

____

(1) H. Benjamin, *Bull. de la Soc. centr.*, séance du 10 nov. 1904.

gastrique aiguë. Elle relève des mêmes causes, des mêmes écarts de régime et des mêmes défauts d'hygiène.

Quelquefois la gastrique chronique s'établit lentement sous l'influence de causes persistantes et sans avoir été précédée d'une gastrite aiguë.

Elle est plus fréquente chez les vieux chevaux qui broient mal leurs aliments que chez les jeunes. Et c'est dans ce cas surtout qu'elle s'accompagne souvent d'indigestion stomacale chronique.

On a vu la gastrite chronique exister pour ainsi dire à l'état enzootique sur des chevaux nourris avec des fourrages moisis.

Les chevaux fatigués, épuisés par le travail, et auxquels on laisse à peine le temps de manger, paient un large tribut à la gastrite chronique.

La gastrite chronique coïncide quelquefois avec des tumeurs ou des ulcérations de l'estomac. Les œstres en sont une cause fréquente.

Les maladies chroniques du poumon, des plèvres, du foie, de la rate, des reins, ont toujours leur répercussion sur l'estomac. Il est rare que ces maladies ne se compliquent pas de gastrite chronique.

Symptômes. — Appétit capricieux, dépravé. Les malades mangent du sable, de la terre, du bois, des plâtras, fourragent dans les parties les plus souillées de leur litière. Bouche sèche, pâteuse, exhalant une odeur écœurante, conjonctives ictériques, bâillements fréquents. Coliques légères d'indigestion avec ballonnement. Dyspepsie par suite d'insalivation, surtout chez les vieux chevaux qui broient insuffisamment leurs aliments. Alternance de constipation et de diarrhée. Ventre douloureux, rétracté; mollesse générale, poil terne et piqué, amaigrissement.

Il y a souvent en même temps de l'entérite (gastro-entérite).

Moyens préventifs. — On évitera la gastrique aiguë, en

observant scrupuleusement les règles d'hygiène que nous avons prescrites à propos de l'alimentation et du travail. Voir le chapitre relatif à l'état et à l'impressionnabilité des chevaux, à l'abreuvage, à la dentition des chevaux, à la nature, la quantité et la qualité des aliments distribués, au mode de distribution de la nourriture, à la police des repas, à l'ingestion des litières souillées, au travail, au surmenage, aux parasites, aux influences extérieures, au tic, etc.

On surveillera les convalescences des maladies infectieuses, convalescences pendant lesquelles on fera usage des antiseptiques gastro-intestinaux (salol, benzo-naphtol, acide salicylique) et d'une nourriture modérée et de digestion facile : buvées d'orge, fourrages verts, avoine cuite en petite quantité.

Dans aucune circonstance on ne devra abuser des électuaires irritants, qui sont une cause fréquente de gastrite. A la première constatation de l'irritation de la muqueuse stomacale par ces électuaires, faire usage du lait en assez grande quantité.

La gastrite chronique étant une maladie des vieux chevaux, on surveillera la table dentaire, *on modérera* le travail et la nourriture.

Mais, aussi bien pour la gastrite aiguë que pour la gastrique chronique, on ne saurait trop se montrer difficile dans le choix des fourrages.

Dans les affections du foie qui s'accompagnent presque toujours de gastrique : donner des désinfectants du tube digestif et des purgatifs doux, comme moyens préventifs.

Tumeurs de l'estomac. — Elles siègent le plus souvent sur le pylore, le cardia et la grande courbure. Les plus fréquentes se rattachent aux sarcomes, aux carcinomes, aux épithéliomes, aux adénomes.

Mouquet relate un cas de cancer de l'estomac.

Petit et Fayet donnent, dans le *Bulletin de la Société*

centrale, une relation d'un cancer du cul-de-sac gauche de l'estomac (1).

Symptômes. — Coliques sourdes, appétit capricieux, perverti, amaigrissement. Symptômes de gastrite et d'entérite chroniques avec exacerbation des coliques au moment des repas et de l'abreuvage.

Dilatation de l'estomac. — Altération assez fréquente chez le cheval, où elle est liée à la gastrite chronique, aux tumeurs de l'estomac et au mauvais état de l'appareil dentaire (2).

Moyens préventifs. — Surveiller la table dentaire. Réveiller les facultés digestives des chevaux tiqueurs, bas d'état, qui présentent de l'atonie de l'estomac, des ulcérations des tumeurs, ou qui sont convalescents de maladies infectieuses.

Entérite aiguë. — C'est l'inflammation aiguë de la muqueuse, de l'intestin et particulièrement de l'intestin grêle. Lorsque le gros intestin participe à l'inflammation, on lui donne le nom d'entéro-colite. Les mots duodénite, inflammation du duodénum, typhlite, inflammation du cæcum, rectite, inflammation du rectum, sont peu employés en médecine vétérinaire. Il est très heureux que le cæcum du cheval n'ait pas d'appendice, car nous aurions alors, nous aussi, l'appendicite avec sa vogue, ses tours de force, et peut-être aussi son exploitation.

Étiologie. — Mauvaise hygiène, alimentation avec des fourrages durs, indigestes ou avariés, ou bien encore renfermant des plantes irritantes, piquantes, narcotico-âcres. Le mauvais effet de ces fourrages est d'autant plus actif qu'ils sont ingérés imparfaitement broyés. La mauvais état de l'appareil dentaire apparaît donc comme une cause occasionnelle de l'entérite.

(1) Petit et Fayet. *Bull. de la Soc. Cent.*, 13 novembre 1902.
(2) Brun. *Bull. de la Soc. centr.*, 25 juillet 1901.

L'ingestion des litières souillées, d'eaux impures, polluées, contaminées ou de boissons trop froides, l'administration de médicaments irritants, de purgatifs drastiques, peuvent occasionner très rapidement de la gastrite aiguë.

La présence dans l'intestin de nombreux vers peut déterminer, avec de l'helminthiase, de l'entérite vermineuse.

Parmi les autres causes, on peut encore citer les refroidissements brusques, l'alimentation intensive, le surmenage.

Nous avons tous observé des entérites à la suite des grandes manœuvres sur les chevaux nerveux, impressionnables, qui se dépensent beaucoup dans le travail, sur les chevaux fatigués, épuisés. C'est cette entérite que mon confrère Alix appelle l'entérite de fatigue (1).

Les empoisonnements déterminent toujours de l'entérite aiguë.

Enfin il n'est pas rare d'observer de l'entérite dans les convalescences des maladies infectieuses : affections typhoïdes gourme, anasarque.

Symptômes. — Coliques légères, appétit diminué et capricieux, constipation, absence de fièvre dans les cas bénins ; réaction fébrile assez prononcée dans les cas graves.

Bouche sèche, pâteuse, brûlante, exhalant une odeur fétide ; langue chargée d'un enduit pultacé foncé, presque noirâtre.

L'animal est triste, prostré pendant les moments de fièvre ; le poil est terne, piqué, le flanc retroussé, rétracté, douloureux ; les reins sont raides, voussés et insensibles. Le malade refuse les boissons tièdes et prend encore volontiers les boissons froides, surtout lorsque la fièvre est accusée.

Pendant tout le temps que l'inflammation est limitée à l'intestin grêle, on observe une constipation opiniâtre avec expulsion de temps en temps de crottins petits, durs et coiffés. Mais, lorsque l'inflammation gagne le gros intestin,

____

(1) Alix, *Bull. de la Soc. centr.*, séance du 10 mars 1904.

il arrive souvent que la diarrhée succède à la constipation.

L'urine est épaisse et chargée.

Presque toujours il y a répercussion sur le foie et sur les reins, par suite de la formation et de l'élimination des ptomaïnes. Cette répercussion est indiquée par la teinte ictérique des muqueuses.

La durée de l'entérite aiguë est généralement de dix à vingt jours. Elle se termine par la résolution, l'état chronique ou la mort.

Entérite chronique. — Elle peut débuter d'emblée ou s'affirmer en terminaison de l'entérite aiguë.

ÉTIOLOGIE. — Ses causes sont celles de l'entérite aiguë avec action moins forte et plus prolongée.

Fréquente dans les convalescences de maladies infectieuses ou symptomatique des affections du cœur et du foie. Elle coïncide quelquefois avec l'emphysème pulmonaire.

Les médications prolongées avec l'arsenic, la noix vomique, la digitale, l'extrait de belladone, l'essence de térébenthine, le kermès, etc., peuvent déterminer de l'entérite chronique.

SYMPTÔMES. — Cette affection se spécialise surtout au gros intestin. Elle se caractérise par des coliques légères, du météorisme, et par conséquent par un peu de ballonnement. Mais le principal caractère de l'entérite chronique est la diarrhée, tantôt muqueuse, tantôt glaireuse, tantôt renfermant de véritables fausses membranes. Cette forme se rencontre surtout chez les bovidés. Chez le cheval, l'entérite chronique s'accompagne le plus souvent d'une constipation opiniâtre, à laquelle succède de temps en temps une diarrhée albumineuse.

L'entérite chronique, presque toujours rebelle à tous les traitements, doit être considérée comme une maladie grave : 1º parce qu'elle épuise les animaux et les rend inaptes au travail ; 2º parce qu'elle peut amener la mort.

MOYENS PRÉVENTIFS. — Voir les moyens préventifs prescrits pour prévenir la gastrite aiguë et la gastrique chronique.

Mais j'insiste surtout sur les moyens à employer pour prévenir sur les chevaux nerveux et impressionnables l'entérite de fatigue.

Cet entérite étant surtout un effet du surmenage, il convient de ne pas soumettre ces chevaux à un travail intensif sans un entraînement préalable.

Au retour des grandes manœuvres, ou après une campagne de travail longue et pénible, il est indispensable, dans l'armée et dans les grandes administrations, de soumettre les chevaux nerveux, fatigués, épuisés par cette campagne de travail intensif, à un régime rafraîchissant.

Se bien garder de les laisser au repos complet. Travail modéré, promenades fréquentes, bains d'air toniques, alimentation choisie et de digestion facile : buvées et barbotages d'orge, mashes rafraîchissants, repas chauds, boissons blanches et fréquentes.

Je conseille aussi de bien surveiller la table dentaire des chevaux qui se nourrissent mal, qui boudent sur leur ration et sont toujours au-dessous de l'état.

Entérite diarrhéique. — C'est une maladie infectieuse des poulains se caractérisant par une diarrhée persistante, grise ou verte, et qui entraîne rapidement l'épuisement des sujets.

ÉTIOLOGIE. — Mauvaise hygiène, ingestion de laits altérés, fermentés, de fourrages avariés, moisis, refroidissements. C'est surtout au moment du sevrage que les poulains sont atteints.

Mais toutes ces causes ne sont que des causes prédisposantes ou occasionnelles. La cause déterminante est tout entière dans la pénétration dans l'organisme d'un agent infectieux parfaitement déterminé pour le veau (*Bacterium coli*) et qui reste encore à trouver pour le cheval. La preuve en est fournie par ce fait que la maladie atteint toujours les poulains qui boivent du lait altéré dans des vases malpropres, ou à des mamelles dont on n'assure pas la propreté par des soins quotidiens.

L'infection peut aussi se produire par l'ombilic du jeune poulain (1).

SYMPTÔMES. — Prostration extrême, tristesse, coliques légères avec ballonnement, diarrhée grise ou verte, mais très fétide et contenant des caillots fibrineux. Appétit nul, pouls faible, vite, coupé d'intermittence, battements du cœur tumultueux, ce qui est un signe d'anémie rapide.

Si la maladie marche vers la résolution, une amélioration sensible se produit vers le deuxième jour. Dans le cas contraire, la maladie s'aggrave rapidement, et la mort peut survenir vers le troisième jour.

MOYENS PRÉVENTIFS. — Rendre aussi aseptique que possible la queue, les mamelles et les régions voisines de la jument qui nourrit son poulain. Lorsque les jeunes poulains commencent à manger et à boire seuls, donner des fourrages de très bonne qualité, des boissons saines, et entretenir les seaux et baquets dans lesquels ils boivent dans le plus grand état de propreté. Désinfecter très souvent ces ustensiles d'écurie avec de l'acide sulfurique étendu d'eau (20 grammes pour 1 litre d'eau).

Dès la naissance, la plaie ombilicale du poulain devra être l'objet d'une antisepsie rigoureuse.

La queue et les mamelles de la mère seront désinfectées avec une solution de sublimé à 1 p. 1 000 ou de créoline à 2 p. 100 (2). Ces solutions sont sans danger pour le poulain.

Les jeunes poulains restant souvent couchés, les litières devront être fraîches et saines. Les boxes devront être soigneusement désinfectés.

Ces mesures préventives devront être rigoureusement

(1) Observation de Pader, vétérinaire militaire, *Bull. de la Soc. cent.*, 10 mai 1900.

(2) Cagny et Gobert, *Dict. vétérinaire*, tome I, page 461.

observées, car l'entérite diarrhéique est toujours une maladie grave à la fois par elle-même et par les complications qui peuvent survenir : telles la *pneumonie, l'ophtalmie purulente, l'arthrite des jeunes animaux.*

Leclainche a décrit une *diarrhée sporadique des poulains,* qui n'a aucun rapport avec l'entérite diarrhéique et qui a surtout moins de gravité.

Elle se caractérise par une soif ardente, le refus de téter et une diarrhée grise.

Mêmes moyens préventifs que pour l'entérite diarrhéique.

Dilatation de l'intestin. — Si la dilatation de l'estomac est rare chez le cheval, il n'en est pas de même de la dilatation de l'intestin qu'on observe au contraire assez fréquemment.

Étiologie. — Accumulation des matières dans un point et occasionnée par un rétrécissement ou un obstacle quelconque au cheminement de ces matières, ou bien encore par une atonie ou une paralysie de l'intestin.

Les dilatations ont généralement leur siège au niveau de la valvule iléo-cæcale, sur le duodénum et sur le rectum.

On a vu des dilatations du rectum former de véritables cloaques où viennent s'accumuler des matières fécales d'odeur très prononcée.

Symptômes. — Coliques légères quelquefois accompagnées d'un léger ballonnement. L'avoine, les fourrages secs, réveillent toujours ces coliques.

Moyens préventifs. — Les mêmes que pour prévenir les obstructions intestinales et les indigestions intestinales. Tenir toujours l'intestin libre est le plus sûr moyen d'éviter ces sortes d'accidents.

Abcès de l'intestin. — Assez féquents chez le cheval, ils se forment dans l'épaisseur des parois intestinales, ou dans le tissu conjonctif avoisinant le rectum. On peut rencontrer

Mal. du cheval. 9

dans l'intestin un abcès unique, volumineux, obstruant le canal, ou plusieurs petits abcès disséminés sur la longueur de l'intestin.

Quelquefois l'abcès, tout en intéressant l'intestin, se forme en dehors et gagne le mésentère et les ganglions mésentériques.

On cite l'exemple d'abcès de l'intestin renfermant plusieurs litres de pus.

J'ai fait, en l'année 1905, l'autopsie d'un cheval de quatre ans, mort d'un abcès de l'intestin d'origine gourmeuse. Cet abcès, qui avait déterminé une véritable obstruction de l'intestin, renfermait une quantité considérable de liquide et, au centre de la poche, une masse volumineuse formée par du pus caséifié que j'enlevai tout d'une pièce.

ÉTIOLOGIE. — Les abcès de l'intestin ont souvent pour cause un traumatisme : coups violents sur l'abdomen, corps étrangers piquants, tranchants, ayant occasionné des blessures de la muqueuse intestinale.

Mais le plus souvent les abcès de l'intestin sont d'origine gourmeuse (1). C'est pourquoi on les observe généralement chez les chevaux âgés de quatre et cinq ans.

C'est ordinairement pendant la convalescence des affections gourmeuses, et quelquefois longtemps après, qu'on voit se former les abcès de l'intestin.

Le cheval dont j'ai fait l'autopsie en 1905 avait eu une affection gourmeuse assez grave et qui avait nécessité un long séjour à l'infirmerie. Sa convalescence avait été longue et difficile. Un an après sa sortie de l'infirmerie, ce cheval, en dépit d'une hygiène spéciale, était encore au-dessous de l'état. Malgré son origine — c'était un pur sang — il n'avait pas retrouvé cette énergie, cet entrain, cette gaité qui caractérisent le pur sang.

De temps en temps, on nous l'amenait, présentant de légères coliques qui cédaient très rapidement à un traitement ordi-

____

(1) Delcambre, vétérinaire major, *Recueil d'hyg. et de méd. vétérinaires militaires*, année 1900.

naire. Mais un jour, quelques heures après son repas du matin, ce cheval fut pris de coliques violentes et mourut en moins de deux heures. A l'autopsie, je trouvai un abcès volu·mineux de l'intestin.

SYMPTÔMES. — Les abcès de l'intestin se formant lentement, il est rare qu'à la longue les fonctions de nutrition ne soient pas troublées. Aussi le cheval est-il toujours au-dessous de l'état. Quelquefois il arrive à un état de maigreur très prononcé. De temps en temps, il présente de légères coliques qui cèdent le plus souvent à un traitement ordinaire.

Lorsque l'abcès atteint un certain volume, le ventre est ballonné et douloureux.

Lorsqu'il siège tout à fait dans les dernières portions de l'intestin, on peut le reconnaître par l'exploration rectale.

Si l'abcès s'ouvre dans l'intestin, le pus est expulsé avec les matières, et la guérison peut survenir. Si, au contraire, il s'ouvre dans le péritoine, il détermine toujours une péritonite mortelle.

Quelquefois l'abcès par sa masse forme une véritable occlusion intestinale avec tous ses dangers.

MOYENS PRÉVENTIFS. — Ces moyens sont des plus simples : éviter les traumatismes ; ne jamais laisser à la portée des animaux des corps étrangers piquants ou tranchants qui, déglutis, pourraient occasionner des blessures de l'intestin.

Enfin surveiller la convalescence des affections gourmeuses, car c'est surtout à ce moment que se produisent les abcès de l'intestin.

On aura surtout recours, pendant cette convalescence, aux antiseptiques intestinaux : purgatifs légers (crème de tartre, sulfate de soude, sulfate de magnésie, à petites doses), salol, benzo-naphtol, acide salicylique, bicarbonate de soude.

L'alimentation devra être très surveillée : fourrages de bonne qualité, avoine cuite, maïs, fourrages verts, et de préférence des repas chauds.

Plaies de l'intestin. — Étiologie. — Elles sont généralement dues à des traumatismes : chutes sur des instruments aratoires, sur des faux, des fourches, des pieux, coups de fourche, coups de sabre, de baïonnette, blessures par armes à feu, ingestion d'un corps étranger piquant ou tranchant.

Les plaies par piqûres comme celles faites par le trocart dans la ponction du cæcum, ou par le bistouri, guérissent toujours seules, si les instruments ont été rendus aseptiques.

Les plaies contuses, les plaies par déchirures et celles qui entraînent une perte de substance sont plus graves et nécessitent quelquefois l'intervention chirurgicale.

Moyens préventifs. — Comme pour les abcès de l'intestin, éviter surtout les traumatismes. Cette prescription hygiénique exige donc qu'on ne laisse pas traîner dans les écuries et dans les champs, au moment du repos, des instruments agricoles susceptibles de blesser les chevaux si ceux-ci venaient à faire une chute.

Ulcérations de l'intestin. — Étiologie. — Les ulcérations de l'intestin sont rarement primitives. Elles coïncident toujours avec l'entérite chronique et certaines affections : morve, anasarque, affections typhoïdes. On les voit aussi succéder aux thromboses des artères du réseau mésentérique. Certains parasites (ascarides) déterminent souvent des ulcérations de la muqueuse intestinale.

Symptômes. — Les symptômes sont ceux de l'entérite chronique. Lorsque les ulcérations sont nombreuses, ou lorsqu'elles sont très étendues comme celles occasionnées par des thromboses, on constate presque toujours de la diarrhée sanguinolente, et quelquefois expulsion de sang en nature.

Moyens préventifs. — Il est essentiel de chercher à prévenir les ulcérations de l'intestin, car elles peuvent amener des rétrécissements ou des perforations toujours mortelles.

Donc, dans les affections typhoïdes à forme abdominale,

dans l'anasarque, dans la gourme, on s'attachera surtout à faire de l'antisepsie intestinale et à éviter l'atonie de l'intestin.

On fera de l'antisepsie intestinale à l'aide du salol, du benzo-naphtol, de l'acide salicylique, du bicarbonate de soude et des purgatifs salins légers.

On évitera l'atonie de l'intestin en administrant la préparation amère de Baumé, ou simplement de la noix vomique en poudre, 1 à 2 grammes par jour, dans un peu de son frisé, et le matin de préférence quelques instants avant le repas.

Si on soupçonne la présence de vers dans l'intestin, on ne devra pas attendre pour commencer un traitement des plus énergiques.

Tumeurs de l'intestin. — Assez rares chez le cheval. Lorsqu'elles existent, elles occasionnent des rétrécissements qui amènent eux-mêmes à la longue l'occlusion intestinale avec tous ses dangers. Les plus fréquentes sont les lipomes (1), les sarcomes, les fibromes, les épithéliomes, les kystes.

Moyens préventifs. — Ces tumeurs, de natures diverses, sont d'autant plus difficiles à éviter qu'elles sont liées à un état diathésique spécial.

Néanmoins je recommande toutes les mesures d'hygiène, déjà prescrites pour éviter les blessures et les plaies de l'intestin, ces blessures et ces plaies étant quelquefois l'origine de certaines tumeurs.

De même, dans la convalescence des maladies infectieuses, on fera usage des antiseptiques intestinaux, et on donnera une alimentation saine, nutritive, sous un petit volume.

Maladies du rectum. — **Rectite.** — La rectite est l'inflammation du rectum. Chez le cheval, où elle est beaucoup moins fréquente que chez les bovidés, elle a pour causes : les

(1) Petit, *Bull. soc. cent.*, 1er mai 1902.

traumatismes, l'infection gourmeuse ou la présence de vers, en grande quantité : œstres hémorroïdales, oxyures.

SYMPTÔMES. — Douleur vive de la région, gêne de la d,éfé cation avec empreintes continuelles faisant saillir la muqueuse rectale hors de l'anus.

L'examen de la muqueuse montre celle-ci couverte de petites ecchymoses et même d'ulcérations. L'action sécrétoire de cette muqueuse est très augmentée, aussi est-elle tapissée de mucosités grisâtres, quelquefois mélangées de sang.

Dans certains cas, l'anus reste ouvert et laisse voir l'intérieur, où l'air pénètre avec un bruit particulier.

Coliques légères. Dans certains cas (œstres, oxyures), prurit insupportable qui oblige les chevaux à se gratter contre les objets environnants.

MOYENS PRÉVENTIFS. — Éviter les traumatismes ; surveiller les convalescents de maladies gourmeuses et, dans ce but, faire largement et souvent de l'antisepsie du rectum : lavements crésylés, boriqués. Débarrasser les animaux des œstres et des oxyures qui font du rectum leur habitat de prédilection.

Déchirures et plaies du rectum. — Les déchirures et les plaies du rectum sont toujours accidentelles. Elles sont intérieures ou extérieures.

ÉTIOLOGIE. — Les déchirures et les plaies du rectum ont généralement pour causes des traumatismes : introduction d'un corps étranger dans le rectum, soit d'une façon brutale, soit d'une façon maladroite, la main par exemple dans l'exploration rectale, ou la canule de la seringue dans l'administration d'un lavement ; les violences des gardes d'écurie : coups de fourche, de manche de fouet, de manche à balai ; l'introduction brutale du pénis dans l'anus par erreur de lieu, introduction presque toujours accidentelle ; les brûlures occasionnées par des lavements trop chauds, irritants ou caustiques ; les excréments trops durs, ou le passage de corps étrangers expulsés avec les crottins. Enfin, chez la jument, les parts laborieux qui peuvent amener une déchirure de la cloison recto-vaginale.

SYMPTÔMES. — Les symptômes ont beaucoup de ressemblance avec ceux de la rectite.

Lorsque les blessures sont étendues et profondes, il se produit souvent une hémorragie abondante.

MOYENS PRÉVENTIFS. — Éviter surtout les traumatismes. A ce propos, il est nécessaire que les brutalités des gardes d'écurie à l'égard des chevaux qui sont confiés à leur surveillance soient réprimées avec la plus grande sévérité.

Le garde d'écurie est souvent armé d'une fourche en bois à deux dents. C'est à chaque instant qu'on le voit circuler dans les écuries avec cet objet d'écurie sur son épaule. Alors qu'un cheval esquisse une ruade au moment où il passe, qu'un cheval se batte avec son voisin ou s'embarre, vite un coup de fourche sur la croupe. Le plus souvent la fourche glisse sur la rondeur de la croupe, et une des dents pénètre dans l'anus ou dans la vulve, chez la jument. La fourche est l'ustensile d'écurie le plus dangereux qu'on puisse mettre entre les mains d'un palefrenier. J'estime que, dans les écuries où les gardes d'écurie sont relayés tous les jours, comme dans les écuries de l'armée, cet ustensile devrait être absolument proscrit ou confié aux hommes seulement pour les corvées de litière, puis enfermé.

Dans les soins médicaux à donner, on devra prendre toutes les précautions nécessaires pour pratiquer l'exploration rectale avec douceur et administrer les lavements avec adresse.

Dans l'administration des lavements, il ne faut pas lutter avec les chevaux qui se défendent. Il faut attendre des moments de calme, apaiser, rassurer le cheval par des paroles et des caresses. Il faut aussi que l'opérateur ait le soin de bien se placer dans l'axe du rectum, afin que la canule pénètre bien directement et non de biais.

On évitera de donner des lavements brûlants, irritants ou caustiques.

On ne laissera jamais dans la même écurie des juments et des chevaux entiers.

Dans le cas d'obstruction du rectum par des excréments secs et durs, on devra délayer ces excréments avec des lavements adoucissants : eau légèrement savonneuse, eau de son, huile, ou bien encore les enlever à l'aide de la main.

On devra surveiller l'accouchement des juments et ne pas hésiter à recourir au vétérinaire dans le cas de part difficile.

Abcès du rectum. — Assez fréquents chez le cheval. Ils se forment dans l'épaisseur des parois, ou dans le tissu conjonctif péri-rectal.

ÉTIOLOGIE. — Les abcès du rectum peuvent se former à la suite de traumatismes : blessures, déchirures, plaies faites avec des objets souillés ou infectés. Mais le plus souvent ces abcès sont symptomatiques d'affections générales infectieuses : anasarque, gourme, infection mélanique, pneumonie infectieuse (1).

J'ai eu plusieurs fois l'occasion de constater des abcès du rectum d'origine gourmeuse.

Pendant l'hiver de 1906, où j'avais une moyenne de vingt-cinq chevaux gourmeux, à l'infirmerie du 5e Régiment d'artillerie, j'ai relevé trois cas d'abcès du rectum dus certainement à l'infection par le streptocoque gourmeux.

Les abcès du rectum se développent généralement pendant la période d'état de l'affection gourmeuse. On en a vu cependant se former pendant la convalescence.

SYMPTÔMES. — Mouvement fébrile assez prononcé, abattement, tristesse, perte d'appétit, rein voussé et raide, coliques légères, presque constantes, douleurs abdominales. Constipation accompagnée d'épreintes.

____

(1) Bergeon.

L'exploration rectale suffit à préciser le diagnostic.

Je ne suis pas du tout, mais du tout, de l'avis de ceux qui pensent que les abcès du rectum sont toujours graves.

Ils ne peuvent pas, ils ne doivent pas être graves, parce qu'ils sont accessibles à la méthode chirurgicale et aux procédés antiseptiques. Ils sont cent fois, mille fois moins graves que les abcès de l'intestin, qui échappent à toute intervention.

J'ai eu l'occasion de soigner beaucoup d'abcès du rectum d'origine gourmeuse. Tous ont été suivis de guérison. Je n'ai jamais constaté la péritonite, que certains vétérinaires semblent redouter.

Moyens préventifs. — Éviter les traumatismes : coups de fourche, coups de manche de fouet ou de manches à balai.

Surveiller les affections gourmeuses, l'anasarque, et surtout les convalescences. Faire un large usage des lavements et des douches rectales antiseptiques.

Parasites du rectum. — Œstres hémorroïdales et oxyures. Voir le chapitre relatif aux causes des coliques en général.

Fistules à l'anus. — On les observe quelquefois chez le cheval, où elles sont consécutives à l'opération de la queue à l'anglaise, ou dues à des traumatismes ayant perforé les parois rectales ou déterminé de la nécrose d'un os coccygien.

Les fistules à l'anus sont complètes ou borgnes ; complètes, lorsqu'il y a un orifice intestinal et un orifice cutané ; borgnes, lorsque ces fistules n'ont qu'un orifice, soit cutané, soit intestinal.

Symptômes. — Écoulement par l'orifice fistuleux d'un liquide purulent, sanieux, d'odeur fétide, et mélangé souvent d'excréments. Coliques légères, épreintes continuelles.

Moyens préventifs. — Éviter les traumatismes. Ne confier l'opération de la queue à l'anglaise qu'à un vétérinaire.

A ce propos, je n'ai jamais compris cette opération, qui, à mon avis, aboutit dans le commerce des chevaux à une tromperie sur la qualité de la chose vendue, attendu que ce port anormal, factice, de la queue, semble donner à l'animal opéré plus de vigueur qu'il n'en a réellement.

Quant à la question de mode, je la trouve aussi ridicule que celle qui consiste à couper outre mesure la queue des chevaux, afin de pouvoir tailler cette queue en éventail, ou donner à la culotte une plus belle apparence. Et j'estime que le règlement a été sage lorsqu'il a interdit dans l'armée l'opération de la queue à l'anglaise et imposé à la longueur des queues une dimension parfaitement déterminée.

Renversement du rectum. — Cette affection consiste dans un simple prolapsus de la muqueuse ou dans un renversement vrai, complet, du rectum qui se trouve alors invaginé.

ÉTIOLOGIE. — Efforts expulsifs, violents, dans la constipation opiniâtre, ou lors d'obstruction du rectum, exploration maladroite ou brutale, traumatismes, efforts de tirage, parturition difficile (1).

J'ai constaté deux cas de renversement du rectum, l'un sur un cheval atteint de coliques par obstruction, l'autre sur un cheval convalescent de pasteurellose abdominale. Gavarry a relevé un cas de prolapsus du rectum dû à des efforts de défécation occasionnés par des œstres (2).

SYMPTÔMES. — Tumeur rouge foncé, de volume variable, et faisant hernie en dehors de l'anus. Coliques légères au début, mais s'accentuant si le renversement se prolonge. État général peu modifié.

Chez le cheval, le renversement du rectum est peu grave. Il cède rapidement aux douches rectales.

MOYENS PRÉVENTIFS. — Éviter la constipation, les obstructions et les traumatismes. Ne jamais confier le soin de pra-

(1) Deux observations. Labat, *Recueil vét.*, 15 mars 1899.
(2) Gavarry, *Recueil vét.*, 15 septembre 1900.

tiquer l'exploration rectale à un maréchal ou à un empirique.

Surveiller les convalescences de maladies typhoïdes et les accouchements.

On évitera les efforts violents de tirage en n'imposant pas des charges trop fortes, surtout lorsque les chevaux sont appelés à démarrer ou à tirer sur des rampes de quais, en pays de montagne, ou à défoncer à la charrue des sols durs ou laissés en friches depuis longtemps.

Ne jamais coucher un cheval pour pratiquer une opération, si ce cheval n'a pas été mis à la demi-diète la veille et laissé à jeun le matin de l'opération. Au besoin, le débarrasser des crottins renfermés dans le rectum et dans la dernière portion de l'intestin.

Tumeurs du rectum. — Les plus fréquentes chez le cheval sont les tumeurs mélaniques.

Étiologie. — Fréquentes chez les vieux chevaux de robe blanche. Elles sont dues à l'imprégnation des tissus par la mélanine, qui se dépose dans les cellules normales, préexistantes. C'est la mélanose simple, celle que l'on observe chez le cheval, et que l'on désigne encore sous le nom d'hémorroïdes des chevaux.

Symptômes. — Les tumeurs mélaniques forment au pourtour de l'anus des masses irrégulières, bosselées, sphériques ou ayant l'apparence d'une grappe de raisin, de couleur foncée allant du gris-ardoise au brun noirâtre. Ces tumeurs sont dures et le plus souvent indolentes. Leur volume est variable. Lorsqu'elles sont récentes, elles atteignent à peine la grosseur d'une petite pomme. Avec le temps, elles font irruption à l'intérieur de l'anus, gagnent le fourreau chez le mâle, la vulve et les mamelles chez la jument, et atteignent alors un volume énorme.

Cagny et Gobert citent l'exemple d'une masse hémorroïdale pesant 18 kilogrammes (Gohier) (1).

____

(1) Cagny et Gobert, _Dictionnaire vétérinaire_, tome II, page 153.

Plusieurs auteurs citent des cas de ramollissement des masses mélaniques. C'est ordinairement au centre que ces masses se ramollissent. Elles présentent alors un point fluctuant formé par une sorte de boue noirâtre répandant une odeur fétide.

Moyens préventifs. — Il est difficile d'empêcher chez les chevaux blancs et âgés l'imprégnation mélanique. Mais il est possible de diminuer les causes qui peuvent attirer sur un point cette imprégnation. C'est ainsi que l'on pourra retarder l'apparition à l'anus des masses mélaniques en évitant la constipation, les traumatismes sur cette région, en supprimant la croupière et toutes causes d'irritation et d'inflammation de la région.

Les douches rectales et l'antisepsie du rectum sont très efficaces.

Parmi les tumeurs, je citerai aussi les kystes, les polypes, les fibromes, les sarcomes, les myomes.

CHAPITRE VII

MALADIES DE L'APPAREIL DIGESTIF

(SUITE)

Maladies du péritoine. — Péritonites. — Tumeurs Parasites.

Péritonites. — On distingue la *péritonite aiguë*, la *péritonite chronique*, la *péritonite de castration*, les *péritonites locales*.

Péritonite aiguë. — C'est l'inflammation aiguë du péritoine. Certains auteurs reconnaissent une péritonite *a frigore* ou *essentielle* et une péritonite *infectieuse*.

Cette distinction n'a plus sa raison d'être depuis qu'il a été démontré expérimentalement que toutes les péritonites ont une origine infectieuse.

ÉTIOLOGIE. — Toutes les péritonites sont de nature infectieuse. En effet, il n'y a pas de péritonite possible sans agents infectieux, et les agents de l'infection péritonéale sont les microbes pyogènes vulgaires : streptocoques et staphylocoques, colibacilles, pneumocoques, et même les microbes de la putréfaction.

Depuis que les expériences de Jalaguier et Mauclaire ont démontré qu'une bande de gaze ou une éponge aseptiques pouvaient être introduites dans la cavité abdominale d'un chien sans provoquer ni inflammation ni accidents mortels, on est en droit de croire que la fameuse péritonite *a frigore* des anciens n'est que la conséquence d'une infection primitive qui a passé inaperçue (1).

(1) Jalaguier et Mauclaire, *Recueil vét.*, 1893.

Si la péritonite est relativement fréquente chez le cheval, cela tient uniquement à l'extrême susceptibilité du péritoine et à sa grande aptitude pyogénique. Ce qui a fait dire à Butel que la cavité péritonéale du cheval est une cavité microbienne à l'état normal (1).

Les microbes peuvent pénétrer dans le péritoine par la *circulation*, par *traumatisme*, par *perforation d'organes*, par *contiguïté de tissus*.

Pénétration par la circulation. — Les microbes pyogènes peuvent très bien suivre la voie des vaisseaux pour se rendre jusqu'au péritoine.

C'est ordinairement ce qui se passe dans la péritonite *a frigore* des anciens, que l'on désignait sous le nom de péritonite spontanée, parce qu'on ne trouvait pas de traces de pénétration extérieure.

Dans cette forme de péritonite, on invoquait les refroidissements brusques, les bains froids, alors que les animaux étaient en sueur, l'exposition prolongée dans un courant d'air ou à une pluie très froide, l'ingestion de fourrages verts couverts de givre, les douches rectales glacées, etc. Mais toutes ces causes, dont on doit certainement tenir compte, ne sont que des causes occasionnelles; la vraie cause déterminante sans laquelle la péritonite ne se produirait pas, c'est l'agent infectieux, et dans ce cas cet agent est arrivé jusqu'au péritoine par le torrent circulatoire. C'est aussi ce qui se passe dans la péritonite consécutive aux traumatismes abdominaux sans déchirure d'organe, ni plaies pénétrantes, permettant l'infection.

Pénétration par traumatismes. — Cette pénétration des microbes dans le péritoine est la plus fréquente, parce qu'elle ouvre une porte d'accès facile.

En effet les plaies pénétrantes de l'abdomen, qu'elles aient été faites par des instruments ou objets piquants,

(1) Butel, *Maladies de l'appareil digestif*, page 312.

tranchants, contondants, se compliquent souvent de péritonite, surtout si ces instruments et objets ne sont pas aseptiques.

Chez le cheval, on a relevé de nombreux cas de péritonite occasionnés par des coups de corne, des coups de fourche ou de timon de voiture, des chutes sur des pieux ou des instruments agricoles (herses, faux), des embarrures sur des bat-flancs présentant des éclats, des clous ou des crochets, etc.

Pénétration par perforation d'organes. — Les déchirures de l'estomac, de l'intestin et du rectum, se compliquent toujours de péritonite.

De même on a vu cette maladie se produire à la suite de l'ouverture d'un abcès de l'intestin dans le péritoine, ou de la perforation de la matrice ou de la vessie (1).

Jacoulet cite un cas de péritonite septique consécutif à la parturition suivie d'un renversement de la matrice (2).

Pénétration par contiguïté de tissus. — La péritonite survient souvent en complication d'une maladie d'un organe voisin : hépatite, congestion intestinale, indigestion intestinale, entérite, inflammation de la vessie et de l'utérus.

Symptômes. — Dans la péritonite *a frigore* des anciens auteurs, c'est-à-dire dans la péritonite de pénétration des microbes par la circulation, les symptômes s'annoncent dès le début avec une intensité extraordinaire.

Dès le premier jour, on constate de la tristesse, de l'abattement, de l'inappétence, des frissons et une fièvre très accusée. Le cheval reste debout dans sa stalle planté sur ses quatre pieds, les reins voussés et raides. De temps en temps, il est pris de coliques sourdes, s'agite, piétine et fait entendre des plaintes. Il se déplace difficilement ; sa marche est difficile et pour ainsi dire automatique. Il préfère la

(1) Blaise, vétérinaire militaire, 1898. — Ribaud, vétérinaire militaire, 1899.
(2) Jacoulet, vétérinaire militaire.

station debout à la station couchée. S'il se couche, c'est avec précaution, sur le côté ou sur le dos.

Vers le deuxième jour, les muqueuses s'injectent avec une teinte ictérique assez prononcée. Le pouls est dur, serré et vite ; la respiration est accélérée, courte, coupée de soubresauts violents. Le ventre est douloureux, le facies commence à se gripper.

Puis les symptômes s'accentuent rapidement. La face se grippe de plus en plus ; le pouls devient filiforme, presque imperceptible, et les muqueuses prennent une teinte violacée. Le ventre se ballonne, la palpation en est douloureuse, et l'on constate à ce moment une constipation opiniâtre.

Dans les derniers jours, les extrémités et les oreilles se refroidissent, et quelquefois apparaissent une diarrhée fétide et des régurgitations fréquentes.

Tous ces symptômes évoluent rapidement, car la mort survient généralement du quatrième au huitième jour. La résolution est rare.

Dans la péritonite traumatique, la maladie marche plus vite encore, et la mort survient en deux ou quatre jours. Dans la péritonite consécutive à la perforation d'un organe (déchirure de l'estomac ou de l'intestin), la mort survient plus rapidement encore, quelquefois en deux ou trois heures, ou d'une façon foudroyante.

Les symptômes sont alors tout à fait caractéristiques. Hyperthermie très accusée, 39° à 41° ; météorisme très prononcé et s'étendant à tout l'abdomen ; pouls petit, insaisissable ; respiration difficile, saccadée, bruyante ; facies grippé dénotant des douleurs intenses.

Dans la péritonite par contiguïté de tissus, les symptômes sont liés à ceux de l'affection primitive, de sorte que, si la péritonite est partielle, comme cela se voit fréquemment, elle échappe à la sagacité du praticien. On peut cependant la reconnaître aux douleurs vives que le malade accuse à la palpation au niveau des points enflammés.

La métro-péritonite est assez rare chez la jument. J'en étudierai les causes aux maladies de l'appareil génito-urinaire.

Péritonite chronique. — Chez le cheval, la péritonite chronique s'affirme toujours comme une affection secondaire d'une autre maladie (lymphadénie, cyrrhose du foie, mélanose, tumeurs malignes). Je me souviens très bien d'un cas de péritonite chronique sur un cheval pur sang du 2e Hussards, et monture d'un vétérinaire, lequel cas était consécutif à une *cyrrhose du foie* et compliqué d'*ascite*.

D'ailleurs la péritonite chronique, quelle que soit son origine, n'est guère révélée que par les symptômes de l'*ascite*.

Ascite. — C'est l'hydropisie du péritoine. Chez le cheval, cette hydropisie est rarement primitive. Elle est au contraire toujours secondaire et s'affirme plutôt comme un caractère, un symptôme d'une autre affection.

Je l'ai observée comme complication d'une cyrrhose du foie. Elle peut être liée à des affections chroniques du cœur, à la pneumonie et à la pleurésie chroniques, aux thromboses de la veine porte, à l'inflammation des ganglions mésentériques, à la péritonite chronique, aux obstacles apportés à la circulation péritonéale.

L'épanchement péritonéal, qui peut être considérable (20 à 50 litres), se reconnaît surtout à la percussion qui donne un son mat, obscur, et à l'exploration rectale. Lorsque l'épanchement est considérable, le volume du ventre est augmenté.

Péritonite de castration. — Elle apparaît après la castration vers le quatrième ou le cinquième jour. C'est une conséquence de la septicémie due à la négligence dans l'emploi des procédés antiseptiques.

L'inoculation des germes infectieux se fait toujours par les instruments ou les mains et les ongles de l'opérateur.

Autrefois, alors que les procédés antiseptiques étaient inconnus de la chirurgie, les vétérinaires, dans certains pays d'élevage, étaient aux prises avec de véritables enzooties de péritonite de castration.

De 1830 à 1831, d'après Tessier, sur 2 000 chevaux qu'il

reçut et qui subirent la castration, 200 furent affectés de péritonite, 40 moururent (1).

A Caen, Lacoste eut, du 13 au 22 décembre 1838, 46 cas de péritonite sur 62 chevaux castrés : 42 moururent (2).

Ces sortes d'enzooties ont complètement disparu. On n'observe plus guère la péritonite de castration que sous la forme de cas isolés, accidentels.

Outre les symptômes de la péritonite aiguë, on constate un œdème prononcé de la région scrotale, se compliquant souvent de gangrène.

Péritonites locales. — Ce sont des foyers de péritonite que l'on observe à la suite de perforation des parois abdominales, d'inflammation des organes abdominaux (estomac, intestin, foie, vessie, utérus). Elles relèvent donc des péritonites traumatiques et des péritonites par contiguïté de tissus, mais sans tendance à la généralisation.

On les observe aussi à la suite de la castration et de la ponction du cæcum faite avec un trocart malpropre.

Moyens préventifs. — On combattra préventivement la *péritonite aiguë a frigore*, c'est-à-dire la *péritonite microbienne par circulation*, en évitant toutes les causes occasionnelles susceptibles de faciliter cette pénétration, et particulièrement les refroidissements brusques.

Dans ce but, on n'exposera pas les chevaux en sueur à des courants d'air violents, ou à la pluie froide ; on évitera d'abreuver ces chevaux avec des boissons glacées. Les fourrages verts mouillés ou couverts de givre devront être séchés avant d'être jetés dans les râteliers. Je proscris d'une façon absolue cette mauvaise habitude qui consiste à inonder d'eau froide jusqu'au ventre les chevaux qui rentrent du travail. Cette aspersion d'eau ne doit pas monter plus haut que les genoux et les jarrets.

Cagny et Gobert citent *trois cas* de péritonite aiguë à la

(1) *Journal de médecine vét. théorique et pratique*, 1838.
(2) *Journal des vétérinaires du Midi*, 1851.

suite d'un passage de rivière (1). C'est dire que ces expériences ne devront pas être faites avec des chevaux en sueur, du moins en temps de paix et en tant qu'expériences.

Avant d'exécuter, en temps de paix, un passage de rivière, il y a des mesures d'hygiène à prendre. Elles sont inscrites tout au long dans le règlement. On ne doit pas les ignorer, et on doit surtout s'y conformer.

Contre les *péritonites traumatiques*, éviter les violences, les chocs, les heurts, les contusions sur l'abdomen, les plaies par instruments tranchants, piquants, ou contondants, les chutes sur des corps étrangers : faux, pierres, herses, etc.

Dans les écuries, on cherchera, par une surveillance constante, à empêcher les coups de pied et surtout les embarrures. Les chevaux échappés, et qui sont de ce fait exposés aux chutes, devront être repris immédiatement. J'ai vu un cheval échappé, effrayé par les gestes des cavaliers qui voulaient le reprendre, franchir un abreuvoir en pierre et se déchirer le flanc droit en voulant rentrer à son écurie, dont la porte était barrée par une chaine. Le choc contre le crochet qui retenait la chaine, tout en déchirant le flanc, a déterminé une violente commotion, d'où une péritonite mortelle.

Je citerai aussi un cas de péritonite consécutif à un coup de pied reçu à l'écurie dans le flanc droit, un autre consécutif à une embarrure.

Contre la péritonite par *perforation d'organes*, on s'attachera surtout à éviter les ruptures et les déchirures de l'estomac et de l'intestin dans les indigestions gastro-intestinales. Dans ce but, toutes les mesures hygiéniques déjà prescrites à propos des coliques devront être appliquées : on empêchera les chevaux de se jeter violemment à terre ou sur leur litière, de se rouler, de ruer, de grimper dans la mangeoire, et, pour cela, on calmera les douleurs intolérables ressenties par le malade soit par l'opium, soit par des injections hypodermiques de chloral, ou bien encore avec de l'eau chloroformée.

____

(1) Cagny et Gobert, *Dictionnaire vétérinaire*, tome II, page 438.

J'ai vu un cas de péritonite se produire, à la suite d'une chute, sur un cheval dont la vessie était pleine. L'autopsie a révélé une rupture de la vessie. Il y a donc nécessité, dans toutes les circonstances du travail, routes, évolutions, grandes manœuvres, à laisser de temps en temps un moment de repos aux chevaux pour leur permettre d'uriner.

On surveillera les accouchements, afin d'empêcher le renversement de la matrice, qui est toujours une cause d'infection septique.

Dans le cas de maladie des organes abdominaux : estomac, intestin, foie, pancréas, reins, utérus, on évitera la *péritonite par contiguïté de tissus*, en soignant ces maladies de la façon la plus rigoureuse par les antiseptiques et par la méthode révulsive. Les sinapismes, les frictions mercurielles, sont dans ce cas d'une grande utilité comme moyens préventifs.

La *péritonite chronique* étant souvent une affection secondaire, la méthode préventive consiste surtout à triompher de la maladie primitive, susceptible de la produire.

Malheureusement, il est des maladies qui débutent d'une façon tellement lente et obscure, comme la cyrrhose du foie, les tumeurs malignes, les mélanoses internes, que presque toujours on constate des symptômes de péritonite chronique et d'ascite avant de les avoir même soupçonnées.

Contre la *péritonite de castration*, on emploiera surtout les procédés antiseptiques : procédés antiseptiques *avant, pendant* et *après* l'opération.

Avant l'opération. — Savonnages de la région à opérer, lavages avec des solutions antiseptiques, crésyl, eau phéniquée, solution de sublimé, antisepsie rigoureuse des instruments.

Pendant l'opération. — Antisepsie des mains plusieurs fois renouvelée.

Après l'opération. — C'est la plus importante, celle à laquelle il faut veiller.

On attachera la queue du cheval opéré, ou on la tressera à la façon postière. On devra renoncer à faire du pansage avec les instruments habituels : étrille, bouchon, brosse. On devra se contenter de passer sur le corps une serviette ou une flanelle, à la manière anglaise. Sous aucun prétexte, on ne devra laver avec une éponge la région opérée, même avec une solution antiseptique. Les hommes d'écurie ne devront pas y porter les mains. Ils devront se contenter d'asperger cette région plusieurs fois par jour, à l'aide d'une seringue avec une solution crésylée.

Contre les *péritonites locales*, mêmes mesures que pour les péritonites traumatiques ou par perforation d'organes.

Tumeurs du péritoine. — Presque toujours secondaires, elles comprennent les sarcomes, les carcinomes, les épithéliomes, les mélanomes, les lipomes (1), les myxomes, les angiomes.

Tous les ouvrages sont sobres relativement à la genèse de ces tumeurs. L'anatomie pathologique en est d'un luxe extraordinaire ; mais on passe sur les causes, comme si elles n'existaient pas.

Or, quel que soit le tissu de formation de ces tumeurs, il est certain que la cause primitive de la formation de ce tissu a pour origine un agent spécial qui reste à trouver, tel le cancer.

Contre ces tumeurs du péritoine, je ne puis donc que prescrire l'antisepsie du tube digestif, chaque fois qu'un des organes abdominaux aura été troublé.

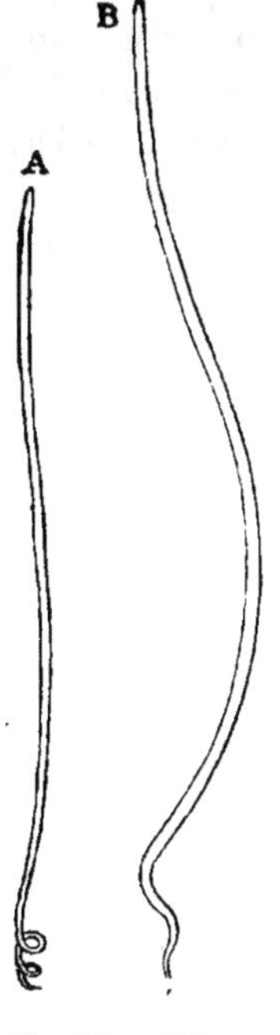

Fig. 25. — Filaire papilleuse **du** cheval. — **A** mâle ; **B**, femelle (Neumann).

Parasites du péritoine. — Au nombre de trois : la *Filaria equina*, le *Cysticercus fistularis*, le *Sclerostomum equinum*. On

(1) Peupion, *Rec. de mém. et d'observ. sur l'hyg. et la méd. vét. militaires*, année 1902.

accuse ce dernier de produire la congestion intestinale du cheval.

On n'est pas très fixé sur le mode d'après lequel les filaires et les cysticerques du cheval arrivent à leur lieu d'habitat. Mais je crois qu'on fera bien de surveiller les eaux, les fourrages, et d'empêcher surtout les chevaux de se rendre à la fosse aux fumiers et de manger les résidus des cuisines.

Pour le sclérostome, voir plus haut : *Sclérostome armé* (parasites de l'intestin).

CHAPITRE VIII

MALADIES DE L'APPAREIL DIGESTIF

(SUITE)

Maladies du foie.

Congestion du foie. — Apoplexie du foie. — Dégénérescences. — Ictère catarrhal. — Ictère des nouveau-nés. — Hépatite aiguë. — Hépatite purulente (abcès). — Hépatite chronique (cirrhose). — Calculs. — Tumeurs. — Déchirures. — Parasites.

Congestion du foie. — Assez fréquente chez le cheval, elle est due à l'accumulation du sang dans la trame du tissu du foie.

Elle peut être *active* ou *passive*, comme cela a lieu lorsque le foie reçoit la répercussion de toute gêne dans la circulation cardio-pulmonaire.

ÉTIOLOGIE. — Parmi les causes prédisposantes de la congestion active du foie, je citerai tout particulièrement l'état pléthorique et la température extérieure élevée.

Une nourriture forte et prolongée, surtout lorsqu'elle se compose de farineux et lorsqu'elle est riche en matières albuminoïdes, prédispose à la congestion hépatique les chevaux de tempérament sanguin.

Les chevaux âgés et au-dessus de l'état, c'est-à-dire gras, sont plus exposés aux congestions du foie que les chevaux maigres et bas d'état.

La température élevée agit aussi sur le foie et le prédispose aux congestions. C'est ainsi qu'on observe plus fréquemment la congestion hépatique dans le sud de l'Algérie, et dans tous les pays chauds en général, que dans les pays tempérés et dans les pays froids.

Les vétérinaires militaires ont donné de nombreuses

observations de congestion du foie sur des chevaux et des mulets en Algérie, au Soudan, au Sénégal, au Tonkin.

Cette congestion du foie des pays chauds est, en partie, due à une suractivité fonctionnelle de l'organe.

Certains auteurs l'attribuent à une infection par la voie digestive (1).

Je crois très bien que l'infection digestive, si fréquente dans les pays chauds, doit avoir une forte répercussion sur un organe surmené comme l'est le foie dans les régions à température élevée.

Parmi les causes occasionnelles et déterminantes, se placent en première ligne le travail intensif, les efforts musculaires violents dans des terrains difficiles, accidentés, les charges et les courses rapides et prolongées, surtout après les repas, lorsque le foie est en quelque sorte en état de congestion physiologique, enfin les traumatismes sur la région : embarrures, coups de pied, coups de bâton, de cornes, contusions, heurts, chutes sur le sol, dans les brancards ou sur un corps étranger, etc.

La congestion passive est toujours liée à une maladie chronique d'un autre organe : cœur, poumon.

Symptômes. — Abattement, mollesse dans le travail, appétit diminué, capricieux, coliques légères, persistantes, constipation, ballonnement, sensibilité du ventre dans la région de l'hypocondre droit.

Pouls plein et fort, respiration accélérée et costale.

La percussion donne de la matité même dans les régions avoisinant celle du foie.

Les muqueuses des yeux et de la bouche sont ictériques ; l'urine est épaisse, bilieuse, quelquefois albumineuse.

Ce sont là les symptômes de la congestion bénigne, qui passe souvent inaperçue, parce qu'on la confond généralement avec une affection intestinale. Elle se termine le plus souvent par la résolution vers le dixième jour.

---

(1) Cagny et Gobert, *Dictionnaire vétérinaire*, tome I, page 561.

Mais il est des cas où la congestion est si violente qu'elle amène la rupture des lobules hépatiques et que la mort survient, comme dans l'apoplexie hépatique, au bout de quelques heures.

MOYENS PRÉVENTIFS. — On combattra l'état pléthorique en soumettant de temps en temps les animaux à un régime rafraîchissant : barbotages, buvées d'orge, régime du vert. Les aliments albuminoïdes ne devront pas entrer en excès dans la composition de la ration.

Dans les pays chauds où la température s'élève d'une façon anormale dans le milieu de la journée, on devra distribuer le travail de façon à ce que le plus fort du travail se fasse le matin et le soir.

On devra toujours laisser un repos complet aux animaux pendant les heures les plus chaudes de la journée, et surtout après le repas de midi.

Dans les pays où le travail de la digestion se fait lentement, on cherchera à activer ce travail afin d'empêcher les fermentations. Dans ce but, on variera les repas, et au besoin on donnera des toniques : noix vomique, arsenic, arrhénal, amer Baumé. Mais, comme les fermentations du tube digestif se produisent fatalement dans les pays chauds, on aura recours de temps en temps aux antiseptiques : salol, benzonaphtol, acide salicylique, bicarbonate de soude.

Contre les causes occasionnelles et déterminantes, ne jamais soumettre les chevaux à un travail excédant leurs forces, même en leur donnant une ration forte. Dans le travail en terrain montueux, accidenté, donner souvent quelques instants de repos afin de permettre aux muscles de se détendre, à la respiration de se faire plus à l'aise et avec plus d'ampleur, et à la circulation de se régulariser. Ne pas abuser des charges et des courses rapides trop prolongées, surtout si les chevaux n'y ont pas été préparés par un entraînement progressif. Les courses à la façon Ostende, et autres semblables, doivent être d'autant plus proscrites qu'elles ne prouvent rien, sinon l'ignorance et la sauvagerie de certains cavaliers.

Éviter les traumatismes : embarrures, coups de pied, chutes, et les brutalités à l'égard des chevaux.

Contre la congestion passive, qui est toujours liée à une affection chronique du cœur ou du poumon, soigner ces affections par les moyens thérapeutiques et modérer le travail.

Apoplexie et rupture du foie. — L'apoplexie du foie est produite par une grande accumulation du sang dans le parenchyme, lequel se déchire sous la forte pression éprouvée par l'organe. Une hémorragie abondante se produit, et le sang, en se répandant dans le péritoine, occasionne toujours, si le cheval ne meurt pas, de l'hémorragie même, une péritonite aiguë rapidement mortelle.

ÉTIOLOGIE. — Les causes susceptibles de déterminer la congestion du foie peuvent produire l'apoplexie lorsqu'elles s'exercent avec plus de violence, et surtout si le foie se trouve prédisposé par des altérations primitives.

De violents traumatismes peuvent occasionner d'emblée l'apoplexie du foie.

SYMPTÔMES. — Souvent la maladie débute brusquement par de la tristesse et un grand abattement. Dès les premiers moments, le malade éprouve de grandes douleurs qu'enregistrent les faciès grippé, le pouls qui est petit et vite, la respiration accélérée. Toutes les muqueuses sont pâles et sèches. Les battements du cœur sont violents et s'entendent quelquefois à distance. Les extrémités sont froides. Le malade refuse les aliments solides et boit avidement les boissons qui lui sont présentées.

Le ventre est tendu et douloureux, surtout du côté droit. Des coliques sourdes et persistantes se manifestent.

Quelques instants avant la mort, le corps tout entier se couvre d'une sueur profuse.

La maladie est à marche rapide. La mort peut survenir au bout de quelques heures. Lorsque l'hémorragie n'a pas été abondante, le malade peut résister plusieurs jours (1).

Moyens préventifs. — Les mêmes que ceux employés pour prévenir la congestion du foie.

Dégénérescence du foie. — De deux sortes : la *dégénérescence graisseuse* et la *dégénérescence amyloïde.*

Dégénérescence graisseuse. — Chez le cheval, cette dégénérescence (*stéatose*) est le plus souvent le résultat d'une intoxication lente par l'arsenic, le phosphore, les mercuriaux, certaines plantes (colchique d'automne, lupin) et par les toxines sécrétées pendant le cours des affections septiques, gourmeuses, typhoïdes.

La dégénérescence graisseuse accompagne souvent la cyrrhose, l'hépatite chronique et l'ictère catarrhal.

Dégénérescence amyloïde. — Les causes qui produisent la dégénérescence graisseuse produisent aussi la dégénérescence amyloïde.

On voit souvent cette dégénérescence coïncider avec la péritonite, la pleurésie et la péricardite chroniques. Rabe prétend que, sur 100 cas, 50 sont sous la dépendance de ces maladies (2).

Symptômes. — Très obscurs. Lorsque l'hypertrophie, qui est consécutive, est très prononcée, le ventre est tendu et douloureux du côté droit. Néanmoins la maladie est toujours à marche très lente et aboutit fatalement à la cachexie, et quelquefois à la déchirure du foie avec hémorragie interne.

La dégénérescence atteint souvent le rein (3). L'animal maigrit rapidement ; l'urine devient albumineuse.

<hr>

(1) Weber, cité par Butel.
(2) Rabe, cité par Butel, *Maladies de l'appareil digestif.*
(3) J.-N. Ries, *Recueil de médecine vétérinaire*, 15 octobre 1903.

Moyens préventifs. — Ne pas abuser, comme on le fait généralement, de l'arsenic, cette substance ayant l'inconvénient de se déposer dans le foie. Je ne donne jamais plus de 60 centigrammes d'arsenic pendant dix jours. Je suspens pendant trois semaines, et je reprends la médication. Je laisse ainsi à l'arsenic le temps de s'éliminer. Proscrire les fourrages qui renferment des colchiques et des lupins.

Dans les convalescences de maladies infectieuses, et pendant le cours de ces maladies, faciliter l'élimination des toxines par des diurétiques et des purgatifs. Faire de l'antisepsie gastro-intestinale et le lavage des reins.

Ictère catarrhal. — Caractérisé par la coloration jaune de toutes les muqueuses, surtout de la conjonctive, et son peu de gravité. Il coïncide souvent avec de la gastro-entérite (1).

Étiologie. — Refroidissements brusques ; ingestion d'eau glacée ; surmenage ; mauvaises conditions hygiéniques : écuries basses, obscures, humides ; stabulation dans les prairies marécageuses ; nourriture parcimonieuse ; fourrages altérés, poussiéreux, moisis, vasés.

Mais la cause la plus fréquente est certainement l'infection microbienne, qui débute dans l'intestin et gagne le canal cholédoque et le foie.

La congestion, la compression du foie, les calculs du canal cholédoque, le rétrécissement de ce canal, les parasites, les tumeurs du foie, déterminent toujours de l'ictère.

Symptômes. — Tristesse, abattement, mollesse au travail, appétit diminué, teinte jaune très accusée de toutes les muqueuses, surtout de la conjonctive, bouche sèche, chaude, langue recouverte d'un enduit jaunâtre. Urines jaunâtres. Coliques sourdes. Constipation, crottins secs et durs exhalant une odeur forte et écœurante.

(1) Trasbot, *Dictionnaire Bouley et Reynal*.

MOYENS PRÉVENTIFS. — Eviter les refroidissements brusques par courants d'air, exposition au froid et ingestion d'eau glacée.

Eviter les grandes fatigues, le surmenage, même lorsque les chevaux reçoivent une ration forte. Multiplier les mesures d'hygiène et améliorer sans cesse les conditions hygiéniques des habitations.

Les habitations qui réunissent de mauvaises conditions hygiéniques sont encore trop nombreuses dans les campagnes et même dans l'armée.

Dans les pays d'élevage, éviter de mettre les chevaux dans les pâturages humides, marécageux, ou bien alors ne les y laisser que pendant la journée et jamais pendant la nuit.

Ne jamais lésiner sur la nourriture des chevaux qui travaillent, et proscrire de l'alimentation, et de la façon la plus absolue, les fourrages altérés.

Ne jamais perdre de vue les convalescents de maladies infectieuses qui sont plus que d'autres exposés aux fermentations et aux infections du tube digestif. C'est surtout pendant la convalescence de ces maladies que l'on doit faire de l'antisepsie intestinale.

On devra aussi s'attaquer à toutes les causes susceptibles d'occasionner la compression, la congestion du foie, ou d'obstruer le canal cholédoque : traumatismes, calculs, tumeurs, parasites.

Ictère des nouveaux-nés. — Maladie infectieuse qui frappe surtout les muletons, plus rarement les poulains, et qui se caractérise par une diminution notable des globules rouges du sang.

L'ictère des nouveaux-nés s'accompagne toujours d'*hématurie*.

ÉTIOLOGIE. — Il est certain que cette maladie est due à une infection microbienne mal déterminée. Que cette infection procède de la mère ou des sujets atteints, elle existe, et on ne doit plus la nier aujourd'hui.

Certains auteurs attribuent l'infection à l'omphalo-phlé-bite. D'autres pensent que cette infection se fait par l'intestin.

Lafosse et Trasbot mettent cette maladie sur le compte des refroidissements et en font une congestion des reins (1).

Symptômes. — Quelques jours après la naissance apparaissent les caractères suivants : fièvre intense, prostration extrême ; les sujets restent étendus sans mouvement sur le sol ; teinte jaune des muqueuses, battements du cœur tumultueux, sueurs profuses ; coliques sourdes, diarrhée intense et très odorante. Mais le principal symptôme est l'hématurie ou pissement de sang. Plus les urines sont sanguinolentes, plus la maladie est grave. La mort peut être foudroyante ou survenir au bout de deux ou trois jours.

Moyens préventifs. — Surveiller l'hygiène des mères. Antisepsie rigoureuse des mamelles ou des vases renfermant le lait. Ne pas exposer les jeunes muletons et les poulains à l'humidité des prairies et aux refroidissements. Asepsier la plaie ombilicale.

Cadéac et Bournay ayant trouvé dans l'ensemencement de l'urine, du foie et du sang, des streptocoques, il est tout indiqué de veiller à l'entretien des litières sur lesquelles les jeunes animaux passent la nuit. Les écuries, stalles, boxes devront être saines et confortables.

Hépatite. — C'est l'inflammation *aiguë* ou *chronique* du foie.

Hépatite aiguë. — Rare chez le cheval, où elle est presque toujours secondaire et coïncide avec une maladie infectieuse : pneumonie, pleuro-pneumonie infectieuses, gourme, anasarque, affections typhoïdes.

La forme primitive ne s'observe que dans les pays chauds. Elle succède souvent à un état congestif du foie.

(1) Lafosse et Trasbot, cités par Butel.

Symptômes. — Obscurs. Tristesse, abattement ; marche difficile, traînante ; appétit diminué, coliques légères, plaintes ; crottins petits, secs, coiffés ; quelquefois diarrhée. Teinte ictérique des muqueuses ; fièvre peu accusée.

Brocheriou a observé des symptômes de vertige (1).

Moyens préventifs. — Pendant le cours des maladies infectieuses : gourme, pneumonie, pasteurellose, anasarque, faire une rigoureuse antisepsie intestinale : salol, benzonaphtol, acide salicylique, crésyl et les diurétiques.

Éviter toutes causes susceptibles d'occasionner la congestion du foie.

Hépatite purulente. — **Abcès du foie**. — L'hépatite purulente est souvent une terminaison de l'hépatite aiguë. surtout dans les pays chauds. Mais les abcès du foie sont toujours, comme ceux de l'intestin, une manifestation de certaines maladies infectieuses : penumonie infectieuse, et surtout la gourme.

On distingue les *petits abcès* et les *grands abcès*.

Alors que les premiers atteignent rarement le volume d'une noix et se produisent pendant le cours de la pneumonie infectieuse, les seconds sont d'origine gourmeuse et atteignent ou dépassent le volume du poing (2). Ils contiennent du pus crémeux entouré d'une zone de tissu hépatique densifié, de coloration foncée (3). Les symptômes sont ceux de l'hépatite aiguë. Le pronostic est toujours grave.

Moyens préventifs. — Les mêmes que ceux employés pour prévenir l'hépatite aiguë.

Hépatite chronique. — Inflammation chronique du tissu conjonctif interlobulaire, toujours suivie d'atrophie et de dégénérescence de l'organe, c'est-à-dire de cirrhose.

La cirrhose du foie est assez fréquente chez le cheval.

(1) Brocheriou, *Recueil d'hyg. milit.*, année 1905.
(2) Delcambre, *Recueil d'hyg. milit.*, année 1900. — Schelameur, *Recueil d'hyg. militaire*, année 1900.
(3) Butel, *Maladies de l'appareil digestif*.

ÉTIOLOGIE. — Tous les agents irritants susceptibles d'occasionner l'inflammation du foie peuvent produire la cirrhose, tels les microbes, les ptomaïnes apportés dans le foie par la circulation.

Chez les vieux chevaux, elle peut être la conséquence de l'*artériosclérose*. Chez d'autres, elle survient à la suite de troubles dans la circulation biliaire : rétention de la bile, par le fait d'un calcul ou d'un obstacle quelconque, rétrécissement du canal cholédoque, etc. On a accusé aussi certains fourrages altérés. C'est ainsi que, dans le Schweinsberg, où la cirrhose hépatique règne en quelque sorte à l'état enzootique, on attribue cette maladie à l'alimentation par des fourrages irritants. La chose aurait d'autant plus besoin d'être prouvée que je crois que la cirrhose du foie a surtout une origine infectieuse. Les fourrages irritants peuvent agir comme cause, mais ils ne sont pas toute la cause. L'agent infectieux est nécessaire, et c'est cet agent qui n'est pas encore déterminé.

Dans ma carrière militaire, j'ai eu la bonne fortune de faire l'autopsie de deux chevaux atteints de cirrhose du foie.

Un de ces chevaux appartenait à M. le général de division de Jessé ; l'autre, à M. le vétérinaire en second Chauvain.

Chez le cheval du général de Jessé, la cirrhose était uniquement due à un arrêt de la circulation biliaire occasionné par un rétrécissement manifeste du canal cholédoque.

Chez le cheval de M. Chauvain, la cirrhose, de date très ancienne, était de nature franchement infectieuse. Ce cheval avait été atteint d'une pneumonie infectieuse, et certainement la cirrhose était une conséquence de cette affection.

SYMPTÔMES. — Le plus souvent obscurs. Sur le cheval de M. Chauvain, les symptômes sont pour ainsi dire restés inaperçus jusqu'au moment de la mort, qui est arrivée d'une façon presque subite (1).

Généralement on observe les symptômes suivants, qui ne

(1) Morisot, *Recueil d'hyg. milit.*, année 1900.

favorisent en rien le diagnostic : appétit capricieux, perverti ; constipation ou diarrhée ; coliques légères et fréquentes ; amaigrissement rapide, ballonnement particulier (ventre tombant). Essoufflement et sueurs au moindre travail ; urines bilieuses. Au bout d'un temps plus ou moins long, anémie profonde.

Plusieurs praticiens disent avoir observé des symptômes de vertige et d'immobilité (1).

On distingue trois sortes de cirrhose du foie : la *cirrhose atrophique*, d'origine veineuse ; la *cirrhose hypertrophique*, d'origine biliaire ; la *cirrhose mixte*, qui tient des deux premières.

MOYENS PRÉVENTIFS. — Les microbes et les ptomaïnes pouvant occasionner, dans certaines circonstances, la cirrhose du foie, on devra s'opposer par tous les moyens au développement dans l'économie de ces agents infectieux. Dans ce but, les animaux devront être surveillés pendant le cours et la convalescence des maladies infectieuses. On facilitera l'élimination des toxines des maladies infectieuses et des ptomaïnes des empoisonnements, en administrant des antiseptiques : purgatifs salins, salol, benzo-naphtol, crésyl, acide phénique, et en pratiquant le lavage des reins : diurétiques, bicarbonate de soude.

Chez les vieux chevaux dont la circulation biliaire est souvent gênée, on administrera de temps en temps des purgatifs salins : crème de tartre, sulfate de soude, sulfate de magnésie, ou bien encore du calomel.

Le bicarbonate de soude devra être utilisé dans une large mesure chez tous les chevaux ayant quelque tendance aux affections du foie, et surtout dans les pays chauds.

Les fourrages verts, les carottes devront entrer dans l'alimentation, mais on proscrira absolument les fourrages altérés ou irritants.

Calculs biliaires. — Moins fréquents chez le cheval que

(1) Cagny et Gobert, *Dictionnaire vétérinaire*, tome I, page 252.

chez le bœuf. On en rencontre cependant dans le canal cholédoque et dans les conduits hépatiques.

Les calculs biliaires, composés de cholestérine et de mucus, ont le plus souvent pour origine une infection des conduits biliaires par des microbes. La stabulation, l'âge avancé, l'acidité de la bile, favorisent la formation des calculs.

SYMPTÔMES. — Obscurs. Quelques coliques légères, un peu d'ictère et de diurèse.

Le plus souvent les calculs biliaires passent inaperçus. On ne les constate guère qu'aux autopsies.

MOYENS PRÉVENTIFS. — Empêcher l'infection des conduits biliaires par les microbes pendant le cours et la convalescence des maladies infectieuses.

Tumeurs du foie. — Ces tumeurs sont le plus souvent *secondaires* et liées à des tumeurs de l'intestin, du péritoine et de la rate.

Les plus communes sont les *mélanomes*, qui peuvent atteindre un volume énorme, les *carcinomes colloïdes*, les *épithéliomes*, les *sarcomes*.

On a sur ces tumeurs des observations fort intéressantes de H. Benjamin, Trasbot, Cagny, Wiart, Chauvrat, Cadéac.

Les causes de ces tumeurs sont dues à l'infection par l'intermédiaire des vaisseaux portes.

SYMPTÔMES. — Assez obscurs, sauf dans le cas où les tumeurs atteignent un volume énorme et deviennent apparentes à l'extérieur, et saisissables à la palpation.

Généralement coliques sourdes accompagnées de diarrhée. Dans certains cas (carcinome colloïde), diarrhée, symptômes de péritonite, coliques intenses.

MOYENS PRÉVENTIFS. — Difficiles, car il n'est guère possible de prévoir la formation des tumeurs du foie. Je recommande l'antisepsie de l'appareil digestif pendant la gourme et les maladies infectieuses en général.

Déchirures du foie. — Généralement dues à des traumatismes : coups de pied, embarrures, coups de corne, chute (1).

Moyens préventifs. — Éviter ces traumatismes.

Parasites du foie. — Les douves et les échinocoques sont très rares chez le cheval. Les nématodes sont moins rares. On a trouvé, dans le foie du cheval, l'*Ascaris equorum* et le *Sclerotomum equinum.*

Pour les moyens préventifs, voir *Parasites de l'intestin.*

(1) Bossu, vétérinaire militaire, *Recueil d'hyg. milit.*, année 1900.

CHAPITRE IX

MALADIES DE L'APPAREIL DIGESTIF

(SUITE)

Maladies de la rate et du diaphragme.
Des hernies.

Hypertrophie. — Congestion. — Abcès. — Tumeurs. — Parasites de la rate. — Spasmes du diaphragme. — Rupture et hernie du diaphragme. — Hernies inguinales. — Hernies ventrales. — Éventrations. — Hernie ombilicale.

Chez le cheval, les maladies de la rate sont presque toujours secondaires et liées à d'autres maladies : morve, gourme, affections typhoïdes, anasarque, charbon, mélanose, etc.

On distingue la *congestion de la rate*, *l'hypertrophie de la rate*, les *abcès de la rate*, les *tumeurs*, enfin les *parasites*.

Congestion, hypertrophie, abcès de la rate. — Ces altérations de la rate, toujours secondaires, coïncident avec des altérations d'autres organes dues à des maladies infectieuses.

C'est ainsi qu'on trouve de la congestion de la rate dans la pasteurellose, dans l'anasarque et dans la gourme maligne.

L'hypertrophie de la rate est souvent une altération secondaire de la morve.

Les abcès sont ou d'origine traumatique, ou d'origine gourmeuse.

MOYENS PRÉVENTIFS. — Surveiller le cours et les convalescences des maladies infectieuses; éviter les traumatismes sur la région.

Tumeurs de la rate. — Les plus fréquentes sont les mélanomes (1), les sarcomes, les lymphadénomes, les kystes.
Mêmes moyens préventifs que pour les tumeurs du foie.

Parasites. — On ne rencontre guère chez le cheval que des *échinocoques*.

Moyens préventifs. — Comme le dit Neumann, la meilleure prophylaxie contre les échinocoques serait de supprimer le ténia échinocoque (2). Mais la chose est-elle si facile?

En attendant cette suppression, je conseille de ne pas laisser errer les chevaux autour des fumiers, des cuisines, et partout où les chiens peuvent répandre leurs excréments.

Déchirure de la rate. — Elles ont toujours eu pour cause un traumatisme : coups de pied, coups de corne, embarrures, chutes, portant leurs violences sur le côté gauche de l'abdomen (3).

Moyens préventifs. — Éviter les traumatismes, les efforts violents, les échappades, qui peuvent occasionner des chutes.

Spasmes du diaphragme. — Affection nerveuse caractérisée par des secousses convulsives ébranlant le corps tout entier et se montrant à leur maximum d'intensité dans la région du flanc.

Étiologie. — Les spasmes du diaphragme, qu'on a considérés pendant longtemps comme une névrose du cœur, ont pour causes le surmenage, les efforts violents, les courses rapides, l'ébranlement nerveux occasionné par les longs voyages en chemin de fer, surtout sur les jeunes chevaux, les températures élevées lorsque l'atmosphère est chargée d'électricité, enfin les troubles digestifs, et plus particulièrement la plénitude de l'estomac.

(1) Le Calvé, vétérinaire militaire, *Recueil d'hyg. milit.*, année 1900.
(2) Neumann, *Maladies parasitaires*.
(3) Jobelot, vétérinaire militaire, *Recueil d'hyg. milit.*, année 1900.

Symptômes. — Les spasmes sont dus à une excitation directe ou indirecte des nerfs phréniques.

On les reconnaît aux secousses spasmodiques profondes qui déterminent un soulèvement brusque de la région de l'hypocondre, et plus particulièrement du côté gauche. Ces secousses peuvent être limitées aux flancs ou intéresser le corps tout entier. Dans ce dernier cas, on les entend à distance.

A chaque secousse, il se produit dans la gorge un bruit rauque, spasmodique, analogue à celui entendu dans le hoquet de l'homme.

Cette affection est peu grave. Mais, lorsque les spasmes se reproduisent souvent, ils fatiguent les animaux, et ceux-ci baissent très vite d'état.

Je me souviens d'une jument de pur sang très vorace, qui buvait en quelque sorte son avoine et qui, très souvent après son repas, était prise d'un véritable hoquet et de contractions spasmodiques du diaphragme.

Moyens préventifs. — Éviter le surmenage, l'extrême fatigue, les efforts violents, et surtout les courses trop rapides chez les sujets nerveux et non entraînés.

Lorsque les jeunes chevaux seront transportés en chemin de fer, si le voyage est long, on donnera à ces chevaux le plus de confortable possible et, j'insiste sur ce point, on leur présentera à boire *plusieurs* fois dans la journée.

Pendant les journées très chaudes, on laissera deux ou trois heures de repos aux chevaux, surtout après le repas.

Enfin on cherchera, par une hygiène attentive, à éviter la plénitude de l'estomac chez les chevaux nerveux, impressionnables, tiqueurs et convalescents de maladies.

Hernies. — Rupture et hernie du diaphragme. — La hernie diaphragmatique, presque toujours précédée d'une déchirure, à moins qu'elle ne se fasse à travers les ouvertures naturels du diaphragme, se produit indifféremment dans la partie charnue périphérique ou dans le centre phrénique.

ÉTIOLOGIE. — Les causes de la rupture et de la hernie du diaphragme sont les *traumatismes* (1).

Ces traumatismes peuvent se produire d'une façon accidentelle : coups de pied, coups de corne, embarrures, ou pendant les coliques : ruades brusques, chutes sur le sol, alors que l'estomac et l'intestin sont remplis d'aliments.

Les efforts violents pendant le travail, aussitôt après un repas copieux, peuvent amener la hernie du diaphragme.

J'ai dans ma collection d'accidents un cas de déchirure du diaphragme consécutif à l'abatage pour une opération chirurgicale.

Il y a de nombreuses observations de hernie diaphragmatique. Je citerai celles de Brun, de Gendrot, de Dumas, de Touvé (2).

SYMPTÔMES. — Lorsque la hernie est petite, le plus souvent elle passe inaperçue. Si la hernie est volumineuse, on constate les troubles suivants : difficulté de la respiration, discordance du flanc, coliques souvent violentes. Si la hernie est étranglée, sueurs profuses, facies grippé, coliques avec les mêmes symptômes que ceux observés dans les volvulus et dans les invaginations (position du chien assis, position en sphynx).

Dans certains cas, la mort est en quelque sorte foudroyante. Elle est due alors à une hémorragie abondante.

MOYENS PRÉVENTIFS. — Éviter les traumatismes. Empêcher les chevaux atteints de coliques de se coucher, de se rouler, de ruer ou de se jeter violemment en avant dans leur mangeoire. Calmer, si cela est nécessaire, les mouvements désordonnés avec des injections hypodermiques ou des lavements de chloral, de l'opium à l'intérieur.

Ne jamais soumettre les chevaux à un travail exigeant des efforts violents aussitôt après le repas.

(1) Cavalin-Lagarde, *Recueil d'hyg.*, 1902. — Wiart et Pécus, 1899.
(2) Brun, *Bull. de la Soc. cent.*, 25 juillet 1901. — Gendrot, Dumas, Touvé, vétérinaires militaires.

Hernie inguinale. —La hernie inguinale est fréquence chez le cheval, plus fréquente chez le cheval entier que chez le cheval hongre. Elle est produite par la descente d'une anse intestinale dans la gaine testiculaire, à travers l'anneau inguinal.

La hernie inguinale peut être *aiguë* ou *chronique*.

Hernie inguinale aiguë. — Fréquente chez le cheval, elle apparaît le plus souvent brusquement et se complique sept fois sur dix d'étranglement. Elle est très grave et entraîne toujours la mort, si le chirurgien n'intervient pas à temps.

ÉTIOLOGIE. — Les causes de la hernie inguinale aiguë sont nombreuses. Elles comprennent les *causes prédisposantes* et les *causes occasionnelles*.

Parmi les causes prédisposantes, je citerai la dilatation congénitale de l'orifice supérieur de la gaine vaginale et de l'anneau, le volume et le poids des testicules, le service du gros trait, la température extérieure élevée (chaleur humide).

Parmi les causes occasionnelles : les ruades, le cabrer, les violents efforts de tirage dans des terrains difficiles, les mouvements désordonnés et violents des animaux mis au travail pour le ferrage ou pour une opération difficile (1); les violentes contractions musculaires pendant l'abatage sur un lit de paille, ou même lorsque l'animal a été abattu et entravé.

Les limoniers, qui démarrent et supportent en outre la plus grande partie de la charge, surtout dans le tirage des voitures à deux roues : charrettes, haquets, tombereaux, sont très exposés à la hernie inguinale.

J'ai été témoin de trois cas de hernie inguinale brusque dans les trois circonstances suivantes :

Un cas sur un cheval entier attelé à une défonceuse sur un terrain en friche ;

Un cas sur un cheval qui tirait un bateau lourdement chargé et montait péniblement une rampe de quai.

(1) Almy, *Statistique de 1898 à 1899*, 8 cas divers.

Un cas sur un cheval qui tirait depuis longtemps des wagons sur rails.

Il est donc certain que l'effort brusque, l'effort violent,

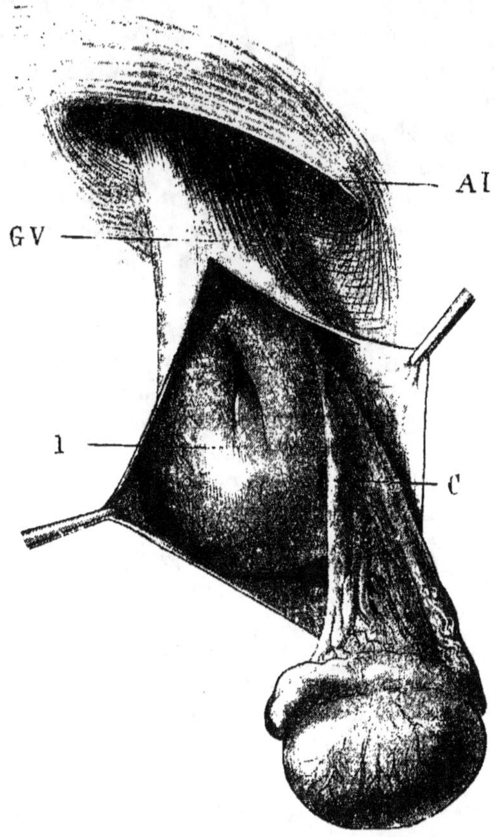

Fig. 26. — Hernie inguinale étranglée. — AI, anneau inguinal inférieur ; GV, gaine vaginale ; I, anse d'intestin grêle : C, portion vasculaire du cordon (Cadiot et Almy).

est la cause dominante de la formation de la hernie inguinale chez le cheval.

Symptômes. — Coliques d'abord légères, vagues, puis nettement accusées et violentes.

Lorsque l'étranglement se produit, le malade effectue avec sa tête un mouvement de va-et-vient (mouvement d'encensoir). Puis, lorsque la hernie est tout à fait étranglée, les coliques deviennent de plus en plus violentes. L'animal se jette brusquement sur le sol, se roule avec fureur et, en faisant entendre des plaintes, se relève, se jette violemment de côté contre tous les obstacles, comme s'il avait perdu l'instinct de la conservation. De temps en temps des moments de calme se produisent, pendant lesquels le malade reste couché sur le dos, ou se place dans la position du chien assis. Vers la quinzième heure, le travail de gangrène commence, et les douleurs s'apaisent. C'est toujours un signe de mort prochaine.

À ce moment, la prostration est extrême, le pouls est petit et filant, la température s'abaisse, une sueur profuse et glacée recouvre tout le corps, les forces diminuent de plus en plus, et l'animal meurt presque dans le coma.

Les symptômes de début de la hernie inguinale sont tellement vagues qu'on ne doit jamais négliger, lorsqu'on est en présence d'un cheval entier atteint de coliques, de procéder à un examen attentif de la région inguinale. Il peut se faire alors que, dans le cas de hernie commençante, on arrive à temps pour empêcher l'étranglement. Cet examen consiste dans la palpation de la région et dans l'exploration rectale.

La hernie inguinale aiguë peut être simple ou double (1).

Elle se complique presque toujours d'étranglement (2), souvent de gangrène et quelquefois d'éventration (3).

Moyens préventifs. — En principe lorsqu'un cheval a des testicules énormes et lourds, si ce cheval est appelé à un travail de traction pénible, il est préférable de le faire castrer.

De même, lorsqu'un cheval entier est prédisposé aux coliques d'indigestion, ou a déjà présenté des cas de hernie de réduction facile.

(1) Fontaine, vétérinaire militaire, *Recueil*, 15 mars 1901.
(2) Dumand, *Recueil*, 15 janvier 1898. — Almy, plusieurs observations.
(3) Cavard, *Recueil*, 15 septembre 1900.

C'est d'ailleurs la seule façon de combattre l'influence des causes prédisposantes.

On triomphera des causes occasionnelles en n'imposant pas aux chevaux entiers un travail au-dessus de leurs forces, en ne les obligeant pas à des efforts musculaires violents dans des démarrages difficiles, en ne chargeant pas outre mesure les limoniers.

Les chevaux nerveux ne devront jamais être attelés en limon. Le limonier doit être plutôt calme et froid.

Dans les montées rudes, dans les rampes de quais, on devra toujours mettre un ou deux chevaux de renfort, si cela est nécessaire.

On ne devra jamais mettre au travail les chevaux entiers immédiatement après leur repas.

Le ferrage des chevaux difficiles, l'abatage pour une opération chirurgicale, devront être entourés de toutes les précautions indispensables pour éviter les mouvements désordonnés et des efforts violents. Les chevaux devront toujours être à jeun.

S'il s'agit de coucher un cheval de gros trait difficile, ou un cheval de pur sang nerveux et impressionnable, on ne doit pas hésiter à faire une injection de chlorhydrate de morphine et à administrer un lavement de chloral.

Pendant les journées très chaudes et humides, où l'on constate chez les animaux un relâchement de tous les muscles et la mollesse des tissus, on devra laisser reposer les chevaux pendant les heures les plus chaudes de la journée.

Hernie inguinale chronique. — La hernie chronique est compatible avec la vie. Le plus souvent elle ne gêne pas le hernieux, surtout si celui-ci n'est pas astreint à un travail pénible.

Presque toujours la partie herniée de l'intestin est libre dans le canal inguinal. L'anneau se dilatant de plus en plus, il est rare qu'il y ait étranglement.

La hernie chronique peut être *continue* ou *intermittente*.

Elle est *continue* lorsque l'anse intestinale reste engagée à demeure ; *intermittente*, lorsqu'elle disparaît momentanément pendant un temps assez long pour se reproduire ensuite.

Elle est le plus souvent *unilatérale*. Elle est *simple* ou

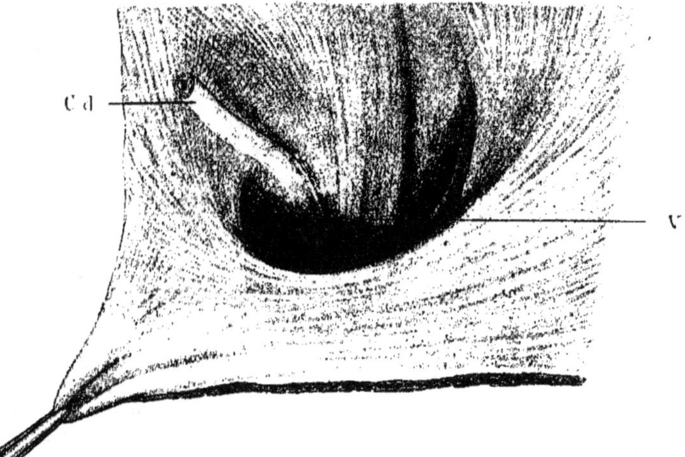

Fig. 27. — Hernie inguinale chronique. — V, portion vasculaire du cordon ; Cd, canal déférent (Cadiot et Almy).

compliquée : *simple* lorsqu'elle consiste uniquement dans la hernie proprement dite de l'intestin, sans autres accidents; *compliquée* lorsqu'il y a déchirure de l'orifice supérieur de la gaine testiculaire, éventration, hydrocèle (1), sarcocèle, engouement.

Il y a *hydrocèle* lorsqu'une certaine quantité de liquide séreux vient s'épancher dans la tunique vaginale.

Il y a *sarcocèle* lorsqu'il y a inflammation aiguë ou chronique des testicules et de leurs enveloppes.

Il y a *éventration* lorsqu'il y a irruption d'une masse intestinale à travers l'orifice supérieur du canal inguinal

(1) Affre, *Journal de Toulouse*, octobre 1895.

déchiré, comme cela se produit pendant l'opération de la hernie étranglée ou pendant l'opération de la castration à testicules découverts (hernie de castration).

Il y a *engouement* lorsque l'anse intestinale herniée est fortement distendue par des matières alimentaires.

MOYENS PRÉVENTIFS. — Mêmes mesures que celles employées pour combattre préventivement la hernie inguinale aiguë. Combattre surtout l'influence des causes prédisposantes. Si un cheval est sujet à la hernie inguinale, modérer le travail.

Hernie inguinale des jeunes animaux. — Encore assez fréquente chez le poulain. Elle est congénitale ou acquise.

Lorsqu'elle est acquise, elle survient généralement dans les premiers mois qui suivent la naissance.

Les sauts, les ruades, les bonds de gaîté, tous les efforts violents, peuvent la produire, surtout si l'orifice et le collet ont plus d'ampleur qu'à l'état normal.

Souvent cette hernie guérit spontanément (Bouley, Hendrickx, Darbot).

Darbot cite douze guérisons spontanées sur quinze.

MOYENS PRÉVENTIFS. — Surveiller la prime jeunesse du poulain afin qu'il ne se livre pas à des bonds désordonnés et à des efforts violents, surtout dans les pâturages.

Hernies ventrales. — « Les hernies ventrales sont des tumeurs herniaires formées par l'échappement, sous la peau restée intacte, d'un ou de plusieurs des organes abdominaux à travers une déchirure des parois musculaires et fibreuses, en un point quelconque de l'abdomen (1). »

Ces hernies sont assez fréquentes chez le cheval.

Chez le poulain, elles siègent le plus souvent à la région inférieure de l'abdomen. Chez le cheval, on les observe presque toujours dans la région du flanc.

Chez les chevaux aux pâturages, on trouve, comme chez

____

(1) Cagny et Gobert, *Dictionnaire vétérinaire*, tome I, page 747.

les poulains, des hernies ventrales à la partie inférieure de l'abdomen. Ces hernies se produisent lorsque les animaux viennent tomber sur les pieux, palissades, fils de fer, qui servent de clôtures aux pâturages, lorsqu'ils essaient de franchir ces clôtures. La hernie ventrale peut se produire sous l'influence du météorisme.

ÉTIOLOGIE. — Les hernies ventrales sont presque toujours accidentelles et ont toujours pour causes des traumatismes : coups de pied, coups de corne, embarrures à l'écurie sur le « fâcheux bat-flanc », heurt sur le flanc du brancard ou du timon d'une voiture en mouvement, chutes sur le côté sur un sol dur, chutes sur des palissades, sur un mur, sur des pieux, des haies, des fils de fer, ou sur des obstacles dans le manège, sur le terrain de manœuvre ou sur une piste d'entraînement.

SYMPTÔMES. — Lorsque la hernie est récente, on constate facilement la présence de l'intestin sous la peau. Au bout de plusieurs heures, on constate alors une tumeur diffuse, crépitante par place, fluctuante, chaude, très douloureuse. C'est à ce moment qu'il faut pratiquer la palpation avec soin afin de bien se rendre compte de la nature de la tumeur et de ne pas s'exposer à un accident en y mettant le bistouri.

Au bout de quelques jours, les liquides épanchés se résorbent, et la tumeur se trouve alors uniquement constituée par la masse intestinale herniée. Le diagnostic est à ce moment des plus faciles, car la tumeur est dépressible et réductible. Pendant la réduction, on sent très bien les bords de la déchirure des parois du ventre.

Les observations de hernies ventrales sont très nombreuses et très variées.

Cadéac en a présenté plusieurs, dues les unes à des traumatismes violents, d'autres congénitales, ou dues à la déchirure de la tunique abdominale sous le poids de l'utérus ou des organes digestifs remplis (1).

____

(1) Cadéac, *Journal de médecine vétérinaire et de zootechnie*, 1900.

Peuch cite un cas de hernie ventrale sur une pouliche de vingt-deux mois occasionné par un coup de corne (1).

Hendrickx cite un cas de hernie ventrale énorme sur un poulain de cinq mois (2).

Dans ma statistique personnelle d'accidents, je trouve trois cas de hernie ventrale très caractéristiques : 1º un cas dû à une embarrure à l'écurie pendant la nuit sur un cheval de cinq ans ; 2º un cas sur un cheval préparé aux obstacles pour un concours hippique et dû à une chute sur la banquette irlandaise ; 3º un cas dû à coup de pied sur le flanc.

Moyens préventifs. — Éviter les traumatismes : coups de pied, embarrures dans les écuries, par une surveillance constante et en isolant les chevaux frappeurs, et en supprimant le bat-flanc à ceux qui ont l'habitude de s'embarrer. Appliquer toutes les mesures de la police des repas, car c'est pendant que les chevaux mangent l'avoine qu'ils s'embarrent, donnent et reçoivent des coups de pied. Exposer le moins possible les chevaux aux chutes sur des corps étrangers et des obstacles. Ne pas laisser errer dans les cours des quartiers les chevaux échappés. Entourer les pâturages de clôtures solides et assez élevées pour que les chevaux et les poulains n'aient pas l'envie, dans leur galop de gaité, de les franchir.

N'atteler à deux en flèche que des chevaux s'entendant parfaitement de caractère et dans l'acte de tirer.

Dans les coliques d'indigestion intestinale, combattre toujours par les moyens thérapeutiques et chirurgicaux le météorisme, quelque peu prononcé qu'il soit.

Éventrations. — On donne le nom d'éventration à la hernie d'une anse intestinale ou de tout autre organe digestif à travers une plaie des parois abdominales et de la peau.

Dans l'éventration, il n'y a pas de sac herniaire ; les viscères se présentent complètement nus et sans enveloppe protectrice.

(1) Peuch, *Journal de médecine vétérinaire et de zootechnie*, 1901.
(2) Hendrickx, *Annales vétérinaires*, 1900.

ÉTIOLOGIE. — Les éventrations ont toujours pour origine des traumatismes : coups de fourche, coups de corne, coups de couteau, coups de sabre, coups de baïonnette, coups de timon ou de brancard, chutes sur des corps pointus ou tranchants : pieux, piquets, faux, herse, soc de charrue, etc. (1).

On a vu quelquefois l'éventration compliquer l'opération de la castration, celle de la cryptorchidie, l'opération d'un champignon ou de la hernie étranglée (2).

MOYENS PRÉVENTIFS. — Comme pour la hernie ventrale, éviter les traumatismes. A ce propos, j'appelle encore une fois l'attention sur les inconvénients qu'il y a à laisser entre les mains de nos hommes la fourche d'écurie. Je n'ose plus enregistrer les accidents dont cette fourche, confiée à des hommes ignorants et brutaux, a été la cause.

Dans les opérations de castration, de cryptorchidie, de champignon intra-inguinal, de hernie étranglée, on ne saurait apporter trop de soins dans le manuel opératoire : connaissance absolue de la région, délicatesse de main, habileté chirurgicale.

Hernie ombilicale (*exomphale, omphalocèle*). — C'est la hernie d'une partie de l'intestin ou de l'épiploon, ou des deux à la fois, à travers l'ouverture incomplètement oblitérée de l'ombilic. C'est la hernie des poulains.

La hernie ombilicale peut être *congénitale*, c'est-à-dire qu'elle peut se former pendant la vie fœtale. Elle peut être *acquise* et se former après la naissance. Cette dernière se produit lorsque la gelée de Warthon, qui oblitère l'anneau ombilical du fœtus, ne s'organise pas suffisamment pour former une plaque fibreuse obturant complètement l'orifice ombilical.

La hernie ombilicale peut être *vraie* ou *fausse*. Vraie lorsqu'elle se produit dans la région même de l'ombilic, *fausse* lorsqu'elle se produit à travers une ouverture accidentelle très voisine de l'ombilic.

(1) Bollet, *Recueil de médecine vétérinaire*, 15 novembre 1899.
(2) Cavard, *Recueil de médecine vétérinaire*, 15 septembre 1900.

Je ne veux pas citer toutes les observations de hernie ombilicale. Elles sont d'ailleurs très nombreuses, car il n'y a pas un vétérinaire qui n'ait eu l'occasion de la constater plusieurs fois dans sa clinique. J'en ai relevé moi-même plusieurs cas.

ÉTIOLOGIE. — Pour que la hernie ombilicale puisse se produire, il est nécessaire que l'ouverture ombilicale persiste

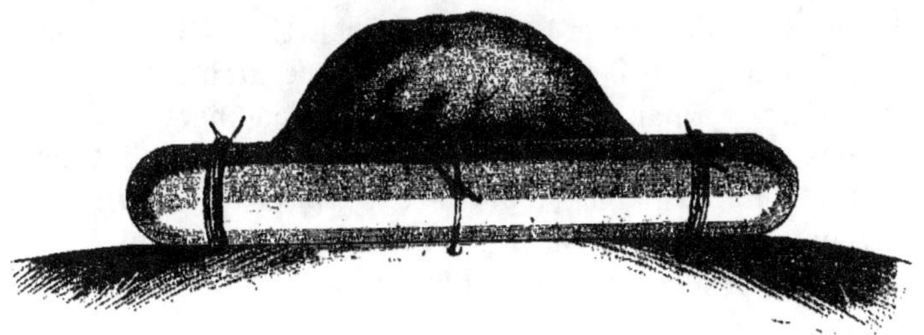

Fig. 28. — Hernie ombilicale (Cadiot et Almy).

après la naissance. Cette anomalie, encore assez fréquente, est souvent héréditaire.

Généralement les hernies acquises se montrent dans les deux ou trois premiers mois qui suivent la naissance. Pour se produire, elles ont dû vaincre la résistance du travail d'oblitération qui se formait à la région ombilicale.

Plusieurs causes facilitent la formation de la hernie ombilicale : les tractions sur le cordon au moment où la jument met bas son poulain, plus tard les sauts, les gambades, les courses dans le pré, les chutes, les glissades, toutes causes qui nécessitent des efforts violents.

On a vu la hernie ombilicale succéder à des coliques ayant nécessité de la part du poulain des efforts continus de défécation.

La hernie fausse se produit le plus souvent à la suite de chutes sur un corps piquant ou tranchant, occasionnant une blessure pénétrante dans la région de l'ombilic.

SYMPTÔMES. — Tumeur d'origine variable sur la ligne

blanche, au niveau de l'anneau ombilical ou dans son voisinage. Cette tumeur est molle, légèrement élastique ; elle se déprime facilement à la pression et revient presque instantanément à sa forme première. Quelquefois elle est pâteuse, fluctuante, mais elle est presque toujours indolente et facilement réductible, du moins momentanément.

La hernie ombilicale peut être *irréductible* ou bien encore se compliquer d'*engouement* ou d'*étranglement*.

L'irréductibilité de la hernie ombilicale tient à la présence dans la partie herniée de l'intestin d'une grande quantité de matières formant une masse lourde et compacte.

Lafosse a trouvé du sable, du gravier fin; Marlot, des crottins durs et moulés; d'autres ont trouvé de la terre (1).

L'engouement se rencontre quelquefois. On cite aussi plusieurs cas d'étranglement (2).

Moyens préventifs. — Bien que souvent la hernie ombilicale du poulain guérisse spontanément après le sevrage, il convient d'employer toutes les mesures d'hygiène nécessaires pour empêcher la formation de cet accident.

On surveillera la mise bas des juments afin d'empêcher les tiraillements accidentels sur le cordon. Les soins antiseptiques de la région devront être donnés au moins pendant les huit premiers jours qui suivront la naissance. On devra veiller à ce que le poulain ne porte pas ses premières dents sur la région qui est souvent le siège d'un prurit assez accusé.

La surveillance des poulains dans les pâturages devra être constante et des plus rigoureuses. Le sol de ces pâturages devra être parfaitement uni et le moins glissant possible. Les pierres devront en être soigneusement enlevées, et les clôtures devront toujours être élevées et en bon état.

Le pré devra avoir une certaine étendue, afin que, si on y met plusieurs poulains, chaque mère puisse se tenir dans une

(1) Lafosse, *Traité de pathologie.* — Marlot, *Mémoire de la Société centrale d'agriculture*, 1859.
(2) Rolland et Royer, *Recueil de médecine vétérinaire*, 15 octobre 1903.

région où elle pourra circuler librement sans être gênée et sans gêner les autres.

Dans aucun cas ces précautions hygiéniques ne devront être négligées, car, lorsque la hernie ombilicale ne guérit pas seule, elle nécessite une opération chirurgicale qui n'est pas sans danger, surtout si elle n'est pas précédée du traitement préventif antitétanique.

Autrefois l'opération de la hernie ombilicale se compliquait très souvent de tétanos (3 cas sur 10, d'après Dieudonné) (1).

Surtout que l'on se garde bien de mettre entre les mains de l'empirique le hernieux ombilical ou tout autre hernieux. Aujourd'hui encore les pertes subies par l'agriculture du fait de ces accidents représentent malheureusement un capital beaucoup trop considérable.

Il appartient à l'hygiène de diminuer d'une façon notable le chiffre des pertes et de ramener à une moyenne plus raisonnable le capital engagé par ces pertes.

(1) Paul Dieudonné, *Recueil de médecine vétérinaire*, 15 mai 1896.

CHAPITRE X

MALADIES DE L'APPAREIL GÉNITO-URINAIRE

Congestion du rein. — Hématurie. — Néphrite aiguë. — Néphrite chronique. — Abcès du rein. — Pyélite. — Pyélo-néphrite. — Albuminurie. — Calculs. — Hypertrophie. — Atrophie. — Tumeurs. — Parasites. — Hémoglobinurie. — Lésions traumatiques. — Urémie.

Reins. — Les reins sont des organes de dépuration urinaire. Ce sont eux qui éliminent du sang, avec l'eau en excès, les produits azotés ou excrémentitiels, l'urée, l'acide urique, l'acide hippurique, etc. En raison de leurs fonctions importantes et continues, les reins sont exposés à différentes altérations.

Congestion du rein. — La congestion du rein, si fréquente chez les bovidés, se voit encore assez souvent chez le cheval.

Elle est *active* ou *passive* : active, lorsqu'elle est la conséquence d'une irritation directe et plus ou moins violente de l'organe ; passive, lorsqu'elle résulte d'un trouble de la circulation.

Congestion active. — ÉTIOLOGIE. — La congestion active du rein est fréquente chez les jeunes animaux. Elle est toujours d'origines *toxique*, *infectieuse* ou *traumatique*.

Elles est d'origine toxique lorsqu'elle a pour cause l'ingestion de fourrages renfermant certaines plantes narcotiques ou narcotico-âcres, ou irritantes : renoncules, hellébores, clématites, anémones, adonis, euphorbes, colchiques, chélidoines, narcisses, souci des marais, gratioles, fritillaires, vérâtres, pédiculaires, poivre d'eau, plantains, moutardes, prêles, scille, mercuriale annuelle, ivraie enivrante, ciguë, jusquiame, morelle, belladone, aristoloche, genêt d'Espagne, jeunes pousses de sapin, d'if, de chêne, d'orme, de frêne, etc.

Certains médicaments, administrés en grande quantité et pendant longtemps, déterminent la congestion du rein : essence de térébenthine, azotate de potasse, colcicine, scillitine, rue, sabine, cantharide, etc.

Plusieurs praticiens citent des cas de congestion du rein consécutifs à des frictions étendues d'essence de térébenthine et à des applications successives de vésicatoires.

On cite encore comme causes les boissons irritantes, l'eau des marais, des mares, des fossés bourbeux ; les fourrages avariés, moisis ; l'alimentation verte abondante succédant sans transition à un régime sec et occasionnant une forte diurèse.

Plusieurs cas de congestion du rein ont été signalés sur des muletons et des poulains qui, au lieu d'avoir tété le colostrum, avaient tété, aussitôt après le part, un lait trop riche et trop abondant.

La congestion du rein est d'origine infectieuse lorsqu'elle se montre pendant le cours de certaines maladies infectieuses : gourme, anasarque, pasteurellose, hémoglobinurie, charbon, etc. Dans ce cas, la congestion du rein est le plus souvent due à l'action irritante des toxines lors de leur élimination par cet organe.

La congestion du rein est d'origine traumatique lorsqu'elle est déterminée par des contusions, des chutes ou de violents efforts de tirage, et à l'écurie par des embarrures.

Trasbot a relevé plusieurs cas de congestion du rein sur des muletons et des poulains dus à des refroidissements (1).

SYMPTÔMES. — Chez l'adulte, la congestion active du rein se manifeste généralement subitement, et le plus souvent pendant le travail.

L'animal s'arrête brusquement, ou marche en voussant son rein et en écartant fortement les membres de derrière. Dès le début, les douleurs ressenties sont intenses ; la phy-

---

(1) Trasbot, *Dictionnaire vétérinaire*, tome XIX, page 118.

sionomie est anxieuse, le facies grippé, la respiration accélérée. Des coliques assez violentes se montrent pendant lesquelles la peau se couvre d'une sueur abondante. De temps en temps l'animal se campe pour uriner ; mais ce n'est qu'au bout de deux heures d'efforts qu'il finit par expulser une assez grande quantité d'urine légèrement trouble. Si la congestion est hémorragique, c'est-à-dire s'il y a en même temps hématurie, l'urine expulsée est fortement colorée en rouge.

Dans les cas graves, le malade peut mourir en quelques jours.

Chez les jeunes animaux, la congestion du rein apparaît dès les premiers jours qui suivent la naissance. Les malades sont tristes, refusent de téter et tombent bientôt dans un véritable état d'abattement. De violentes coliques se montrent et, dès le début, l'hématurie apparaît.

Si l'hématurie persiste, les jeunes animaux sont bien vite épuisés, et la mort survient rapidement. Mais souvent une amélioration notable succède à l'hématurie. Dans ce cas, les jeunes animaux entrent en convalescence vers le cinquième jour.

Congestion passive. — ÉTIOLOGIE. — La congestion passive du rein a généralement pour cause un obstacle troublant la circulation des artères et des veines rénales, ou de la veine cave. Elle est liée aussi à l'existence de certaines maladies du cœur ou du poumon (endocardite, myocardite, péricardite, emphysème pulmonaire, pneumonie et pleurésie chroniques).

SYMPTÔMES. — Cette congestion se manifeste par des signes communs à toutes les affections chroniques du rein. Le diagnostic exact en est donc difficile et souvent imprécis. La quantité d'urine est diminuée, mais l'analyse, qui décèle toujours des quantités assez notables d'albumine, peut éclairer le praticien. Cependant je crois devoir dire que, dans la congestion du rein d'origine infectieuse, il y a souvent de l'albuminurie.

Dans la congestion passive du rein, qui procède d'ailleurs toujours d'une façon très lente, l'animal maigrit au point de devenir, au bout d'un certain temps, à l'état squelettique. De cette étude de la congestion du rein, quelle que soit son origine, il résulte qu'un symptôme dominant, celui qui est en quelque sorte la signature de la maladie, c'est l'*hématurie*.

On a beaucoup écrit sur l'*hématurie*, qui est la dominante de la plupart des affections du rein. Les travaux les plus originaux et les plus documentés sont ceux de *Lhomme* sur l'hématurie des muletons, de d'*Arboval*, de *Zundel*, de *Terrier*, *Ayrault*, *Drouard*, *Sanson*, *Cauvet*, *Violet*, *Galtier*, sur l'hématurie des bêtes bovines.

Esclauze, vétérinaire militaire, donne *huit observations* d'hématuries provoquées par l'introduction d'un corps étranger dans la vessie (1). Dans ce cas, on peut confondre l'hématurie produite par l'irritation et l'inflammation de la vessie avec celle résultant de la congestion du rein.

Bouziard et Hardon donnent, en 1904, une bonne observation de congestion rénale (2). Scott cite un cas d'hématurie rénale, d'origine ombilicale, sur un poulain, hématurie certainement due à l'infection (3).

MOYENS PRÉVENTIFS. — Afin de prévenir la congestion du rein d'origine toxique, on proscrira les fourrages renfermant des plantes irritantes ou narcotico-âcres, les foins vasés, moisis, les avoines altérées par les champignons, les pailles moisies, charbonnées ou altérées par l'ergot, le son et la farine d'orge piqués, le maïs altéré. Sous aucun prétexte, on n'abreuvera les animaux dans les mares ou dans les fossés bourbeux.

Les médicaments irritants, toxiques, devront être administrés avec prudence. La médication ne devra pas en être continuée trop longtemps. Les frictions avec l'onguent vésicatoire devront être assez espacées pour que l'absorption

(1) Esclauze, *Travail sur les hématuries*.
(2) Bouziard et Hardon, *Recueil d'hygiène*, année 1904.
(3) Scott, *Recueil de médecine vétérinaire*, 15 novembre 1903.

de la cantharide ne soit pas trop rapide ni trop abondante.

Il est d'usage de ne jamais soumettre les animaux au régime du vert d'une façon brusque. On devra toujours commencer par des rations faibles de fourrage vert et allier ce régime avec le régime sec.

L'alimentation des animaux pléthoriques devra être particulièrement surveillée. On fera de temps en temps usage pour ces animaux d'aliments rafraîchissants : barbotages, buvées d'orge, carottes. Les animaux maintenus au repos pendant un certain temps seront mis à la demi-diète.

Chez les poulains et les muletons, d'autres mesures préventives s'imposent. L'hygiène des mères devra être surveillée. On les nourrira moins abondamment dans les premiers jours qui suivent le part. On fera usage des farineux et du régime vert. Il convient même de soumettre à la demi-diète ou aux barbotages celles qui sont de tempérament sanguin. Leur hygiène extérieure ne devra pas être négligée : soins antiseptiques des mamelles, bonne litière bien blanche et toujours propre. Si les mères n'ont pas de colostrum, on donnera aux poulains et aux muletons un léger laxatif. La manne réussit très bien et n'est pas irritante.

Avec Trasbot, je recommande surtout de ne pas exposer les jeunes animaux aux refroidissements cutanés. Éviter les courants d'air froid dans les écuries et ne jamais laisser les poulains dans les pâturages lorsqu'il pleut ou lorsqu'il neige, s'ils n'ont pas d'abris où ils puissent se réfugier.

On évitera la congestion du rein d'origine infectieuse en s'attachant à conserver aux reins toute leur intégrité pendant le cours des maladies infectieuses. Dans ce but, je prescris le lavage des reins avec des boissons douces et abondantes : tisane de graine de lin, eau d'orge, eau miellée, dans lesquelles on peut ajouter un peu de bicarbonate de soude. Régime vert si possible, carottes. Régime lacté.

Pendant le cours des maladies infectieuses, on ne devra jamais négliger de procéder à l'analyse des urines. Cette analyse est un baromètre qui permet de frapper à temps et au début même de l'altération des reins.

Si on a le soin de faciliter l'élimination des toxines par le lavage des reins et les diurétiques doux, on a toutes les chances, pendant le cours des maladies infectieuses, d'éviter la congestion du rein.

On agira de même dans les affections chroniques du cœur et du poumon.

L'hygiène extérieure des nouveau-nés devra être aussi l'objet de soins attentifs. On s'attachera surtout à l'antisepsie de la région ombilicale, qui est souvent une porte ouverte à l'infection.

Les poulains à l'écurie restent couchés une partie de la journée. La litière devra être entretenue dans le plus grand état de propreté.

La congestion du rein d'origine traumatique sera combattue préventivement par une surveillance constante de l'hygiène : hygiène du repos, hygiène du travail.

On surveillera les animaux à l'écurie et aux pâturages, afin qu'ils ne s'échappent pas dans un galop fou les exposant à des chutes brusques, ou qu'ils ne s'embarrent sur des bat-flancs ou sur des clôtures.

On n'imposera pas aux animaux de travail des charges trop fortes les obligeant à des efforts de tirage brusques et violents.

Néphrite. — La néphrite est l'inflammation du tissu du rein. Elle peut être *aiguë* ou *chronique*.

Néphrite aiguë. — ÉTIOLOGIE. — Les mêmes causes susceptibles de déterminer la congestion du rein peuvent, dans certaines circonstances, produire la néphrite aiguë.

La néphrite est donc, comme la congestion du rein, d'origine toxique, d'origine infectieuse, d'origine traumatique, comme elle peut être aussi causée par un refroidissement, ou des corps étrangers.

Origine toxique. — Ingestion de fourrages renfermant des plantes irritantes ou narcotico-âcres, de fourrages avariés, moisis, humides, ou cachant des parasites, pucerons, chenilles (1), de pommes de terre crues altérées.

Administration prolongée de certains médicaments irritants ou toxiques : iodoforme, cantharides, acide phénique, goudron, essence de térébenthine, oléo-résine, huile de cade, huile empyreumatique, sels de plomb, de mercure, sels de potasse, préparations scillitiques, alcaloïdes, etc.

Origine infectieuse. — Toutes les néphrites secondaires sont de nature infectieuse. On les observe pendant le cours et même pendant la convalescence de la plupart des maladies infectieuses : pasteurelloses, pneumonie, pleurésie, bronchites infectieuses, grippe, gourme, anasarque, morve, septicémie, etc. Dans ces différents cas, la néphrite est due au passage par les reins des toxines sécrétées par les microbes (2).

L'hémoglobinurie est toujours accompagnée de néphrite.

Traumatismes. — On a plusieurs exemples de néphrite traumatique occasionnée par des chutes, des coups violents sur les lombes, des sauts exagérés, des efforts de tirage.

Refroidissements. — Les anciens vétérinaires non seulement ne niaient pas l'influence des refroidissements dans l'étiologie de la néphrite, mais ils lui donnaient encore une grande importance. De nos jours, on a été jusqu'à nier cette influence. Je crois, avec Trasbot et Cagny, qu'on est tombé dans l'exagération contraire. L'influence du froid sur des animaux en sueur est indiscutable. Cette influence agit comme cause occasionnelle dans le développement des maladies internes. Il n'y a pas de raison pour que la néphrite échappe à cette règle. Trasbot et Cagny en citent plusieurs exemples (3).

On a observé plusieurs cas de néphrite aiguë dus à la présence dans le rein d'un corps étranger (calcul).

La néphrite aiguë par *contiguïté de tissus* a été aussi

(1) Neubert, *Sächsjahresber.*, 1681.
(2) Chauvrat, Néphrite consécutive à la gourme (*Recueil d'hygiène*, année 1903).
(3) Trasbot, *Dictionnaire vétérinaire*, tome XIX, page 134.

observée. Thiriet, vétérinaire en premier, en cite un cas (1).

SYMPTÔMES. — Le plus souvent la maladie débute brusquement. Le malade montre dès les premières heures des signes de douleurs abdominales (coliques sourdes). Il est triste, inquiet, refuse les aliments secs, mais prend encore volontiers les boissons, les buvées, les barbotages clairs. Puis peu à peu les symptômes augmentent d'intensité. Le malade reste debout planté sur ses quatre membres, la tête basse, le dos fortement voussé. Il piétine de temps en temps dans sa stalle, mais se couche rarement. S'il le fait, c'est avec beaucoup de précautions, comme s'il redoutait d'augmenter encore sa souffrance en se couchant.

Les déplacements latéraux et le reculer sont difficiles et douloureux. La marche est hésitante, traînante. Le train postérieur surtout a de la peine à se déplacer. Tous ces déplacements sont si douloureux que, lorsqu'on y soumet le cheval, il se plaint ou grince des dents.

Le rein est très sensible à la pression des doigts. L'exploration rectale augmente les souffrances, mais permet de constater le gonflement douloureux du rein atteint.

Généralement, le malade est constipé. La miction de l'urine est difficile, douloureuse ; le malade se campe fréquemment pour uriner et finit par expulser un peu d'urine épaisse, mucilagineuse, quelquefois albumineuse, et renfermant souvent de petits caillots de sang, ou ressemblant à du sang pur (hématurie).

L'hématurie, en effet, accompagne souvent la néphrite, lorsque celle-ci est violente et s'accuse avec des symptômes aigus très prononcés.

Après plusieurs jours, si l'hématurie cesse, l'urine s'épaissit et prend une teinte chocolat.

Les symptômes sont les suivants : respiration accélérée, courte, battements du cœur forts et précipités, pouls vite et fort, artère tendue, muqueuses congestionnées avec légère

(1) Thiriet, *Recueil d'hygiène*, année 1903.

teinte ictérique ; ventre tendu, douloureux ; température oscillant entre 38°,5 et 40°.

Si la maladie se prolonge, le malade maigrit rapidement. La constipation devient opiniâtre, le ventre est levretté, et des œdèmes apparaissent aux quatre membres.

La *résolution* termine souvent la néphrite aiguë ; cependant la mort survient à peu près dans la moitié des cas. La *gangrène* et la *suppuration* s'observent dans la néphrite d'origine infectieuse (pneumonie, gourme).

L'*état chronique* peut succéder à l'état aigu.

Néphrite chronique. — Elle peut débuter brusquement ou terminer la néphrite aiguë.

ÉTIOLOGIE. — Les causes susceptibles d'occasionner la néphrite aiguë peuvent produire la néphrite chronique, si ces causes sont moins intenses et exercent une action prolongée.

Cette affection est assez rare chez le cheval. On ne l'observe guère que chez les chevaux très vieux, où elle est la conséquence d'une dégénérescence athéromateuse.

Presque toujours la néphrite chronique s'accompagne d'albuminurie, même lorsqu'elle est due à la présence d'un corps étranger (calcul).

MOYENS PRÉVENTIFS. — Mêmes mesures hygiéniques que pour éviter la congestion du rein, telle cause qui détermine de la congestion du rein pouvant aussi bien occasionner de la néphrite.

Abcès du rein, pyélite, pyélo-néphrite. — Ces maladies qui se tiennent peuvent être groupées sous le nom de *suppurations rénales*.

Qu'elles intéressent le bassinet (pyélite) ou le tissu des reins (pyélo-néphrite), elles sont presque toujours la conséquence d'une affection primitive (gourme, pneumonie infectieuse, septicémie, gangrène pulmonaire, morve, etc.). Les traumatismes violents peuvent déterminer de la pyélo-néhprite et des abcès du rein.

L'inflammation des organes voisins : vessie, urètre, vagin, matrice, constitue une porte ouverte à l'infection.

SYMPTÔMES. — Les symptômes, sans être obscurs, ne facilitent pas le diagnostic, car ils accompagnent toujours d'autres symptômes, qui sont ceux de la maladie primitive et qui peuvent tromper le praticien.

Dès que la suppuration se met dans le rein, il y a de suite amaigrissement du sujet.

La peau devient sèche et se colle aux os, le poil se pique. On constate de violentes douleurs abdominales avec fièvre, frissons et sueurs. L'urine est fréquente, épaisse, et finit par devenir purulente (pyurie).

Certainement la pyurie a son importance diagnostique ; malheureusement on l'observe dans la cystite et les urétrites, de sorte que le diagnostic : abcès du rein, pyélo-néphrites, est toujours difficile à porter.

Souvent l'urine est albumineuse, symptôme commun à beaucoup d'affections du rein.

Quelques symptômes extérieurs peuvent se produire, telle la fistule inguinale consécutive. Bourgès en cite un exemple (1).

MOYENS PRÉVENTIFS. — Éviter les traumatismes, chutes, coups sur la région lombaire, ou dans la région supérieure du flanc. Surveiller le rein dans les maladies infectieuses et pendant les convalescences de ces maladies. Pratiquer le lavage des reins et faciliter l'élimination des toxines par des boissons abondantes, adoucissantes et légèrement diurétiques. Analyser fréquemment les urines.

Le régime lacté et bicarbonaté est indiqué pendant le cours de ces maladies et pendant la convalescence.

(1) Bourgès, Abcès du rein droit avec fistule inguinale (*Recueil d'hygiène*, année 1903).

Albuminurie. — Comme l'hématurie, l'albuminurie est un symptôme qu'on observe dans beaucoup d'affections du rein, et principalement dans les maladies d'origine infectieuse : néphrite, pyélite, pyélo-néphrite, consécutives à la gourme, à l'anasarque, aux affections typhoïdes, etc. La maladie de Bright n'existe pas chez le cheval, du moins

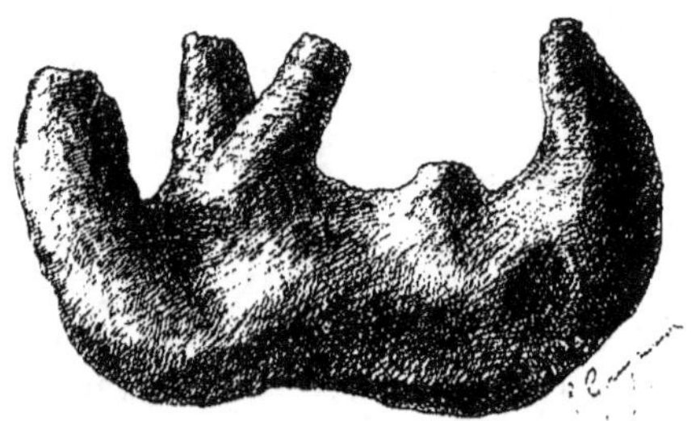

Fig. 29. — Calculs rénaux (Orig.).

la néphrite chronique albumineuse du cheval ne ressemble en rien à la maladie de Bright de l'homme.

Moyens préventifs. — On préviendra l'albuminurie pendant le cours des maladies infectieuses en surveillant et en désinfectant les reins : boissons abondantes, bicarbonate de soude, lait, salol, benzo-naphtol. Analyse fréquente des urines.

Calculs. — La lithiase rénale se présente chez le cheval sous forme de sable, de gravelle, de graviers et de véritables calculs. On cite chez le cheval des calculs pesant 1 500 grammes (Kitt), 2 kilogrammes (Solleysel). On rencontre les calculs rénaux dans le bassinet et dans les tubes urinifères. Ils sont presque toujours formés de carbonate et d'oxalate de chaux.

Étiologie. — Assez obscure. Bouley reconnaît pour cause une surabondance de carbonates calcaires dans les aliments.

Ce qui tendrait à prouver l'origine alimentaire des calculs rénaux, c'est que Thomassen, Tuffier, Ebstein, ont réussi à produire expérimentalement ces calculs en administrant de l'oxamide aux animaux.

D'autres causes peuvent être invoquées : l'hérédité, l'infection, la rétention d'urine.

Symptômes. — Très obscurs. Le plus souvent ces calculs passent inaperçus, lorsqu'ils sont peu volumineux. D'autres fois on constate des coliques sourdes, intermittentes, celles que l'on observe généralement lorsque les animaux éprouvent de la difficulté à uriner. On a relevé des symptômes d'hydronéphrose.

Moyens préventifs. — Assez difficiles à mettre en pratique. Donner une alimentation saine, éviter les eaux calcaires. Surveiller la convalescence des maladies infectieuses afin d'empêcher l'infection du rein.

Une mesure hygiénique des plus faciles, et sur laquelle j'attire l'attention, est celle qui consiste, dans toutes les circonstances du service et du travail, à laisser quelques instants de repos aux chevaux pour leur permettre d'uriner (1). La rétention d'urine a sa répercussion sur le rein et sur les tubes urinifères et le bassinet principalement. Si l'urine est chargée de carbonates calcaires et d'oxalates, son séjour prolongé et répété dans les canaux du rein peut donner naissance à des dépôts de sable ou à des calculs.

Hypertrophie, atrophie. — Très rares chez le cheval. Je ne connais qu'un exemple d'atrophie du rein sur un cheval de dix-huit ans, cité par Cadéac.

Tumeurs du rein. — Ces tumeurs sont généralement des sarcomes, des carcinomes (2). Très difficiles à diagnostiquer, elles sont le plus souvent accompagnées d'hématurie inter-

(1) Morisot. *Hygiène du cheval de troupe.*
(2) Hédouin. *Recueil d'hygiène*, année 1905.

mittente. L'analyse fréquente des urines peut faire soupçonner ces tumeurs. On peut avoir aussi recours à l'exploration rectale.

Ces tumeurs sont souvent héréditaires. Je ne vois guère comme moyens préventifs qu'une hygiène rationnelle et toutes les mesures déjà prescrites pour empêcher l'infection du rein.

Parasites. — Plusieurs parasites ont été rencontrés dans le rein du cheval : le strongle géant, l'échinocoque, le sclérostome armé, et enfin des coccidies.

Le strongle géant a été trouvé dans le rein du cheval par Chabert, Rudolphi, Leblanc, Labat.

Cadéac et Malet citent dans la *Revue vétérinaire* un cas très curieux d'échinocoques dans le rein d'un cheval, avec formation d'un kyste et destruction de la susbtance (1).

La présence de sclérostomes armés dans les artères rénales du cheval est assez fréquente.

D'après Lustig, ces anévrysmes vermineux sont souvent le point de départ d'une néphrite (2).

On a trouvé aussi des sclérostomes dans l'intérieur même des reins (Walters) (3).

Bowler a trouvé à l'autopsie de mulets morts de paraplégie des reins très atrophiés et dont

Fig. 30. — Strongle géant (Neumann).

(1) Cadéac et Malet, *Revue vétérinaire*, 1884, page 483.
(2) Lustig, *Deutsche Zeitschr. f. Thiermed.*, 1875, page 194.
(3) Walters, *The veterinarian*, 1866, page 265.

le bassinet contenait une grande quantité de sclérostomes (1).

Harvey cite le cas d'une pouliche morte de paraplégie, et dont le rein droit très hypertrophié renferme au moins deux cents vers dans la masse cellulo-adipeuse qui entoure l'organe (2).

D'autres auteurs, Meyrick, Couchman, Liénaux, citent des cas semblables.

Les coccidies sont plus rares ; Pachinger en cite cependant 3 cas (3).

Tous ces parasites déterminent des altérations profondes du rein qu'il est difficile de reconnaître du vivant de l'animal. Les principaux symptômes sont : coliques violentes, intermittentes, douleurs dans la région des reins, urines albumineuses, le plus souvent hématurie.

Moyens préventifs. — Recourir aux mesures indiquées dans les chapitres précédents contre les parasites de l'intestin.

Hémoglobinurie. — L'hémoglobinurie est une maladie caractérisée par la présence dans l'urine de l'hémoglobine en nature dissoute dans le sérum du sang à la suite d'une altération des globules rouges.

Assez commune chez le cheval, elle apparait le plus souvent d'une façon brusque par de la paraplégie et l'émission d'une urine foncée.

Nature de la maladie. — Les opinions sont très divergentes au sujet de la nature de la maladie. Il semble que les auteurs aient donné à cette maladie un nom suivant les symptômes observés par eux : *congestion de la moelle, congestion spino-rénale, paraplégie essentielle, névrite fémorale, apoplexie musculaire, contracture pelvienne, hémoglobinurie, hémoglobinurie paroxystique a frigore, mal de Bright, hémoglobinémie, hémoglobinémie paroxystique a frigore*, etc.

(1) Bowler, *American Journal of comparative medecine*, vol. II, p. 118-184.
(2) Harvey, *Veterinary Record*, 1845, page 356.
(3) Pachinger, cité par Railliet, page 188, vol. XIX du *Dictionnaire vétérinaire de Bouley*.

Je préfère le mot hémoglobinurie, qui caractérise le symptôme dominant de la maladie : émission fréquente d'urine foncée contenant en dissolution l'hémoglobine du sang.

Plusieurs théories ont été émises pour expliquer la nature de cette maladie grave du cheval.

Dès 1853, Demilly attribuait cette maladie à une altération primitive des muscles de la région lombaire déterminée par des thromboses des artères inférieures des membres.

D'autres auteurs voient dans cette maladie une affection d'origine rhumatismale. Bollinger y voit une auto-intoxication due à l'action d'un produit provenant de la décomposition musculaire, agissant sur les hématies.

Winckler est, lui aussi, pour la théorie toxémique.

H. Bouley attribue la paraplégie hémoglobinurique à la distension des troncs sciatiques. Mais cette distension n'explique nullement la présence de l'hémoglobine dans le sang.

Bouley jeune, Delwart, Weber, Friedberger, Saint-Cyr, Trasbot, attribuent la paraplégie hémoglobinurique à une congestion de la moelle.

Adam, Hering, Zundel, Violet, donnent comme origine à cette maladie la congestion des reins par le froid, une sorte de néphrite suraiguë, déterminant de l'intoxication par arrêt de la sécrétion des reins et, par suite, occasionnant de la paraplégie.

Pour Wiliams, la paraplégie serait due à un excès d'urée. Lucet a repris et répandu cette théorie.

Ce sont ces dernières théories, ainsi que l'altération profonde de l'urine, qui m'ont déterminé à placer cette maladie à la suite des maladies et altérations des reins.

Mais, en dépit de toutes ces théories plus ou moins séduisantes, ce qu'il faut voir avant tout, c'est la présence de l'hémoglobine dans l'urine, l'altération des globules rouges, l'altération des reins et la rapidité avec laquelle les cadavres se décomposent. Cela suffit, il me semble, à prouver que la maladie doit être ou d'origine toxique, ou d'origine infectieuse.

La théorie infectieuse a pour partisan Arloing, Signol, Charrin, Lignières, et je crois bien que cette théorie est à la veille d'être acceptée par le plus grand nombre des praticiens.

ÉTIOLOGIE. — Comme *causes prédisposantes*, je mets en première ligne le tempérament pléthorique et l'âge. En effet, ce sont surtout les animaux de gros trait, les animaux sanguins de trois à dix ans qui sont le plus souvent atteints.

Comme *causes occasionnelles*, je citerai la mauvaise hygiène : nourriture forte, ration intensive, le repos prolongé, l'action du froid ; refroidissements brusques, le travail exagéré aussitôt après les repas, le surmenage.

Le repos complet apparaît surtout comme une cause occasionnelle parfaitement reconnue et admise, surtout si l'on n'a pas eu le soin de diminuer dans une forte proportion la ration, ou de soumettre les animaux maintenus dans l'inaction à un régime rafraîchissant. C'est ce qui a fait donner à cette maladie le nom de *maladie du Lundi, maladie de Pâques, maladie de la Pentecôte.*

Mais il est certain que la vraie cause, l'unique cause *déterminante* de la maladie, est un agent toxique ou un agent infectieux encore mal défini.

Charrin et Lignières croient avoir trouvé chacun un microbe. Lequel de ces deux microbes est le véritable agent de la maladie ? C'est ce que l'avenir dira, à moins qu'un troisième larron ne vienne se glisser entre les deux, apportant la lumière et la vérité.

On possède de nombreuses relations de cas d'hémoglobinurie. Chaque praticien en a plusieurs à son actif.

Kas à lui seul en cite 16 cas traités par la méthode de Metzger (1).

SYMPTÔMES. — La maladie débute brusquement alors que l'animal semble bien portant. De légères coliques appa-

(1) Kas, méthode de Metzger, *Recueil* du 15 décembre 1901.

raissent auxquelles succèdent aussitôt des troubles loco-moteurs qui prennent rapidement une grande intensité.

Dès les premières heures, on observe de la raideur et de l'incoordination des mouvements de l'arrière-main ; la croupe se couvre de sueur, l'encolure est allongée, la tête est basse, l'œil fixe. Puis la marche devient de plus en plus difficile, l'arrière-main oscille avec affaissement sur les jarrets, et finalement le cheval se laisse tomber sur le sol.

Un moment de calme succède toujours à la chute, mais ce moment est de très courte durée. Quelques instants après, l'animal se livre à de violents efforts pour se relever. Il n'y réussit qu'à moitié et retombe épuisé sur le sol ou sur la litière, le corps entièrement couvert de sueur.

A ce moment, tous les muscles sont contractés, durs, tuméfiés, et font saillie sous la peau. Mais cependant la paralysie n'est pas complète, car la sensibilité est encore très accusée dans toutes les parties du corps.

La miction de l'urine, sans être rare, se fait avec assez de difficulté. Après quelques efforts, le cheval rejette une petite quantité d'urine épaisse, trouble, huileuse et de couleur très foncée. Déjà cette urine contient une forte proportion d'hémoglobine et un peu d'albumine.

En deux ou trois jours, la maladie s'aggrave. L'appétit disparaît complètement, la faiblesse augmente, et le cheval se débat moins violemment.

A cette période de la maladie, la fièvre est très accusée ; la température atteint 40 et 41°. Les battements du cœur sont précipités, tumultueux. Toute la circulation est troublée, et souvent on constate du pouls veineux. La respiration est courte, il y a de la dyspnée. La mort peut survenir en quatre à huit jours. Le plus souvent les malades meurent épuisés.

Plusieurs praticiens ont observé des cas de mort très rapide (vingt-quatre heures).

Si la maladie doit se terminer par la guérison, on commence par observer de longues périodes de calme, puis l'émission abondante d'une urine foncée.

Lorsque le cheval se lève, la guérison est proche.

Les principales complications après guérison sont l'émaciation des muscles de la croupe, émaciation qui persiste longtemps et amène de la faiblesse de l'arrière-main ; la paralysie du nerf fémoral antérieur et du triceps crural.

MOYENS PRÉVENTIFS. — Combattre la mauvaise influence du tempérament pléthorique par une hygiène appropriée : éviter les rations fortes d'avoine, donner de temps en temps des barbotages et des buvées d'orge, des carottes, faire usage tous les ans du régime du vert avec diminution du travail. Lorsque, pour une cause ou pour une autre, les animaux doivent être laissés au repos, diminuer sensiblement la ration. Je connais plusieurs maisons de roulage occupant vingt à trente percherons de gros trait. Tous les dimanches ces chevaux reçoivent 5 litres d'avoine au lieu de 18 et un barbotage de farine d'orge, et ils s'en trouvent bien.

On évitera le travail par à-coups, le travail exagéré retardant ou diminuant le sommeil des chevaux, le surmenage, le travail aussitôt après les repas. Pendant les journées très chaudes et orageuses, il est préférable de travailler le matin de très bonne heure et de laisser quelques heures de repos dans l'après-midi. Pendant ces journées, on devra faire boire souvent.

Contre l'infection, je me trouve à peu près désarmé, ignorant comme beaucoup d'autres quel est l'agent déterminant de la maladie.

Je crois cependant qu'il est bon de surveiller l'hygiène : alimentation saine, entretien des litières, aération parfaite des écuries, désinfection de ces écuries au moins deux fois par an.

On devra surtout empêcher les chevaux de manger des litières souillées et de boire des eaux impures : mares, fossés bourbeux.

On ne connaît pas encore toutes les maladies qui peuvent sortir des litières souillées et des eaux impures. Jusqu'ici on a parlé du tétanos, de la pasteurellose, de la gourme, de l'anasarque, de la pneumonie. Je crois qu'il y en a d'autres encore, et qu'à bien chercher on en trouverait comme dans une mine inépuisable.

Lésions traumatiques. — Assez communes chez le cheval, où elles ont pour causes : les chutes, les coups de pied, les embarrures, les coups de fourche, de brancard, de timon. Ces causes peuvent déterminer de simples ecchymoses du rein, des foyers sanguins avec congestion de l'organe, ou bien encore de véritables hémorragies.

Symptômes. — Coliques intermittentes, hématurie, sensibilité et tuméfaction de la région lombaire.

Moyens préventifs. — Éviter les accidents et empêcher les brutalités à l'égard des animaux.

Urémie. — État pathologique particulier consistant dans la diminution notable ou dans la suppression de l'excrétion urinaire. Cet état est dû à l'accumulation dans le sang des produits de déchet et de désassimilation, notamment de l'urée, qui ne sont plus éliminés par les reins.

Donc, lorsqu'il y a urémie, il y a cessation des fonctions des reins ou perturbation dans ces fonctions.

Fréquente chez l'homme, elle est assez rare chez nos animaux domestiques. On l'observe cependant chez le cheval, où elle coïncide avec la néphrite, la pyélo-néphrite, les calculs rénaux.

On a constaté plusieurs cas d'urémie sur des chevaux forcés mourant pendant une course rapide. Les raids d'Ostende, Lyon-Aix, en ont fourni plusieurs exemples.

Symptômes. — Les symptômes se confondent souvent avec ceux de la maladie primitive. Mais, lorsque les produits de désassimilation se trouvent en excès dans l'économie, la circulation s'accélère ainsi que la respiration, qui devient dyspnéique ; puis des symptômes de convulsion apparaissent, et enfin la mort par épuisement et paralysie.

MOYENS PRÉVENTIFS. — Des plus faciles à mettre en pratique chez le cheval. Dans les affections des reins, faire le lavage et l'antisepsie de ces organes afin de leur conserver leur fonction. Boissons mucilagineuses abondantes, diurétiques légers, bicarbonate de soude, salol, benzo-naphtol.

Dans les courses, raids, savoir s'arrêter à temps, c'est-à-dire avant que les animaux tombent sur la route épuisés et empoisonnés par les produits de déchets non éliminés.

Nous ne devons pas oublier la façon sauvage avec laquelle plusieurs chevaux ont été menés dans les raids Ostende, Bruxelles, Lyon-Aix, et nous devons en faire notre profit.

Dans ces sortes d'épreuves, l'urémie guette les chevaux qui y sont soumis ; c'est aux cavaliers, aux cavaliers seuls, qu'il appartient d'éviter cet accident redoutable, qui se termine toujours par la mort, car il n'y a pas de vétérinaire qui puisse intervenir utilement contre l'urémie des animaux forcés.

Je conseille aux cavaliers de faire boire souvent pendant l'épreuve ; de s'arrêter de temps en temps pour donner à leur monture le temps et le loisir d'uriner ; de marcher souvent à côté de leur cheval afin de soulager le rein ; de renoncer aux allures folles menées trop longtemps ; de ne courir qu'avec des chevaux ayant bon cœur, bon poumon, bonnes jambes, et parfaitement entraînés ; d'avoir l'œil et de surveiller le vaillant animal qui les porte. Au moindre fléchissement, s'arrêter pendant quelques instants, masser, faire boire sucré, puis repartir à une allure d'abord modérée.

Si le fléchissement se renouvelle et s'accentue, s'arrêter *stoïquement*.

Toute épreuve menée en dehors de ces règles est *imbécile, sauvage*.

CHAPITRE XI

MALADIES DE L'APPAREIL GÉNITO-URINAIRE

(SUITE)

Cystite. — Paralysie de la vessie. — Hernie. — Renversement. — Rétroflexion. — Déchirure. — Corps étrangers. — Lésions traumatiques. — Calculs. — Parasites. — Maladies de l'urètre. — Urine. — Polyurie. — Métrite aiguë et chronique. — Métrite septique. — Métrorragie. — Renversement de l'utérus. — Lésions traumatiques. — Hernie. — Vaginite. — Abcès du vagin. — Tumeurs. — Thrombus. — Lésions traumatiques. — Renversement. — Rétropulsion. — Vulvite. — Lésions traumatiques.

Cystite. — C'est l'inflammation de la muqueuse de la vessie. Elle peut être *aiguë* ou *chronique*.

ÉTIOLOGIE. — Les causes de la cystite chez le cheval sont très variées. Les principales sont le séjour prolongé dans la vessie d'une urine irritante, toxique ou infectieuse, comme cela se voit dans les maladies infectieuses : gourme, anasarque, pasteurellose, etc., ou comme cela se produit à la suite de l'absoprtion de certains médicaments irritants (cantharide), ou de l'ingestion trop longtemps continuée de fourrages irritants, piquants, narcotico-âcres ; les traumatismes : coups, blessures contusions ; les sondages intempestifs ou pratiqués avec des sondes malpropres ; les calculs ; les refroidissements combinés avec la réplétion de la vessie chez les animaux qu'on fait voyager en voiture ou en chemin de fer et qui n'urinent pas pendant le voyage (Trasbot).

Plusieurs auteurs ont nié cette cause. J'ai dans mes observations deux cas de cystite sur deux chevaux qui n'urinaient jamais lorsqu'ils étaient montés ou sellés. Après trois jours de reconnaissance à longue distance, pendant lesquels ces chevaux sont restés sellés douze heures environ chaque jour, les deux chevaux qui avaient uriné à de rares intervalles seulement ont été atteints de cystite. Dans ces deux cas, il est très possible qu'il n'y ait pas eu de refroidissement ; mais les deux chevaux ayant été montés pendant longtemps et à de vertes allures, il est possible aussi qu'ils se soient refroidis. A ce sujet les cavaliers se sont bien gardés de dire la vérité. Néanmoins il n'est pas douteux que le séjour prolongé de l'urine dans la vessie ait agi comme cause déterminante.

La cystite par contiguïté de tissus est fréquente. En effet, cette maladie coïncide avec la néphrite infectieuse, la pyélite, la pyélo-néphrite, la péritonite, l'urétrite, la vaginite.

Sambelle cite un cas de cystite hémorragique par contiguïté de tissus consécutifs à la castration (1).

On a plusieurs observations de vétérinaires sur la cystite. Je citerai celle de Wœhrling et huit observations d'Esclauze : cystite hématurique provoquée par la présence d'un corps étranger dans la vessie (2).

1re Observation. — Pelote de fil de fer barbelé.

2e Observation. — Anneaux métalliques.

3e Observation. — Morceau de bois.

4e Observation. — Fil de fer.

5e Observation. — Morceau d'éponge.

6e Observation. — Fil de fer en spirale.

7e Observation. — Fil de fer en spirale.

8e Observation. — Morceau de bois et deux balles d'épervier.

Six de ces observations concernent des animaux au pâturage

Les causes de la *cystite chronique* sont à peu près les mêmes. Elle peut se produire par contiguïté de tissus ou succéder à la cystite aiguë.

SYMPTÔMES. — Au début, coliques sourdes, intermittentes ; inquiétude, tristesse, perte d'appétit, ou appétit capricieux ; douleurs assez violentes ; l'animal gratte le sol,

(1) Sambelle, *Recueil d'hygiène*, année 1902.
(2) Wœhrling, *Recueil d'hygiène*, année 1900. — Esclauze, *Travail sur les hématuries*.

piétine des pieds de derrière, fouaille de la queue, se plaint et se campe souvent pour uriner.

De temps en temps, il expulse un peu d'urine non sans se plaindre. Chez la jument, les contractions de la vulve se manifestent longtemps après le rejet de l'urine.

L'exploration montre une vessie pleine et douloureuse au toucher.

Dans la cystite aiguë, l'urine expulsée est épaisse, assez foncée, quelquefois trouble. Elle renferme toujours des débris épithéliaux, des globules blancs et rouges. Quelquefois elle est purulente, surtout dans la cystite chronique.

D'autres symptômes se montrent très accusés dans la cystite aiguë : telles la raideur du rein, la marche affaissée de l'arrière-main, la difficulté de la défécation.

Une complication assez fréquente de la cystite aiguë, c'est *l'hématurie*. On l'observe surtout dans la cystite toxique produite par l'abus des fourrages irritants, piquants, narcotico-âcres, et dans la cystite médicamenteuse.

L'urine est alors fortement colorée en rouge. Dans la cystite hémorragique, la vessie renferme du sang à peu près pur.

Pendant l'année 1906, lors du séjour du 5e régiment d'artillerie, au camp des Pareuses, près de Pontarlier, j'ai relevé 3 cas de cystite hématurique produite par l'ingestion de fourrages renfermant en grande quantité des plantes piquantes.

MOYENS PRÉVENTIFS. — Rejeter impitoyablement de la ration les fourrages renfermant des plantes irritantes, piquantes, narcotico-âcres (1), les avoines piquantes, altérées. Dans le traitement des maladies, ne pas faire un usage trop prolongé, surtout sur des sujets épuisés par la maladie, des médicaments irritants et cantharidés, *intus* et *extra*.

Pendant le cours des maladies infectieuses, et pendant leur convalescence, surveiller la vessie : lavage et antisepsie

____

(1) Morisot, *Hygiène du cheval de troupe.*

de la vessie par l'administration de boissons mucilagineuses abondantes, de l'emploi du bicarbonate de soude, du salol, du benzo-naphtol. Même surveillance de la vessie lors de maladies des organes voisins. Éviter les traumatismes, les refroidissements. Dans toutes les circonstances du travail, laisser de temps en temps quelques instants de repos aux chevaux pour leur permettre d'uriner.

Surveillance des pâturages non seulement au point de vue des plantes malfaisantes que ces pâturages peuvent renfermer, mais au point de vue des corps étrangers qui sont susceptibles d'être déglutis. C'est dans le but d'attirer l'attention sur ce point que j'ai cité les huit observations d'Eclauze.

Pendant l'opération de la castration, et après l'opération, faire de l'antisepsie rigoureuse. J'appelle surtout l'attention sur les soins à donner après l'opération. Presque tous les accidents qui surviennent après l'opération sont amenés par des soins mal entendus, tels que les lavages de la région à l'aide de l'éponge. Il y a longtemps que j'ai proscrit cet objet de ma clinique chirurgicale, objet dangereux au premier chef.

Si après la castration on veut laver la région opérée avec un liquide antiseptique, ce lavage doit se faire à l'aide de la seringue, *uniquement de la seringue.*

Paralysie de la vessie. — Cette maladie peut coïncider avec la cystite chronique. Elle peut être le résultat de troubles nerveux : vertige, méningite, paraplégie, hémoglobinurie, ou de lésions traumatiques ayant occasionné des lésions de la moelle (fractures des vertèbres).

Symptômes. — Rétention d'urine. L'urine s'écoule goutte à goutte ou par jets intermittents sous l'influence des contractions violentes des muscles abdominaux. Dans certains cas, on constate une véritable incontinence d'urine.

Le pronostic est toujours très grave.

Moyens préventifs. — Éviter toutes les causes susceptibles d'apporter le moindre trouble dans les fonctions des reins et de la vessie et de déterminer des maladies du système nerveux central. Surveiller la convalescence des maladies infectieuses. Éviter les traumatismes.

Hernie. — La hernie de la vessie, encore appelée *cystocèle*, peut se produire à travers une ouverture naturelle, méat urinaire, ou à travers une ouverture accidentelle, déchirure du vagin, dilacération du tissu conjonctif qui entoure le rectum et le vagin. Dans le premier cas, c'est le *renversement*; dans le second, la *rétroflexion*.

Renversement de la vessie. — C'est la vessie invaginée à la façon d'un doigt de gant, franchissant l'urètre et venant faire saillie en dehors de la vulve sous la forme d'une tumeur arrondie plus ou moins volumineuse.

Assez fréquent chez la jument pendant les parts laborieux, lorsque celle-ci se livre à de violents efforts expulsifs. On l'a vu aussi se produire à la suite de manœuvres maladroites pour aider à l'accouchement.

Moyens préventifs. — Faciliter les parts difficiles et ne jamais confier le soin d'aider l'accouchement à des gens inexpérimentés, empiriques, maréchaux, valets de ferme, etc.

Rétroflexion de la vessie. — C'est l'inflexion de la vessie en arrière ou latéralement. La rétroflexion amène presque toujours de la rétention de l'urine, même lorsqu'elle est incomplète.

Chez les femelles, elle a pour causes les efforts violents des muscles abdominaux pendant la parturition.

Chez le cheval, elle se produit à la suite de contractions violentes dans des exercices difficiles. J'ai relevé un cas chez un cheval de hussards rentrant d'une chasse à courre dans une forêt accidentée.

Moyens préventifs. — Les mêmes que pour le renversement.

Déchirure. — La déchirure de la vessie se produit à la suite de la plénitude exagérée de cet organe surtout sur les chevaux exercés dans cet état aux allures rapides : galop de chasse, charge, galop de course. Elle se produit aussi sous l'influence d'une chute dans les cas de coliques où il y a rétention d'urine et plénitude de la vessie.

On l'a vu se produire à la suite de manœuvres maladroites dans l'opération de la lithotritie ou de traumatismes violents : chutes, coups de timon, de brancard.

Les affections calculeuses, les corps étrangers, les altérations des parois de la vessie (cystite chronique, ulcérations), peuvent déterminer la rupture de la vessie.

Moyens préventifs. — Éviter la plénitude de la vessie surtout chez les chevaux exposés à de violents efforts de tirage, franchissant des obstacles et exercés aux allures rapides. Dans le cas de coliques, provoquer autant que possible l'émission de l'urine, empêcher le cheval de se jeter brusquement sur le sol et de se rouler.

Éviter les traumatismes de toutes sortes. Dans l'acte opératoire de la lithotritie, procéder avec douceur et adresse. De même dans l'exploration rectale et dans l'exploration vaginale.

Ne pas laisser à la portée des animaux de corps étrangers susceptibles d'être déglutis et de perforer la vessie.

Corps étrangers. — Les corps étrangers pénétrant dans la vessie et provoquant de l'hématurie ne sont pas aussi rares qu'on le croit généralement. Esclauze a publié à ce sujet huit observations très intéressantes. On ne saurait donc prendre trop de précautions pour empêcher les animaux d'ingérer, soit à l'écurie, soit au pâturage, des corps étrangers susceptibles de pénétrer dans la vessie et d'amener des accidents graves (cystite hématurique).

Lésions traumatiques. — La vessie peut être atteinte et blessée plus ou moins gravement par des corps pénétrants qui arrivent jusqu'à elle à travers les parois abdominales, le périnée, ou bien en perforant le rectum ou le vagin. A la suite de fracture du bassin, on a vu des esquilles tranchantes perforer la vessie. J'en ai relevé deux cas : un cas sur un cheval de dragons, un autre cas sur un cheval de hussards.

L'opération de la lithotritie, faite brutalement, et par des mains inexpérimentées, peut amener des blessures graves de la vessie.

MOYENS PRÉVENTIFS. — Prévenir les causes, c'est-à-dire les traumatismes susceptibles de déterminer les blessures. C'est donc dans l'hygiène qu'on trouvera ces moyens : hygiène à l'écurie, hygiène du travail, surveillance des gardes d'écurie, des employés, palefreniers, charretiers.

Dans les deux cas que j'ai relevés à la suite de fracture du bassin, un des accidents s'est produit dans une chute sur le verglas, l'autre dans une embarrure sur un bat-flanc qui a cédé sous le poids du cheval.

La surveillance à l'écurie ne saurait donc être faite trop rigoureusement.

Calculs. — Assez fréquents chez le cheval, plus fréquents que les calculs urétraux.

Mêmes causes que pour les calculs rénaux : alimentation abondante, riche en acide oxalique ; séjour prolongé de l'urine dans la vessie.

Mêmes *moyens préventifs*. En plus, on devra chercher à éviter toutes les causes susceptibles d'occasionner l'inflammation ou des accidents de la vessie : tels que la cystite, la présence de corps étrangers, les lésions traumatiques.

Parasites. — Les parasites qu'on trouve dans le rein du cheval se retrouvent également dans la vessie. Mêmes *moyens préventifs*.

Urètre. — Les maladies de l'urètre comprennent l'*urétrite*, très rare chez le cheval ; les *lésions traumatiques* :

blessures, abcès, déchirures ; les *calculs*, et des *vices de confor-mation* qui n'ont rien à faire avec l'hygiène, du moins comme moyens préventifs.

Mêmes moyens préventifs que pour les maladies de la vessie.

Urine. — L'urine peut renfermer des éléments anormaux. Cet état de l'urine est toujours lié à un des états patholo-giques que nous avons décrits à propos des maladies des reins et de la vessie.

Ces éléments anormaux sont l'albumine, qu'on trouve dans la congestion du rein, dans la néphrite, pyélite, pyélo-néphrite, hémoglobinurie, etc. ; le sang, dans la congestion du rein, dans la néphrite aiguë, l'hématurie ; l'hémoglobine, dans l'hémoglobinurie ; le sucre dans le diabète, inconnu ou très rare chez le cheval ; les pigments biliaires, dans les affections du foie ; le pus, dans la néphrite purulente, dans la cystite chronique et dans les abcès de l'urètre ; le mucus et les cellules épithéliales dans les cystites et uré-trites ; les microbes, les toxines, dans les maladies infec-tieuses ; l'urée, dans l'urémie.

La présence de ces éléments dans l'urine indique que l'on ne doit jamais négliger de faire l'analyse de l'urine pendant le cours des maladies internes ou infectieuses du cheval et pendant leur convalescence.

Il existe une maladie du cheval que certains auteurs ont assimilée au diabète et qui s'en différencie cependant, attendu que rarement, sauf chez les chevaux de course, on trouve du sucre dans les urines : c'est la *polyurie*.

Polyurie. — Maladie caractérisée par une sécrétion abon-dante d'urine et une soif ardente.

La miction de l'urine est facile et se renouvelle dix à douze fois par heure. Leclainche cite le cas d'un cheval dont la quantité d'urine évacuée en ving-quatre heures s'est élevée à 50 litres (1).

(1) Leclainche, *loc. cit.*

Sous l'influence de cette augmentation de l'urine et de cette soif ardente, le malade perd l'appétit et maigrit rapidement. On observe aussi des coliques légères, et alternativement de la constipation et de la diarrhée.

Il existe aussi une forme de la polyurie essentiellement contagieuse. Lorsqu'elle se montre dans une écurie, elle n'épargne pas un cheval. Cette forme de la polyurie est certainement de nature microbienne.

Cagny cite plusieurs cas de polyurie sucrée, sorte de diabète, sur des chevaux de course surmenés par un entrainement intempestif (1).

Moyens préventifs. — Pour éviter la polyurie essentielle, il faut commencer par supprimer toutes les causes susceptibles d'occasionner des maladies des organes abdominaux et du cœur.

Dans la polyurie contagieuse, éviter la contagion. Pour cela, séquestrer dans la même écurie tous les animaux atteints. Empêcher dans l'écurie le va-et-vient d'hommes inutiles. Procéder à la désinfection des locaux contaminés, des objets, ustensiles d'écurie, et du harnachement.

Le mieux serait d'isoler les malades dans un pré jour et nuit.

Utérus. — Les principales maladies de l'utérus observées chez la jument sont la métrite, la métrorragie, le renversement, les lésions traumatiques, la hernie ou hystérocèle.

Métrite. — Elle se montre sous les trois formes suivantes : *métrite simple aiguë, métrite chronique, métrite septique,* ou *métro-péritonite,* ou *septicémie de parturition.*

Métrite simple aiguë. — C'est l'inflammation aiguë de la muqueuse utérine.

Etiologie. — Elle a toujours pour cause l'infection à la

(1) Cagny et Gobert, *Dictionnaire vétérinaire.*

suite d'avortement, de part difficile, de non-délivrance, de manœuvres obstétricales intempestives ou brutales. On l'a vue se produire sans cause appréciable quelque temps après un accouchement facile, et alors que la délivrance s'était faite normalement. Elle peut être la conséquence d'une maladie infectieuse générale ou de l'altération pathologique d'organes voisins.

SYMPTÔMES. — Tuméfaction de la vulve, vaginite. Diminution dans la quantité d'urine expulsée, miction gênée, quelquefois difficile. Coliques légères, intermittentes. Souvent la vulve laisse écouler un liquide purulent.

L'exploration rectale montre le col de l'utérus tuméfié et dilaté.

MOYENS PRÉVENTIFS. — On devra avant tout chercher, surtout dans les accouchements difficiles, à éviter l'infection. Pour cela on aura recours aux injections antiseptiques de sublimé qui réussissent si bien chez la femme. On évitera les manœuvres brutales, maladroites, les grands délabrements ; on facilitera la délivrance. Dans le cas d'avortement, on désinfectera l'utérus avec la solution de sublimé ou la solution de permanganate de potasse. Dans les maladies des organes voisins, on fera bien de désinfecter de temps en temps l'utérus, opération que l'on devrait d'ailleurs toujours pratiquer même dans les accouchements faciles.

Métrite chronique. — Elle succède souvent à la métrite aiguë.

SYMPTÔMES. — Tuméfaction de la vulve, du col de l'utérus. Vaginite chronique. Écoulement intermittent d'un liquide purulent. Amaigrissement.

Métrite septique. — Assez rare chez la jument.

ÉTIOLOGIE. — Infection par des streptocoques ou des staphylocoques, à la suite de part difficile, d'avortement ou de non-délivrance.

La rétention du fœtus, sa mort dans la matrice, peuvent déterminer l'infection septique. Cette infection peut aussi être apportée par les mains de l'opérateur et les instruments.

Symptômes. — Fièvre très accusée, appétit diminué ou nul. Coliques intermittentes. Tuméfaction de la vulve et du col de l'utérus. Vaginite. Écoulement d'un liquide purulent et d'odeur infecte. Diarrhée abondante et fétide.

Moyens préventifs. — Large désinfection de l'utérus, des instruments et des mains de l'opérateur.

Pour tous les accouchements, aussi bien pour les accouchements faciles que pour les accouchements difficiles, je recommande de maintenir sous les animaux une litière irréprochable, qu'on peut asperger soit de crésyl ou de lysol.

La désinfection des locaux est urgente, même lorsqu'il ne se présente qu'un cas de métrite septique.

Métrorragie. — Hémorragie de l'utérus due à une blessure de la matrice à la suite d'un part difficile ou de la délivrance forcée. On la voit quelquefois apparaître spontanément, sans cause appréciable.

Moyens préventifs. — Éviter dans les accouchements difficiles, dans la délivrance forcée, les manœuvres maladroites, brutales. Ces deux opérations, toujours délicates, exigent une certaine expérience. Elles ne doivent pas être pratiquées par des profanes : maréchaux, empiriques, valets de ferme.

Renversement de l'utérus. — Très rare chez la jument.

J'en ai cependant observé un cas. C'est le plus souvent un accident de l'accouchement. Il est donc tout indiqué de veiller à ce que la mise-bas se fasse dans les meilleures conditions possibles.

Lésions traumatiques. — Blessures, déchirures consécutives au part. On les évitera en prenant les mêmes précautions que pour éviter la métrorragie et le renversement.

Hernie, histérocèle. — On l'observe quelquefois chez la jument, où elle se produit à la suite de coups de corne, de coups de pied, de coups de brancard, de timon, de coups de fourche, portés soit dans le flanc, soit à travers les ouvertures naturelles.

Chez la jument, la hernie se produit généralement à gauche, où elle forme une tumeur très apparente.

Moyens préventifs. — Éviter les traumatismes. A ce propos, je répète encore une fois que je voudrais voir la fourche, la fâcheuse fourche, disparaître à tout jamais des écuries, parce qu'elle est, entre les mains des cavaliers brutaux ou des valets de ferme, un ustensile d'écurie des plus dangereux.

Vagin. — Nombreuses sont chez la jument les altérations du vagin. Je citerai la vaginite, les abcès du vagin, les tumeurs, les lésions traumatiques, les thrombus, le renversement, la rétropulsion.

Vaginite. — C'est l'inflammation aiguë ou chronique de la muqueuse du vagin.

Étiologie. — La vaginite aiguë a pour cause les traumatismes sur la muqueuse pendant le part avec les mains de l'opérateur ou les instruments ; les traumatismes ordinaires : coups de fourche, coups de timon, coups de pied. Elle est aussi une conséquence de la métrite, de la métro-péritonite. Certaines maladies infectieuses ont quelquefois un retentissement sur le vagin : la gourme, la dourine, le horse-pox. La vaginite chronique succède souvent à la vaginite aiguë, surtout lorsque celle-ci s'accompagne d'infection. Il y a toujours dans le vagin des recoins qu'il est impossible de désinfecter, d'où la vaginite chronique.

Symptômes. — Peu apparents au début. Gonflement de la vulve, prurit, dysurie et constipation. Peu ou pas de fièvre. Puis apparait un écoulement d'abord muqueux, puis muco-purulent, d'odeur assez accusée. A ce moment, la défécation est difficile, la miction très douloureuse. Si on entr'ouvre les lèvres de la vulve, la muqueuse vulvaire se montre très rouge, enflammée, excoriée ou ulcérée en plusieurs endroits.

Dans la vaginite chronique, il y a production de fausses membranes de couleur jaunâtre et ressemblant assez à celles de la diphtérie.

Moyens préventifs. — Éviter les traumatismes si fréquents dans la région, et qui sont le fait des brutalités exercées par les hommes sur les animaux. On évitera les coups de pied en isolant les chevaux frappeurs, les embarrures en exerçant une grande surveillance dans les écuries.

Pendant le cours des maladies infectieuses, et pendant la convalescence, l'urine expulsée étant toujours chargée de toxines et autres principes irritants, on fera de temps en temps l'antisepsie du vagin avec des solutions faibles de permanganate de potasse, de crésyl ou de l'eau boriquée.

Abcès. — Les abcès du vagin sont primitifs ou secondaires ; primitifs lorsqu'ils sont la conséquence d'une blessure, d'une plaie ; secondaires lorsqu'ils se produisent pendant le cours d'une maladie infectieuse, et plus particulièrement de la gourme.

J'ai eu l'occasion d'ouvrir plusieurs abcès gourmeux du vagin, un entre autres qui renfermait plus de 1 litre de pus. Tous les cas que j'ai observés ont été suivis de guérison.

Étiologie. — Traumatismes, plaies infectées, blessures. Maladies infectieuses : gourme, pasteurellose.

Moyens préventifs. — Éviter les plaies et les blessures du vagin. Désinfection de la muqueuse pendant le cours des maladies infectieuses.

Tumeurs. — **Polypes, kystes.** — Rares chez la jument. Les kystes sont consécutifs à des traumatismes.

Tumeurs sanguines. — **Thrombus.** — Consécutifs aux parts laborieux ou à des traumatismes. On les évitera en prenant toutes les précautions nécessaires au moment de l'accouchement et en évitant les traumatismes.

Lésions traumatiques. — Plaies, blessures produites par des coups de fourche, de manche de fouet, des coups de pied, de timon, de brancard.

Mêmes *moyens préventifs* que pour éviter la vaginite due aux traumatismes.

Renversement. — C'est le refoulement du vagin vers la vulve, ou son renversement plus ou moins complet au dehors.

Il est souvent la conséquence du renversement de l'utérus et, presque toujours, consécutif à un part laborieux ou à la délivrance tardive et forcée.

Moyens préventifs. — Faciliter l'accouchement et la délivrance. Éviter autant que possible les manœuvres intempestives.

Rétropulsion. — Rare chez la jument. Je n'en ai observé qu'un cas.

Vulve. — On n'observe guère chez la jument que la vulvite consécutive à des traumatismes, ou à des affections primaires de nature infectieuse : dourine, horse-pox, gourme, pasteurellose ; et des plaies, des déchirures, consécutives aux parts laborieux chez les primipares et à des traumatismes.

J'ai vu souvent dans l'armée des déchirures des lèvres de la vulve occasionnées par des corps de fourche ou des embarrures sur les bat-flancs en mauvais état. C'est dire combien la surveillance devra être rigoureuse dans les écuries. De même l'instruction des cavaliers devra porter sur les soins à donner à leur monture, et on ne devra jamais hésiter à punir très sévèrement, sans application du sursis, tout cavalier qui se sera porté à des brutalités envers les chevaux confiés à ses soins.

Prostate. — Les maladies de la prostate sont très rares chez le cheval.

Ovaire. — On ne rencontre guère chez la jument que des kystes, qui, chez les vieux sujets, atteignent souvent un volume énorme. Dans ce cas, il se produit souvent une compression de l'intestin, laquelle compression peut faire obstacle au cheminement des matières alimentaires et déterminer ainsi de véritables coliques par obstruction.

Les kystes ovariens peuvent s'ouvrir dans la cavité abdominale et occasionner de la péritonite.

L'ovarite est rare chez la jument.

CHAPITRE XII

MALADIES DE L'APPAREIL RESPIRATOIRE

Cavités nasales. — Sinus. — Larynx. — Trachée.

Coryza. — Abcès de la cloison nasale. — Lésions traumatiques. — Corps étrangers. — Épistaxis. — Ulcères. — Tumeurs. — Parasites. — Collection purulente des sinus. — Lésions traumatiques. — Corps étrangers. — Parasites. — Laryngites aiguë, chronique, striduleuse. — Œdème du larynx. — Occlusion. — Corps étrangers. — Tumeurs. — Lésions traumatiques. — Parasites. — Cornage. — Trachéite. — Lésions traumatiques. — Fractures de la trachée. — Tumeurs. — Parasites. — Corps étrangers.

Maladies des cavités nasales. — Coryza. — Le coryza (catarrhe nasal) est l'inflammation de la muqueuse pituitaire. Il peut être *aigu* ou *chronique, essentiel* ou *secondaire.*

Étiologie. — Les causes habituelles du coryza sont les refroidsisements brusques sur les chevaux rentrant en sueur du travail et exposés dans des courants d'air, soit dans les écuries, soit hors des écuries, soit à la forge ; les refroidissements sur les jeunes chevaux laissés en liberté dans les pâturages pendant les temps de pluie ou pendant les giboulées froides du printemps, et les variations brusques de l'automne ; les poussières irritantes des routes, des terrains de manœuvre sablonneux, des fourrages poussiéreux, moisis, trop mûrs ; les vapeurs et les gaz irritants ; la fumée des incendies ; les émanations ammoniacales qui se dégagent des litières malpropres dans les écuries basses et mal aérées.

Le coryza peut être la conséquence d'une maladie primaire : gourme, horse-pox, anasarque, grippe, bronchite, pharyngite, laryngite.

SYMPTÔMES. — Au début, congestion assez intense de la pituitaire, ébrouements fréquents, jetage séreux et clair. Au bout de quelques jours, le jetage devient muqueux, puis muco-purulent. A ce moment, il est rare qu'on n'observe pas un peu de tuméfaction des ganglions de l'auge.

Généralement la fièvre est peu accusée, sauf chez les jeunes chevaux, où les réactions fébriles sont toujours fréquentes et accusées.

Le coryza aigu ne dure guère plus de huit à dix jours. Il dure plus longtemps si l'inflammation se propage au sinus, au pharynx, et si le coryza devient chronique.

MOYENS PRÉVENTIFS. — Faciles à employer, ces moyens ne demandant qu'un peu de surveillance et d'attention. En effet, rien n'est plus facile que d'éviter les refroidissements. On les évitera dans les écuries en aérant largement ces écuries sans exposer les chevaux à la pluie, aux courants d'air et aux bourrasques de neige si fréquentes pendant l'hiver si on laisse les fenêtres et les portes ouvertes du côté du vent. On les évitera à la rentrée du travail en bouchonnant vigoureusement les chevaux en sueur, en les couvrant, en ne les exposant pas immobiles attachés dehors, en ne les envoyant pas à la forge, où ils font souvent des stations longues et dangereuses.

Je condamne pour les jeunes chevaux les pâturages sans abris, et je dis de suite que ces abris doivent être confortables. Les jeunes chevaux laissés en liberté dans les pâturages n'attendent jamais d'être mouillés et refroidis pour se réfugier sous les abris qui sont mis à leur disposition.

Dans les pâturages bien tenus, il doit y avoir au moins un abris parfaitement clos de trois côtés pour dix chevaux.

Contre la poussière des routes et des terrains de manœuvre, je recommande surtout les soins à la rentrée, les grandes ablutions fraîches surtout pour les chevaux qui, pendant la route ou pendant le travail, se trouvaient à la gauche.

Les fourrages moisis devront être impitoyablement proscrits. Les fourrages poussiéreux ou récoltés trop mûrs devront être secoués avant d'être jetés dans les râteliers. Les avoines poussiéreuses, comme les avoines de Champagne, devront être tararées, puis vannées avant d'être distribuées aux chevaux.

On ne devra pas exposer les animaux aux émanations des vapeurs et des gaz irritants, des fumées d'incendie.

Dans les écuries bien tenues, il ne devrait jamais y avoir d'émanations ammoniacales. C'est dire que les écuries doivent être largement aérées et que la litière entretenue sous les chevaux doit toujours être irréprochable (1).

Il est possible d'éviter le coryza secondaire dans certaines affections comme la grippe du cheval, la laryngite, en pratiquant des injections antiseptiques : permanganate de potasse, crésyl, solution faible de sublimé, ou en soumettant les animaux à des fumigations : goudron, crésyl, baies de genévrier. Si on ne peut éviter le coryza aigu, du moins peut-on l'empêcher de passer à l'état chronique.

Abcès de la cloison nasale. — On les observe quelquefois chez le cheval, où ils sont la conséquence de traumatismes, de blessures de la muqueuse. On les voit aussi coïncider avec la gourme.

Moyens préventifs. — Éviter les traumatismes et toutes les causes susceptibles d'occasionner des blessures de la muqueuse nasale. Dans la gourme, faire l'antisepsie de la muqueuse à l'aide d'injections avec la solution de permanganate de potasse. Ces injections se font facilement à l'aide d'un bock d'une contenance de 2 litres.

Lésions traumatiques. — Corps étrangers. — Les lésions traumatiques sont des blessures occasionnées par des coups violents sur le chanfrein : coups de pied, de bâton, de fourche, de manche de fouet, de rogne-pied, de brochoir, etc., et qui peuvent déterminer une simple inflammation de la muqueuse nasale avec coryza, ou des fractures des os du

____

(1) Morisot, *Hygiène du cheval de troupe.*

nez avec leurs conséquences : abcès, collection purulente des sinus.

Les corps étrangers qui pénètrent dans les cavités nasales : plumes, brins de foin, de paille, épillets de brôme, tampon d'ouate, tampon d'étoupe, fil de fer, etc., produisent souvent des blessures de la muqueuse avec coryza.

MOYENS PRÉVENTIFS. — Contre les lésions traumatiques, c'est encore l'hygiène qui apparaît avec ses moyens préventifs. Ces moyens consistent à éviter les brutalités envers les chevaux. Et, à mon avis, c'est dans l'armée qu'on doit travailler à ce but, car, lorsque nos hommes sauront bien que c'est une faute, une grosse faute, presque un crime, de frapper un cheval qui ne peut répondre de la même façon, plus tard ils se le rappelleront, lorsqu'ils seront rentrés dans leurs foyers. Et alors, s'ils sont appelés à soigner et à conduire des chevaux, ils mettront en pratique les moyens de patience et de douceur qui leur auront été enseignés au régiment.

Dans la circulation, aussi bien dans la circulation civile que dans la circulation militaire, il y a encore beaucoup trop d'hommes qui ont le coup de fouet et le coup de bâton beaucoup trop faciles.

Il y a aussi trop de maréchaux qui frappent les chevaux à la tête ou dans le ventre avec leur brochoir ou leur rogne-pied.

Combien de traumatismes de toutes sortes ai-je vus dans ma carrière, et qui étaient uniquement dus à la brutalité des hommes ! Ce sont ces hommes qu'il faut instruire. Il faut arracher de leur cerveau cet atavisme qui chez nous sommeille, toujours prêt à s'éveiller. Il faut leur infuser petit à petit de la douceur, en pénétrer leur sang, afin qu'elle n'en disparaisse plus jamais. Et là où cet enseignement ne réussira pas, il faudra arracher des mains de l'homme les objets : fouet, fourche, etc., qu'il transforme si volontiers en instruments de torture. Au besoin, il faudra punir, punir sévèrement, sans application du sursis.

Contre les corps étrangers, on emploiera l'ordre et la surveillance. Entretien des bat-flancs et des râteliers dans les écuries, des clôtures dans les pâturages. Ne jamais laisser à la portée des animaux des corps étrangers susceptibles de pénétrer dans les cavités nasales et de blesser la muqueuse.

Proscrire les poules des écuries ; les proscrire impitoyablement, car il n'y a pas de fléau plus grand dans la ferme. Les poules doivent rester au poulailler, ou errer hors des écuries. Les poules qui vagabondent dans les écuries souillent les fourrages de leurs excréments et de leurs plumes. Ces plumes, en pénétrant dans les cavités nasales, déterminent du coryza, et souvent des inflammations chroniques de la muqueuse.

Les poules répandent aussi sur les chevaux leurs parasites (dermanysses des poulaillers) et communiquent ainsi une maladie de peau tenace (phtiriase des poules).

Épistaxis. — C'est l'hémorragie nasale, le saignement de nez.

ÉTIOLOGIE. — L'épistaxis peut être *idiopathique* ou *symptomatique*.

L'épistaxis idiopathique est ou *spontanée* ou *traumatique*.

L'épistaxis spontanée s'observe sur les sujets sanguins, pléthoriques, fortement nourris. Elle est souvent une conséquence de l'insolation. Elle peut être aussi occasionnée par la compression de l'encolure par un collier trop étroit. On a vu le saignement de nez se produire sur des chevaux montant des côtes très dures avec des voitures lourdement chargées, ou sur des chevaux de course.

L'épistaxis traumatique est occasionnée par les mêmes traumatismes qui déterminent les lésions traumatiques des cavités nasales.

Les tumeurs et les ulcères des cavités nasales amènent souvent des saignements de nez.

Enfin l'épistaxis accompagne souvent certaines maladies

infectieuses : morve, anasarque, pneumonie infectieuse, pasteurellose.

Cadiot et Almy citent des exemples d'épistaxis sur des chevaux qui travaillent dans les fours à chaux. D'après Maury, ces épistaxis seraient dues à l'action corrosive, sur la pituitaire, des fines particules de chaux en suspension dans l'air inspiré (1).

Les chevaux qui boivent dans les mares et dans certains étangs peuvent y rencontrer des sangsues qui viennent se fixer sur la muqueuse des cavités nasales. Elles déterminent alors, au bout d'un certain temps, des hémorragies abondantes et tenaces.

Moyens préventifs. — Éviter la pléthore. Chez les chevaux sanguins, s'abstenir d'une nourriture trop forte. Combattre les dangers de l'insolation en ne faisant pas travailler les chevaux en plein soleil. Faire usage du chapeau de paille et des ablutions froides sur la tête. Éviter le surmenage. Contre l'épistaxis traumatique, employer les mêmes moyens préventifs que pour éviter les lésions traumatiques des cavités nasales et les corps étrangers.

Lorsque les chevaux sont appelés à travailler au voisinage des fours à chaux, ou sur des routes crayeuses et poussiéreuses, comme certaines routes de la Champagne, faire usage, à la rentrée du travail, des douches nasales. Ces douches sont très faciles à donner à l'aide d'un bock. Les animaux s'y habituent très vite, lorsqu'ils se sont rendus compte du bien-être qu'ils en éprouvent.

Sous aucun prétexte, on n'abreuvera les chevaux dans les mares, dans les fossés bourbeux et dans les étangs ou dans les sources renfermant des sangsues.

Ulcères. — Les ulcères des cavités nasales sont le plus souvent des lésions de horse-pox ou de morve. Éviter ces maladies.

____

(1) Cadiot et Almy, *Thérapeutique chirurgicale.*

Tumeurs. — Assez fréquentes chez le cheval sous les formes suivantes : polypes, sarcomes, épithéliomes. On a observé aussi des kystes mélicériques, des kystes dentaires provoqués par des dents erratiques venant se développer dans les cavités nasales. Quelques cas d'actinomycome ont été relevés.

Moyens préventifs. — Antisepsie de la muqueuse à l'aide de douches simples ou douches crésylées, toutes les fois que les chevaux auront travaillé sur des routes poussiéreuses. Éviter toutes les causes susceptibles d'occasionner des blessures de la muqueuse (traumatismes, corps étrangers). Extirpation des dents qui prennent une mauvaise direction.

Parasites. — Les parasites qu'on rencontre dans les cavités nasales du cheval sont les sangsues et les linguatules.

Moyens préventifs. — Contre les sangsues, voir *Maladies de la bouche* (parasites).

Les fourrages renfermant quelquefois des œufs pondus par les linguatules femelles, il est indiqué de veiller à ce que les fourrages soient toujours bien renfermés dans des endroits parfaitement clos.

Les chiens renfermant souvent des linguatules dans leurs cavités nasales, on devra les empêcher de circuler et de coucher dans les greniers à foin et dans les magasins à fourrages.

Sinus. — Les sinus du cheval sont exposés à de nombreuses altérations, dont les plus communes sont : la *collection purulente*, les *lésions traumatiques*, les *corps étrangers*, les *tumeurs*, les *parasites*.

Collection purulente. — C'est l'inflammation chronique avec suppuration de la muqueuse des sinus. On la désigne aussi sous le nom de *catarrhe chronique*.

La collection des sinus est le plus souvent unilatérale. Elle peut intéresser tous les sinus d'un même côté, ou rester limitée aux sinus supérieurs, ou au sinus maxillaire inférieur.

ÉTIOLOGIE. — Les principales causes de la collection des sinus sont les traumatismes : coups violents sur le front, sur la face, chutes, chocs contre un obstacle, surtout lorsque ces traumatismes ont occasionné une fracture ou un enfoncement des os.

Les corps étrangers, projectiles d'armes à feu, morceau de bois, de fil de fer, éclatement d'os pendant la trépanation, les parasites, peuvent déterminer la catarrhe chronique.

La carie des dernières molaires supérieures peut aussi occasionner la collection purulente du sinus maxillaire inférieur. Cadiot et Almy disent que la carie des cinquième et sixième molaires retentit surtout sur le maxillaire supérieur, et que celle des quatrième et troisième molaires se propage au sinus maxillaire inférieur (1).

Les tumeurs des cavités nasales et des sinus s'accompagnent souvent de collection purulente.

Certains auteurs attachent une certaine importance à l'action du froid : affusions et irrigations d'eau glacée sur la tête.

Enfin la gourme et la morve se compliquent quelquefois de collection purulente des sinus.

MOYENS PRÉVENTIFS. — Éviter les coups violents, les heurts, les chocs sur le crâne et sur la face. Éviter toutes causes susceptibles d'amener des chutes. Veiller à l'entretien des râteliers en bois, des clôtures de pâturages, des éclats de bois et des morceaux de fil de fer pouvant pénétrer accidentellement dans les cavités nasales et blesser les sinus. Surveiller la table dentaire et extirper les dents cariées.

Ne pas prolonger trop longtemps les irrigations d'eau glacée sur la tête.

Dans la gourme, on empêchera l'infection de gagner les sinus et les cavités nasales en pratiquant des injections antiseptiques avec du crésyl et du permanganate de potasse.

SYMPTÔMES. — Jetage unilatéral, cailleboté, mal lié et

(1) Cadiot et Almy, *Thérapeutique chirurgicale.*

d'odeur très fétide. Glande dans l'auge, dure, roulante, assez douloureuse. Tuméfaction des os de la face, sensibilité de la région.

Lésions traumatiques. — Assez fréquentes chez le cheval. Elles présentent plusieurs degrés : contusions des os de la région, plaies pénétrantes, enfoncement des os, fractures. Elles ont pour causes des coups violents, des heurts, des chutes ou des plaies par armes à feu.

Corps étrangers. — Les corps étrangers qu'on rencontre dans les sinus sont des matières alimentaires qui ont pénétré à travers une lésion dentaire, des fragments d'os, des esquilles nécrosées, des objets de pansements, des fragments de bois, des morceaux de fil de fer, des balles, des éclats d'obus.

MOYENS PRÉVENTIFS. — Contre les lésions traumatiques et les corps étrangers, employer les mêmes moyens préventifs que ceux employés pour éviter la collection purulente des sinus.

Parasites. — On n'a guère rencontré dans les sinus du cheval que des sangsues et des linguatules (Voir *Parasites des cavités nasales et de la bouche*).

Maladies du larynx. — Laryngites. — Chez le cheval, la plupart des laryngites sont *spécifiques* et de nature infectieuse. Elles accompagnent la gourme, la pasteurellose, la grippe, l'anasarque, la morve. Aussi les étudierons-nous avec chacune de ces maladies.

Les *laryngites non spécifiques*, beaucoup plus rares, mais cependant encore assez fréquentes, comprennent la *laryngite aiguë*, la *laryngite chronique*, la *laryngite striduleuse*.

Laryngite aiguë. — C'est l'inflammation aiguë de la muqueuse du larynx.

ÉTIOLOGIE. — Parmi les causes prédisposantes, je citerai

le jeune âge, le défaut d'entraînement, le mauvais état général, le surmenage, l'extrême débilité que l'on observe pendant la convalescence des maladies infectieuses, le séjour dans des écuries basses, chaudes, mal aérées.

Les causes occasionnelles sont nombreuses. Celles que l'on observe le plus généralement sont : les courants d'air froid dans les écuries, ou lorsque les chevaux sont attachés dehors ; les refroidissements brusques, lorsque les chevaux rentrent en sueur du travail, soit qu'ils soient attachés dehors ou conduits à la forge sans avoir été bouchonnés, séchés et couverts ; les changements brusques de température ; les pluies froides ; les giboulées de printemps ; l'ingestion d'eau glacée ; la poussière des routes et des terrains de manœuvre.

A ce propos, qu'il me soit permis de citer un fait qui m'est personnel. J'ai été en garnison à Senlis pendant dix ans. Le terrain de manœuvre affecté au 2e Hussards, qui, à cette époque, tenait garnison dans la ville, était situé à l'aurée de la forêt de Chantilly. C'est une partie défrichée de la forêt, partie sablonneuse et absolument impraticable pendant l'été, à l'époque des grandes chaleurs et de la sécheresse. Les évolutions sur le terrain de manœuvre avaient lieu à cinq heures du matin. Cela allait très bien pendant une demi-heure. Mais, au bout de ce temps, les escadrons soulevaient une poussière impalpable, si ténue, si épaisse, que bientôt les hommes et les chevaux en étaient entièrement couverts.

Or, tous les ans à cette époque de l'année, c'est-à-dire pendant les trois mois les plus chauds de l'année : juin, juillet et août, j'avais environ quinze à vingt chevaux par escadron indisponibles pour laryngite. Ces laryngites étaient assez tenaces, quelques-unes assez infectieuses pour donner naissance à des abcès.

Les fumées âcres des incendies, les vapeurs, les gaz irritants, l'ingestion de fourrages poussiéreux, moisis, trop secs, déterminent des angines assez graves. On a vu des laryngites occasionnées par des traumatismes sur la région, des sondages de l'œsophage pratiqués par des mains maladroites. Enfin il est de règle que la laryngite accompagne la bronchite, la pharyngite, la pneumonie.

Mais toutes ces causes ne sont que des causes occasionnelles. La vraie cause déterminante est l'infection déterminée par les microbes qui ont fait de la bouche et de l'arrière-bouche leur habitat de prédilection. Ces microbes, qui semblent inoffensifs lorsque les animaux sont en parfait état d'équilibre, deviennent au contraire dangereux, aussitôt que ces animaux se trouvent débilités ou placés dans des conditions anormales du fait des causes occasionnelles citées plus haut.

J'ai observé souvent sur des chevaux de quatre ans, de cinq ans, de six ans, des angines pharyngées et laryngées, très contagieuses, et qui n'avaient rien de commun avec la gourme. Les vétérinaires qui sont dans les dépôts et dans les annexes de remonte connaissent très bien ces laryngites et s'en méfient.

Symptômes. — Toux sèche, quinteuse, sans rappel au début. Tuméfaction et sensibilité de la gorge. Mouvements verticaux et latéraux de la tête sur l'encolure pénibles, douloureux et très limités. Puis bientôt apparait un jetage séro-muqueux, qui devient rapidement purulent. Respiration troublée. J'ai vu des chevaux chez lesquels la respiration était à ce point troublée que l'on aurait pu croire *a priori* à une affection des bronches ou du poumon. Il y a souvent du cornage assez accusé. Fièvre accusée surtout chez les pur sang et les chevaux nerveux du Midi. Le thermomètre monte à 39, 39°,5. Tristesse, abattement, appétit nul ou diminué, déglutition douloureuse, constipation.

Laryngite chronique. — C'est le plus souvent la terminaison de la laryngite aiguë. Elle peut débuter d'emblée, sous l'influence des causes que nous avons citées, lorsque ces causes agissent d'une façon plus continue et moins intense

Symptômes. — Toux grasse, quinteuse, sans rappel, se

produisant surtout le matin, lorsque le cheval sort de l'écurie et se trouve subitement exposé à l'air froid du dehors, ou au commencement du travail. Très fréquente aussi pendant les repas, surtout si les fourrages sont un peu poussiéreux. Région du larynx sensible. Absence de jetage, ou jetage peu abondant et intermittent. La laryngite chronique sèche est assez fréquente chez le cheval. Pas de glande dans l'auge ni de tuméfaction de la région.

La laryngite chronique s'accompagne souvent de trachéite, de bronchite chroniques, quelquefois de cornage.

Laryngite striduleuse. — C'est en quelque sorte la laryngite suraiguë, c'est-à-dire une laryngite qui se caractérise par la rapidité de sa marche et l'intensité de ses symptômes.

Étiologie. — Les causes prédisposantes sont les mêmes que celles de la laryngite aiguë, sous cette réserve qu'elles s'attaquent à des animaux plus jeunes, ou plus débilités, c'est-à-dire mieux préparés. La principale cause déterminante est l'infection par un microbe spécifique. La meilleure preuve, c'est que cette variété d'angine est plus tenace que la laryngite ordinaire et qu'elle se complique presque toujours de phlegmons.

Symptômes. — Dès le début, grande tristesse, abattement très accusé, fièvre, irrégularité et trouble profond de la respriation. Toux rare, mais très douloureuse, sensibilité très prononcée de la gorge, tuméfaction remontant jusque dans l'auge ; respiration courte, pénible, cornage très accusé. Les douleurs ressenties sont si vives que les animaux se couvrent rapidement de sueur.

A l'auscultation du larynx, on entend un bruit particulier très caractéristique auquel on a donné le nom de *râle croupal*.

La résolution survient généralement vers le cinquième ou sixième jour. Mais du premier au cinquième jour, il est des chevaux très nerveux, très impressionnables, sur lesquels on observe de véritables symptômes asphyxiques.

MOYENS PRÉVENTIFS. — Identiques pour les trois variétés de laryngites, et semblables à ceux employés pour éviter la pharyngite (Voir *Pharyngite, moyens préventifs*). Mais, à côté des moyens préconisés pour éviter la pharyngite, il en est d'autres que l'on ne doit pas négliger, tels l'entretien des litières, l'aération des écuries, afin d'empêcher les émanations ammoniacales toujours très irritantes pour la muqueuse du larynx. On devra aussi éviter le voisinage des fours à chaux et des usines qui dégagent des vapeurs et des gaz irritants, les traumatismes et les brutalités sur la région de la gorge.

Les sous-gorge et les colliers antitiqueurs trop serrés déterminent à la longue de l'inflammation du larynx. Ces parties du harnachement devront toujours être parfaitement ajustées.

Œdème du larynx. — C'est l'infiltration du tissu sous-muqueux accompagnée de rétrécissement ou même d'oblitération de la glotte.

ÉTIOLOGIE. — L'œdème du larynx est presque toujours une terminaison de la laryngite aiguë et de la laryngite striduleuse. Cette altération coexiste souvent avec la laryngite chronique et avec certaines maladies infectieuses : gourme, anasarque, charbon, pasteurellose, morve.

SYMPTÔMES. — Au début, cornage peu accusé. Mais bientôt les symptômes s'accentuent. La respiration devient de plus en plus troublée ; une toux forte, convulsive, quinteuse, se montre ainsi qu'un cornage intense.

MOYENS PRÉVENTIFS. — L'œdème du larynx étant souvent une terminaison de la laryngite, éviter cette maladie en employant les moyens hygiéniques préconisés à cet effet.

Pendant le cours des maladies infectieuses : gourme, anasarque, pasteurellose, recourir aux fumigations antiseptiques afin d'éviter autant que possible les altérations du larynx.

Occlusion du larynx. — C'est la fermeture complète ou incomplète du larynx occasionnée par la présence d'un corps étranger, d'un bol purgatif mal administré, de bols alimentaires, de tumeurs, ou de kystes situés en avant de l'épiglotte, et qui se trouvent entraînés dans le pharynx pendant l'acte de la déglutition et ne peuvent revenir en avant. L'occlusion du larynx peut avoir pour cause une lésion du nerf laryngé supérieur.

Moyens préventifs. — Dans les campagnes, on a la mauvaise habitude de confier à des palefreniers, à des valets de ferme, le soin d'administrer des bols purgatifs. C'est une habitude qui n'est pas sans danger, car le bol maladroitement administré peut s'arrêter à l'orifice du larynx et déterminer l'asphyxie. En outre, les valets de ferme ne brillant pas par leurs manières douces, peuvent avec le bâton qui porte le bol blesser le pharynx, le larynx, le nerf laryngé supérieur, et occasionner de la paralysie ou de l'occlusion du larynx.

On devra aussi bien se garder de laisser à la portée des animaux des corps étrangers susceptibles d'être déglutis, ou des betteraves, navets, carottes, panais, coupés en morceaux trop gros, et qui, pris par les animaux, peuvent prendre une mauvaise direction et s'arrêter à l'entrée du larynx.

Lorsqu'on a constaté en avant de l'épilgotte des tumeurs pédiculées susceptibles d'être portées en arrière pendant la déglutition, on devra procéder immédiatement à l'ablation de ces tumeurs.

Corps étrangers et tumeurs. — Mêmes moyens préventifs que ceux prescrits pour éviter l'occlusion du larynx.

Lésions traumatiques. — Assez fréquentes chez le cheval, où elles ont pour causes des coups de corne, des coups de sabre, ou des blessures par armes à feu. Des chutes sur les pieux, sur des piquets, peuvent déterminer des lésions graves du larynx.

Gervais cite une plaie profonde du larynx avec division complète du cartilage thyroïde sur un cheval qui était tombé sur une grille (1).

Les lésions du larynx qui se compliquent de fractures et d'hémorragie abondante sont toujours graves.

Moyens préventifs. — Empêcher les brutalités envers les chevaux, soit de la part des cavaliers, soit de la part des valets de ferme et des charretiers.

Veiller à ce que les chevaux ne se détachent pas et ne s'échappent hors des écuries pour aller galoper dans les rues des villages, lesquelles sont toujours obstruées ou encombrées par des instruments agricoles sur lesquels les animaux peuvent tomber.

A ce propos, il serait à souhaiter que dans tous les villages les fermiers eussent tout leur matériel de ferme dans la cour de la ferme et non dehors.

Ne jamais mettre ensemble dans les pâturages des chevaux et des bêtes à cornes.

Parasites. — On rencontre dans le larynx du cheval des larves de gastrophiles. Neumann, dans son *Traité des maladies parasitaires*, cite le cas, rapporté par Vitry, d'un cheval qui mourut au bout de deux mois d'une maladie caractérisée par une toux sèche, quinteuse, une dyspnée de plus en plus grande, et qui finalement aboutit à l'asphyxie. A l'autopsie, on ne trouva que cinq larves de gastrophiles, attachées au bord de l'épiglotte, et dont le corps flottait dans le larynx (2).

Le même auteur cite un cas analogue rapporté par Crépin (3), un autre rapporté par Gunther (4). Dans ces deux cas, la guérison fut obtenue par l'enlèvement des larves.

(1) Gervais, *Journal de médecine vétérinaire*, 1876-1877.
(2) Vitry, cité par Neumann, *Traité des maladies parasitaires.*
(3) Crépin, observations, *Journal de médecine vétérinaire.*
(4) Gunther, cité par Verheyen.

La présence des larves de gastrophiles dans le larynx du cheval est plus fréquente qu'on ne le croit généralement.

Renner (de Moscou) dit que les empiriques russes se servent, pour enlever les larves, de brosses dures imbibées d'huile et fixées à un long manche.

Pigeaire a constaté chez les chevaux de la Camargue plusieurs cas d'asphyxie dus à la présence dans le larynx de larves gastrophiles (1).

On trouve souvent des sangsues dans le larynx chez les chevaux qui sont habituellement abreuvés dans les mares, dans certains étangs, dans les fossés bourbeux et à certaines sources.

MOYENS PRÉVENTIFS. — Contre les sangsues, voir *Parasites de la bouche* ; contre les larves de gastrophiles, voir *parasites de l'estomac et de l'intestin*.

Cornage. — Paralysie du larynx. — On distingue le *cornage aigu* et le *cornage chronique*.

Le cornage aigu est généralement symptomatique d'une autre maladie des voies respiratoires : pharyngite, laryngite, collection purulente des poches gutturales, trachéite, parasites du larynx, gourme, anasarque, etc.

Le cornage chronique, le seul qui soit rédhibitoire, est le symptôme dominant de plusieurs lésions du larynx. Il consiste dans un bruit particulier, anormal, de timbre variable, que font entendre certains chevaux dans l'acte de la respiration, et plus généralement dans l'inspiration.

ÉTIOLOGIE. — Les causes du cornage sont très nombreuses.

Parmi les causes prédisposantes figurent : l'*âge*, le *sexe*, la *conformation*, l'*hérédité*.

Les jeunes chevaux, surtout lorsque ces chevaux ont été atteints de gourme grave, deviennent plus facilement corneurs que les chevaux d'âge. En outre, si l'hérédité exerce

____

(1) Pigeaire, *Journal des vétérinaires du Midi*, 1852.

une influence, elle l'exerce de préférence sur les jeunes chevaux.

On prétend aussi que les chevaux entiers deviennent plus facilement corneurs que les juments.

La race et la conformation ont aussi leur influence. Autrefois, dans la cavalerie, parmi les chevaux normands, à chanfrein fortement busqué, qui remontaient les cuirassiers, les lanciers et les dragons, on trouvait un nombre considérable de chevaux corneurs. Depuis que ce modèle a disparu de la race anglo-normande, on trouve beaucoup moins de corneurs dans cette race.

Les chevaux à encolure forte, courte et épaisse, sont plus exposés que d'autres au cornage.

Enfin on ne saurait mettre en doute l'influence de l'hérédité.

On a de nombreux exemples d'étalons corneurs ayant surtout donné des produits corneurs.

Gallier, de Caen, cite les étalons *Eastham*, *Troarn*, *Niger*, *Kilomètre*, *Phare*, qui, atteints de cornage ou issus de corneurs, ont donné ce vice à leurs descendants (1).

Je me souviens d'un étalon rouleur affecté de cornage qui a infesté toute une région de Bourgogne de ses produits corneurs. Mais cet étalon faisait la monte à bon marché ; et souvent dans les campagnes la question d'économie prime toute autre.

Depuis longtemps déjà les haras ont exclu rigoureusement de la reproduction les étalons atteints de cornage. Il est à souhaiter que la même mesure frappe les juments atteintes de cette maladie.

Dans l'armée, lorsque les chevaux sont réformés et doivent être vendus en vente publique, les juments sont soigneusement examinées par le service vétérinaire, et celles qui sont reconnues atteintes de cornage sont marquées à l'encolure de la lettre *R*, pour bien indiquer qu'elles sont inaptes à la reproduction.

_____

(1) Gallier, *Traité des vices rédhibitoires.*

Les causes occasionnelles et déterminantes du cornage sont aussi très nombreuses. Je citerai les exostoses et les tumeurs des cavités nasales (polypes, athéromes), le gonflement des os de la face, les fractures de ces os, la déformation des cornets, les lésions chroniques du pharynx, du voile du palais, les collections purulentes chroniques des poches gutturales, les tumeurs pédiculées de l'arrière-bouche, l'œdème de la glotte, les tumeurs situées à l'entrée du larynx, la fracture du larynx, surtout de l'hyoïde, l'ossification des cartilages du larynx, la déformation des cerceaux de la trachée, l'atrophie des muscles du larynx occasionnée par la compression des nerfs récurrents et amenant la paralysie des muscles du larynx.

Cadiot et Almy disent que, sur 100 cas de cornage incurable, 95 sont sous la dépendance de la paralysie du larynx (1).

On a remarqué que cette paralysie du larynx existe presque toujours à gauche (Goubaux), ce qui s'explique par la position superficielle du nerf récurrent gauche, qui est alors plus facilement comprimé lorsqu'il y a engorgement des ganglions de l'entrée de la poitrine, comme cela se voit dans la gourme, l'anasarque, la pneumonie infectieuse et les affections typhoïdes, ou bien encore lorsqu'il existe des tumeurs ou une obstruction de l'œsophage.

Chez les chevaux pur sang qui ont tous le cœur et l'aorte très développés, le nerf récurrent gauche, qui passe contre la crosse de l'aorte, est continuellement irrité par les battements de cette artère, d'où inflammation de ce nerf et répercussion sur les muscles du larynx (2).

Une blessure du nerf avec la flamme pendant l'opération de la saignée, ou avec le bistouri pendant l'œsophagotomie et l'hyovertébrotomie, peut déterminer le cornage. Il en est de même de l'abus du collier antitiqueur et du collier ordinaire, lorsque ces colliers sont mal ajustés, trop étroits et compriment fortement le larynx et la trachée.

L'ingestion de certaines plantes : pois, sarrasin, orge en

(1) Cadiot et Almy, *Thérapeutique chirurgicale.*
(2) Cagny et Gobert, *Dictionnaire vétérinaire,* tome I, page 314.

herbe, vesces, lentilles, gesces, peut déterminer du cornage
lorsque ces plantes sont consommées en grande quantité.
Mais c'est surtout le *Lathyrus cicera*, ou jarousse, jarosse, pois
cornu, petite gesce, pois carré, pesette, qui détermine le
plus souvent cette sorte de cornage toxique. On accuse
aussi le *Lathyrus sativa*. Cette propriété des *Lathyrus* a fait
donner à cet accident, qui en somme n'est qu'un empoisonnement, le nom de *lathyrisme*.

SYMPTÔMES. — Le cornage se manifeste de plusieurs
manières. Généralement il est intermittent, c'est-à-dire que,
alors qu'il ne se montre pas pendant le repos, il se fait entendre
pendant le travail. Cette intermittence est d'ailleurs facile
à comprendre. Lorsque l'animal est au repos, ou lorsqu'il
est exercé au pas, l'air pénètre facilement par les voies respiratoires et arrive jusqu'au poumon sans produire le
moindre bruit. A ce moment l'air inspiré n'est pas gêné
par l'obstacle, et le cheval ne corne pas, ou du moins le
cornage est si peu accusé qu'il ne donne naissance à aucun
bruit perceptible à l'oreille la mieux exercée.

Mais, si le cheval est soumis à un travail prolongé, les mouvements respiratoires s'accentuent et s'accélèrent, et l'air
pénètre alors dans les premières voies respiratoires avec plus
de force et de rapidité. Le choc et le frottement de l'air contre
l'obstacle donnent alors naissance à ce bruit particulier qui
est le cornage.

Si le cornage est déjà ancien, comme chez les vieux
chevaux corneurs, et si le cheval est exercé à une allure très
rapide, la respiration devient très gênée, et le bruit du
cornage se fait entendre à une assez longue distance. Dans ce
cas, le facies du cheval prend une expression particulière si
l'exercice se prolonge. Les yeux sont fixes et saillants, toute
la face est grippée, les naseaux sont fortement dilatés, les
mouvements du flanc accélérés, et l'on constate l'anxiété de
l'asphyxie imminente. A bout de souffle, le cheval s'arrête,
écarte ses membres comme pour faciliter sa respiration. Si on
persiste plus longtemps encore, le cheval peut mourir asphyxié.

Certains chevaux cornent seulement au commencement de l'exercice, le cornage cessant pendant le travail. Ce genre de cornage est également rédhibitoire.

Il en est de même du cornage qui ne se manifeste que pendant le repos à l'écurie et qui souvent disparaît pendant l'exercice et le travail.

Quelques chevaux font entendre, en mangeant l'avoine, une sorte de ronflement qui disparaît aussitôt qu'ils cessent de manger. Exercés au galop, ou soumis à un travail pénible et prolongé, ces chevaux ne cornent pas. Dans ce cas, il n'y a pas de véritable cornage, et la rédhibition ne doit pas être prononcée. Cependant, si le cheval qui ronfle ou siffle en mangeant l'avoine fait entendre le moindre bruit pendant le travail, il y a cornage.

Jacoulet et Chomel disent qu'il faut bien se garder de considérer comme du cornage l'expiration bruyante produite par le choc de l'air expiré contre les ailes du nez mobiles et vibrantes, ou avec le bruit rauque que font entendre certains chevaux nerveux au départ par suite de la contraction de la gorge et de la mâchoire (1).

Qu'est-ce que le cornage ? — Pour certains vétérinaires, le cornage est une modification de la respiration consistant dans un bruit très accusé analogue à celui que l'on produit en soufflant dans une corne ou dans un tube en verre ou en métal de diamètre moyen. C'est donc un bruit sonore, éclatant, grave ou aigu, mais qui doit toujours être entendu à quelques pas de l'animal.

Pour d'autres, et c'est l'opinion de beaucoup d'éleveurs et surtout des vétérinaires exerçant dans les pays d'élevage, le cornage est *tout bruit anormal de la respiration*, que ce bruit soit aigu ou grave, faible ou accusé, sec ou humide, rauque ou éclatant, qu'il consiste dans un râle ou dans un sifflement, ou bien encore dans une respiration un peu plus bruyante qu'à l'état normal.

(1) Jacoulet et Chomel, *Traité d'hippologie.*

Comme le fait observer fort judicieusement Gallier, de Caen : « Chez tel animal le bruit qui constitue le cornage est au sommet de l'échelle diatonique ; chez tel autre, il en occupe le bas ; chez un troisième, ce n'est ni un son grave, ni un sifflement. C'est seulement une difficulté bruyante de la respiration, quelque chose de forcé, un souffle qui est plus que rien, et moins qu'un bruit (1). »

Je crois qu'il est difficile de mieux décrire le bruit qui constitue le cornage, et je pense avec Gallier, que tout *bruit anormal de la respiration*, toute respiration *gênée, difficile, pénible, bruyante*, doit être, comme toute respiration *sifflante*, considérée comme du cornage.

Le bruit du cornage est donc variable dans son timbre et dans son intensité. Tantôt c'est un sifflement qui s'entend à distance pendant l'exercice au galop ou au trot, tantôt c'est un bruit sonore de tonalité plus grave et très facilement perceptible, tantôt ce n'est qu'un bruit léger qu'on ne perçoit bien qu'en plaçant l'oreille près des naseaux.

Je ne traiterai pas ici la question de la rédhibition (Voir pour cette question la revue : *Lois et Sports:* Du cornage chronique, septembre 1905, page 25) (2).

MOYENS PRÉVENTIFS. — La jeunesse des chevaux devra être entourée de soins hygiéniques constants, dans le but de leur éviter les maladies inflammatoires de la gorge, de la trachée et des bronches. On devra surtout chercher à leur éviter les maladies infectieuses, ou à rendre par des mesures antiseptiques ces maladies moins graves, la gourme, l'anasarque, la pasteurellose, laissant trop souvent des lésions chroniques des voies respiratiores qui déterminent du cornage. On combattra ainsi la mauvaise influence du jeune âge.

La conformation de la tête et de l'encolure ayant une certaine influence sur la respiration, on s'attachera, dans les achats, à ne pas s'embarrasser de chevaux à chanfrein trop busqué, de chevaux à encolure courte, massive et rouée.

(1) A. Gallier, *Traité des vices rédhibitoires.*
(2) Morisot, *Lois et Sports:* Du cornage chronique.

L'influence de l'hérédité sera combattue par des règlements impitoyables.

Non seulement il est sage que les haras éliminent de la reproduction les étalons corneurs, mais il faut que l'on refuse l'étalon de l'administration à toutes les juments sans exception atteintes de ce vice.

L'armée donne l'exemple en marquant à l'encolure les juments atteintes de cornage. Il faut que cet exemple soit suivi.

Certes, je ne demande pas que, en dehors des réformes de l'armée, toutes les juments affectées de cornage soient marquées d'un signe permettant de les reconnaître ; ce serait à la fois un abus d'autorité et une atteinte à la propriété individuelle, qui, quant à présent, reste encore la règle de notre société.

Mais je crois que toute jument, d'où qu'elle vienne, présentée à l'administration des haras pour être saillie, pourrait être examinée avant d'être offerte à l'étalon. Ce serait une mesure favorable à la fois aux intérêts de nos races françaises, de l'élevage et des producteurs eux-mêmes. Mais serai-je entendu? Il faut aussi que les étalons rouleurs soient surveillés ; mais, comme cette surveillance n'est pas toujours possible, il est nécessaire que les vétérinaires et les professeurs d'Agriculture pénètrent bien les agriculteurs et les producteurs du danger à la fois particulier, social et national, qu'il y a à livrer les juments au premier étalon venu, n'offrant comme garantie que le bon marché de la saillie.

Contre les causes occasionnelles et déterminantes du cornage, il y a aussi quelques mesures préventives à prendre.

Toutes les fois que l'on constatera des tumeurs dans les cavités nasales, dans le pharynx et dans le larynx, ces tumeurs devront être enlevées par les moyens chirurgicaux, les seuls qui réussissent. S'il y a collection chronique des poches gutturales, on devra pratiquer l'opération de l'hyovertébrotomie.

Les opérations chirurgicales pratiquées dans la région du

pharynx et du larynx devront être confiées à des praticiens expérimentés, afin d'éviter des blessures maladroites pouvant amener le cornage.

Chez les chevaux d'attelage et chez les chevaux tiqueurs, le collier ordinaire et le collier antitiqueur ne devront être ni trop étroits ni trop serrés. Dans toutes les circonstances, ils devront toujours être parfaitement ajustés.

On évitera les traumatismes dans la région de la gorge.

Enfin, les aliments susceptibles de déterminer du lathyrisme (vesces, gesces, etc.) devront être exclus de l'alimentation, ou donnés en très petite quantité.

Trachée. — La pathologie de la trachée comprend la *trachéite*, les *lésions traumatiques*, les *corps étrangers*, les *tumeurs*, les *parasites*.

Trachéites. — C'est l'inflammation de la muqueuse de la trachée. Assez fréquente chez le cheval, elle accompagne souvent la laryngite, la bronchite, la gourme, la tuberculose, l'anasarque, la morve.

Étiologie. — Lorsqu'elle est primitive, elle a pour causes les refroidissements, la poussière irritante des routes et des terrains de manœuvre, les émanations ammoniacales des litières en mauvais état, les vapeurs et les gaz irritants, la fumée âcre des incendies, la présence de coprs étrangers et de parasites.

Les maladies infectieuses citées plus haut déterminent toujours de la trachéite.

Symptômes. — A peu de chose près, ceux de la laryngite.

Moyens préventifs. — Les mêmes que ceux employés pour combattre la pharyngite, la laryngite et le cornage.

Lésions traumatiques, fractures de la trachée, tumeurs, parasites. — Identiques à ceux du larynx. Mêmes moyens préventifs.

Corps étrangers. — Les corps étrangers sont représentés par des solides ou des liquides, ayant pris une mauvaise direction.

Lorsque les liquides pénètrent dans la trachée en grande quantité, ils peuvent amener une asphyxie rapide. Il en est de même des solides assez volumineux et qui ne peuvent être rejetés par la toux.

Moyens préventifs. — Être très prudent dans l'administration des breuvages et des bols. Ne laisser ce soin qu'à des personnes habituées à soigner les animaux. Employer de préférence les moyens perfectionnés.

L'usage de la bouteille pour l'administration des breuvages n'est pas sans danger.

CHAPITRE XIII

MALADIES DE L'APPAREIL RESPIRATOIRE

(SUITE)

Bronches. — Poumon.

Bronchite aiguë ordinaire. — Bronchite aiguë capillaire. — Bronchite chronique. — Bronchite parasitaire. — Bronchite infectieuse. — Congestion pulmonaire. — Pneumonies. — Pleuro-pneumonie. — Emphysème pulmonaire. — Hémoptysie (hémorragie pulmonaire). — Coup de chaleur. — Asphyxie. — Plaies. — Tumeurs. — Parasites du poumon. — Aspergillose. — Pneumycoses.

La pathologie des bronches comprend la *bronchite aiguë ordinaire*, la *bronchite aiguë capillaire*, la *bronchite chronique*, la *bronchite parasitaire* (broncho-mycose, bronchite vermineuse), la *bronchite infectieuse*.

Bronchite aiguë ordinaire. — C'est l'inflammation aiguë des grosses bronches, laquelle inflammation remonte toujours jusqu'à la trachée, ce qui a fait donner à la bronchite ordinaire le nom de *trachéo-bronchite*.

ÉTIOLOGIE. — Parmi les causes prédisposantes, je citerai l'âge. En effet le jeune âge et la vieillesse exposent beaucoup plus les animaux aux bronchites que l'âge adulte. Aux deux périodes de la vie, chez les animaux comme chez l'homme, les bronches sont beaucoup plus impressionnables.

Les chevaux atteints de trachéite chronique et d'emphysème pulmonaire sont souvent, aux époques rigoureuses de l'année, atteints de bronchite ordinaire.

Comme causes occasionnelles et déterminantes, on peut invoquer : les refroidissements brusques de la peau, l'acclimatement chez les jeunes chevaux pendant des hivers froids et pluvieux, l'exposition dans les courants d'air froid, les poussières des routes, des terrains de manœuvre, des fourrages poussiéreux, la fumée des incendies, les liquides irritants, infectieux, l'eau des rivières, tombés accidentellement dans la trachée, et arrivant jusqu'aux grosses bronches avant d'être rejetés en partie, les gaz irritants, toxiques, enfin la multiplication des microbes sur la muqueuse déjà irritée des bronches.

La bronchite peut se développer par contiguïté de tissus (pharyngite, laryngite, trachéite, emphysème pulmonaire). Elle accompagne souvent la gourme, la pneumonie, l'anasarque, la morve.

Symptômes. — Dès le début, tristesse, abattement, fièvre très accusée. L'animal refuse toute nourriture sèche, mais recherche les barbotages froids, les buvées et les boissons froides. Les muqueuses sont injectées, les mouvements respiratoires troublés. Dès le premier jour, on constate une toux forte, sonore, quinteuse, suivie de rappel. A l'auscultation, on entend un murmure respiratoire très accusé et à timbre rude.

Vers le quatrième jour, la toux devient grasse ; un jetage muqueux apparaît qui bientôt devient muco-purulent.

En même temps l'auscultation révèle des râles muqueux se promenant dans toute l'étendue des grosses bronches. Ce sont des râles voyageurs. A ce moment, la fièvre est moins accusée, et la température se rapproche de la normale.

Dans la dernière période, la toux s'espace et devient moins grasse. Mais la convalescence est toujours longue, souvent difficile, car les rechutes, surtout chez les jeunes animaux, sont assez fréquentes.

Moyens préventifs. — On ne saurait entourer d'une trop bonne hygiène les jeunes chevaux et les chevaux déjà âgés. Grâce à une hygiène entendue, il sera facile de leur éviter les refroidissements et toutes causes susceptibles d'irriter les bronches et de les préparer à la bronchite.

En hiver, et pendant les saisons pluvieuses, ne jamais sortir les jeunes chevaux sans qu'ils soient bien couverts. Les bouchonner et les masser vigoureusement à la rentrée. Les laisser couverts à l'écurie. Ménager dans les écuries une large aération, sans ventilation exagérée ni courants d'air. Éviter de donner de l'eau trop froide. Ne jamais faire boire alors que les animaux sont en sueur.

Pendant l'hiver et pendant les saisons pluvieuses, les chevaux de travail devront toujours être munis d'un large tablier de cuir protégeant le dos. S'ils doivent stationner souvent et longtemps, on devra les couvrir avec une bonne couverture de laine.

Les chevaux atteints de laryngite et de trachéite chroniques, d'emphysème pulmonaire, devront être l'objet de soins spéciaux : bonne hygiène, travail modéré, alimentation sucrée, arsenic, noix vomique, iodure de potassium, antisepsie des voies respiratoires. Il sera fait de même dans les affections gourmeuses.

On évitera d'exposer pendant longtemps les chevaux aux poussières des routes et des terrains de manœuvre ; ou tout au moins à la rentrée du travail on devra soumettre ces chevaux à des mesures d'hygiène désinfectantes : lavage des naseaux, injections crésylées, fumigations dans les écuries avec un mélange de goudron et de crésyl.

On devra être très prudent dans l'administration des breuvages et ne confier ce soin qu'à un personnel compétent.

Dans l'armée, les exercices de passage de rivière devront être parfaitement dirigés. Les chevaux reconnus mauvais nageurs, ceux qui nagent en plongeant leur nez dans l'eau devront être accompagnés par une équipe qui les aidera à effectuer le passage sans danger.

Les bronchites étant presque toujours de nature infectieuse, les litières devront être entretenues dans le plus grand état de propreté, les écuries désinfectées entièrement au moins deux fois par an. En outre, lorsque dans une écurie un cheval aura été reconnu atteint de bronchite, sa place et celle de ses deux voisins devront être désinfectées.

Pendant l'hiver, et pendant toute la période d'acclimatement, il est bon de faire dans les écuries des jeunes chevaux des épandages de crésyl et de chlorure de chaux.

Bronchite aiguë capillaire. — Assez rare chez le cheval, chez lequel elle est un peu le lot des jeunes.

Lorsque la bronchite capillaire se déclare chez le cheval, elle débute rarement d'emblée ; elle est, au contraire, une conséquence de la bronchite des grosses bronches, surtout lorsque celle-ci a été négligée.

On la voit cependant se produire à la suite d'inhalations de gaz irritants et de la fumée d'incendie.

Ce sont surtout ces causes qu'il faut chercher à éviter à l'aide des moyens préventifs.

Bronchite chronique. — La bronchite chronique, encore appelée *catarrhe chronique*, est le plus souvent une terminaison de la bronchite aiguë ordinaire. Elle peut cependant survenir à la suite d'inhalations prolongées de gaz irritants, de poussières irritantes ou infectieuses, et même de refroidissements successifs.

Elle est fréquente chez les chevaux âgés, en mauvais état et soumis à de mauvaises conditions hygiéniques. Elle accompagne quelquefois l'emphysème pulmonaire, comme elle est aussi liée à certaines affections du cœur.

SYMPTÔMES. — Toux grasse, quinteuse ; jetage mucopurulent ; respiration un peu troublée pendant le repos, plus accélérée pendant le travail, où elle se montre quelquefois coupée par un soubresaut.

A l'auscultation, râles muqueux voyageurs. L'état général laisse à désirer ; les animaux sont mous, sans gaîté, sans entrain.

MOYENS PRÉVENTIFS. — Les mêmes que pour éviter la bronchite aiguë ordinaire.

Bronchite infectieuse. — Assez fréquente chez les jeunes chevaux. Elle est la plaie des écuries de la remonte, surtout lorsque celles-ci sont mal construites et imparfaitement aérées.

Les bronchites infectieuses ont été groupées par certains auteurs sous le nom de *grippe*, *d'influenza*. On a même essayé de les rapprocher de l'influenza de l'homme.

Je crois que les bronchites infectieuses ne sont pas toutes de nature identique. Certaines de ces bronchites sont de nature essentiellement gourmeuse ; d'autres sont dues au streptocoque, qui a fait des voies respiratiores son habitat de prédilection. Enfin il en est d'autres qui sont de nature typhoïde et qui, par conséquent, rentrent dans le groupe des pasteurelloses de Lignières.

Mais ce qui nous intéresse surtout ici, c'est leur nature essentiellement contagieuse.

J'ai vu dans ma carrière de véritables épidémies de bronchites infectieuses.

En 1894, lors d'une épidémie de pasteurellose au 2e Hussards, j'ai enregistré 32 cas de pneumonie infectieuse et 67 cas de bronchite infectieuse.

Mais, quelle que soit la nature de la bronchite infectieuse, il est aujourd'hui démontré qu'elle se propage par infection et qu'elle est éminemment contagieuse. Lorsqu'elle envahit une écurie, elle frappe partout et atteint aussi bien les chevaux âgés, les chevaux faits que les jeunes chevaux.

Symptômes. — Les symptômes sont à peu près semblables à ceux de la bronchite ordinaire. Mais ce qui caractérise surtout la bronchite infectieuse, c'est l'hyperthermie accusée, la faiblesse générale et la grande dépression nerveuse.

Moyens préventifs. — C'est ici que l'hygiène apparait avec tous ses avantages. On peut dire que dans ce cas c'est un élément de combat qui amène toujours la victoire.

En effet l'hygiène agit comme moyen préventif, comme agent prophylactique puissant, et elle participe en outre, dans une large part, à la guérison.

Lorsqu'un cas isolé de bronchite infectieuse apparait dans une écurie, la première chose à faire, et il ne faut pas hésiter, c'est d'enlever le malade et de l'isoler assez loin des autres chevaux. A défaut de local, mettre le malade sous un hangar, et au besoin dehors à la corde avec de bonnes couvertures de laine et un camail.

Désinfecter l'intervalle et ceux des deux voisins avec sublimé corrosif, acide sulfurique, chlorure de chaux.

Aérer largement l'écurie et faire deux fois par jour des fumigations de goudron et de crésyl. Épandre sur le sol de l'écurie du chlorure de chaux. Asperger la litière avec une solution de crésyl ou de chlorure de chaux. Maintenir les chevaux sains au grand air le plus longtemps possible (bain d'air). Multiplier les soins de propreté, bons pansages, massages prolongés, qui faciliteront et activeront les fonctions de la peau.

Si plusieurs cas se déclarent dans une écurie et si la maladie semble revêtir un caractère épizootique, évacuer l'écurie et mettre tous les chevaux à la corde en faisant deux lots : un lot de chevaux malades, un lot de chevaux sains. Un troisième lot sera formé plus tard : le lot des convalescents. Désinfecter entièrement l'écurie, les seaux, les ustensiles, les bridons, les licols, les colliers, les moyens d'attache. Si le temps ne permet pas la mise à la corde, on rentrera les chevaux sains, et, à partir de ce moment, aucune mutation ne sera faite dans l'écurie, qui sera fumigée régulièrement deux fois par jour. Entretien de la litière dans le plus parfait état de propreté. Les instruments de pansage devront baigner constamment dans une solution de crésyl. Bains d'air, travail modéré.

Les mêmes mesures seront employées à l'égard des chevaux malades.

On donnera une nourriture saine et, deux fois par semaine, un barbotage ou des buvées de farine d'orge avec 150 grammes de sulfate de soude par cheval.

Les vêtements des hommes : bourgerons, pantalons de treillis, blouses, devront être lavés et savonnés deux fois par semaine.

Tous les chevaux de l'écurie contaminée devront boire au seau.

Les poussières étant un **agent de contamination**, le sol devra toujours être fotement arrosé d'eau crésylée avant d'être balayé. Aération constante sans courant d'air.

Mais une mesure hygiénique sur laquelle j'appelle l'attention, une mesure indispensable, et sans laquelle on peut éternellement frapper dans le vide, c'est la suppression de l'éponge.

Il faut radicalment supprimer l'éponge dans les écuries contaminées de bronchites, d'angines et de pneumonies infectieuses. Pour mon compte, il y a longtemps que je l'ai supprimée de mon infirmerie.

L'éponge est un agent de contamination de beaucoup de maladies infectieuses : bronchites, angines, pneumonies, anasarque, gourme, maladies de peau, plaies d'été, etc., etc. Il faut voir au pansage les morceaux d'éponge sales, crasseux, noirs, avec lesquels les hommes font le pansage. Si j'étais capitaine-commandant, je me ferais un point d'honneur d'en avoir de très propres, ou de n'en pas avoir du tout.

Bronchite parasitaire. — Elle comprend la *bronchomycose* et la *bronchite vermineuse*.

Bronchomycose. — Assez rare chez le cheval, elle est due à la pénétration dans les bronches et dans le poumon de spores de champignons du genre *Aspergillus*. Ces spores peuvent déterminer des lésions bronchiques et des lésions pulmonaires, que l'on a groupées sous le nom d'*aspergillose*.

Nous les étudierons en traitant de cette maladie, qui viendra à la suite des pneumonies.

Bronchite vermineuse. — La bronchite vermineuse du cheval, étudiée par Eichler et Gurlt, se caractérise par des symptômes à peu près semblables à ceux observés dans la bronchite vermineuse du veau : toux sonore, quinteuse, douloureuse, se produisant par quintes longues et pénibles, s'accompagnant souvent de dyspnée et même de suffocation.

De temps en temps les quintes de toux amènent le rejet par les cavités nasales de mucosités sanguinolentes contenant des vers isolés ou réunis en pelotes.

ÉTIOLOGIE. — La bronchite vermineuse du cheval et de l'âne est occasionnée par le *Strongylus micrurus* (Strongle micrure) et le *Strongylus Arnfieldi* (strongle d'Arnfield) (1).

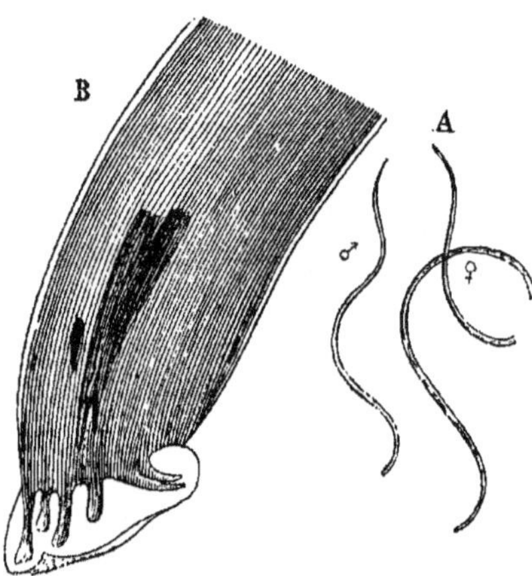

Fig. 31. — Strongle micrure (Railliet). — A, mâle et femelle, grandeur naturelle ; B, extrémité caudale du mâle, grossie 100 fois.

MOYENS PRÉVENTIFS. — Isoler les malades et désinfecter les écuries. Éviter les pâturages humides. Rejeter de l'alimentation les fourrages humides, vasés et provenant de prés suspects. Ne pas mettre en contact les poulains et les jeunes chevaux avec des veaux atteints de bronchite vermineuse. Il est d'ailleurs d'une saine hygiène de ne jamais mettre dans un même local des animaux d'espèces différentes. Aux chevaux. l'écurie ; aux moutons, la bergerie ; aux bêtes à cornes, l'étable.

Maladies du poumon. — Les maladies du poumon chez le cheval sont nombreuses, fréquentes et généralement graves. Elles comprennent : la *congestion pulmonaire*, les *pneumonies*, la *bronchopneumonie*, l'*emphysème pulmonaire*, l'*hémorragie*

(1) Neumann, *Maladies parasitaires non microbiennes.*

pulmonaire (*hémoptysie*), les *parasites du poumon* (*strongy-
lose, aspergillose, échinococcose*), les *plaies du poumon*.

A la suite de ces maladies, je dirai quelques mots du *coup
de chaleur* et de l'*asphyxie*.

Congestion pulmonaire. — La congestion pulmonaire peut
être *active* ou *passive*.

Congestion active. — La congestion pulmonaire active
peut être essentielle, idiopathique ou secondaire.

ÉTIOLOGIE. — La congestion pulmonaire essentielle
ou idiopathique a pour causes principales le jeune
âge, l'état pléthorique, le repos prolongé avec nourriture forte et très nutritive, le défaut d'entraînement, les
refroidissements brusques, les longs transports en chemin
de fer ou dans la cale des navires, les exercices violents, les
courses rapides et prolongées, les violents efforts de tirage
sur des pentes raides, les démarrages de voitures lourdement chargées, l'inhalation de gaz irritants, de poussières
âcres, de fumée d'incendie.

La congestion pulmonaire secondaire est souvent une
complication d'une maladie de l'appareil respiratoire :
pneumonie, pleurésie, bronchopneumonie, bronchite, emphysème, ou bien encore une complication des altérations
du cœur.

On a observé depuis longtemps que les chevaux emphysémateux et ceux atteints de maladies organiques du cœur
sont très exposés à la congestion pulmonaire.

J'ai fait bien des autopsies de chevaux morts de congestion
pulmonaire. Chez tous, j'ai trouvé des lésions d'emphysème
et des altérations profondes du cœur : endocardite, myocardite, péricardite, hypertrophie, insuffisances.

La congestion pulmonaire est aussi une complication de
la gourme, de l'anasarque, de la pasteurellose, de la morve.

J'ai vu aussi la congestion pulmonaire coïncider avec des
affections du foie et du péritoine.

Cadéac cite des cas de congestion pulmonaire à la suite de brûlures étendues de la peau. J'en ai observé un cas sur un mulet affreusement brûlé dans l'incendie de son écurie.

Congestion passive. — Elle est surtout l'apanage de la vieillesse, de l'usure par fatigue et des altérations chroniques du cœur (insuffisances).

Symptômes. — Dès le début de la congestion pulmonaire, les symptômes sont très accusés. Grande anxiété, tristesse, fièvre. Le malade tend la tête sur l'encolure, reste immobile et tient ses membres écartés. Les naseaux sont très dilatés, la respiration est accélérée, haletante (50 à 60 mouvements respiratoires par minute). Le pouls est petit et vite, l'artère est tendue et dure, les battements du cœur violents, tumultueux, s'entendent quelquefois à distance. Les muqueuses sont injectées.

Ces symptômes de début s'aggravent très rapidement. L'anxiété devient de plus en plus grande, et des signes de dyspnée apparaissent. Suivant la violence de la congestion, le malade peut mourir asphyxié ou à la suite d'une hémorragie pulmonaire.

Si l'évolution de la maladie se fait moins rapidement, on observe alors une toux sèche, courte, avortée, douloureuse, un jetage mousseux et sanguinolent. La percussion donne de la submatité des deux côtés de la poitrine ; l'auscultation révèle une augmentation du murmure respiratoire dans les régions supérieures, et souvent du silence dans les régions inférieures. Quelques râles muqueux voyageurs dans les grosses bronches.

Les symptômes de la congestion passive se caractérisent surtout par une respiration accélérée, de la dyspnée, la petitesse du pouls, les battements désordonnés du cœur et quelques râles crépitants humides.

Moyens préventifs. — Appliquer dès le jeune âge les mesures hygiéniques susceptibles de maintenir les animaux en état constant d'équilibre. On évitera la pléthore, en ne gavant pas les animaux, en ne les soumettant pas à une nourriture intensive avec des aliments très alibiles. De même que les rations fortes, le repos prolongé est dangereux. Les chevaux ont besoin non seulement d'exercice, mais de travail. J'ai fait cette année deux autopsies de chevaux morts de congestion pulmonaire uniquement due à une nourriture intensive et à un repos prolongé. Ces deux chevaux sont morts tous les deux de la même façon, en pleine route, alors qu'ils étaient promenés par les ordonnances.

On évitera le travail par à-coups. Les chevaux, qu'ils appartiennent à l'armée ou à des administrations civiles, ont besoin d'être soumis à un travail régulier, lequel travail doit toujours être préparé par un entrainement progressif et judicieux.

On évitera les refroidissements brusques, surtout à l'égard des chevaux à tempérament sanguin. Pour cela, il suffit de recourir aux mesures d'hygiène déjà indiquées à propos des maladies du larynx et des bronches (Voir aussi l'*Hygiène du cheval de troupe* : Aération, soins divers) (1).

Lorsque les animaux devront effectuer de longs voyages en chemin de fer et sur les navires, certaines précautions hygiéniques sont à prendre.

Pendant les temps froids, les chevaux voyageant en chemin de fer devront être munis de couverture et de camail. Le vagon devra être aéré d'un seul côté.

Pendant les temps chauds, l'aération du vagon devra être donnée aussi largement que possible ; les animaux devront être abreuvés plusieurs fois pendant le trajet.

Sur les navires, l'aération devra être largement donnée. Les animaux ne devront pas être entassés dans les écuries. Tous les jours, deux fois par jour pendant l'été, les animaux devront être promenés sur le pont, et recevront une douche générale suivie d'un bon pansage-massage.

Dans toutes les circonstances de la vie du cheval, et

____

(1) Morisot, *Hygiène du cheval de troupe.*

surtout pendant les mois chauds de l'année, le travail ne devra jamais dépasser les limites de ses forces et de sa résistance pulmonaire. On évitera donc les violents efforts de tirage sur des rampes très raides avec des voitures trop chargées, les courses rapides et prolongées, surtout si ces exercices n'ont pas été préparés par un entraînement judicieux.

Les chevaux appelés à fournir un travail journalier au trot dans les rues des grandes villes, comme les chevaux des omnibus et des tramways, devront être relayés souvent. Pendant l'été, on les abreuvera plusieurs fois pendant l'attelée ; on lavera à grande eau les naseaux, le front, les yeux et les membres.

On ne devra jamais placer les animaux dans des conditions où ils respireront des gaz irritants et des fumées âcres : voisinage des fours à chaux, usines pour la préparation des produits sulfureux, incendies, etc.

Les chevaux reconnus emphysémateux (chevaux poussifs) devront être ménagés.

Les convalescents d'affections typhoïdes, de pneumonie, de pleurésie, devront être aussi ménagés pendant longtemps, la congestion pulmonaire les surprenant surtout lorsqu'ils commencent à travailler de nouveau. Il en sera de même des *cardiaques*.

Pneumonies. — Je suis de ceux qui pensent qu'il n'y a pas de pneumonie sans infection par les microbes (microcoques, diplocoques, streptocoques). Même la pneumonie franche, la pneumonie *a frigore* des anciens, la penumonie croupale, ne peut se développer que sous l'influence d'un agent infectieux.

Lignières va jusqu'à dire que la pneumonie *a frigore* serait due, comme la pneumonie infectieuse, à la *Pasteurella* et à l'envahissement par les streptocoques.

Mais, afin de mettre un peu de *méthode classique* dans cette étude de la pneumonie, j'étudierai ici séparément la pneumonie franche et ses terminaisons, la pneumonie par corps étrangers, la pneumonie chronique et la pneumonie infectieuse, me réservant cependant le droit de revenir encore sur cette dernière en traitant de la *pasteurellose*.

Pneumonie franche. — C'est la *pneumonie a frigore*, la *pneumonie fibrineuse*, la *pneumonie croupale*. Elle consiste dans l'inflammation du parenchyme pulmonaire, laquelle inflammation est toujours due à un agent infectieux.

Très fréquente chez le cheval, il n'y a pas un vétérinaire qui n'ait eu l'occasion, dans sa carrière, d'en traiter de nombreux cas. Presque tous ont publié des relations à ce sujet. Nous n'en ferons pas de bibliographie ; il me faudrait pour cela citer tous les vétérinaires français et étrangers.

ÉTIOLOGIE. — Les causes de la pneumonie franche peuvent être classées en *causes prédisposantes, causes occasionnelles* et *causes déterminantes*.

Causes prédisposantes. — Presque tous les vétérinaires invoquent l'âge sans pour cela être d'accord. Certains assurent que le jeune âge est une cause prédisposante assez fréquente ; d'autres la nient en démontrant que l'on observe peu de pneumonies avant l'âge de quatre ans. Les cas osbervés sur les jeunes chevaux viennent en effet toujours en complication d'une autre maladie : gourme, anasarque, pasteurellose.

Mais il y a là une mauvaise interprétation de la cause. La pneumonie est rare sur les chevaux avant l'âge de quatre ans, mais seulement sur les chevaux vivant isolés, soumis à une hygiène parfaite et à un exercice modéré. Personne ne peut plus nier que le jeune âge prédispose le poumon comme tous les autres organes, aux inflammations, et le rend plus impressionnable, et par conséquent plus susceptible d'être influencé par les causes occasionnelles et les causes déterminantes.

L'âge avancé prédispose le cheval, au même titre que l'homme, à la pneumonie.

Trasbot donne la statistique suivante :

Sur 237 cas de pneumonie sporadique, il en a noté sur des chevaux de trois ans et demi, 2 cas ; sur des chevaux de quatre ans, 32 cas ; sur des chevaux de cinq ans, 19 cas ; sur des chevaux de six à onze ans, 131 cas ; sur des chevaux au-dessus de onze ans, 46 cas ; sur des chevaux d'âge inconnu, 7 cas (1).

Ces chiffres montrent donc combien est grande la prédisposition des jeunes chevaux à la pneumonie.

Je ne crois pas que le sexe ait aucune influence.

Il n'en est pas de même du régime hygiénique auquel les animaux sont soumis, de l'hygiène qui leur est appliquée, des conditions climatériques, etc.

Les causes déterminées par un régime mal ordonné, une mauvaise hygiène, des conditions climatériques mauvaises, sont nombreuses.

L'état pléthorique, l'embonpoint exagéré, le défaut d'entraînement, l'immobilité dans les écuries, les habitations chaudes, insuffisamment aérées, la tonte sur les animaux appelés à rester dehors immobiles, ou exposés à des arrêts fréquents pendant leur service, sont des causes que personne ne nie plus aujourd'hui.

De même, une fourrure abondante chez les chevaux qui travaillent beaucoup et longtemps aux allures rapides, en provoquant une sueur exagérée, peut agir pendant l'hiver comme cause prédisposante.

Plusieurs auteurs ont invoqué le tempérament. Je crois que les cas de pneumonie sont aussi fréquents chez les chevaux lymhpatiques, nerveux, que chez les chevaux sanguins. Mais un état qui agit d'une façon absolument sûre, c'est l'état de santé. Le défaut d'équilibre, la fatigue, le surmenage, la dépression nerveuse qui accompagne toujours la convalescence des maladies internes graves, sont des causes prédisposantes de premier ordre.

Causes occasionnelles. — La principale cause occasionnelle, celle sur laquelle tous les vétérinaires sont d'accord,

____

(1) Trasbot, *Dictionnaire vétérinaire*, tome XVIII.

c'est le refroidissement. Je sais bien qu'on n'a jamais pu produire expérimentalement la pneumonie par le refroidissement.

Mais ce n'est pas ainsi qu'on doit comprendre l'action du refroidissement. Que le refroidissement soit brusque et s'exerce tout à coup sur des animaux en sueur, ou qu'il soit successif, il amène toujours un état de déséquilibre, une dépression nerveuse, qui trouble les forces, les diminue et rend ces animaux plus aptes à la réceptivité de l'agent infectieux. C'est une loi de pathologie que tout être en état de déséquilibre est tout préparé pour l'envahissement des microbes.

L'action phagocytaire ne s'exerce bien dans toute sa force que sur des sujets en parfait état d'équilibre. Tout trouble apporté dans l'économie, et le refroidissement en est un, ouvre une porte à l'infection.

De nombreuses conditions hygiéniques mauvaises peuvent favoriser le refroidissement : le tondage, l'exposition aux courants d'air, le travail exagéré suivi d'immobilité absolue pendant les saisons froides, le travail sous la pluie, sous la neige, les bains, les passages de rivière par des animaux en sueur, etc.

Cause déterminante. — Je ne reconnais à la pneumonie qu'une cause déterminante, c'est l'infection par les microbes : microcoques, diplocoques, streptocoques.

La plupart de ces microbes existent dans les poumons, dans les bronches, et même dans la bouche des animaux sains. L'homme lui-même porte en permanence dans sa bouche le microbe de la pneumonie.

Alors, sous l'action des causes occasionnelles qui amènent dans l'économie animale un état de déséquilibre, les microbes trouvent toutes les conditions nécessaires à leur prolifération, à leur multiplication et à leur action destructive. J'ai dit que l'action phagocytaire ne s'exerçait bien que sur des sujets en état d'équilibre.

Lorsque cette action cesse, l'envahissement par les microbes est proche.

Mais alors, si la cause déterminante de la pneumonie est le microbe, cela veut dire que toutes les pneumonies sont de nature infectieuse et que, dans certaines conditions, elles peuvent devenir contagieuses et même épidémiques.

Il y a longtemps, très longtemps, que je suis converti à cette idée de la pneumonie unique, infectieuse.

Pendant l'année 1882, il y a donc de cela vingt-cinq ans, je me suis trouvé aux prises avec de la pneumonie sur des jeunes chevaux. Pendant toute la durée de la maladie, je n'ai pas douté un seul instant de la contagion de cette maladie. Depuis, les travaux de Cadéac, de Leclainche et de Lignières ont révélé la nature infectieuse de la maladie, et je crois que Cadéac et Lignières sont bien près de la vérité lorsqu'ils disent, le premier qu'il n'y a qu'une pneumonie du cheval, le second, que la pneumonie *a frigore* serait due, comme la pneumonie infectieuse, à une *Pasteurella* qui aurait préparé merveilleusement le terrain pour la conquête par le streptocoque.

S'il existe un grand nombre de formes d'infection du poumon, ces différentes formes ne sont que des degrés plus ou moins forts dans la virulence des microbes.

A mon avis, la pneumonie est unique. Elle est sporadique, *a frigore*, croupale, lorsqu'elle se présente sous la forme de cas isolés, et lorsque l'infection ne rayonne pas. Elle est dite pneumonie d'écurie, pneumonie contagieuse, lorsqu'elle frappe plusieurs chevaux d'une même écurie. Elle est dite typhoïde lorsqu'elle survient en complication de la pasteurellose. Et ces trois formes sont toutes infectieuses, parce qu'elles ont toutes les trois pour agent infectieux un ou plusieurs microbes. La seule chose qui les distingue, c'est le degré de virulence de ces microbes, lequel degré de virulence fait que la pneumonie peut rester à l'état sporadique ou revêtir un caractère absolument contagieux et épidémique.

Symptômes.— On a divisé les symptômes de la pneumonie

d'après trois périodes : la *période d'augment*, la *période d'état*, la *période de déclin* ou *de résolution*.

Période d'augment. — L'animal est abattu, triste, mou au travail, pendant lequel il s'essouffle rapidement et se couvre de sueur. L'appétit est diminué, capricieux ; le malade refuse l'avoine, fourrage encore dans son foin et boit volontiers les breuvages et les buvées. Les muqueuses sont déjà injectées ; le pouls est vite, l'artère dure, tendue. Dès le premier jour, la fièvre est accusée, et le thermomètre donne une hyperthermie de 1 à 2°. La respiration est modifiée. Son rythme est troublé, et l'on constate surtout de l'accélération et de l'irrégularité. Une toux petite, sèche, quinteuse, se fait entendre de temps en temps.

Peu accusés sur les chevaux de nature lymphatique, ces symptômes se montrent plus intenses sur les chevaux sanguins et nerveux.

Vers le troisième jour, apparaît un jetage visqueux, peu abondant, de teinte jaunâtre. C'est le *jetage rouillé*, caractéristique de la pneumonie.

La percussion de la poitrine donne de la matité ou de la submatité dans le tiers inférieur du poumon, soit d'un côté de la poitrine, soit des deux côtés, suivant que la pneumonie est unilatérale ou bilatérale.

A l'auscultation, on entend dès le début des râles crépitants secs au niveau de la matité ; mais souvent on ne perçoit aucun bruit. Dans les régions supérieures du poumon, il y a généralement exagération du murmure respiratoire.

Période d'état. — Le cheval est triste, abattu. Planté sur ses quatre pieds, il se déplace difficilement et avec raideur. La tête est allongée sur l'encolure comme si le malade cherchait à rendre plus facile sa respiration. L'appétit est conservé, mais capricieux. Comme dans la période d'augment, le malade refuse l'avoine, mais prend volontiers le foin, les fourrages verts, la farine d'orge, les buvées. Néanmoins l'amaigrissement se produit assez rapidement.

Généralement on constate de la constipation. Mais si, en

raison de la fièvre, on donne beaucoup de liquide, l'urine devient abondante. Déjà, dans la période d'état, cette urine est souvent albumineuse.

Dans la pneumonie, comme dans toutes les maladies infectieuses, l'albuminurie est accidentelle. Elle est occasionnée par l'élimination des toxines par les reins. Aussi ne doit-on jamais négliger, pendant le cours des maladies infectieuses, de procéder à l'analyse des urines.

A la percussion, on constate que la matité a gagné vers les parties supérieures. L'auscultation révèle l'existence d'un souffle particulier, *souffle tubaire*, surtout perceptible au voisinage des grosses bronches.

Le râle crépitant sec de la période d'augment a disparu ; quelquefois, sur la limite supérieure de la région hépatisée, on perçoit des râles crépitants humides. Souvent aussi le jetage rouillé a cessé.

A ce moment, la respiration est précipitée et peu étendue. J'ai relevé sur plusieurs chevaux 45, 50 mouvements respiratoires par minute.

La température rectale atteint souvent 41°, 41°,5, et même 42°. Le pouls varie entre 80 et 100 pulsations, chiffre énorme pour le cheval.

Période de résolution. — Dans la pneumonie du cheval, la résolution est fréquente.

Trasbot l'a constatée 144 fois sur 168 cas de pneumonie unilatérale et 16 fois sur 22 cas de pneumonie double (1).

Moi-même, dans une épidémie de pneumonie infectieuse, je n'ai eu que 3 pertes sur 32 cas de pneumonie. Encore, chez les trois chevaux morts, la pneumonie s'est compliquée de pleurésie.

C'est toujours la respiration et la température qui annoncent la résolution. La température baisse régulièrement ; la respiration, quoique toujours irrégulière, est moins précipitée et de mouvements plus amples. Le pouls se calme et se ralentit.

(1) Trasbot, *Dictionnaire vétérinaire*, tome XVIII.

L'appétit augmente. Le malade commence à apprécier son avoine.

A la percussion, on constate que la matité descend vers les parties inférieures. Le poumon respire mieux, et l'auscultation annonce le râle crépitant de retour, lequel est bientôt remplacé par le murmure respiratoire normal.

A ce moment, la toux devient grasse, forte, quinteuse. Un léger jetage muco-purulent apparaît aux deux naseaux.

Mais d'autres terminaisons de la pneumonie peuvent se produire : l'*asphyxie*, l'*abcédation*, la *gangrène*, le *passage à l'état chronique*.

L'*asphyxie* se produit généralement au début, lorsqu'un poumon se trouve atteint dans toute sa hauteur et si, en même temps, l'autre poumon se congestionne, ou bien encore lorsque les deux poumons sont atteints sur une large étendue.

L'*abcédation* est assez rare, mais elle se produit néanmoins. Trasbot cite 7 cas d'abcédation sur 168 cas (1).

Lorsqu'il y a abcédation, il se forme des abcès dans le tissu hépatisé. Alors la prostration devient de plus en plus accusée. On constate aussi une forte hyperthermie et un pouls petit, filant sous le doigt.

Lorsque l'abcès est superficiel, la percussion donne un bruit particulier (*bruit de pot fêlé*).

Lorsque l'abcès s'ouvre dans les bronches, on entend du gargouillement bronchique, et les naseaux laissent écouler un jetage purulent, d'odeur fétide.

Quelquefois l'abcès s'ouvre dans la plèvre et détermine de la pleurésie. Ce cas est toujours mortel.

Enfin l'abcédation pulmonaire peut produire de l'infection purulente.

La *gangrène* ne se produit guère que dans la période d'état.

Dès le début, on constate une grande dépression des forces. En même temps la respiration s'accélère, les battements du cœur deviennent tumultueux, le pouls est petit;

____

(1) Trasbot, *Dictionnaire vétérinaire*, tome XVIII.

filant, la température rectale très élevée. L'appétit est nul.

Puis un jetage sanieux, grisâtre, collant et d'odeur très fétide, s'écoule par les naseaux.

L'auscultation révèle du souffle caverneux et des râles muqueux en grande quantité. *Le passage à l'état chronique constitue la pneumonie chronique.*

Pneumonie chronique.— Assez rare chez le cheval. Je l'ai cependant observée trois fois dans ma carrière. Barrier, Cadiot, Moussu, disent qu'on trouve très souvent des lésions de pneumonie chronique chez les vieux chevaux qui terminent leur existence sur les tables de dissection.

Les anciens vétérinaires désignaient la pneumonie chronique sous le nom de *vieille courbature* et sous celui de *maladies anciennes de poitrine*. Les maladies anciennes de poitrine étaient comprises, dans la loi du 20 mai 1838, au nombre des vices rédhibitoires.

La pneumonie chronique consiste dans une induration du tissu pulmonaire amenant l'imperméabilité. Mais cette altération n'est pas la seule qui caractérise la pneumonie chronique. Celle-ci, en effet, peut se compliquer de bronchite chronique (*bronchopneumonie chronique*), de pleurésie (*pleuropneumonie chronique*).

ÉTIOLOGIE. — Jamais primitive, la pneumonie chronique est toujours une terminaison de la pneumonie aiguë, chez les sujets vieux et débilités.

SYMPTÔMES. — Mauvais état général, maigreur assez accusée, appétit capricieux, inaptitude au travail, essoufflement rapide. Respiration irrégulière, coupée d'un soubresaut. Toux sèche, petite, quinteuse.

Quelquefois il y a, par intermittence, un jetage mucopurulent. Alors la toux devient grasse.

A la percussion, submatité. A l'auscultation, râles crépitants, et surtout râles sibilants.

Plusieurs vétérinaires ont constaté de l'emphysème sur

des chevaux atteints de pneumonie chronique. D'autres, et
je suis de ceux-là, ont relevé de l'hypertrophie du cœur avec
œdème accusé des membres.

Pneumonie par corps étrangers. — Je comprends sous cette
dénomination toutes les pneumonies ayant pour cause
l'introduction dans le poumon d'un corps étranger non
aseptique. Ici encore la pneumonie par corps étrangers est
donc aussi une sorte de pneumonie infectieuse, ce qui tend
de plus en plus à démontrer qu'il n'y a pas de pneumonie
sans infection, c'est-à-dire sans microbe.

ÉTIOLOGIE. — Assez fréquente chez le cheval, elle a pour
causes l'introduction dans le poumon d'un corps étranger,
soit solide, soit liquide.

Un bol alimentaire qui fait fausse route, un breuvage
mal administré, même de la salive pénétrant dans les
bronches et arrivant jusqu'au poumon, déterminent très
rapidement de la pneumonie.

Il en est de même de l'eau des rivières et des fleuves.
Les vétérinaires militaires ont publié de nombreuses relations
de pneumonie infectieuse à la suite de l'introduction de
l'eau dans le poumon dans les exercices de passage de
rivière. Moi-même j'en ai relevé plusieurs cas très intéressants, alors que j'étais au 2e Hussards et que nous exécutions
régulièrement des passages de rivière dans l'Oise.

Les solides, éclats de bois, clous, aiguilles à tricoter, etc.,
surtout lorsqu'ils sont souillés, peuvent faire naître la pneumonie.

Même en supposant que ces corps solides fussent parfaitement aseptiques, ils peuvent être encore, dans cet état, une
cause de pneumonie.

En effet, il est démontré que le streptocoque existe en
permanence dans la bouche et dans les premières voies respiratoires des animaux, comme il existe d'ailleurs dans la
bouche de l'homme.

La salive est un milieu de culture parfait pour le streptocoque. Il s'y plaît et s'y multiplie. Or il suffit que l'état d'équilibre soit rompu par un accident quelconque : fièvre, anémie, refroidissement, *blessure du poumon par un corps étranger même aseptique*, pour que le streptocoque commence ses ravages accompagné du pneumocoque, qui lui vient bien vite en aide.

C'est pourquoi les perforations de la poitrine, de la trachée et même de l'œsophage se compliquent souvent de pneumonie.

La pneumonie d'écurie, la fameuse pneumonie d'hôpital, a souvent une origine à peu près semblable : trouble dans l'état d'équilibre à la suite de blessures. J'y reviendrai en traitant de la pneumonie infectieuse.

La pénétration des corps étrangers dans le poumon peut être facilitée par l'inflammation vive du pharynx ou des poches gutturales, comme cela se voit dans la gourme, dans l'anasarque. C'est surtout lorsque le pharynx est très enflammé, ou lorsqu'il y a collection des poches gutturales, abcès pharyngiens, que les liquides et les solides font fausse route et pénètrent accidentellement dans le poumon.

SYMPTÔMES. — La pneumonie par corps étrangers évolue très rapidement. Dès le début, on observe de l'angoisse et souvent de la suffocation. Et, si la mort ne survient pas rapidement dans un accès de suffocation, la dyspnée est le caractère dominant de la symptomatologie.

Les autres symptômes ressemblent aux symptômes de la pneumonie ordinaire, comme les lésions relevées à l'autopsie sont identiquement les mêmes.

Complications. — Les complications qui peuvent se produire sont : *l'asphyxie rapide*, *l'abcédation* et surtout la *gangrène*, qui est trop souvent une terminaison fatale de la pneumonie infectieuse par corps étrangers.

Pneumonie infectieuse. — Il n'y a pas de question qui soit plus à l'ordre du jour que celle de la pneumonie infectieuse.

Depuis trente ans, combien de théories ont été émises sur l'évolution de cette maladie du cheval, sur ses causes, sur ses origines ! Combien de recherches patientes ont été faites ! Et, malgré tout, la lumière n'est pas encore complètement faite sur cette maladie, qui, dans telle circonstance, donnera çà et là quelques cas isolés, et, dans telle autre, envahira tout à coup une ou plusieurs écuries, portant ses ravages jusque dans les locaux réputés les plus sains.

Pendant longtemps, la pneumonie infectieuse a été désignée sous le nom de *pneumonie d'écurie, pneumonie d'hôpital.* Nos anciens faisaient surtout de la médecine d'observation, et ils avaient observé que, lorsque la pneumonie prenait en quelque sorte un caractère épidémique, c'était toujours dans les hôpitaux, où il y avait encombrement de blessés, ou dans les grandes agglomérations de chevaux. D'où les noms qu'ils donnèrent à cette forme de la pneumonie : pneumonie d'écurie, pneumonie d'hôpital.

Mais, je le répète encore, si la pneumonie infectieuse se différencie par certains caractères de la pneumonie dite *sporadique,* cela tient seulement au degré de virulence des microbes, aux conditions hygiéniques et au milieu dans lequel ces microbes opèrent.

Nous verrons plus tard cette même pneumonie infectieuse survenir en complication de la pasteurellose, laquelle pneumonie guérira lorsqu'elle ne sera pas suivie de complications, mais sera toujours mortelle, lorsqu'elle sera compliquée de pleurésie (pleuro-pneumonie infectieuse).

Presque tous les vétérinaires ont écrit sur la pneumonie infectieuse. Je ne remonterai pas jusqu'à Lafosse. Mais il me plaît de citer, comme étant le premier en date qui ait distingué de la fièvre typhoïde une pneumonie contagieuse, Cagnat (de Saint-Denis) (1). Puis Brun décrit, à la séance du 13 octobre de la Société de médecine vétérinaire pratique, un cas de pneumonie à caractère infectieux.

Pendant l'hiver de 1882, alors que j'étais vétérinaire en

____

(1) Cagnat, *Archives vétérinaires,* 1884.

second, — oh ! très jeune vétérinaire en second, et sans beaucoup d'expérience, — je me trouvai aux prises, au dépôt du 12e Dragons, à Troyes, avec une véritable épidémie de pneumonie infectieuse.

J'avais lu une relation d'un médecin italien sur la pneumonie infectieuse, et j'en fis mon profit. J'avais probablement à faire à de la pneumonie infectieuse, survenant en complication de la pasteurellose, alors ignorée, ou simplement à de la pneumonie infectieuse présentant un caractère épidémique et contagieux. Mais ce dont je me souviens bien, c'est que je stupéfiai bien des gens en prenant dans mon infirmerie et dans l'escadron des mesures rigoureuses qui furent qualifiées de *draconiennes*.

Combien draconiennes, puisque ce sont elles qui tuèrent la maladie en dépit du mécontentement de ceux que ces mesures gênaient.

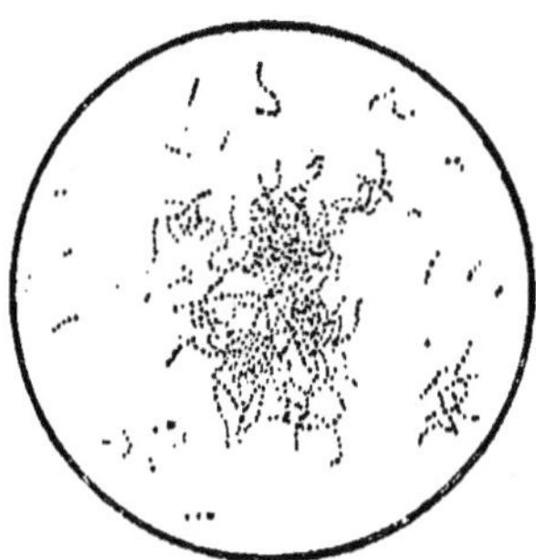

Fig. 32. — Culture du streptocoque (Galtier, *Maladies contagieuses*).

Puis les travaux se succédèrent dans lesquels s'illustrèrent Delamotte, Benjamin, Nocard, Leclainche, Lignières et tant d'autres savants français et étrangers.

Les relations fournies par les vétérinaires militaires dans le *Recueil d'hygiène* sont nombreuses. Ne pouvant les citer toutes, je citerai celles d'*Adrian*, de *Delcambre*, de *Touvé* et *Génin*, de *Rohr*, de *Sambelle*, de *Morisot*, d'*Alix*, de *Froissard*, de *Cavalin*, de *Tricard*, de *Mansis*, de *Gervais*, etc., etc.

Dans le *Recueil d'hygiène* de l'année 1904, Quiclet donne une relation très intéressante de plusieurs cas de pneumonie contagieuse due à la bactérie de Schütz, prenant la forme de diplocoque et de streptocoque (1).

Et combien d'autres relations démontrant le caractère

(1) Quiclet, *Recueil d'hygiène*, 1904.

infectieux et contagieux de cette maladie, due le plus souvent au streptocoque et au diplocoque.

ÉTIOLOGIE. — L'agent direct, l'agent infectieux de la maladie, est le microbe, streptocoque, diplocoque, envahissant d'emblée l'organisme, ou exerçant ses ravages, comme le dit Lignières, sur des sujets déjà intoxiqués par la *Pasteurella*.

Dans les écuries, aussi bien dans les écuries reconnues parfaitement saines que dans les écuries basses, obscures, insuffisamment aérées, les causes de transmission du microbe, c'est-à-dire les causes d'infection et de contagion, sont nombreuses, beaucoup trop nombreuses, car on peut les diminuer.

Ces causes sont :

L'atmosphère de l'écurie ;

Les râteliers et les mangeoires ·

Les litières et le sol ;

Les instruments de pansage et en particulier l'éponge ;

Les poussières de l'écurie ;

Les rongeurs ;

Les fourrages ;

Les abreuvoirs ;

Les fumiers.

Atmosphère de l'écurie. — Il ne fait pas de doute aujourd'hui que l'air de l'écurie peut être contaminé et devenir, comme le dit Quiclet, l'intermédiaire de prédilection des germes infectieux. Ce qui tend à le prouver, c'est que, dans une écurie infectée, alors même qu'on a enlevé les litières, désinfecté les râteliers, les mangeoires, les bat-flancs, les murs, le sol, détruit les rongeurs, on voit encore la maladie frapper les sujets d'une extrémité à l'autre de l'écurie, et respecter les intermédiaires.

L'air de l'écurie est encore plus dangereux après un balayage à sec, parce qu'il renferme des poussières qui ne sont pas sans contenir des germes infectieux.

Râteliers et mangeoires. — Lorsqu'il y a eu plusieurs cas

de pneumonie dans une écurie, les râteliers et les mangeoires placés en face des intervalles ou des stalles occupés par les chevaux atteints deviennent une cause de contagion, surtout si ces râteliers et ces mangeoires ont été souillés par du jetage ou de la salive. Il y a donc danger à laisser occuper par des chevaux sains, même après désinfection, les stalles qui ont contenu des chevaux malades.

Les mangeoires et les râteliers en bois sont particulièrement dangereux, parce qu'il est impossible de les désinfecter complètement.

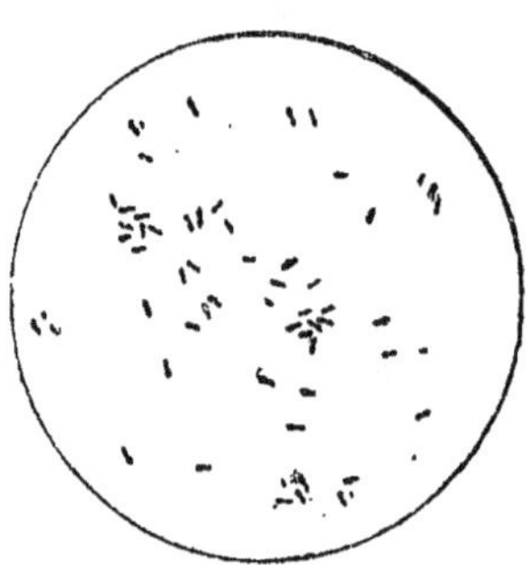

Fig. 33. — Culture du diplocoque (Galtier, *Maladies contagieuses*).

D'ailleurs, lorsqu'une écurie est contaminée, je considère aussitôt les mangeoires et les râteliers comme suspects, car les rongeurs en s'y promenant à la recherche du grain oublié y répandent une quantité considérable de microbes.

Litières, sol. — Dans une écurie contaminée de pneumonie infectieuse, il ne faudrait pas faire de longues recherches dans la litière pour y trouver des colonies considérables de microbes.

Nombreux sont les microbes qui se plaisent et prospèrent dans les litières, surtout lorsque celles-ci ont pour base un gâteau spécial apprécié des vieux capitaines commandants, lequel gâteau constitue un milieu de culture parfait pour le développement de ces microbes.

Le steptrocoque affectionne particulièrement les litières humides et fermentées. On en trouve même dans les litières parfaitement entretenues.

Les litières mal entretenues constituent donc un danger permanent, un danger si grand que j'ai vu des chevaux immobilisés dans leurs stalles, à la suite de feux en raies ou en pointes pénétrantes, d'autres atteints de plaies des membres, contracter de la pneumonie infectieuse. Les plaies, les feux en suppuration, avaient agi, dans ce cas, comme porte ouverte, grande ouverte, à l'infection streptococcique.

C'est dans les litières que les rongeurs viennent chercher le microbe pour le transporter un peu partout, sur les râteliers, dans les mangeoires, sur les fourrages, sur les objets de pansage, sur les couvertures et jusque sur le harnachement.

Le sol lui-même constitue un danger par le va-et-vient des animaux et des hommes.

Lorsqu'une épidémie de pneumonie infectieuse sévit dans une écurie, les poussières étalées à la surface du sol renferment des colonies de microbes.

Instruments de pansage. — Les instruments de pansage sont des moyens sûrs de transmission de la maladie du cheval à cheval.

Les plus dangereux de ces objets de pansage sont l'éponge et l'époussette.

L'éponge, qu'on promène sur les naseaux, sur les yeux, sur toutes les ouvertures naturelles, est certainement de tous les objets de pansage celui qui compte le plus de cas de transmission à son actif. Vient ensuite l'époussette, qui soulève des poussières qui ne sont pas sans danger.

Poussières de l'écurie. — Il est incontestable que les poussières de l'écurie renferment en quantité considérable les microbes de la pneumonie. Ces poussières sont soulevées par le va-et-vient des hommes et des chevaux, par le balayage à sec, par le manuel opératoire du pansage.

Rongeurs. — Les rongeurs, — souris, rats, — qui pullulent généralement dans les écuries, sont les agents transmetteurs de la maladie. Par leur vagabondage dans les litières, sur les bat-flancs, les râteliers, dans les mangeoires, dans les coffres à avoine, dans les selleries, dans les magasins à fourrages, ils répandent partout les microbes et donnent à la maladie son véritable caractère épidémique.

Fourrages. — Galtier et Violet ont démontré que les fourrages pouvaient être contaminés et devenaient alors une cause déterminante de la maladie.

Abreuvoirs. — Les abreuvoirs, eux aussi, peuvent être contaminés et devenir ainsi une cause de contagion.

Fumiers. — La fosse à fumier, presque toujours très mal située dans les quartiers, est un des plus grands dangers. Lorsque les fumiers ne sont pas enlevés régulièrement, et lorsque la fosse qui les contient n'est pas désinfectée de temps en temps, celle-ci devient un milieu de culture parfait pour toutes sortes de microbes.

Et, quand je parle de danger, je dis que ce danger est grand.

En effet, lorsqu'un cheval s'échappe de son écurie, il se dirige toujours vers deux endroits qui sont invariablement les mêmes : l'abreuvoir, la fosse à fumier.

A l'abreuvoir, il se désaltère, car le malheureux a toujours soif.

A la fosse à fumier, il trouve son dessert : morceaux de pain, biscuit, détritus des cuisines, feuilles de salade, épluchures de carottes, etc.

Mais il trouve là aussi des colonies de microbes : tétanos, gourme, et ceux de la pasteurellose et de la pneumonie infectieuse.

Écuries. — Les écuries, elles aussi, constituent un danger lorsqu'elles sont étroites, mal aérées et privées de lumière. La plupart des microbes ont peur de la lumière; aussi prospèrent-ils dans les écuries sombres.

Mais d'autres causes viennent faciliter l'action de l'agent déterminant de la maladie.

L'agglomération d'une quantité trop considérable de chevaux dans des écuries trop étroites et basses de plafond agit comme cause occasionnelle. Il n'y a pas d'années où l'on ne constate dans l'artillerie et dans la cavalerie de la pneumonie infectieuse débutant d'emblée, ou accompagnant la pasteurellose.

La pneumonie infectieuse peut aussi être apportée dans une écurie par des chevaux ayant voyagé dans des wagons contaminés.

Mais combien d'autres causes prédisposent d'une façon

toute particulière à contracter la maladie : une mauvaise hygiène, une mauvaise nourriture, le travail intensif succédant à une période de repos, le surmenage, l'acclimatement des jeunes chevaux pendant l'hiver, les refroidissements, les inflammations du pharynx, du larynx, de la trachée et des bronches, qui constituent des portes d'entrée pour le microbe.

Les blessures profondes, les feux obligeant à maintenir les blessés et les opérés dans la plus complète immobilité pendant un temps trop prolongé.

La pneumonie infectieuse peut aussi survenir en complication de la gourme, de l'anasarque, de la morve, de la pasteurellose.

SYMPTÔMES. — Les caractères de la pneumonie infectieuse, à quelques différences près suivant les sujets, les milieux, les origines, la forme épidémique ou non, ne varient guère d'un sujet à l'autre, ce qui permet de dire que cette maladie se présente toujours avec des symptômes identiques et que l'on ne doit plus jamais méconnaître lorsqu'on a eu l'occasion de les observer une fois.

La pneumonie infectieuse s'annonce généralement par des troubles généraux assez accusés. Si quelques malades ne se montrent pas tout d'abord déprimés, les autres — et c'est le plus grand nombre — tombent dès les premières heures dans une prostration extrême. Ils sont tristes, stupéfiés, portent la tête basse, ou l'appuient sur la mangeoire ou bien encore sur le bat-flanc.

La prostration est telle qu'ils sont indifférents à ce qui les entoure, et que le va-et-vient dans l'écurie ou dans leur intervalle n'attire plus leur attention. Les yeux demi-clos donnent à la physionomie, qui n'est pas encore grippée, une expression de lassitude caractéristique. Les malades semblent dormir.

Les déplacements latéraux dans la stalle sont difficiles et se font pour ainsi dire tout d'une pièce. La marche est indolente, titubante, surtout vascillante, dans son arrière-main. Plusieurs fois j'ai observé dans la marche comme un affaissement de l'arrière-main. J'ai constaté aussi de véritables signes d'ataxie.

Cagny a observé que ces symptômes de la première heure étaient toujours très accusés chez les pur sang.

Dès le début de la maladie, l'appétit est diminué, quelquefois complètement supprimé, et la température monte très rapidement à 40°, et même à 41°.

La respiration est courte, accélérée, 20 à 25 mouvements respiratoires par minute. Ce qui la caractérise surtout, c'est le peu d'étendue de ses mouvements et le trouble de son rythme.

Le pouls est vite, petit, mais les battements du cœur sont précipités, forts, souvent violents. On sent que déjà cet organe lutte désespérément contre l'infection.

Un symptôme en quelque sorte pathognomonique de la maladie à son début, c'est l'infiltration et la couleur des conjonctives. Celles-ci, en effet, s'infiltrent très rapidement et reflètent bientôt une couleur jaune terne, ou terre de Sienne, ce qui leur donne une apparence sale.

Malgré la gravité de ces premiers symptômes, le jetage rouillé n'apparaît que beaucoup plus tard. J'ai eu l'occasion de soigner plusieurs chevaux atteints de pneumonie infectieuse chez lesquels ce jetage a fait complètement défaut.

Au début, la poitrine ne fournit pas de grands signes révélateurs. Un peu de sensibilité des parois pectorales à la pression, de la submatité dans les régions et sur des espaces dispersés, de la rudesse du bruit respiratoire dans les parties supérieures, de l'affaiblissement ou du silence dans les parties basses, et c'est tout.

Vers le quatrième jour, quelquefois vers le troisième, apparaît la toux, qui est fréquente, mais quinteuse, avortée, douloureuse. C'est généralement à ce moment que se montre le jetage rouillé, lequel ne dure guère plus de deux ou trois jours.

La percussion accuse de la matité ou de la submatité dans différents points de la poitrine. Au niveau de ces points on perçoit, à l'auscultation, quelques râles sibilants ou muqueux. Ces bruits s'entendent des deux côtés de la poitrine, car presque toujours la pneumonie infectieuse est double.

Puis l'hépatisation montant vers les régions supérieures, on entend alors franchement le souffle tubaire.

A ce moment les symptômes généraux se sont encore accusés. La fièvre est intense. Les malades refusent les aliments solides, mais boivent avidement les boissons qui leur sont données.

La respiration s'accélère et se trouble encore davantage. On compte jusqu'à 35, 40, 45 mouvements respiratoires par minute. Les cas ne sont pas rares où la respiration devient anxieuse, dyspnéique, et où l'asphyxie menace d'emporter les malades.

C'est à cette période de la maladie, où les malades éliminent les toxines par les urines, que ces urines deviennent albumineuses.

Cette albuminurie passagère est due à une irritation des reins, et rien n'est plus facile que d'en constater l'existence.

Dans ma carrière, j'ai traité de nombreux cas de pneumonie infectieuse, et presque toujours j'ai trouvé dans les urines de mes malades une notable quantité d'albumine.

Lorsque les malades ne succombent pas dans les cinq ou six premiers jours, la maladie entre dans sa période de déclin, et l'on voit aussitôt les symptômes généraux s'amender.

La température baisse, l'appétit revient, et avec lui un peu de gaîté. L'œil est meilleur, et l'état général semble se réveiller d'un long sommeil.

La toux devient plus grasse et partant plus facile et moins douloureuse.

Vers le dixième jour, les malades entrent franchement en convalescence.

Complications. — La pneumonie infectieuse se complique trop souvent de pleurésie : c'est la *pleuro-pneumonie infectieuse* presque toujours mortelle.

Dans une épidémie de pneumonie infectieuse, les neuf dixièmes des morts sont fournis par la pleuro-pneumonie.

La *péricardite* est une complication assez fréquente de la pneumonie infectieuse.

Les *synovites*, que l'on observe pendant la convalescence de cette maladie, et plusieurs mois après, sont souvent liées à de la péricardite chronique.

L'*hépatite* est beaucoup plus rare.

La *néphrite*, très fréquente, est toujours passagère. Elle est due à l'élimination des toxines par les reins et s'accompagne toujours d'albuminurie.

La *congestion généralisée du poumon* est assez rare et ne frappe que des sujets pléthoriques. Je l'ai constatée plusieurs fois.

Cette complication entraîne toujours la mort très rapidement.

Au 2ᵉ Hussards, pendant une épidémie de pneumonie infectieuse, j'ai eu deux cas de mort presque foudroyants : un sur le terrain de manœuvre, un autre une heure après son entrée à l'infirmerie.

L'*abcédation* est assez rare. On l'observe surtout sur les jeunes chevaux, qui sont encore sous l'influence d'un état gourmeux.

La *gangrène* est plus fréquente et amène fatalement la mort.

Moyens préventifs. — La pneumonie, quelles que soient son origine, sa nature, sa forme, étant toujours grave, on ne saurait trop multiplier les mesures d'hygiène capables d'empêcher ou de retarder son évolution. Et, en présence de la maladie déclarée, il est encore des mesures sanitaires capables, lorsqu'elles sont rigoureusement appliquées, d'enrayer le mal et de s'opposer à l'envahissement des écuries, à cet envahissement quelquefois si rapide qu'on a vu dans certains locaux cinquante à soixante chevaux frappés de pneumonie en moins de deux mois.

Ce sont ces mesures que je vais étudier en m'attachant à

donner à chaque forme de la maladie celles qui me paraissent le plus efficaces.

Pneumonie franche. — Le jeune âge prédisposant le poumon, comme tous les autres organes, aux inflammations, et l'âge avancé préparant en quelque sorte le cheval, comme l'homme d'ailleurs, à l'envahissement streptococcique, les jeunes chevaux et les vieux chevaux devront être l'objet de mesures hygiéniques constantes les maintenant toujours et en toute saison en état d'équilibre.

Il en sera fait de même pour les chevaux faits, dont le travail trop souvent excède les forces.

On ne devra jamais perdre de vue que le surmenage, le travail par à-coups, un régime mal ordonné, le défaut d'entraînement, le repos exagéré, sont des conditions hygiéniques mauvaises préparant les animaux aux affections du poumon.

L'état pléthorique, l'embonpoint, sont des états défavorables ; on devra chercher à les éviter par un régime rationnel et un travail quotidien.

Mais toutes ces mesures seront inefficaces si les animaux ne trouvent pas à la rentrée du travail des écuries saines. On devra donc chercher à réaliser dans ces écuries toutes les conditions hygiéniques reconnues aujourd'hui indispensables au bon état et à la santé des chevaux : cube d'air, éclairage naturel, large aération, ventilation, température uniforme, propreté.

Ces conditions hygiéniques remplies, on évitera ainsi les refroidissements si fréquents lorsque les animaux sortent le matin pendant l'hiver d'une écurie où la température est trop élevée. Et personne n'ignore plus aujourd'hui que les refroidissements brusques, en rompant tout à coup l'équilibre, ouvrent une large porte à l'envahissement des streptocoques.

Les refroidissements devront être évités dans toutes les circonstances de la vie du cheval : repos à l'écurie, travail.

Les chevaux tondus à l'entrée de l'hiver devront être couverts à l'écurie et toujours vigoureusement bouchonnés à la rentrée du travail. Il en sera fait de même aux chevaux qui auront travaillé sous la pluie ou sous la neige. On proscrira de la façon la plus absolue les repos prolongés, les stations, pendant les saisons froides.

Les chevaux rentrant en sueur du travail ne devront pas être exposés dans les courants d'air. S'ils sont laissés hors des écuries, ils seront bouchonnés, massés et couverts. S'il est nécessaire de conduire à la forge ou à la visite du vétérinaire des chevaux rentrant du travail, ces chevaux devront être préalablement bouchonnés et couverts.

Les bains, les passages de rivière, devront être l'objet de prescriptions hygiéniques sévères portées à la connaissance de tous. On devra s'attacher à ne laisser pénétrer dans l'eau que des animaux parfaitement secs. Les « parties de drogue » au sortir du bain ou après le passage de la rivière sont dangereuses. Les chevaux devront toujours être promenés aussitôt qu'ils seront sortis de l'eau.

Dans l'artillerie, les chevaux rentrant du travail à toute heure de la journée et quelquefois de la nuit, il est nécessaire que les conducteurs qui rentrent avec deux ou quatre chevaux soient bien pénétrés de leurs devoirs, même lorsqu'ils ne sont pas surveillés. Ces devoirs ne consistent pas seulement à donner à la hâte la ration, mais encore à sécher les chevaux et à les couvrir si besoin est.

La cause déterminante due aux microbes sera aussi combattue par des mesures hygiéniques sévères. J'étudierai en détail ces mesures en parlant des moyens préventifs susceptibles d'empêcher l'évolution et la propagatoin de la pneumonie infectieuse.

Pneumonie chronique. — La pneumonie chronique étant presque toujours une complication de la pneumonie aiguë ou de la pneumonie infectieuse, on s'attachera, pendant la maladie, à soigner énergiquement et surtout à surveiller la convalescence. Pendant cette convalescence de la pneumonie aiguë, l'usage de l'arsenic et de l'iodure de potassium devra être continué pendant longtemps.

Pneumonie par corps étrangers. — Éviter l'introduction dans le poumon de corps étrangers liquides ou solides.

Pour cela, certaines précautions sont nécessaires. Dans ce but, on ne saurait apporter trop de soins dans l'administration des breuvages et des bols. Pour les breuvages, je condamne de la façon la plus absolue l'usage de la bouteille.

Pendant les exercices de passage de rivière, il n'est pas toujours facile d'empêcher certains chevaux mauvais nageurs de disparaître momentanément sous l'eau et d'absorber à la fois par la bouche et les naseaux une certaine quantité de liquide. Ces chevaux devront être surveillés et, si possible, soutenus et aidés pendant l'opération. On ne devra jamais laisser à la portée des animaux et près des mangeoires des corps étrangers solides : éclats de bois, aiguilles à tricoter, tubercules, clous, qui, déglutis avec les fourrages, peuvent faire fausse route et pénétrer dans les bronches.

On n'oubliera pas que l'inflammation du pharynx, du larynx, la collection des poches gutturales, les abcès pharyngiens, favorisent l'introduction des liquides et des aliments dans les bronches. Ces différentes maladies devront être traitées énergiquement, et on devra faciliter la déglutition par la préparation des aliments.

On devra aussi éviter les traumatismes violents sur la trachée et sur les côtés de la poitrine, ces traumatismes amenant quelquefois des perforations suivies de pneumonie.

Pneumonie infectieuse. — Les mesures hygiéniques propres à éviter la pneumonie infectieuse ou à empêcher sa propagation sont de deux sortes : *celles qui, en assurant en tout temps une bonne hygiène aux chevaux, empêcheront le développement de la maladie; celles qui, une fois la maladie déclarée, empêcheront sa propagation.*

Parmi les premières, je n'en vois pas de plus efficaces qu'une large aération des écuries, et le soin qu'on apportera à répandre dans ces écuries la lumière à profusion. C'est pourquoi je voudrais voir toutes les écuries pourvues de hautes et grandes baies vitrées s'ouvrant largement au moyen d'un mécanisme simple et facile.

Grâce à ces baies, l'air et la lumière pénétreront en abondance dans les écuries, les assainiront et rendront, je n'ose dire impossible, mais plus difficile, l'éclosion des maladies infectieuses.

L'aération des écuries ne devra pas empêcher les bains d'air, qui devront toujours être donnés aux chevaux le matin et le soir pendant l'été, et aux heures les plus chaudes de la journée pendant l'hiver. Dans cette saison, les chevaux devront être couverts pendant le bain d'air.

On ne soumettra jamais au bain d'air les chevaux rentrant en sueur de la promenade et du travail. Ces chevaux devront être rentrés dans les écuries, bouchonnés, massés, couverts, et ne seront sortis que lorsqu'ils seront parfaitement secs.

Comme conséquence de l'aération et de l'éclairage naturel, on évitera dans les écuries l'agglomération et cet entassement dont les effets dangereux ne peuvent être combattus même par les mesures hygiéniques les plus rigoureuses. Les écuries basses, obscures, sont dangereuses, parce que, même lorsqu'elles contiennent peu de chevaux, elles ne réalisent pas le cube d'air nécessaire. Dans l'armée, où il existe encore des écuries datant de Henri IV, on devrait proscrire ces écuries de la façon la plus absolue, ou abattre résolument un pan de mur qui serait alors remplacé par une large baie vitrée.

La pneumonie étant toujours due à un microbe qui se plaît et prospère dans les litières, celles-ci devront être l'objet d'un entretien constant.

J'ai dit ce que je pensais des litières dans mon ouvrage sur l'*Hygiène du cheval de troupe en garnison* (1). Je répéterai ici les grandes lignes de ce que j'ai écrit dans cet ouvrage. Les gâteaux épais, que partout on se plaît à entretenir avec un soin jaloux, devront être proscrits. La litière devra avoir une certaine épaisseur, afin que le cheval y trouve un lit

______

(1) Morisot, *Hygiène du cheval de troupe en garnison.*

moelleux ; mais elle devra être composée exclusivement de paille fraîche, saine et bien blanche.

Rien n'est plus facile que l'entretien des litières. Il suffit :

1° De veiller à ce que les crottins soient enlevés aussitôt qu'ils ont été répandus sur la litière ;

3° De tenir la main à ce que tous les soirs avant que le cheval ne se couche toutes les parties souillées par les urines soient enlevées et remplacées par de la paille fraîche ;

4° De ne pas épargner la paille et de la renouveler souvent.

L'application de ces trois mesures hygiéniques dispenserait de ces corvées de litière qui dispersent les microbes un peu partout, répandent de mauvaises odeurs dans les écuries, et que je qualifie de redoutables. Je fais des vœux ardents pour qu'on les supprime dans l'armée. Le jour où on ne tolérera plus de gâteau sous les pieds des chevaux et où la litière sera parfaitement entretenue, il ne sera plus nécessaire de faire des corvées générales de litière : c'est l'histoire de celui qui chaque matin fait une toilette sommaire et le dimanche matin se décrasse entièrement.

Depuis plusieurs années, la pneumonie infectieuse devient de plus en plus fréquente, qu'elle débute d'emblée ou qu'elle soit une conséquence de la pasteurellose. Aussi je conseille d'arroser au moins une fois par semaine les litières avec une solution crésylée, ou de l'acide sulfurique étendu d'eau (30 grammes pour 1 litre d'eau). Cette mesure hygiénique est d'un emploi facile et peu coûteuse.

Un épandage de chlorure de chaux dans les allées, dans les coins, le long des murs, est très salutaire.

Enfin une écurie qui contient plus de vingt chevaux devrait être entièrement désinfectée deux fois par an ; les autres, une fois seulement.

Les fosses à fumier devront être régulièrement vidées et de temps en temps désinfectées. On ne devra y tolérer ni balayures, ni morceaux de pain, ni détritus des cuisines. Si les chevaux échappés des écuries se rendent aussi souvent à la fosse à fumier qu'à l'abreuvoir, c'est parce qu'ils savent qu'ils y trouveront leur dessert

Or les fosses à fumier constituent un danger permanent parce qu'elles renferment une quantité considérable de microbes, et entre autres celui de la pneumonie infectieuse.

Les fosses à fumier devront être parfaitement cimentées afin d'éviter les infiltrations par le purin, ces infiltrations finissant par polluer les eaux.

Les écuries devront toujours être tenues en état, et on y fera une guerre impitoyable aux souris et aux rats, ces rongeurs devenant, par leur vagabondage dans les litières, dans les mangeoires, sur les râteliers, dans les magasins à fourrages, des agents de transmission de la pneumonie.

Souvent la pneumonie est apportée par les jeunes chevaux, soit qu'ils en apportent le germe de la remonte, soit qu'ils l'ait rencontré dans les wagons. L'isolement des jeunes chevaux dès leur arrivée dans les corps s'impose donc d'une façon absolue.

Les blessés devenant très aptes à contracter la pneumonie infectieuse, le service vétérinaire ne devra pas perdre de vue un seul instant les chevaux blessés, ou qui ont reçu l'application du feu. Il devra éviter à ces chevaux une stabulation trop prolongée.

Les pansages devront être aussi longs que possible afin de permettre à la peau de remplir ses fonctions.

Le travail devra toujours être régulier, sans à-coups. On évitera le surmenage, surtout pendant la période de travail intensif, période dangereuse à tous les points de vue, car, depuis plusieurs années, c'est presque toujours à ce moment qu'on voit apparaître les épizooties de pneumonie infectieuse et de pasteurellose. Les fourrages distribués devront toujours être de très bonne qualité, ainsi que l'eau des boissons. Les abreuvoirs devront être désinfectés avec de l'acide sulfurique étendu deux fois par an.

Lorsque plusieurs cas de pneumonie infectieuse se déclarent dans une ou plusieurs écuries, et lorsque la maladie menace de revêtir un caractère épizootique, des mesures plus rigoureuses encore s'imposent.

Celles déjà indiquées sont nécessaires ; mais d'autres plus

draconiennes, si je puis m'exprimer ainsi, doivent être aussitôt ordonnées si on ne veut pas que la maladie se propage et envahisse tous les locaux habités par les animaux.

Dès les premiers cas observés, les mesures suivantes seront prises :

Isolement des malades.

Évacuation des écuries et mise à la corde des chevaux par lots.

Désinfection des locaux par les moyens connus, et surtout par des projections de vapeur d'eau sur le sol, les murs, les mangeoires, les râteliers, les plafonds.

Destruction des rongeurs et réfection du pavage.

Si les écuries ne peuvent être évacuées, on désinfectera et on entretiendra sous les chevaux une litière sommaire et toujours propre.

On pratiquera une large aération et une large ventilation, surtout pendant que les chevaux seront au bain d'air.

Les mutations dans les écuries seront formellement interdites, et des listes de présence seront affichées dans toutes les écuries. Ces listes de présence seront contrôlées par le service de semaine et le service vétérinaire. Les litières seront aspergées tous les jours avec une solution crésylée ou de l'acide sulfurique étendu d'eau. Des épandages de chlorure de chaux seront faits de temps en temps sur le sol.

Je recommande aussi, avec la désinfection à l'acide sulfurique, la désinfection au sublimé (2 grammes pour 1 litre d'eau). Lorsqu'on enlèvera les litières, on les arrosera fortement avec une solution crésylée, afin qu'elles ne répandent pas de poussières pendant l'opération de leur enlèvement.

Les litières des chevaux malades devront être incinérées. J'insiste d'une façon toute particulière sur cette mesure hygiénique. Je l'ai toujours pratiquée, et je m'en suis bien trouvé.

Les intervalles contaminés par les malades ne devront être de nouveau occupés qu'un mois après la désinfection, et mieux encore lorsque l'épidémie aura cessé.

Les pansages devront être longs et bien faits ; mais on devra proscrire l'éponge, qui est un agent de transmission des plus sûrs. On la proscrira non seulement à l'infirmerie, mais dans les escadrons, dans les batteries, dans toutes les écuries exposées à la contamination. Les vétérinaires devront passer dans toutes les écuries au moment des repas, afin de surprendre les chevaux qui boudent sur leur ration. C'est à ce moment qu'ils découvriront les malades, car, s'ils attendent qu'on leur amène les chevaux à l'infirmerie, ils s'exposent à les recevoir à demi-morts.

Des ordres seront donnés pour que tous les chevaux qui toussent soient immédiatement conduits à l'infirmerie.

Le travail sera modéré, suspendu si cela est nécessaire, et remplacé par des promenades de santé, de longues promenades aux pas. On précipitera les matières organiques de l'eau des abreuvoirs en mélangeant à cette eau du sulfate de fer.

A l'infirmerie, on devra toujours former *trois catégories* : les *suspects* isolés dans une écurie spéciale ; les *malades* isolés dans trois écuries suivant la gravité de la maladie ; enfin les *convalescents* dans une écurie assez éloignée des suspects. Des listes de voisinage seront affichées dans les écuries de l'infirmerie comme dans les écuries des escadrons et des batteries.

Les mesures concernant l'aération, la ventilation, les bains d'air, la désinfection, les litières, seront encore plus rigoureuses.

Les litières provenant des animaux malades seront impitoyablement brûlées.

Un régime tonique sera appliqué à tous les malades ainsi qu'aux convalescents.

On ne devra pas ignorer que les convalescents sont pendant longtemps un danger. Ils ne devront reprendre leur place dans le rang que longtemps après leur guérison.

Les écuries de l'infirmerie devront être désinfectées plusieurs fois pendant le cours de l'épizootie.

C'est surtout dans les écuries de l'infirmerie que la litière devra être souvent arrosée de crésyl, d'acide sulfurique étendu et que seront faits les épandages de chlorure de chaux.

Pleuro-pneumonie. — Cette maladie survient souvent en complication de la pneumonie infectieuse et de la pasteurellose.

Il en est de même de la *bronchopneumonie*. Pour combattre ces deux affections, mêmes moyens préventifs que pour la pneumonie infectieuse.

Emphysème pulmonaire. — L'emphysème pulmonaire est une maladie des poumons due à l'infiltration anormale de l'air dans le tissu interlobulaire, ou à la dilatation exagérée des vésicules bronchiques. D'où deux sortes d'emphysème : *l'emphysème interlobulaire* ou *interstitiel* et *l'emphysème vésiculaire*.

Cependant ces deux sortes d'emphysème ne forment pas deux entités spéciales existant toujours séparément. Au contraire, les deux lésions coexistent presque toujours. L'emphysème vésiculaire débute d'abord, car c'est généralement par la dilatation des vésicules bronchiques que commence la maladie ; puis les parois des alvéoles s'altèrent, se rompent, et l'air pénètre dans le tissu pulmonaire, où il produit l'emphysème interstitiel. L'emphysème peut être *aigu* ou *chronique*.

Emphysème aigu. — L'emphysème aigu est presque toujours une complication de certaines affections du poumon : pneumonie, pleurésie, bronchites.

En effet, lorsque certains points du poumon sont frappés de congestion ou d'hépatisation, les parties voisines restées saines respirent plus fortement. Alors, sous la tension plus forte de l'air, les vésicules peuvent se dilater outre mesure et même se rompre, ce qui détermine de l'emphysème aigu. Mais le plus souvent cet emphysème n'est que temporaire. La réparation se fait dès que les lésions de pneumonie disparaissent. Cependant on a vu l'emphysème aigu consécutif à une affection aiguë du poumon devenir chronique, surtout lorsque les convalescents ont été remis trop tôt à leur travail ordinaire.

D'autre part, j'ai relevé trois cas d'emphysème aigu sur des chevaux de cavalerie légère parfaitement sains, lesquels cas ont été suivis de guérison.

Emphysème chronique. — Il consiste dans la dilatation chronique, et par conséquent ancienne, des vésicules bronchiques, ou dans l'infiltration persistante de l'air dans le tissu cellulaire interlobulaire, ou bien encore dans les deux lésions à la fois.

L'emphysème pulmonaire est donc une maladie parfaitement définie, dans laquelle les mêmes lésions, toujours identiques, se retrouvent dans toutes les autopsies, sur tous les poumons emphysémateux.

Lorsque la loi de 1884 a remplacé dans la nouvelle nomenclature des vices rédhibitoires, la *pousse* de la loi du 20 Mai 1838 par l'*emphysème pulmonaire*, elle a voulu qu'il soit bien entendu que seule la maladie du poumon occasionnée par les lésions énumérées ci-dessus autorise l'action rédhibitoire.

ÉTIOLOGIE. — Un vieux dicton prétend que ce sont toujours les bons chevaux qui deviennent poussifs et que les mauvais ne le deviennent jamais.

Si les bons chevaux sont plus exposés que d'autres à devenir poussifs, c'est parce que ces chevaux sont plus ardents au travail, parce qu'ils se donnent sans compter, et aussi parce qu'on a tendance à leur demander souvent un travail au-dessus de leur résistance physique.

Les chevaux de sang, les chevaux nerveux, impressionnables, sont aussi plus exposés à devenir emphysémateux si on ne règle pas leur travail dans une sage mesure.

Le conformation physique a aussi son influence. Les chevaux courts, étroits de poitrine, les chevaux au ventre très développé, s'essoufflent facilement, et sont de ce fait plus sujets à l'emphysème.

Les maladies chroniques du cœur prédisposent les chevaux à l'emphysème.

Les chevaux utilisés à des services rapides y sont plus exposés que ceux utilisés à des allures lentes.

Il en est de même de ceux qui traînent de lourdes charges sur des rampes très raides ou en pays de montagne, et de tous ceux qui font de grands efforts musculaires longtemps continués.

L'emphysème est plus fréquent sur les vieux chevaux. C'est exceptionnellement qu'on trouve des jeunes chevaux poussifs.

Comme causes déterminantes, on peut invoquer les inflammations des bronches, l'obstruction des alvéoles bronchiques par les mucosités, les lésions des nerfs vagues, la paralysie du nerf diaphragmatique, les rétrécissements du larynx, de la trachée, etc.

On a aussi incriminé le foin, et les détracteurs du foin ont mené une telle campagne contre cet aliment qu'à une une certaine époque quelques entraîneurs l'avaient complètement exclu de l'alimentation des chevaux à l'entraînement.

Mais les entraîneurs se sont bien vite ressaisis, et, quand ils ont vu qu'ils faisaient fausse route, ils sont tous retournés au foin, ce dont je les félicite.

Peut-être que des foins grossiers, avariés, poussiéreux, et par conséquent de digestion difficile, ont pu surcharger les organes digestifs et devenir dangereux pour des chevaux soumis à des allures rapides. Cela je l'accorde volontiers, de même que je crois très bien que des fourrages artificiels secs donnés en trop grande quantité, trèfle, sainfoin, luzerne, peuvent aussi avoir des inconvénients. Mais le bon foin, le foin de prairies hautes aux plantes fines, odorantes et très nutritives, le foin bien composé et exempt d'altérations, le foin enfin qu'on utilise généralement dans l'alimentation des chevaux à l'entraînement, ce foin-là, je le dis hautement, est sans danger.

On a aussi accusé l'hérédité, et la plus élémentaire prudence exige qu'on élimine de la reproduction les juments et les étalons poussifs.

Marche de la maladie. — L'emphysème pulmonaire évolue lentement, surtout sur les chevaux faits et âgés. Cependant il y a des exemples d'emphysème débutant d'une façon brusque, surtout chez les jeunes chevaux.

Symptômes. — On reconnaît l'emphysème pulmonaire à la toux, au jetage, à l'irrégularité de la respiration, aux bruits stéthoscopiques.

Toux. — Sèche, quinteuse, courte, petite, avortée, légèrement sifflante et sans rappel. Cette toux se manifeste surtout le matin lorsque le cheval, en sortant de sa stalle, passe subitement de la température plutôt élevée de l'écurie à la température fraîche du dehors. Elle se fait entendre aussi au commencement du travail pour cesser pendant l'exercice. On la fait naître facilement en pressant fortement entre les doigts le larynx ou les premiers anneaux de la trachée.

Jetage. — Muqueux, de couleur claire ou gris-ardoise, et peu abondant. Il fait souvent défaut. Lorsqu'il existe, il est toujours plus abondant pendant l'exercice ou pendant le travail.

Irrégularité de la respiration. — A son début, l'emphysème pulmonaire n'accuse pas un trouble bien prononcé de la respiration. C'est à peine si l'on aperçoit un peu d'irrégularité dans le rythme respiratoire, et à ce moment le *temps d'arrêt*, le *soubresaut*, l'*entrecoupement du flanc*, le *coup de fouet*, est insaisissable.

Mais, à mesure que les lésions emphysémateuses s'accentuent, le trouble de la respiration devient plus accusé, et l'on voit alors apparaître cette respiration caractéristique qui, pour le praticien, est un des symptômes pathognomoniques de la maladie.

Chez le cheval emphysémateux, la respiration est interrompue et se fait en deux temps. Les muscles expirateurs s'y prenant à deux fois pour achever leur mouvement d'abaissement, c'est surtout dans l'expiration que se manifestent les deux périodes qui sont alors séparées par un *temps d'arrêt* d'autant plus accusé que l'emphysème est plus ancien.

Dans le premier temps de l'expiration, l'hypocondre s'abaisse normalement ; puis, au milieu de l'expiration, quelquefois vers la fin, il se produit insensiblement ou brusquement un temps d'arrêt très court, pendant lequel le cercle de l'hypocondre et la corde du flanc se montrent plus en relief que dans l'état normal. Cet arrêt du flanc est très souvent suivi d'un léger mouvement d'élévation très fugitif après lequel l'expiration s'achève normalement.

Le plus souvent le temps d'arrêt se fait brusquement, d'une manière saccadée, comme un mouvement spasmodique, ce qui lui a fait donner le nom de *soubresaut*, de *coup de fouet*.

Le soubresaut se manifeste aussi, mais moins souvent, dans l'inspiration.

Dans une expertise, il faut bien prendre garde de confondre certaines irrégularités du flanc, certains tremblements, avec le véritable soubresaut ou entrecoupement du flanc.

Le soubresaut est un *arrêt* parfaitement accusé de la respiration, soit dans l'expiration, soit dans l'inspiration, au milieu ou vers la fin de l'acte respiratoire.

Le trouble de la respiration se perçoit très bien si on applique la main aux naseaux. On constate alors que la colonne d'air expiré est en quelque sorte coupée, comme le mouvement du flanc, par un temps d'arrêt très marqué. Elle aussi se fait en deux temps. Les naseaux sont plus dilatés qu'à l'état normal.

Bruits stéthoscopiques. — A la percussion, sonorité plus grande de la poitrine.

À l'auscultation, râles crépitants et sibilants secs. Atténuation ou disparition du murmure respiratoire dans les régions où la sonorité de la poitrine est augmentée.

D'autres symptômes dits accessoires peuvent coexister avec ceux que nous venons de décrire, tels que du jetage purulent, des râles muqueux, des râles crépitants, humides, des souffles bronchiques, des bruits anormaux du cœur ; mais qu'il soit bien entendu que les vrais symptômes de l'emphysème chronique, de l'emphysème qui justifie l'action rédhibitoire, sont le *soubresaut du flanc*, *l'hypersonorité de la poitrine*, *le râle sibilant sec et la toux sèche, quinteuse, petite, avortée et sans rappel*.

Dans l'emphysème généralisé et ancien, on constate aussi assez souvent de la dyspnée.

MOYENS PRÉVENTIFS. — Les moyens préventifs sont tout entiers renfermés dans un traitement essentiellement hygiénique. Ce traitement est basé sur le travail et l'alimentation : travail modéré, facile, alimentation variée, peu copieuse et de digestion facile.

Travail. — On s'attachera à régler le travail suivant l'âge des sujets, leur tempérament et leur impressionnabilité nerveuse. On évitera le travail par à-coups, les grandes fatigues, le surmenage. On tiendra compte du terrain sur lequel travaillent les chevaux, du genre de service auquel ces chevaux sont soumis.

C'est ainsi qu'on ne soumettra pas à des temps de galop prolongés, dans des terrains lourds ou accidentés, des chevaux qui n'y ont pas été préparés par un entraînement judicieux. De même on ne chargera pas outre mesure des chevaux appelés à gravir des rampes et des montées rudes. On n'obligera pas ces chevaux à des démarrages brusques et violents en les aidant du fouet.

Les courses rapides, les raids, ne devront être exécutés que par des chevaux préparés et confiés à des cavaliers expérimentés et connaissant à fond le cheval.

Les vieux chevaux devront être ménagés.

L'emphysème survenant souvent en complication des maladies des bronches et du poumon, la convalescence de ces maladies devra être très surveillée, surtout si elles ont présenté un caractère infectieux. On devra, avant de remettre les animaux en travail, attendre non seulement que la guérison soit complète, mais que l'équilibre dans toutes les fonctions soit parfaitement établi.

Mêmes précautions à l'égard des chevaux atteints de maladies de cœur, ou convalescents de gourme, d'anasarque, de pneumonie infectieuse, de pasteurellose.

Alimentation. — L'alimentation des chevaux de vitesse, des chevaux qui galopent, devra être très nutritive sous un petit volume : avoine, foin de bonne qualité haché, mashes, alimentation sucrée.

Hérédité. — Éliminer impitoyablement de la reproduction non seulement les étalons poussifs, mais aussi les juments qui présentent de l'emphysème. Faire dans ce but la guerre aux étalons rouleurs. [Pour la jurisprudence, voir *Lois et Sports*, août 1905 : De l'emphysème pulmonaire (1).]

Hémoptysie (Hémorragie pulmonaire). — L'hémorragie pulmonaire est le plus souvent une terminaison de la congestion pulmonaire. On l'observe aussi dans la pneumonie, et surtout à la suite des plaies pénétrantes de la poitrine.

Les plaies pénétrantes de la poitrine se compliquent souvent de hernie du poumon. Elles occasionnent généralement une hémorragie dans la plèvre, dans le tissu pulmonaire, et souvent de l'hémoptysie.

L'hémoptysie d'origine tuberculeuse ne se rencontre que chez l'homme, rarement chez la vache, jamais chez le cheval.

SYMPTÔMES. — Accès de toux assez pénibles, rejet par les

---

(1) Morisot, Emphysème pulmonaire (*Lois et Sports*).

naseaux d'une mousse rougeâtre, ou même de sang pur. Symptômes d'asphyxie.

Moyens préventifs. — Les mêmes que ceux employés pour éviter la congestion pulmonaire. Éviter les traumatismes violents sur la poitrine.

Coup de chaleur. — Asphyxie rapide, presque foudroyante, due à un empoisonnement déterminé par l'accumulation des produits de déchet dans l'organisme.

Étiologie. — On accuse la température, mais il faut que cette cause soit aidée par d'autres, telles que agglomération sur route dans les marches à rangs serrés, courses rapides, surmenage, etc.

C'est ainsi que l'on a observé plusieurs cas de *coup de chaleur* sur des chevaux de diligence, de malle-poste, faisant leur service aux allures rapides dans des régions encaissées ou montagneuses : Pyrénées, Alpes, Suisse, Dauphiné, Franche-Comté. A la Compagnie des Omnibus de Paris, plusieurs cas ont été observés pendant l'été. Les chevaux de course et de chasse en fournissent plusieurs exemples.

Mais où la normale a été dépassée, c'est dans les raids qui ont été courus pendant ces dernières années, raids pendant le cours desquels les cavaliers qui les ont menés, à quelques exceptions près, se sont montrés au-dessous de tout en fait de science hippique. Certains, qui ont voulu se montrer hommes de cheval, ont réussi à rester inférieurs à des sauvages.

La science y a gagné quelques autopsies intéressantes, mais n'a rien appris de nouveau. Point n'était besoin, pour l'éclairer sur le coup de chaleur, des hauts faits de quelques snobs du cheval, qui, en matière d'entraînement, ont prouvé surtout qu'ils n'en connaissaient même pas l'alphabet (Voir *Lois et Sports*) (1).

(1) Morisot, Du raid (*Lois et Sports*, novembre et décembre 1905).

En effet, on a vu des cavaliers tenter d'accomplir à l'allure du galop des raids dépasant 100 kilomètres, sans se soucier de l'énorme combustion qui se faisait dans l'économie animale soumise à un pareil tour de force, et paraître étonnés (oh ! les simples !!!) de voir leur monture succomber rapidement à une intoxication par les produits de combustion non éliminés. Ils ne se doutaient pas que les produits de déchet sont des poisons violents qui ne pardonnent pas. Et ils couraient, couraient comme des fous, se croyant très résistants, très héroïques, parce que les victimes les portaient sans protester.

Dans les écuries étroites, basses de plafond, insuffisamment aérées, et dans lesquelles les animaux sont agglomérés, les coups de chaleur sont fréquents, surtout pendant les journées chaudes de l'été.

Cet accident est aussi fréquent dans les gares de chemin de fer, lorsque les animaux, entassés dans des wagons exposés aux rayons du soleil, attendent pendant plusieurs heures le moment du départ.

Symptômes. — Dès le début l'animal se montre moins sensible aux excitations. S'il est en mouvement, et s'il travaille, il ralentit tout à coup son allure, puis s'arrête. Son corps se couvre de sueur, et, si on le pousse à l'aide du fouet, il repart mollement, butte fréquemment, puis s'arrête de nouveau, planté sur ses quatre membres, la tête basse et allongée sur l'encolure.

A ce moment déjà les yeux sont fixes, saillants, les naseaux sont fortement dilatés, la face est grippée.

La respiration devient anxieuse, et des symptômes de dyspnée apparaissent. Ces symptômes sont révélés par le baromètre de la respiration, le flanc, dont les mouvements sont précipités, discordants, tumultueux.

Tous ces symptômes ont une marche très rapide, si rapide qu'en quelques heures on voit les muqueuses se cyanoser et les malades se débattre contre l'asphyxie.

Si on arrête le cheval à temps, les symptômes diminuent

d'intensité et finissent par disparaître complètement en moins d'une heure. Mais le plus souvent on intervient trop tard, et le malade tombe sur le sol et meurt asphyxié.

Les raids nous ont fourni quelques exemples de ces morts rapides de chevaux surmenés, épuisés, forcés, comme le cerf qui, après cinq heures de chasse, tombe devant les chiens.

Moyens préventifs. — Ils sont faciles et à la portée de tous.

Éviter l'entassement des chevaux dans les wagons et dans des locaux étroits et insuffisamment aérés. Éviter pendant les grandes chaleurs les marches sur route en rangs serrés et en colonnes interminables.

Ne pas exiger des chevaux l'impossible, aussi bien dans le service du trait que dans le service de la selle.

Se bien persuader de cet axiome hippique : qu'il n'y a pas d'hérésie plus grande que celle qui consiste à courir des raids avec des chevaux insuffisamment entraînés, et dont les poumons et le cœur n'offrent pas toutes les garanties de résistance physique ;

Que c'est un crime de sauvagerie d'obliger un cheval à donner deux, trois, dix fois plus que ses organes ne lui permettent ;

Que c'est faire preuve d'ignorance coupable que de ne pas savoir que, dans une marche forcée, dans un raid, il y a un moment, si on ne sait se modérer, où les produits de déchets, résultat de la combustion intense qui se fait dans l'économie, finissent par s'accumuler et deviennent des poisons mortels.

Asphyxie. — L'asphyxie est la suspension des principales fonctions de la vie, l'état de mort apparente par suite de la cessation plus ou moins rapide de la respiration et de l'hématose.

L'asphyxie peut être le résultat d'un accident ou bien encore être causée par la malveillance.

Étiologie. — Les causes sont de deux sortes : celles qui sont liées à un obstacle s'opposant à l'introduction de l'air dans les poumons ; celles qui apportent dans les poumons un gaz délétère, un gaz impropre à l'hématose.

Les causes s'opposant à l'introduction de l'air dans les poumons sont nombreuses et variées.

Je citerai les angines pharyngées et laryngées, l'œdème de la glotte, la collection des poches gutturales, les abcès du pharynx et du larynx, les corps étrangers, égagropiles, tubercules, pommes, arrêtés dans les premières voies respiratoires ou dans l'œsophage, les tumeurs du pharynx, la paralysie du larynx, la compression des parois thoraciques, la compression des poumons dans l'hydrothorax, le refoulement dans la poitrine du diaphragme par les gaz, la hernie diaphragmatique, la compression de la trachée par un collier trop étroit, la submersion, la compression des pneumogastriques, l'emphysème pulmonaire, le cornage, enfin la strangulation.

La strangulation est encore assez fréquente. J'en ai enregistré plusieurs cas survenus dans les écuries et au bivouac. J'ai été témoin d'un cas de mort par strangulation dans les circonstances suivantes. Invité à une chasse à tir dans la forêt de Chantilly, le propriétaire de la chasse nous avait emmenés en voiture au lieu du rendez-vous. Comme on devait faire en cet endroit une courte battue, il se contenta d'attacher son cheval à un arbre dans une partie du bois qui avait été récemment coupée. La longe était très longue, et, quand le garde revint pour prendre la voiture, il trouva le cheval étranglé. Quand j'arrivai à mon tour, je n'eus qu'à constater la mort.

On a aussi enregistré de nombreux cas de strangulation dans les wagons.

Dans le numéro de novembre 1906 de la *Revue du tourisme et des sports* (*Lois et Sports*) est relaté un procès provoqué par la mort d'un cheval par strangulation dans un wagon, et dans lequel procès le vétérinaire chargé d'embarquer le cheval fut mis en cause (1).

(1) *Lois et Sports*, novembre 1906.

L'asphyxie par suite d'introduction dans les poumons d'un gaz impropre à l'hématose est assez fréquente. Elle se produit chaque fois que des animaux entassés dans un local étroit, dans la cale d'un navire, ont absorbé presque entièrement l'air respirable et ne respirent plus qu'un air raréfié et chargé d'acide carbonique.

Elle se produit aussi lorsque les animaux se trouvent tout à coup dans une atmosphère où sont en excès des gaz et des vapeurs délétères : acide carbonique, oxyde de carbone, hydrogène carboné, chlore, acide sulfureux, fumée d'incendie.

Adrian a fait une excellente relation d'asphyxie par la fumée d'incendie (dix-huit chevaux sont morts par asphyxie) (1).

Symptômes. — Dès le début, inquiétude, malaise, troubles généraux. Les naseaux sont dilatés, la bouche est entr'ouverte, la respiration est accélérée, les mouvements du flanc sont précipités, coupés de violents soubresauts, les yeux sont fixes et saillants, les conjonctives rouge foncé, ou violacées, cyanosées dans les derniers moments. Les battements du cœur sont tumultueux et s'entendent à distance ; le pouls est petit et vite, la face est grippée et révèle d'abord de l'anxiété, puis de l'angoisse. Le réseau veineux est très apparent.

Puis les animaux s'agitent, se couchent, se relèvent, écartent les membres, se campent, frappent le sol des pieds antérieurs, élèvent la tête, qu'ils tiennent tendue sur l'encolure. Le corps se couvre d'une sueur abondante. Lorsque l'asphyxie est imminente, la respiration devient de plus en plus angoissante ; le cœur se débat, lutte en efforts désespérés ; puis les animaux tombent sur le sol, s'agitent convulsivement et se raidissent. Mais bientôt la sensibilité s'émousse, les battements du cœur s'affaiblissent, et la mort survient dans un moment de calme relatif.

(1) Adrian, *Recueil d'hygiène*, année 1904.

MOYENS PRÉVENTIFS. — Sauf quelques cas absolument imprévus, comme dans les incendies, il est facile de prévenir l'asphyxie. On s'attachera à ne jamais mettre obstacle à l'entrée de l'air dans les poumons et à ne jamais tenir les chevaux dans une atmosphère irrespirable.

On supprimera donc toutes les causes que j'ai énumérées ci-dessus.

Les maladies du pharynx et du larynx devront être soignées énergiquement. On ne laissera pas à la portée des animaux des corps étrangers qui, déglutis rapidement et dans un moment de crainte, peuvent faire fausse route.

Les colliers devront être parfaitement ajustés. On n'attachera jamais les chevaux dans des espaces découverts, à un arbre isolé par exemple, avec des longes trop longues.

Les chevaux embarqués dans les wagons devront toujours être accompagnés.

Les bains seront surveillés. Dans les exercices de passage de rivière, les mauvais nageurs seront soutenus.

On évitera le voisinage des usines répandant dans l'atmosphère des gaz délétères. Dans les incendies, le sauvetage des animaux devra se faire avant celui du mobilier, du matériel et des marchandises.

Plaies du poumon. — Elles sont généralement produites par des corps pénétrant à travers les parois de la poitrine dans les espaces intercostaux. Elles déterminent souvent de la pleurésie ou de la pneumonie par corps étrangers. Voir les moyens préventifs qui consistent à éviter surtout les traumatismes : coups de pied, coups de corne, coups de fourche, etc.

Tumeurs du poumon. — Assez rares chez le cheval.

Aubry cite un cas de mélanose du poumon sous forme de petites tumeurs ayant occasionné une hémorragie pulmonaire (1).

____

(1) Aubry, Mélanose du poumon (*Recueil d'hygiène*, 1905).

Parasite du poumon. — On rencontre dans le poumon du cheval des larves de *Tænia echinococcus* sous la forme de kystes plus ou moins volumineux, des strongles micrures, des strongles d'Arnfield, des filaires (filariose) (1).

Aspergillose. — Cette maladie est occasionnée par le développement dans l'appareil respiratoire de champignons du genre *Aspergillus*. Ces champignons, qui se reproduisent très facilement, comprennent plusieurs espèces, dont les plus connues sont l'*Aspergillus fumigatus* et l'*Aspergillus niger*.

ÉTIOLOGIE. — Pour que le champignon se développe et prospère dans les voies respiratoires, il est nécessaire qu'il trouve un terrain préparé, soit une inflammation des bronches, soit une maladie quelconque du poumon.

Les spores viennent généralement de fourrages altérés ou de litières mal entretenues.

Chez le cheval, l'aspergillose se manifeste sous la forme aiguë ou sous la forme chronique.

SYMPTÔMES. — *Forme aiguë.* — Fièvre accusée, abattement, jetage, symptômes de pneumonie.

Forme chronique. — Perte d'appétit, amaigrissement rapide, symptômes de pneumonie chronique.

MOYENS PRÉVENTIFS. — Soigner énergiquement les inflammations des bronches, afin de ne point laisser de porte ouverte à l'introduction du parasite.

Surveiller les fourrages ; entretenir les litières dans le plus grand état de propreté.

Les *pneumycoses*, qu'on rencontre encore assez souvent chez le cheval et chez le mulet, et qui ont pour origine des poussières végétales, seront combattues par les mêmes moyens préventifs.

(1) Drouin, Filariose pulmonaire accompagnant les plaies d'été (*Bull. Soc. cent.*, 13 novembre 1902).

CHAPITRE XIV

MALADIES DE L'APPAREIL RESPIRATOIRE

(SUITE)

Plèvre.

Pleurésie aiguë simple. — Pleurésie chronique. — Pleurésie purulente.
— Hydrothorax. — Tumeurs. — Parasites.

Pleurésie aiguë simple (*pleurésie a frigore, pleurésie rhumatismale*). — C'est l'inflammation aiguë de la plèvre. Elle
est assez fréquente chez le cheval, chez lequel elle se manifeste d'emblée, ou survient en complication de la pneumonie, surtout de la pneumonie infectieuse, quelquefois
de la gourme et de l'anasarque.

ÉTIOLOGIE. — Il est certain que, pour la pleurésie aussi
bien que pour la pneumonie, la prédisposition est nécessaire.
D'ailleurs n'est-ce pas la prédisposition individuelle qui
domine la pathologie de toutes les maladies internes et infectieuses?

Toutes les autres causes, refroidissements, infection microbienne, n'ont d'action que sur des terrains préparés par
les causes prédisposantes : anémie, convalescence de maladies
internes, défaut d'équilibre, inflammation des premières
voies respiratoires, maladies du poumon, pasteurellose.

La pleurésie traumatique à la suite de blessures par des
corps pénétrants ou par armes à feu a été observée plusieurs
fois chez le cheval.

Mais, contrairement à ce qui se passe chez l'homme, la
pleurésie tuberculeuse est très rare chez le cheval.

SYMPTÔMES. — Les prodromes durent deux ou trois jours.

Ils sont généralement peu accusés : un peu de fièvre et de la tristesse. Souvent ils passent inaperçus et échappent au meilleur observateur.

A ces prodromes succèdent de l'abattement, presque de la prostration, et une perte complète de l'appétit. L'œil est terne, la conjonctive injectée avec une couleur rouge foncé ; la bouche est sèche et chaude, la soif intense, la fièvre très accusée. Les reins sont raides et voussés. Il y a de la raideur dans la marche et dans les déplacements latéraux. Les urines sont rares, chargées. Il y a de la constipation.

Le pouls est petit, vite et dur. La température rectale dépasse toujours 39° et atteint souvent 41".

La respiration est fréquente (30 à 40 mouvements par minute), irrégulière, coupée de soubresauts. J'ai vu des chevaux atteints de pleurésie double chez lesquels la respiration était devenue absolument abdominale. Ce symptôme s'observe moins fréquemment dans la pleurésie unilatérale, dans laquelle la respiration pulmonaire se fait encore assez facilement.

On a cru pendant longtemps que la pleurésie était toujours double chez le cheval. Les travaux de Barrier ont parfaitement démontré que la pleurésie unilatérale chez le cheval était au moins aussi fréquente que la pleurésie double. Et souvent le trouble plus ou moins accusé de la respiration est le véritable baromètre qui vient renseigner le praticien sur la nature et l'importance de la maladie.

Si dans tous les cas les mouvements respiratoires sont brefs et fréquents, ils accusent dans la pleurésie double un trouble qu'on ne rencontre dans aucune autre maladie des voies respiratoires.

Dès le début, alors que la pleurésie est encore sèche, les côtes dans l'acte respiratoire se meuvent avec difficulté. L'inspiration est douloureuse, saccadée, profondément troublée dans son rythme ; l'expiration est courte et brusque.

A ce moment les naseaux sont secs et brûlants ; la toux est courte, sèche, sans aucune expectoration, et très douloureuse. Si on explore les côtés de la poitrine, on les trouve douloureux à la pression des espaces intercostaux, même à la percussion ordinaire. Cette sensibilité peut exister d'un seul côté de la poitrine ou des deux côtés à la fois. On la constate surtout en arrière des coudes (*points pleurétiques*).

L'auscultation dénote toujours, dès le début, de l'affaiblissement du bruit vésiculaire, surtout dans les parties basses. Dès que la plèvre commence à se couvrir de dépôts coagulés, on entend très nettement un *bruit de frottement*, lequel bruit est perceptible tantôt dans l'inspiration, tantôt dans l'expiration, quelquefois dans ces deux actes de la respiration. Ce bruit persiste aussi longtemps que le poumon reste en contact avec la paroi thoracique. Il disparaît aussitôt qu'il y a épanchement pleural pour reparaître dès que le liquide épanché se résorbe.

La *résolution* peut survenir avant qu'il y ait eu épanchement. Elle se produit alors vers le quatrième jour et s'annonce par une atténuation rapide des symptômes.

On observe souvent à ce moment une véritable crise par la peau, qui se couvre de sueur, ou par les urines, qui deviennent tout à coup très abondantes.

La guérison peut alors s'observer en huit ou dix jours. Mais le plus souvent il se produit un épanchement pleurétique plus ou moins abondant. Dans certains cas, l'épanchement commence dès le premier jour ; généralement il ne s'établit guère que vers le troisième jour. A ce moment se forme le coagula fibrineux. Alors la percussion révèle de la matité vers les parties déclives.

Avec la production de l'épanchement, on observe une rémission assez marquée des symptômes généraux.

L'abattement est moins prononcé, et les malades reprennent un peu d'appétit. Les mouvements sont plus aisés, les reins moins raides, l'œil est plus vif. Mais le pouls reste dur, petit, fréquent ; la respiration s'accélère encore, avec plus de discordance entre les mouvements du flanc et ceux des côtes. Chaque jour cette discordance s'accentue davantage. Alors que les côtes s'élèvent et se portent en avant comme pour donner plus d'ampleur à la cavité pectorale, le diaphragme se trouve refoulé en avant par les organes digestifs, et l'on voit le flanc se creuser de plus en plus. Puis, lorsque les côtes s'abaissent pour opérer l'inspiration, le diaphragme se porte en arrière, refoule à son tour les organes digestifs, et l'ondulation qui se produit à ce moment agit d'une façon toute particulière sur la masse abdominale, et principalement sur l'anus, qui se trouve alternativement attiré et refoulé (respiration pompante).

Cadéac cite des cas où l'air était en quelque sorte inspiré et rejeté par l'anus.

A ce moment la percussion donne une matité parfaitement limitée par une ligne horizontale indiquant exactement la hauteur du liquide épanché.

L'épanchement qu'on a cru toujours double chez le cheval peut très bien exister d'un seul côté seulement (Barrier).

L'auscultation donne dans toutes les parties occupées par le liquide un silence complet. C'est à ce moment que l'oreille placée près des naseaux, au niveau du larynx, ou le long de la trachée, perçoit très bien le *bruit de gouttelette* caractéristique de l'épanchement.

A mesure que l'épanchement augmente, la respiration devient plus difficile, et les symptômes généraux augmentent d'intensité.

La tête reste étendue sur l'encolure, les naseaux sont de plus en plus dilatés, le faciès se grippe, les yeux sont fixés et brillants. Les malades se déplacent avec peine et chancellent à la moindre poussée latérale. Les reins sont voussés et raides. Le poil se pique, l'amaigrissement s'accentue. La température se maintient autour de 40°. Les extrémités s'engorgent, et la mort survient sans agonie.

TERMINAISONS. — La pleurésie peut se terminer par la *résolution*, la *mort*, ou l'*état chronique*.

La résolution ne survient que lorsque l'épanchement est peu abondant.

La mort est la terminaison la plus fréquente.

L'état chronique survient lorsque l'épanchement est peu

considérable et se maintient. C'est la pleurésie chronique.

Pleurésie chronique. — Elle est quelquefois une terminaison de la pleurésie aiguë. Elle peut survenir d'emblée à la suite de refroidissements, mais toujours sur des sujets prédisposés. L'essoufflement et l'amaigrissement sont les principaux caractères de la maladie.

La maladie ne guérit jamais complètement. L'épanchement peut disparaître, mais il persiste toujours des adhérences et des altérations chroniques de la plèvre.

Pleurésie purulente. — Bien que je sois convaincu que toujours la pleurésie est, comme la pneumonie, de nature infectieuse, je comprendrai, afin de rester dans les données actuelles de la science, sous le nom de *pleurésie purulente*, *pleurésie infectieuse*, celles qui ont franchement pour origine l'infection par les streptocoques ou les staphylocoques, et celles qui se produisent en complication de la pneumonie infectieuse ou de la pasteurellose (pleuro-pneumonie infectieuse) ou bien encore de la gourme.

L'étiologie de cette forme de la pleurésie est simple. C'est celle de la pneumonie infectieuse : infection microbienne sur des sujets prédisposés. Mêmes causes avec des effets différents (Voir *Pneumonie*).

Les travaux des vétérinaires sur la pleurésie sont très nombreux. De nombreuses relations ont été publiées par le *Recueil d'hygiène et de médecine militaires*. Je citerai seulement celles de Peupion, Cavalin, Prévost, François, Jacoulet, Rancoule, Alix, Morisot, Adrian, Barrier, Lasserre, Jobelot, Poinot, etc. (1).

Le professeur Liénaux a écrit un important travail sur la pleurésie, lequel travail a été analysé dans le *Recueil de médecine vétérinaire*, année 1903.

Hydrothorax. — C'est l'hydropisie passive de la cavité des plèvres, comme l'ascite est l'hydropisie du péritoine.

(1) *Recueil d'hyg. et de méd. militaires*, années 1896, 1898, 1899, 1900, 1901, 1902, 1903, 1905.

ÉTIOLOGIE. — L'hydrothorax coïncide souvent avec des altérations chroniques du cœur, du poumon, des reins et de la plèvre. Les engorgements ganglionnaires, les tumeurs intrathoraciques, déterminent souvent de l'hydrothorax.

Les symptômes sont à peu de chose près ceux de la pleurésie chronique.

MOYENS PRÉVENTIFS. — Les causes de la pleurésie sont dans la pathologie du cheval les mêmes que celles de la pneumonie. Telle cause qui occasionnera de la pneumonie chez un sujet déterminera de la pleurésie chez un autre. Il n'y a souvent que la différence du tempérament, de l'état nerveux du moment, de l'état d'équilibre, du milieu.

Aussi les moyens préventifs que j'ai indiqués pour combattre la pneumonie réussiront-ils contre la pleurésie. On devra les mettre en pratique aussi rigoureusement, qu'il s'agisse de la pleurésie traumatique ou de la pleurésie infectieuse.

Tumeurs. — Parasites. — Les tumeurs de la plèvre sont rares chez le cheval. Elles ne sont jamais très volumineuses et sont plutôt de petites dimensions et disséminées à la surface de la séreuse. Ces tumeurs se rattachent aux sarcomes, aux lipomes, aux carcinomes, aux fibromes, aux mélanomes.

Les parasites de la plèvre sont de plusieurs sortes.

On cite plusieurs cas de présence de sclérostome armé dans le tissu conjonctif sous-pleural. On a trouvé aussi des filaires dans le sac pleural. Mengers en a recueilli en quantité considérable dans la cavité thoracique d'un cheval.

Le *Strongylus Arnfieldi* est encore plus fréquent.

On a aussi trouvé des échinocoques. Le professeur Liénaux en a trouvé un certain nombre dans le poumon et dans la plèvre d'un cheval.

MOYENS PRÉVENTIFS. — Les mêmes que ceux recommandés

contre les parasites du tube digestif, des bronches et du poumon. Surveiller les fourrages, l'eau des boissons. Proscrire les fourrages vasés, marécageux, les eaux des marais, des mares, des fossés bourbeux. Éviter les pâturages infectés.

CHAPITRE XV

MALADIES DE L'APPAREIL CIRCULATOIRE

Myocardite aiguë. — Myocardite chronique. — Hypertrophie du cœur. — Dilatation du cœur. — Dégénérescence graisseuse. — Ossification des oreillettes. — Rupture du cœur. — Endocardite aiguë. — Endocardite chronique. — Insuffisances valvulaires. — Rétrécissements orificiels. — Péricardite aiguë. — Péricardite chronique.— Déchirure du péricarde. — Plaies du cœur, — Parasites.

Les maladies de l'appareil circulatoire chez le cheval sont assez fréquentes et assez variées pour que je me crois autorisé à leur consacrer ici une étude que j'essaierai de condenser dans deux chapitres.

Dans un premier chapitre, je passerai en revue les altérations du cœur ; dans un deuxième chapitre, j'étudierai les altérations des artères et des veines.

Les maladies et altérations du cœur et de ses enveloppes comprennent la *myocardite*, *l'hypertrophie du cœur*, la *dilatation du cœur*, la *dégénérescence graisseuse*, *l'ossification des oreillettes*, la *rupture du cœur*, *l'endocardite*, les *insuffisances valvulaires* et *rétrécissements orificiels*, la *péricardite*, la *déchirure du péricarde*, les *plaies*, les *tumeurs*, les *parasites du cœur et du péricarde*.

Myocardite. — C'est l'inflammation du muscle cardiaque. Elle peut être aiguë ou chronique.

Myocardite aiguë. — Étiologie. — La myocardite est le plus souvent une complication des maladies infectieuses : gourme, pasteurellose, pneumonies, bronchites infectieuses, septicémie, anasarque, infection purulente, hémoglobinémie, morve. Elle coïncide aussi avec l'endocardite et la péricardite.

On a observé aussi plusieurs cas de myocardite traumatique à la suite de blessures du cœur.

SYMPTÔMES. — Au début battements violents, pouls fort, irrégulier ; puis les battements se précipitent et s'affaiblissent. A l'auscultation, on se rend bien compte que la systole est devenue plus longue que dans l'état normal, et que les bruits sont très atténués ; quelquefois on entend du souffle systolique. A ce moment le pouls est irrégulier, filant, presque insaisissable.

Il y a de la stase dans les principaux organes : foie, poumon, rein, et quelquefois dans le système nerveux central. On a relevé plusieurs cas d'engouement du poumon allant jusqu'à la dyspnée et l'asphyxie (angine de poitrine).

La mort survient toujours par arrêt du cœur.

S'il y a résolution, les symptômes s'amendent très rapidement pour disparaître entièrement vers le dixième jour.

Myocardite chronique. — ÉTIOLOGIE. — Elle est souvent consécutive aux maladies infectieuses et résulte d'une sorte d'intoxication lente par les toxines. La myocardite chronique consécutive à la gourme, à la pasteurellose, à la pneumonie infectieuse, est beaucoup plus fréquente que la myocardite aiguë.

Cadiot cite des cas de myocardite chronique dus à une thrombose parasitaire de l'artère coronaire.

Elle est souvent concomitante à l'endocardite et à la péri-artérite des vaisseaux du cœur.

SYMPTÔMES. — Respiration irrégulière, difficile, essoufflement au moindre travail, battements du cœur faibles et irréguliers ; pouls petit, filant, misérable. État général mauvais. Appétit capricieux ; engorgement des extrémités.

MOYENS PRÉVENTIFS. — Ne jamais oublier que, dans les maladies infectieuses, la première indication d'un traitement rationnel est de faciliter l'élimination des toxines soit par la peau, soit par les reins. On évitera ainsi les intoxications lentes, qui sont toujours l'origine des maladies chroniques.

On devra aussi éviter les traumatismes sur les côtés de la poitrine, ces traumatismes pouvant amener des blessures du cœur.

Hypertrophie du cœur. — Elle consiste dans l'augmentation ou la diminution des cavités du cœur et l'épaississement des parois. Elle peut être *concentrique* avec diminution des dimensions des cavités, ou *excentrique* avec augmentation des dimensions de ces cavités.

ÉTIOLOGIE. — L'hypertrophie du cœur, qu'elle soit concentrique ou excentrique, est presque toujours secondaire, c'est-à-dire liée à une maladie organique du cœur ou de ses enveloppes : myocardite, endocardite, rétrécissement ou insuffisances valvulaires, lésions de l'aorte, etc. Les maladies infectieuses : pasteurellose, pneumonie, bronchites infectieuses, anasarque, se compliquent souvent d'hypertrophie du cœur. On a constaté l'hypertrophie du cœur dans la néphrite chronique, dans l'emphysème ancien, dans la pleurésie.

Elle est aussi l'apanage de la vieillesse. Le surmenage (chevaux de chasse, chevaux de courses, professionnels des raids modernes) peut déterminer l'hypertrophie du cœur.

SYMPTÔMES. — Battements de cœur violents, bruits forts, dédoublés ; quelquefois bruits de souffle. Pouls plein et dur. Matité très accusée dans la région cordiale.

Dilatation du cœur. — C'est l'augmentation de volume des cavités du cœur avec amincissement des parois.

Les causes sont absolument les mêmes que celles de l'hypertrophie.

SYMPTÔMES — Matité très prononcée dans la région

cordiale. Battements du cœur faibles, peu perceptibles ; bruits à sonorité métallique avec dédoublement et souffle systolique. Pouls faible, intermittent. Souvent pouls veineux des deux jugulaires, surtout s'il y a en même temps insuffisance auriculo-ventriculaire.

J'ai eu l'occasion de constater plusieurs fois le pouls veineux chez le cheval. Chaque fois ce symptôme s'est trouvé lié à de l'hypertrophie ou à de la dilatation avec insuffisance valvulaire.

J'ai sous les yeux une relation que j'ai adressée à la section technique et dans laquelle le pouls veineux observé était lié à une hypertrophie du cœur avec dilatation des oreillettes et des ventricules et insuffisance tricuspide (1).

D'autres symptômes accompagnent la dilatation du cœur : hydropisie des séreuses, engorgement des extrémités, stase sanguine dans le poumon et le foie (foie cardiaque), néphrite interstitielle et albuminurie consécutive. Dans certains cas, anurie.

Il est à remarquer que chez le cheval, comme chez l'homme, l'albuminurie est presque fatalement une conséquence des affections du cœur. C'est pourquoi tout praticien éclairé doit toujours, dans les maladies du cœur, procéder à l'analyse des urines.

MOYENS PRÉVENTIFS. — Les mêmes que ceux employés contre la myocardite. En plus, éviter le surmenage, surtout chez les chevaux employés aux allures rapides et ceux qui travaillent en pays accidentés. Ménager les vieux chevaux.

Dégénérescence graisseuse. — On l'observe pendant le cours ou à la suite de l'endocardite, de la myocardite, de la péricardite et des altérations des artères coronaires. Elle est fréquente dans les maladies infectieuses : pasteurellose, gourme, anasarque, pneumonie infectieuse, morve. On accuse aussi certains médicaments, arsenic, émétique, de

(1) Morisot, *Recueil d'hygiène militaire*, année 1900.

déterminer à la longue de la dégénérescence graisseuse du cœur.

Symptômes. — Ceux de la myocardite et de la dilatation du cœur. Les principaux caractères sont l'essoufflement et les difficultés de la respiration. On a relevé des symptômes d'immobilité.

Ossification des oreillettes. — Toujours consécutive à l'endocardite, elle a pour cause la vieillesse. Les autopsies ont révélé que presque tous les vieux chevaux atteints d'endocardite chronique présentaient en même temps de l'ossification de l'oreillette droite.

Moyens préventifs. — Les mêmes que ceux employés pour combattre la myocardite et l'endocardite.

Rupture du cœur. — On ne l'observe que sur un cœur déjà altéré organiquement, soit par la dégénérescence graisseuse, soit par la dilatation des cavités avec amincissement des parois. La rupture du cœur, peu fréquente d'ailleurs, se produit généralement à la suite d'efforts violents : démarrage sur une rampe, sauts d'obstacles, passage de chemins creux, de ravins. Elle peut être consécutive à une chute ou à un traumatisme.

La mort survient très rapidement.

Moyens préventifs. — Éviter le surmenage chez les chevaux âgés ou atteints de maladie de cœur. Ne pas leur demander des efforts au-dessus de leur résistance physique. Éviter les traumatismes dans la région cordiale.

Endocardite. — C'est l'inflammation de la séreuse qui tapisse la face interne du cœur, c'est-à-dire de l'endocarde. Elle peut être *aiguë* ou *chronique*.

Endocardite aiguë. — Étiologie. — Tous les vétérinaires

sont d'accord aujourd'hui pour reconnaitre à l'endocardite aiguë une origine microbienne. Et ce qui tend à le démontrer de plus en plus, c'est que presque toujours on observe cette maladie pendant le cours ou à la suite de certaines maladies infectieuses : gourme, pneumonie infectieuse, pasteurellose, anasarque, infection purulente, septicémie, rhumatisme. Elle peut survenir en complication de la myocardite et de la péricardite.

Il est démontré que ce n'est pas seulement un microbe spécifique qui détermine la maladie, celle-ci étant sous la dépendance de l'infection microbienne pendant le cours de maladies absolument différentes. L'intoxication lente a aussi sa valeur étiologique.

D'autres causes dites prédisposantes et occasionnelles sont considérées comme jouant un certain rôle dans le développement de cette maladie : les refroidissements, l'âge avancé, le surmenage, la mauvaise hygiène, la misère physiologique, certaines altérations organiques du cœur : insuffisances, rétrécissements orificiels, enfin les traumatismes.

Les travaux des vétérinaires sur l'endocardite sont déjà très nombreux. Je citerai en passant les relations de Peupion, Morisot, Lagarde, François, Guénon, et surtout les travaux des professeurs des écoles vétérinaires.

SYMPTÔMES. — Début généralement brusque ; tristesse, abattement, inappétence, fièvre accusée, l'hyperthermie étant toujours de 1° à 1°,5. Battements du cœur précipités, violents. J'ai relevé plusieurs cas dans lesquels on percevait très bien le choc du cœur en appliquant la main sur la poitrine ; d'autres dans lesquels les battements du cœur s'entendaient à distance. On observe aussi quelquefois une sorte de frémissement particulier dans la région cordiale à chaque battement du cœur (*frémissement cataire*).

Par suite de la violence des battements, les bruits du cœur sont peu perceptibles. Le pouls est fort et vibrant, l'artère tendue. Quelquefois il est faible, fuyant, irrégulier ;

mais, dans tous les cas, il présente des intermittences caractéristiques.

Toujours la respiration est gênée, difficile. La circulation générale se fait mal, surtout la circulation pulmonaire. On constate quelquefois les symptômes de l'angine de poitrine avec son angoisse caractéristique, ou des symptômes d'asystolie.

Vers le troisième jour, les battements du cœur s'accélèrent encore (100 à 120 par minute), mais deviennent moins forts plus inégaux. Les intermittences deviennent fréquentes.

L'auscultation laisse percevoir un dédoublement des bruits et comme une sorte de roulement continu, puis un bruit de souffle plutôt rude (bruit systolique). Le pouls veineux des deux jugulaires est très accusé.

Bientôt apparaissent des symptômes de myocardite et de péricardite amenant des troubles circulatoires allant jusqu'à la syncope. Des coliques intermittentes se montrent. Les urines se troublent et deviennent albumineuses.

Les troubles circulatoires ont une répercussion sur les grands organes. Il n'est pas rare de voir l'endocardite se compliquer de pneumonie, d'hépatite, de paraplégie, de vertige, d'hémorragie cérébrale. L'endocardite se termine généralement par la mort ou l'état chronique. La résolution est rare.

Endocardite chronique. — Elle peut débuter sous cette forme pendant le cours des maladies infectieuses, ou survenir en terminaison de l'endocardite aiguë.

Les causes prédisposantes sont l'âge avancé, la fatigue, le surmenage ; les causes occasionnelles, les maladies infectieuses, le rhumatisme, les refroidissements.

Symptômes. — Inaptitude au travail ; essoufflement rapide surtout dans les côtes ; appétit capricieux, irrégulier, pica. Amaigrissement malgré les meilleurs soins hygiéniques.

Toux sèche, quinteuse, irrégularité de la respiration, soubresaut du flanc comme dans l'emphysème,

Si la maladie est déjà ancienne et si le sujet est soumis à un travail long et pénible, les symptômes deviennent plus accusés : pouls veineux, respiration difficile, dyspnée. A l'auscultation, dédoublement des bruits cardiaques, souffle systolique ou diastolique. Circulation générale troublée et, comme conséquence, congestion passive du poumon, du foie et des reins.

Avec le temps, l'animal maigrit encore et finit par devenir à l'état squelettique.

Dans l'endocardite chronique, en plus des lésions essentiellement propres à l'endocarde, il existe d'autres altérations se manifestant par des symptômes particuliers, tels les *insuffisances valvulaires*, les *rétrécissements orificiels*.

Insuffisances valvulaires. — Elles comprennent l'*insuffisance mitrale*, l'*insuffisance tricuspide*, l'*insuffisance aortique*, l'*insuffisance pulmonaire*.

Insuffisance mitrale. — Elle se manifeste par un bruit spécial, *bruit systolique*, comparable à un jet de vapeur. Ce bruit s'entend surtout dans la partie postérieure du cœur et à la pointe. Il sépare entre eux les deux bruits normaux.

Le pouls est petit, coupé d'intermittences. Les battements du cœur sont irréguliers. On constate souvent des symptômes d'arythmie cardiaque et le pouls veineux des deux jugulaires.

Le poumon est sujet aux congestions passives, et les extrémités s'engorgent facilement.

Insuffisance tricuspide. — Souffle systolique perceptible surtout dans la partie antérieure du cœur et à la pointe. On observe quelquefois de l'ascite et de la péricardite. Engorgement des extrémités.

Insuffisance aortique. — Fréquente chez les vieux chevaux. C'est une manifestation de la vieillesse. A l'auscultation, souffle diastolique perceptible surtout à la base du cœur et en arrière et se prolongeant dans l'aorte, et quelquefois jusque dans les carotides,

On observe, dans l'insuffisance aortique, un pouls spécial, fort, plein, ample, dit *pouls de Corrigan*. Le doigt placé sur l'artère reçoit une impression toute particulière, comme s'il recevait le choc brusque et sec d'un ressort; mais il se déprime bientôt et devient ausitôt après le choc d'une mollesse caractéristique. C'est ce que Cadéac appelle un pouls à la fois bondissant et déprimant (1).

Au moindre travail, les animaux ont des palpitations. Il y a souvent engoûment du poumon, congestion passive, engorgement des extrémités.

Insuffisance pulmonaire. — Souffle diastolique perceptible surtout à la base du cœur et en avant. Pouls petit, accéléré. Respiration difficile, dyspnée, suffocation ; œdème des parties déclives, congestion passive, quelquefois emphysème, toux chronique.

Rétrécissements orificiels. — Ils comprennent le *rétrécissement aortique*, le *rétrécissement pulmonaire*, le *rétrécissement mitral*, le *rétrécissement tricuspidien*.

Rétrécissement aortique. — C'est l'induration des valvules et des nodules d'Arantius. A l'auscultation, souffle sytolique à la base et en arrière du cœur, souffle dur, râpeux et facile à saisir. Pouls petit et lent. Troubles fonctionnels peu graves.

Rétrécissement pulmonaire. — Assez rare. Souffle systolique s'étendant jusque dans les divisions de l'artère. Les chevaux qui en sont atteints s'essoufflent rapidement et sont exposés à l'engoûment du poumon et à l'emphysème.

Rétrécissement mitral. — Souffle diastolique à la pointe et en arrière du cœur. Dédoublement du second bruit du

(1) Cadéac, *loc. cit.*, tome V, page 421.

cœur. Pouls régulier, mais faible. Engoûment du poumon, toux, respiration irrégulière, dyspnée.

Rétrécissement tricuspidien. — Très rare chez le cheval.

Moyens préventifs. — Chez le cheval, les altérations du cœur ont souvent une origine infectieuse. Les principaux moyens préventifs devront donc tendre à combattre les causes d'infection. On ne devra jamais oublier que la gourme, l'anasarque, la pneumonie et les bronchites infectieuses, la pasteurellose, la septicémie, l'infection purulente, les altérations du sang, occasionnent des intoxications lentes susceptibles d'amener des altérations graves du cœur. Il est donc indiqué de chercher à éviter ces maladies. J'ai déjà donné les moyens préventifs que l'on doit employer pour combattre la bronchite et la pneumonie infectieuses. J'étudierai plus loin chacune des causes se rattachant aux autres maladies.

Chaque fois qu'on se trouvera aux prises avec une des maladies infectieuses citées plus haut, on s'attachera, dans le traitement de ces maladies, à faciliter l'élimination des toxines, la présence de ces toxines dans l'économie ayant toujours une répercussion fâcheuse sur le cœur.

Les causes prédisposantes et occasionnelles, les refroidissements, la misère physiologique, seront combattus comme nous l'avons indiqué aux chapitres des autres maladies, c'est-à-dire par l'observance d'une bonne hygiène. On évitera la fatigue, le surmenage, les efforts intempestifs, les courses rapides, les raids insensés, surtout aux chevaux âgés, emphysémateux, et à ceux présentant des insuffisances valvulaires ou des rétrécissements orificiels. On surveillera l'hygiène des rhumatisants et des chevaux qui, à la suite des affections typhoïdes, présentent des synovites aiguës ou chroniques.

Péricardite. — Inflammation du péricarde. La péricardite peut être *aiguë, chronique, traumatique.*

Péricardite aiguë. — C'est l'inflammation aiguë du péricarde, c'est-à-dire de la séreuse qui tapisse le cœur. Tout en étant plus rare chez le cheval que la péritonite et la pleurésie, elle est encore assez fréquente.

ÉTIOLOGIE. — Tous les auteurs admettent l'existence d'une péricardite *a frigore* due aux refroidissements : exposition des animaux en sueur à la neige, à la pluie, aux courants d'air, bains froids, etc. Mais, je le répète encore, toutes ces causes ne sont que des causes occasionnelles agissant sur des animaux prédisposés soit par l'âge, soit par un état général mauvais. La vraie cause, la seule déterminante, est l'infection, soit par les microbes, soit par les toxines sécrétées par ces microbes, et qui sont de véritables poisons.

Il est en effet démontré aujourd'hui que les péricardites infectieuses sont beaucoup plus fréquentes que la péricardite *classique a frigore*, si toutefois celle-ci existe réellement. Les maladies infectieuses qui peuvent avoir une répercussion sur le cœur et déterminer de l'inflammation de sa séreuse sont : la pneumonie et la bronchite infectieuses, la pasteurellose, la gourme, l'anasarque, la septicémie, la morve, etc.

Enfin il est une complication de ces maladies infectieuses avec laquelle la péricardite est intimement liée, ce sont les *synovites infectieuses.*

SYMPTÔMES. — Dès le début, on constate de la tristesse, de l'essoufflement et moins d'aptitude au travail. L'appétit, d'abord diminué, finit par disparaître complètement. Puis apparaît une toux faible, sèche, avortée. On constate en même temps dans la région des épaules et des flancs des frémissements musculaires caractéristiques. La région cordiale est très sensible. La pression et la percussion de cette région déterminent une douleur assez vive à laquelle l'animal cherche à se soustraire. L'application de la main permet de percevoir très nettement le *frémissement cataire.*

La respiration est courte, diaphragmatique, peu accélérée, plutôt ralentie, mais coupée de légers soubresauts, ce qui lui donne un caractère tremblotant.

Les battements du cœur sont précipités, faibles au repos, mais violents, tumultueux si on exerce le malade. A l'auscultation, *frottement péricardique* très accusé jusqu'au moment où se produit l'épanchement dans le péricarde.

Généralement la température monte peu et oscille entre 38 et 38°,7.

De temps en temps, des symptômes de coliques apparaissent.

Avec la production de l'épanchement, l'appétit revient, les coliques cessent, mais la respiration s'accélère et devient parfois dyspnéique. Les symptômes de dyspnée sont d'autant plus accusés que l'épanchement est plus abondant. Il y a en effet une sorte de compression du cœur qui gêne la circulation et produit de la *stase pulmonaire*. A ce moment, il se produit souvent de la myocardite, et le pouls veineux se montre aux deux jugulaires.

Le frémissement cataire et le frottement péricardique ont à peu près disparu ; mais la percussion donne de la matité et reste douloureuse.

A l'auscultation, on entend très peu les bruits cardiaques. Leclainche et Trasbot affirment l'existence du *bruit de glou-glou*. J'ai entendu ce bruit très nettement sur un cheval âgé atteint de péricardite chronique.

Les trois terminaisons de la péricardite sont la *résolution*, l'*état chronique*, la *mort*.

Péricardite chronique. — Elle débute quelquefois d'emblée pendant le cours des maladies infectieuses ; mais le plus souvent elle est une terminaison de la péricardite aiguë.

Symptômes. — Assez obscurs. Inappétence, amaigrissement, essoufflement pendant le travail, engorgement des extrémités, respiration irrégulière ressemblant assez à celle de l'emphysème.

A la percussion, matité dans la région cordiale. A l'auscultation, bruits du cœur assourdis.

Le pouls veineux n'existe pas toujours. Lorsqu'il se montre, il constitue un signe diagnostic qui a sa valeur.

Avec le temps, le malade s'affaiblit de plus en plus, tombe à l'état squelettique et devient inutilisable.

Péricardite traumatique. — Assez rare chez le cheval, mais très fréquente chez les ruminants. Elle a pour causes es blessures extérieures : coups de pied, de timon de voiture.

Plusieurs vétérinaires ont relevé des cas de péricardite traumatique déterminés par des corps étrangers pointus : morceaux de fil de fer, aiguilles, clous, épines, etc.

SYMPTÔMES. — On constate des symptômes de péricardite aiguë et de myocardite, de la congestion du poumon, quelquefois de la pneumonie.

MOYENS PRÉVENTIFS. — Les mêmes que ceux employés pour combattre la myocardite et l'endocardite. Contre la péricardite traumatique, régler l'hygiène des animaux de façon à éviter les traumatismes.

Déchirures du péricarde. — Elle se produit sous l'influence d'un épanchement trop abondant ou d'altérations profondes de la séreuse. Elle peut être consécutive à un traumatisme.

Plaies du cœur. — Généralement dues à des traumatismes ou à des altérations infectieuses. Elles déterminent de l'endocardite, de la myocardite et de la péricardite.

MOYENS PRÉVENTIFS. — Éviter les traumatismes. Dans les maladies infectieuses, combattre l'influence toxique des toxines par des soins hygiéniques et une médication énergique.

Parasites. — Rares chez le cheval. On a relevé la présence de strongles filaires dans les vaisseaux coronaires et plusieurs cas d'échinococcose. Comme moyens préventifs, on surveillera les fourrages, l'eau des boissons, les pâturages.

CHAPITRE XVI

MALADIES DE L'APPAREIL CIRCULATOIRE

(SUITE)

Artères et veines.

Anévrysmes. — Thromboses. — Artérite. — Artériosclérose. — Rupture, blessures des artères. — Phlébite. — Lésions traumatiques des veines. — Embolies.

Dans ce chapitre, j'étudierai seulement les principales maladies des artères, celles qu'on observe encore quelquefois chez le cheval : les *anévrysmes*, les *thromboses*, l'*artérite*, l'*artériosclérose*, les *ruptures des artères*, les *blessures* ; les altérations des veines : *phlébite*, *lésions traumatiques*, enfin les *embolies*.

Anévrysmes. — L'anévrysme est une tumeur qui a son siège sur le trajet d'une artère et qui est produite par la dilatation ou la déchirure d'une de ses membranes.

On distingue l'*anévrysme vrai*, celui qui est produit par la dilatation des membranes de l'artère: l'*anévrysme faux*, celui qui est produit par la déchirure des membranes.

Lorsque l'anévrysme est formé par une artère et une veine adjacente, il porte le nom d'*anévrysme variqueux*, *anévrysme artério-veineux*.

ÉTIOLOGIE. — Toutes les causes susceptibles d'altérer, de diminuer la résistance des parois des artères peuvent déterminer des anévrysmes. Parmi ces causes, je citerai les *thromboses*, l'*artérite*, les *contusions*, les *blessures*, les *embolies*.

Souvent les anévrysmes ont pour cause la présence dans les artères du cheval, du mulet, et de l'âne, du *sclérostome armé* (*Sclerostoma equinum*, *Strongylus armatus*), qui à l'état adulte habite le cæcum et l'origine du gros côlon.

Entraînés dans le torrent circulatoire, les strongles viennent se fixer dans un point de certaines artères, où ils forment des embolies, des thromboses et finalement des ané-

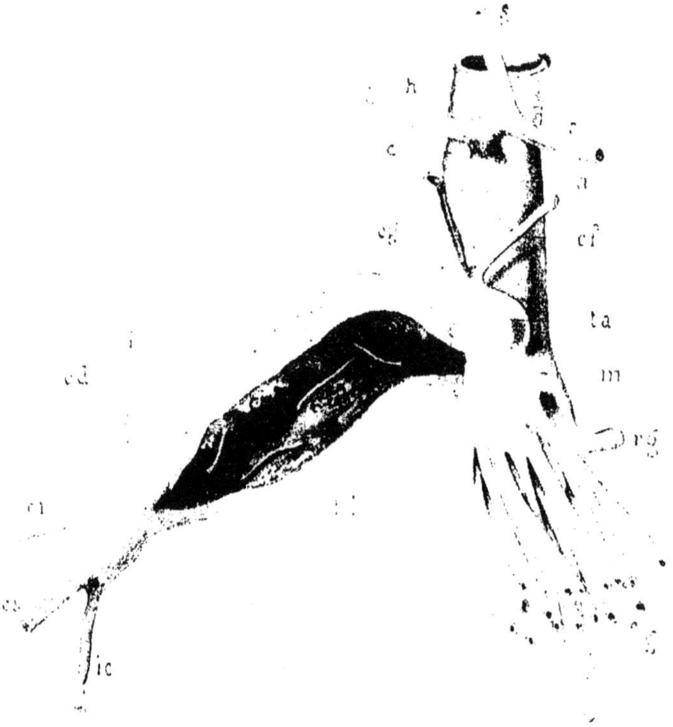

Fig. 34. — Anévrysme vermineux de la grande mésentérique (Railliet).

A, aorte ; tronc cœliaque : *tr.*, artère hépatique ; *g*, artère gastrique : *s*, artère splénique ; *m*, tronc de la grande mésentérique : *ta*, tronc du faisceau antérieur, siège d'un petit anévrysme ; *cg*, artère colique gauche ; *cf*, 1re artère du côlon flottant ; *fg*, artères du faisceau gauche : *td*, tronc du faisceau droit, siège d'un anévrysme ; *cd*, artère colique droite : *ci*, artère cæcale inférieure ; *cs*, artère cæcale supérieure : *ic*, artère iléocæcale ; *tg*, artère rénale gauche.

vrysmes plus ou moins volumineux (*anévrysme vermineux*).

C'est Ruych qui, en 1665, découvrit le premier un anévrysme de l'artère mésentérique d'un cheval formé par un amas de « petits vers ». Schultze fit la même constatation en 1725. Puis Chabert, en 1782, donna à ces vers le nom de *Crinon*. Puis l'attention des vétérinaires ayant été attirée, les observations se multiplient. Les principales sont celles de Rudolphi, Hering, Numan, Semmer, Bollinger, Röll. Les vétérinaires militaires ont publié de nombreux travaux sur les anévrysmes vermineux. Ceux de Magnin sont particulièrement remarquables. Tous ces auteurs insistent sur la fréquence des dilatations anévrysmales chez les équidés. Hering assure que presque tous les chevaux d'âge ont des anévrysmes vermineux.

Semmer va jusqu'à dire que presque tous les poulains en sont affectés.

Bollinger donne la proportion de 90 p. 100 sur les chevaux adultes.

Mather a vu l'anévrysme vermineux se déclarer chez les poulains et former une véritable épizootie.

Chez le cheval, les anévrysmes les plus fréquents sont ceux de l'artère colique, de l'artère cæcale, de l'artère grande mésentérique, des artères de l'intestin grêle, de la petite mésentérique. On a trouvé des anévrysmes du tronc cœliaque, de l'artère hépatique, de l'artère rénale, de l'aorte postérieure, de l'artère testiculaire. On a même rencontré des sclérostomes dans la veine cave (Röll), dans la veine porte (Valentin), dans l'artère occipitale (Le Bihan).

Les sclérostomes sont introduits dans l'intestin par l'eau des boissons et les fourrages avariés, les fourrages humides, vasés. Magnin accuse surtout la luzerne qui a été récoltée par la pluie.

De l'intestin, les sclérostomes passent dans le système circulatoire et sont entraînés dans le torrent sanguin jusqu'au moment où ils se trouvent arrêtés pour former de véritables thromboses.

SYMPTÔMES. — Obscures pendant l'existence des sujets. Il n'est possible de porter un diagnostic certain qu'au moment où l'hémorragie se produit par suite de la rupture de l'anévrysme. Cette rupture se produit le plus souvent pendant un effort violent.

Alors l'animal s'accule sur l'arrière-main, fléchit sur ses boulets et tombe comme s'il venait d'être frappé tout à coup de paralysie. Mais de suite à l'état du pouls qui est petit, filiforme, à la blancheur des muqueuses apparentes, on sent qu'on est en présence d'une hémorragie interne, et naturellement on soupçonne du méfait l'anévrysme.

Certains auteurs pensent avoir diagnostiqué l'anévrysme de l'aorte postérieure du vivant de l'animal. Ils donnent comme symptômes : gêne accusée dans les mouvements du train postérieur, sensibilité exagérée de la région du rein, difficulté d'uriner, boiterie intermittente et alternative des membres postérieurs.

D'après Bollinger, la gravité des anévrysmes vermineux consisterait aussi dans la grande influence qu'ils ont sur la fréquence des coliques (congestion intestinale). Mais cette théorie, qui vient d'être tout récemment encore brillamment défendue par Magnin, est aujourd'hui combattue par Coquot et Basset, dont les arguments sont appuyés par Petit, Barrier et Drouin (Voir *Parasites de l'intestin*).

MOYENS PRÉVENTIFS. — On devra chercher à empêcher la formation des anévrysmes, et, comme le sclérostome en est la cause la plus habituelle, on surveillera l'eau des boissons, qui devra être filtrée, si elle est reconnue dangereuse, les fourrages, surtout les fourrages artificiels. La luzerne humide, vasée, moisie, devra être *rejetée impitoyablement*.

On évitera les traumatismes.

Si on soupçonne l'existence d'anévrysme, surtout de l'anévrysme de l'aorte postérieure, on ne devra pas soumettre les chevaux à des efforts de traction violents, à des sauts d'obstacles au-dessus de leurs moyens ordinaires.

Thrombose. — C'est la coagulation du sang en un point du système circulatoire. Cette coagulation peut se faire dans le cœur même, ventricule droit ou gauche, pendant le cours de l'endocardite végétante, ou dans les artères, soit que ces artères soient enflammées, athéromateuses, scléreuses, ou qu'elles soient le siège d'un anévrysme.

Elles ont aussi pour causes les embolies, le sclérostome armé.

Chez le cheval, les thromboses les plus fréquentes sont celles de l'aorte postérieure, de la grande mésentérique et des artères de l'intestin.

La thrombose du tronc brachial, signalée par plusieurs auteurs, est assez rare.

SYMPTÔMES. — Ils consistent surtout dans des troubles de la circulation, de la motilité, de la sensibilité et de la nutrition.

Dans la thrombose de l'aorte postérieure, on constate de la gêne dans l'arrière-main (Voir *Anévrysme*).

Dans la thrombose de la grande mésentérique et des artères de l'intestin, on voit souvent apparaître des coliques graves de congestion intestinale (tranchées, coliques rouges) (Bollinger, Magnin).

Dans la thrombose du tronc brachial, l'animal boite pendant l'exercice, et la douleur ressentie est telle que le corps se couvre rapidement de sueur. La circulation est accélérée ainsi que la respiration. Le facies révèle une grande souffrance.

MOYENS PRÉVENTIFS. — Les mêmes que pour combattre préventivement l'anévrysme.

Artérite. — Inflammation des artères.

ÉTIOLOGIE. — Traumatismes (contusions, blessures, chutes, glissades, efforts violents) ; parasites (sclérostomes armés); maladies générales (gourme, pasteurellose, rhumatisme, morve).

L'artérite peut être liée à certaines altérations du cœur : endocardite, myocardite. Elle accompagne souvent les anévrysmes, les thromboses, les embolies.

La plus fréquente des artérites est l'*aortite*.

Artériosclérose. — Cette altération des artères a été

observée plusieurs fois chez le cheval. Rohr a publié une observation d'artériosclérose avec rupture de l'aorte et athérome de ce vaisseau (1).

Pécus a relevé un cas d'aortite chronique avec calcification de l'aorte primitive (2).

L'artériosclérose est souvent une complication de l'artérite chronique. Elle est l'apanage de la vieillesse, absolument comme chez l'homme. On ne peut mieux la définir qu'en disant qu'elle est une sorte de durcissement des artères. Celles-ci deviennent dures, perdent leur élasticité et peuvent se rompre sous l'influence d'un effort. L'artériosclérose des artères du cerveau amène fatalement un jour ou l'autre une hémorragie mortelle.

Moyens préventifs. — Éviter toutes les causes susceptibles d'occasionner des troubles circulatoires et de déterminer des altérations du cœur ou des artères.

Surveiller l'hygiène des chevaux âgés, régler leur travail suivant leurs forces. Si on soupçonne de l'artériosclérose, on peut éviter les accidents inhérents à cette maladie par un traitement régulier et suivi à l'iodure de potassium à doses massives.

Les maladies des artères succédant souvent aux maladies contagieuses, on traitera ces maladies très énergiquement, et on ne perdra pas de vue les sujets pendant la convalescence, qui est toujours pleine de surprises.

Ruptures. — Les plus fréquentes sont celles de l'aorte. J'en ai relevé trois cas. Elles ont pour causes des traumatismes, des efforts violents (3), des chutes, l'abatage. Mais, le plus souvent, ces ruptures sont facilitées par des altérations chroniques des artères : anévrysmes, thromboses, artériosclérose.

(1) Rohr, *Recueil d'hygiène*, année 1906.
(2) Pécus, *Recueil d'hygiène*, année 1900.
(3) Morisot, Rupture de la carotide primitive. (*Recueil d'hygiène*, année 1900).

Mêmes moyens préventifs que ceux employés pour éviter ces maladies.

Blessures des artères. — Ces blessures sont assez fréquentes chez le cheval. Elles sont produites par des corps étrangers, ou des esquilles osseuses dans le cas de fractures (1).

Symptômes. — Les blessures des artères sont *pénétrantes* ou *non pénétrantes*.

Les plaies pénétrantes amènent souvent des hémorragies mortelles.

Les plaies non pénétrantes occasionnent souvent de l'artérite et quelquefois des ruptures.

Les moyens préventifs consistent à éviter les traumatismes, les chutes, les blessures par instruments piquants ou par armes à feu.

Altérations des veines. — **Phlébite**. — La phlébite est l'inflammation des veines, laquelle porte surtout sur la tunique interne, et s'accompagne toujours de la coagulation du sang (thrombose).

Hunter a divisé la phlébite en *phlébite adhésive, phlébite suppurative, phlébite hémorragique.*

Étiologie. — La véritable cause déterminante de la phlébite est l'infection par des microbes, lesquels microbes sont apportés par des instruments malpropres : lancette, flamme, dans l'opération de la saignée. Les blessures des veines par des corps piquants souillés, malpropres, ou des bistouris non asepsiés peuvent déterminer une phlébite.

Les principaux microbes causes de l'infection sont les *staphylocoques.*

Les frottements contre la mangeoire, les bat-flancs, les

(1) Morisot, Fracture du crâne avec rupture de l'artère nasale ; Fracture de l'ilium avec rupture de l'artère iliaco-fémorale (*Recueil d'hygiène,* année 1896).

murs, après la saignée, peuvent amener un thrombus, lequel thrombus peut se compliquer de phlébite.

SYMPTÔMES. — Tuméfaction dure, noueuse, chaude et très douloureuse de la veine et de la région circonvoisine. Quelquefois lymphangite de la région. Les phlébites traumatiques se compliquent toujours de fistule.

Dans la phlébite de la jugulaire, on constate souvent de la tuméfaction de la région parotidienne. La mastication devient alors douloureuse et de ce fait difficile.

Dans la phlébite des membres, la lymphangite est presque toujours la règle.

Dans celle des veines profondes, on observe des stases sanguines.

La phlébite peut se terminer par résolution ou par suppuration. Elle peut aussi passer à l'état chronique. Dans ce dernier cas, le caillot qui oblitère la veine se ratatine et finit par adhérer fortement aux parois.

Dans la *phlébite suppurative*, il y a une forte réaction fébrile, et la douleur locale est très accusée. Toute la région devient fluctuante, les parois de la veine se ramollissent, se perforent, et il se forme bientôt dans le tissu cellulaire voisin un abcès avec fusées très étendues. A la longue, la peau s'ulcère, et il se produit une fistule qui donne écoulement à du pus jaunâtre et cailleboté.

Quelquefois il y a résorption du pus et septicémie.

La *phlébite hémorragique* n'est qu'une complication de la phlébite suppurative. Dans ce cas, le caillot qui oblitère la veine est entraîné dans le torrent circulatoire, ou simplement désagrégé. Si à ce moment la veine se trouve perforée, il se produit une hémorragie plus ou moins abondante.

MOYENS PRÉVENTIFS. — Ils découlent de l'étiologie. Les instruments généralement usités pour pratiquer les saignées devront toujours être flambés et baignés dans une solution antiseptique. Il en sera de même de tous les instruments en général. Les régions dans lesquelles on pratiquera des saignées ou des opérations chirurgicales seront toujours rendues aseptiques.

Si accidentellement une veine a été blessée par un corps étranger ou un instrument piquant, le traitement devra être basé exclusivement sur les procédés antiseptiques, si on veut éviter la phlébite.

Lésions traumatiques. — Les lésions traumatiques peuvent occasionner sur les veines des phlébites, des thromboses. Les blessures des veines sont généralement produites par des instruments tranchants ou piquants, ou par des corps étrangers, ou bien encore par des projectiles d'armes à feu. Toute la prophylaxie consiste à éviter ces traumatismes.

Embolies. — Ce sont des caillots fibrineux qui se forment dans les artères, quelquefois dans les veines, et qui, entraînés dans le torrent circulatoire, finissent par s'arrêter dans une artère ou une veine plus petite, qu'ils oblitèrent complètement.

On a trouvé des embolies de nature graisseuse ; d'autres formées de détritus de tissus, de dépôts calcaires, de globules de pus agglomérés, de parasites (sclérostomes), de corps étrangers, etc.

Moyens préventifs. — Les mêmes que ceux indiqués pour combattre préventivement les anévrysmes et les thromboses.

Toutes les fois que l'on soupçonnera une embolie, soit d'une artère, soit d'une veine, on fera usage de l'iodure de potassium à hautes doses (20 grammes par jour).

CHAPITRE XVII

MALADIES DE L'ENCÉPHALE ET DE LA MOELLE

Congestion cérébrale. — Hémorragie cérébrale. — Anémie cérébrale. —
— Méningo-encéphalite. — Abcès, tumeurs, parasites de l'encéphale. —
Immobilité.

Congestion cérébrale. — C'est la congestion du cerveau et de ses enveloppes que les anciens vétérinaires désignaient sous le nom de *coup de sang*.

ÉTIOLOGIE. — Certaines causes sont intimement liées à l'âge, au tempérament et au genre de service. C'est ainsi que les animaux jeunes, de tempérament sanguin ou nerveux, y sont plus exposés, de même que ceux qui travaillent beaucoup, qui se dépensent énormément dans le travail, qui fournissent un effort considérable.

D'autres causes agissent comme causes occasionnelles.

Une alimentation trop riche en aliments azotés, les insolations, les transports en chemin de fer pendant l'été, le surmenage, peuvent occasionner la congestion cérébrale.

Plusieurs vétérinaires ont donné de très intéressantes relations de congestion cérébrale survenant pendant le cours de certaines maladies infectieuses. Enfin on a vu des cas de congestion cérébrale très intenses et presque toujours mortels coïncider avec la présence dans le cerveau de tumeurs et d'abcès. C'est ordinairement de la congestion passive ainsi que celle qui a pour cause l'artériosclérose des artères du cerveau, la thrombose des jugulaires, les anévrysmes des carotides, les affections chroniques du poumon et du cœur.

SYMPTÔMES. — Ils varient suivant les sujets et l'intensité

de la congestion. Alors que certains malades sont plongés dès le début dans le coma, d'autres sont sous l'influence d'une grande surexcitation. Le plus souvent la maladie débute par de l'agitation. L'animal est inquiet, piétine dans sa stalle ; puis il s'agite violemment, pousse au mur, tire au renard, tombe sur sa litière et ne se relève que difficilement. La respiration est haletante, irrégulière, saccadée, quelquefois dyspnéique. L'artère est dure, sans élasticité ; le pouls présente des intermittences très faciles à saisir.

La souffrance ressentie est intense et, sous l'influence de la douleur, le corps se couvre de sueur rapidement.

Les muqueuses sont très congestionnées. Il y a souvent de l'amaurose et de la surdité.

Ces premiers symptômes durent plusieurs heures ; puis le malade tombe dans un véritable état comateux. Il sommeille constamment et reste complètement indifférent à ce qui se passe autour de lui. Il se déplace difficilement dans sa stalle, et, si on l'oblige à marcher, il titube et tombe fréquemment.

Souvent de véritables symptômes de vertige apparaissent, et l'animal a de la tendance à tourner en cercle (vertige des anciens). L'appétit est capricieux, perverti ou nul. Les principales fonctions sont ralenties. Mais la caractéristique de cette maladie est qu'elle présente, jusqu'au moment de la mort, des périodes alternatives d'excitation et de coma.

La congestion active du cerveau se complique souvent d'hémorragie cérébrale.

Dans la congestion passive, on n'observe pas ces périodes d'excitation qui caractérisent si bien la congestion active. Le malade présente de l'hébétude, de la somnolence, et presque toujours de l'hémiplégie ou de la paraplégie, et quelquefois de l'immobilité.

Le *pronostic* de la congestion cérébrale est toujours grave, grave par la mort qui en est souvent la suite, ou par les terminaisons chroniques qui en sont la conséquence : *paralysies locales, immobilité.*

Hémorragie cérébrale. — Encore désignée sous le nom d'*apoplexie cérébrale* ou de *coup de sang*, elle est assez rare chez le cheval.

Étiologie. — Presque toujours consécutive à une congestion cérébrale intense, ou à de la méningo-encéphalite aiguë. Elle est aussi la conséquence de traumatismes violents sur le crâne.

L'artériosclérose, les athéromes des artères, prédisposent les sujets qui en sont atteints aux hémorragies cérébrales.

Les tumeurs situées le long des vaisseaux peuvent amener la rupture de ces vaisseaux et provoquer une hémorragie. Il en est de même des parasites, qui peuvent perforer les vaisseaux : échinocoques, sclérostomes armés, larves d'œstres, etc.

Symptômes. — Lorsqu'une hémorragie cérébrale se produit, l'animal tombe brusquement sur le sol, où il reste inanimé. La respiration est haletante ; le sujet rend du sang par la bouche et par les naseaux, puis meurt très rapidement.

Si l'hémorragie a été peu abondante, l'évolution est moins rapide. On constate alors soit du vertige, soit de la paralysie, soit de l'ataxie locomotrice. Mais la mort survient toujours dans un temps plus ou moins long.

Anémie cérébrale. — Toutes les causes susceptibles d'entraver la circulation dans une portion quelconque du cerveau peuvent amener de l'anémie cérébrale : compression du cerveau ou de ses vaisseaux, tumeurs, abcès, thrombose, embolie, hémorragie.

Symptômes. — Hébétude, tremblements, quelquefois du vertige, paralysies partielles, hémiplégie.

Méningo-encéphalite. — Inflammation aiguë ou subaiguë du cerveau et des méninges.

C'est le *vertige essentiel* ou *idiopathique* des anciens vétérinaires.

Certains auteurs ont voulu diviser la méningo-encéphalite en *cérébrite*, *cérébellite*, *arachnoïdite*, *pie-mérite*, *épendymite*. Ce sont là des divisions par trop subtiles, et il me semble que la médecine, si exigente qu'elle soit, peut se contenter dans la pratique d'une dénomination unique pour caractériser franchement l'inflammation du cerveau et de ses enveloppes.

ÉTIOLOGIE. — Les principales *causes prédisposantes* sont le jeune âge (deux à six ans), le tempérament sanguin, pléthorique, l'alimentation trop substantielle et trop abondante, la saison estivale.

Parmi les *causes occasionnelles*, je citerai l'élévation extrême de la température, l'exposition aux rayons ardents du soleil (insolation), le séjour prolongé dans les locaux étroits, insuffisamment aérés, le travail aux allures rapides pendant les journées chaudes et orageuses, les longs transports en chemin de fer, surtout pendant l'été, le surmenage.

Les *causes déterminantes* sont les traumatismes violents sur le crâne, la présence dans le cerveau de corps étrangers (balles de graminées) ou de parasites (échinocoques, larves d'œstres, strongles, filaires).

La méningo-encéphalite est souvent secondaire d'une infection primitive : phlébite de la jugulaire, tumeurs du cerveau, maladies infectieuses : gourme, pyohémie, pasteurellose.

Ribaud cite un cas d'encéphalite aiguë déterminée par deux tumeurs siégeant dans les ventricules cérébraux (1).

J'ai relevé plusieurs cas de méningo-encéphalite occasionnés par des abcès gourmeux du cerveau.

Barascud a donné une observation de méningite due à un abcès de nature gourmeuse (2) ; Sambelle, une observation d'encéphalite de nature gourmeuse (3).

Du reste les relations abondent des vétérinaires sur la

(1) Ribaud, *Recueil d'hygiène*, année 1895.
(2) Barascud, *id.*, année 1896.
(3) Sambelle, *id.*, année 1900.

méningo-encéphalite du cheval, que celle-ci soit d'origine infectieuse ou d'origine traumatique.

SYMPTÔMES. — Au début, tristesse, inquiétude, somnolence. Les animaux paraissent indifférents à tout ce qui les entoure et à tout ce qui se passe autour d'eux.

La stupéfaction est le symptôme dominant de la période de début. Les animaux ont la tête basse ou appuyée sur la mangeoire. Ils se déplacent difficilement dans leur stalle. Si on les oblige à marcher, leur démarche est raide et hésitante. L'allure est en quelque sorte traînante.

La sensibilité de la peau est très diminuée, et toutes les grandes fonctions sont ralenties, et particulièrement la fonction urinaire.

Cette première période peut durer plusieurs heures, et même une journée entière. Puis survient une violente période d'excitation. Le malade pousse au mur, se jette en avant, grimpe dans sa mangeoire, tire au renard, mord son râtelier, son bat-flanc, se jette brusquement sur sa litière, puis se relève aussitôt, piétine, gratte le sol, rue, se jette de côté. De courts moments de calme succèdent à ces périodes d'excitation, et c'est pendant cet apaisement que le malade a de la tendance à tourner en cercle. Si on l'arrête, il appuie la tête sur le premier obstacle qui se trouve à sa portée et reste en quelque sorte frappé de stupeur. Mais bientôt de nouveaux accès de frénésie se manifestent au moindre bruit, au plus petit attouchement, à l'action d'un rayon de lumière, et souvent à ce moment des animaux nerveux, impressionnables, deviennent méchants.

Sous l'influence de cette exacerbation des symptômes, le corps se couvre de sueur, et des tremblements musculaires se montrent très accusés. La température n'est jamais excessive. Elle oscille entre 39 et 40°.

Ces périodes d'excitation durent souvent plusieurs heures. Elles sont toujours suivies d'un état de prostration très prononcé, pendant lequel on peut examiner plus attentivement les malades et saisir d'autres symptômes : atténua-

tion des réflexes, surdité, amaurose, paralysie des massé-
ters et des muscles du pharynx, laquelle paralysie rend la
mastication et la déglutition difficiles.

Naturellement il y a toujours de la constipation et de la
rétention d'urine.

La résolution est assez rare ; elle est annoncée par la
diminution des crises et la plus grande durée du coma. Souvent, même après la guérison, on voit persister l'amaurose,
la surdité et des paralysies locales.

La mort survient presque toujours dans le cours d'un
accès soit par suite d'une hémorragie cérébrale, soit par le
fait de la paralysie des muscles de la vie de relation. Les plaies
que se font les animaux en se débattant peuvent s'infecter.
On voit alors la méningite se compliquer de tétanos, de
septicémie.

Si la méningo-encéphalite passe à l'état chronique, on
observe des symptômes d'immobilité.

Moyens préventifs. — *Congestion cérébrale.* — L'âge et
le tempérament ayant une certaine influence, on surveillera
l'hygiène des jeunes chevaux et des chevaux à tempérament
sanguin ou nerveux. On évitera de leur donner journellement
une alimentation trop substantielle et de les laisser dans un
repos prolongé.

J'ai vu souvent des chevaux sanguins, au-dessus de l'état,
être frappés tout à coup de congestion cérébrale parce qu'on
les avait laissés au repos sans diminuer d'une façon notable
leur ration quotidienne.

Le travail des jeunes chevaux et des chevaux sanguins,
pléthoriques, nerveux, devra être régulier, mais sans fatigue
ni surmenage. On profitera des changements de saison pour
varier plusieurs fois la nourriture. Au printemps, on donnera
du vert ; pendant l'été, des mashes rafraîchissants, de la
farine d'orge ; pendant l'hiver, des carottes.

Lorsque les animaux seront appelés à effectuer de longs
voyages en chemins de fer, surtout pendant les saisons chaudes,
on ventilera largement les wagons en laissant les fenêtres

ouvertes. On donnera peu d'avoine, et on s'attachera surtout à faire boire les animaux plusieurs fois pendant le cours du voyage.

On devra éviter l'action directe sur le crâne des rayons ardents du soleil, surtout pendant que les chevaux sont immobiles et arrêtés près d'un mur. J'ai vu un cheval tomber foudroyé sur le terrain de manœuvre, où il stationnait depuis une heure en plein soleil. La température était à ce moment de 35° au-dessus de zéro.

L'excès de température dans les écuries devra être corrigé par une large ventilation.

On cite plusieurs cas de congestion cérébrale sur des chevaux logés dans des écuries basses, couvertes en ardoise et dépourvues de voligeage.

On devra en tout temps éviter le surmenage. Et si, pendant les grandes manœuvres et les services en campagne, on est obligé de demander aux chevaux un travail au-dessus de leur entraînement ordinaire, on devra faire boire souvent, aussi souvent que possible, et laver les membres et les ouvertures ordinaires à grande eau.

Suivre en cela l'exemple des cochers d'omnibus et des cochers de fiacre à Paris.

On évitera la congestion cérébrale, conséquence des maladies infectieuses, en facilitant, pendant le cours de ces maladies, l'élimination des toxines par des diurétiques et des boissons abondantes.

La congestion cérébrale étant souvent occasionnée par des embolies, des thromboses, des anévrysmes et l'artériosclérose, on cherchera à éviter ces accidents (Voir *Maladies de l'appareil circulatoire*).

Hémorragie cérébrale. — Employer les mesures indiquées pour éviter la congestion cérébrale et la méningo-encéphalite, l'artériosclérose, les athéromes des artères, les parasites : échinocoques, sclérostomes, larves d'œstres (Voir *Maladies de l'appareil digestif*).

Éviter les traumatismes sur le crâne : coups de manche de fouet, de bâton, de fourche, etc. Éviter les chutes. Les chevaux qui ont la mauvaise habitude de tirer au renard devront être laissés en liberté dans les box. Si on fait le pansage dehors, on les attachera avec un licol de force.

Anémie cérébrale. — On cherchera à éviter la production des abcès gourmeux par un traitement rationnel et énergique de la gourme, des tumeurs, des embolies, des thromboses, des hémorragies, toutes causes qui, en déterminant de la compression lente et continuelle du cerveau, amènent fatalement l'anémie.

Méningo-encéphalite. — Les mesures hygiéniques employée pour combattre préventivement la congestion cérébrale, l'hémorragie cérébrale, l'anémie cérébrale, seront employées avec la même efficacité contre la méningo-encéphalite. On évitera le tétanos, qui peut survenir en complication des plaies, en pratiquant des injections de sérum antitétanique.

Abcès du cerveau. — Étiologie. — Assez fréquents chez le cheval, ils sont presque toujours secondaires d'une maladie infectieuse : gourme, pyohémie, pneumonie infectieuse. On les a vus se développer par propagation pendant le cours de la phlébite suppurative de la jugulaire, des otites suppuratives, de la collection purulente des sinus, de l'ophtalmie purulente.

Les cas d'abcès du cerveau consécutifs à des traumatismes sur le crâne sont très rares. Ils ont cependant été observés.

La médecine vétérinaire possède de nombreuses relations de vétérinaires civils et de vétérinaires militaires sur les abcès du cerveau. Ces relations démontrent combien ces abcès sont fréquents pendant le cours des maladies infectieuses, et surtout de la gourme.

Symptômes. — Dès le début, on constate de la stupeur, puis du coma assez accusé. Le malade paraît comme endormi. Il sommeille constamment, appuie sa tête sur la mangeoire, ou pousse au mur. Toutes les grandes fonctions sont ralenties ; il y a émoussement des sens, surtout de l'ouïe et de la vue.

La démarche est hésitante, traînante, vascillante. Souvent l'animal a de la tendance à tourner en cercle en tenant la tête fortement inclinée dans la direction du déplacement. On constate quelquefois des paralysies locales : hémiplégie, paraplégie ou des symptômes d'ataxie locomotrice.

Quelques accès de violente surexcitation succèdent aux périodes de coma ; mais ces accès sont moins fréquents et moins violents que dans la congestion cérébrale et dans la méningo-encéphalite.

La maladie se termine toujours par la mort.

MOYENS PRÉVENTIFS. — Éviter les traumatismes sur le crâne. Dans les maladies infectieuses, dans la gourme en particulier, et dans toutes les affections à forme suppurative, on cherchera à éviter les répercussions sur le cerveau en traitant énergiquement ces maladies, et surtout en facilitant largement l'écoulement du pus à l'extérieur. Là où il y a formation de pus, on doit toujours craindre les résorptions, et on ne doit cesser de veiller.

Tumeurs du cerveau. — Elles siègent ordinairement sur les méninges, dans les ventricules, plus rarement dans la substance cérébrale.

Les plus fréquentes chez le cheval sont les mélanomes, les cholestéatomes, les kystes; puis viennent les myxomes, les sarcomes, les fibromes, les carcinomes (1).

D'excellentes relations sur les tumeurs du cevreau ont été publiées par Leblanc, Wiart, Jacotin, Mauri, Mollereau, Thomassen, Pratt, etc.

Toutes ces tumeurs ont une origine infectieuse que les mesures préventives les plus rigoureuses ne peuvent combattre. On ne peut conseiller qu'une bonne hygiène. Il serait à désirer surtout que les propriétaires soucieux de leurs intérêts renoncent pour toujours à livrer à la reproduction des juments atteintes de mélanose.

Les symptômes des tumeurs du cerveau ressemblent

(1) Bousquié, Carcinome encéphaloïde des ventricules cérébraux *Recueil d'hygiène militaire*, année 1902).

à ceux de l'anémie cérébrale et des abcès du cerveau. Les paralysies locales sont fréquentes et varient suivant la région où siège la tumeur.

Parasites du cerveau. — Les plus fréquents chez le cheval sont l'*échinocoque*, les *larves d'œstres*, le *sclérostome armé*. Railliet cite plusieurs observations de vétérinaires sur les parasites du cerveau du cheval.

Ces parasites déterminent du vertige, de l'immobilité, de l'anémie cérébrale. Le sclérostome armé peut former un anévrysme et peut être la cause d'une hémorragie.

Moyens préventifs. — Voir les moyens que j'ai indiqués en étudiant chacun de ces parasites.

Immobilité (*hydrocéphalie*). — J'ai conservé dans cette étude le vieux mot *immobilité*, parce que, aujourd'hui encore, dans notre médecine, il est resté familier dans le langage du praticien, et parce que aussi, à l'aide de ce mot, tout à fait caractéristique, celui-ci renseigne mieux et plus vite son client sur l'état de son cheval et sur la gravité de sa maladie.

Un bon fermier sera en effet plus vite fixé si son vétérinaire lui dit que son cheval est atteint d'immobilité au lieu de lui dire, sur un ton professoral, qu'il est atteint d'hydrocéphalie.

D'autre part, la jurisprudence a conservé ce mot, puisqu'elle l'a inscrit dans la loi du 2 août 1884.

J'espère donc que les pathologistes distingués de nos écoles ne m'en voudront pas outre mesure, eux qui ont charge de dépouiller notre jeune médecine des vieux mots qui l'encombrent, d'avoir rendu ainsi un dernier hommage à l'*Ancêtre*.

Je sais bien que, après tout, le mot immobilité groupe surtout un ensemble de symptômes communs à différentes altérations du cerveau. Mais il est si caractéristique, et il définit si bien, si éloquemment ces altérations !

C'est pourquoi presque tous les auteurs ont donné ou à peu

près cette définition de l'immobilité : maladie particulière au cheval caractérisée par un état permanent d'assoupissement, de dépression des fonctions cérébrales. C'est donc quelque chose comme une maladie du sommeil.

ÉTIOLOGIE. — L'immobilité est plus fréquente sur les chevaux de race commune que sur les chevaux de race noble ou de pur sang. Les chevaux de tempérament lymphatique y sont plus prédisposés que les chevaux nerveux et sanguins. L'âge n'a pas une bien grande influence ; cependant on a rarement observé l'immobilité avant huit ans.

On a accusé l'étroitesse et l'obliquité en arrière de la région cranienne, et, à l'appui de cette thèse, on cite les chevaux des races du Oldembourg et du Holstein.

Je préfère la thèse de l'hérédité, et peut-être, dans le Oldenbourg et dans le Holstein, les nombreux cas d'immobilité qui ont été observés à certaines époques procédaient-ils autant et beaucoup plus de l'hérédité pathologique que de la conformation de la boîte cranienne.

Telles sont les *causes prédisposantes* invoquées en faveur de l'immobilité.

Les *causes déterminantes* sont généralement liées à des altérations chroniques du cerveau, telles que l'hydrocéphalie, les tumeurs du cerveau, des méninges, les kystes, les concrétions des plexus choroïdes, les parasites, les exostoses des parois du crâne, enfin toutes causes pouvant exercer une compression de la substance cérébrale.

Les petites hémorragies cérébrales peuvent déterminer l'immobilité.

On a vu aussi l'immobilité survenir en terminaison de la pasteurellose, de la pneumonie infectieuse.

Dans le Sweinsberg, l'immobilité est assez commune et serait due, paraît-il, à une cirrhose hépatique (maladie de Sweinsberg) compliquée d'hydropisie des ventricules cérébraux. La maladie de Sweinsberg est occasionnée par l'abus de certains fourrages irritants.

SYMPTÔMES. — Les symptômes de l'immobilité ne déviennent très apparents que lorsque la maladie est déjà ancienne, à moins que cette maladie ne succède à une affection aiguë du cerveau, dans lequel cas, dès le début, l'immobilité se manifeste avec tout le cortège des symptômes classiques.

La première chose qui frappe chez le cheval immobile, c'est l'émoussement de toutes les facultés sensitives. C'est, selon l'expression de Cagny, une sorte de *sommeil des sens*.

L'animal est comme hébété ; son facies est sans expression, les yeux sont fixes, sans éclat, les paupières demi-closes, ce qui laisse croire que le cheval dort constamment ; les oreilles, sans mouvements, sont pendantes ; la tête est basse ou appuyée sur la mangeoire ou sur la longe par le bout du nez ; l'encolure est immobile, la queue est flasque et pendante. L'animal semble sommeiller et ne fait pas attention à ce qui se passe autour de lui ; rien de ce qui se fait au dehors ne l'intéresse. Ni la circulation dans l'écurie, ni le bruit, ni les attouchements, ne le tirent de son état de somnolence.

De temps en temps, il se réveille dans une secousse brusque pour retomber aussitôt dans son état de léthargie.

Le cheval immobile est insensible aux piqûres des mouches, insensible au fouet, aux excitations extérieures et à la voix du maître. Si, en l'excitant, en le frappant même, on cherche à le faire sortir de son état de somnolence, il se livre à des mouvements brusques, saccadés, non sans danger pour lui-même et pour ceux qui l'approchent.

L'insensibilité du cheval est à ce point développée qu'on peut indroduire un corps étranger dans l'oreille, marcher sur la couronne, pincer fortement le rein, planter brusquement le doigt dans le flanc, toucher la pupille, sans qu'il cherche à se soustraire à ces attouchements douloureux.

Immobile dans sa stalle, planté sur ses quatre pieds, il ne se déplace que si on le pousse fortement, et cela tout d'une pièce, et d'une façon pour ainsi dire automatique. Il est toujours en équilibre instable.

Le cheval immobile a souvent des frayeurs subites. La vue est diminuée ; il y a de la photophobie.

Le pouls est grand, mais ralenti et sans force. La respiration est lente, avec des mouvements respiratoires diminués de moitié.

Dans le travail, le cheval immobile est mou, indolent, paresseux et inattentif à tout ce qui l'entoure. Il ne sent ni le fouet ni l'éperon et ne répond pas aux excitations de la voix. Ses mouvements sont maladroits, lourds, incoordonnés. Si la maladie est déjà ancienne, il relève fortement les membres et marche comme un cheval aveugle. Il butte souvent, pousse en avant en engageant son avant-main, ce qui l'expose à se couronner. D'autres fois, il se heurte inconsciemment contre les objets à sa portée, ou se jette violemment de côté. Mais le principal symptôme, le symptôme classique, celui qui ne fait jamais défaut dans l'immobilité bien déclarée, c'est celui qui consiste dans la difficulté que le cheval éprouve à tourner en cercle ou à reculer. Si on insiste pour provoquer ces mouvements, le cheval s'irrite, se dérobe, se cabre ou s'emporte pour venir bientôt s'abattre brutalement sur le sol.

Après le travail, lorsqu'il est fatigué, le cheval immobile peut rester longtemps dans une position d'équilibre instable consistant dans le croisement des membres antérieurs et postérieurs, équilibre qu'un cheval sain ne garderait pas dix secondes.

Le cheval immobile mange lentement, mécaniquement, sans goût et sans appétit. Il donne quelques coups de dents, puis retombe dans sa somnolence, gardant souvent les aliments dans la bouche sans les mâcher. Il arrive alors que des brins de fourrage sortent de la bouche sans que l'animal paraisse s'en préoccuper. On dit alors qu'il *fume la pipe* (expression consacrée).

Le plus souvent le cheval immobile a de la difficulté à prendre ses fourrages dans le râtelier ; il préfère manger dans la mangeoire ou à terre. Cela semble prouver que la compression du cerveau, quelle qu'en soit la cause, rend la tête de l'animal lourde et les mouvements de l'encolure difficiles.

Si on présente un seau d'eau au cheval immobile, il y

plonge la tête jusqu'au fond sans boire et ne la retire que lorsqu'il sent le besoin de respirer.

En résumé l'immobilité est l'*idiotie* du cheval. Le facies du cheval et le facies de l'idiot ont quelque ressemblance. D'autre part, les causes de l'idiotie chez l'homme sont à peu près les mêmes que celles de l'immobilité chez le cheval.

MARCHE, TERMINAISON. — La marche de la maladie est généralement obscure et lente; c'est pourquoi on l'a comprise parmi les vices rédhibitoires.

Je me souviens très bien d'un cheval irlandais, appartenant à un officier, lequel cheval était depuis longtemps déjà immobile, sans que cet officier ni le personnel de l'écurie ne soupçonnassent la maladie. On s'était bien aperçu que le cheval était mou, suait au moindre travail, était capricieux, maladroit dans les brancards ; mais il n'était pas venu à l'idée de personne de chercher la cause de cet état plutôt anormal. Ce n'est que lorsque le cheval a été couronné trois fois en moins d'un mois qu'on s'est enfin décidé à me le présenter. Le jour même, je portais le diagnostic suivant : immobilité chronique déjà ancienne. Mais les délais étaient passés depuis longtemps, et le cheval, qui avait coûté 3 000 francs, fut revendu 250 francs. La leçon était bonne, mais un peu chère.

MOYENS PRÉVENTIFS. — Les causes prédisposantes se rattachant à l'âge, au tempérament, seront combattues par une bonne hygiène : nourriture saine, nutritive, travail régulier, sans fatigue, sans surmenage.

Les causes ressortissant au défaut de conformation présenté par certaines races (Oldenbourg, Holstein) sont plus difficiles à combattre. Si ces causes existent réellement, il me semble tout indiqué de corriger ce défaut de conformation de la boîte cranienne par des croisements judicieux.

On combattra l'influence de l'hérédité en éliminant impitoyablement de la reproduction les étalons et les juments immobiles, et même les animaux ayant été atteints de maladies cérébrales, maladies qui laissent souvent des traces et des tares transmissibles.

On triomphera de l'influence des causes déterminantes en s'attaquant résolument aux maladies susceptibles de déterminer des altérations chroniques du cerveau : méningo-encéphalite, congestion cérébrale, hémorragie cérébrale, hydrocéphalie, parasites, tumeurs du cerveau, pasteurellose, pneumonie infectieuse, cirrhose hépatique dans le Sweinsberg.

Cette maladie du Sweinsberg ne peut être combattue efficacement que par une transformation complète des pâturages de la contrée, car, étant donnée la composition botanique de ces pâturages, il est impossible d'éliminer des lots de fourrages la quantité considérable de plantes irritantes qui les composent.

Il n'y a pas d'autre remède que d'en changer la flore.

CHAPITRE XVIII

MALADIES DE L'ENCÉPHALE ET DE LA MOELLE

Hémoglobinurie. — Hémorragies de la moelle. — Méningite spinale. — Myélites. — Hémiplégie. — Paraplégie. — Paraplégie infectieuse. — Méningite cérébro-spinale épizootique. — Ataxie locomotrice.

Hémoglobinurie. — Voir les maladies de l'appareil génito-urinaire.

Hémorragies. — Assez fréquentes chez le cheval, où elles sont la conséquence de traumatismes, de fractures de la colonne vertébrale ou de certaines maladies infectieuses : gourme, pasteurellose, hémoglobinurie, maladies dues à l'infection par les trypanosomes (1).

Symptômes. — Paralysies multiples apparaissant brusquement ; paraplégie toujours plus accentuée d'un côté que de l'autre. Quelquefois ataxie locomotrice. Symptômes généraux peu accusés.

Moyens préventifs. — Éviter les traumatismes : coups violents sur la colonne vertébrale, chutes. Les sauts exagérés amènent souvent des chutes suivies de fractures de la colonne vertébrale et, par suite, d'hémorragies. On ne devra jamais demander aux chevaux de la cavalerie des sauts au-dessus de leurs moyens. La cavalerie est faite pour combattre à la guerre, et non pour parader dans le cirque, sur les hippodromes et sur les champs de courses. On cherchera aussi à éviter les maladies infectieuses, et, quand celles-ci seront déclarées, on les traitera énergiquement, et on empêchera

---

(1) Champetier, Hémorragie cérébro-spinale (*Recueil d'hygiène*, 1905).

les répercussions sur la moelle par des appels énergiques à la peau et sur les appareils émonctoires : sinapismes, saignées, diurétiques.

Méningite spinale. — Peu fréquente chez le cheval, où elle est presque toujours une conséquence de la gourme ou de la pasteurellose. Elle coïncide souvent avec la méningite cérébrale et s'accuse, à peu de chose près, par les mêmes symptômes que la méningo-encéphalite avec des paralysies locales plus accentuées.

Myélites. — Cet ouvrage étant surtout un ouvrage d'hygiène, je me garderai bien d'entrer dans des détails sur les divisions un peu risquées des myélites en *myélites diffuses, poliomyélites, leucomyélites, myélites transverses.* J'adopterai simplement la classification en myélite aiguë et myélite chronique, et encore ces deux formes de la myélite ne feront-elles l'objet que d'un seul chapitre.

Myélites aiguë et chronique. — On a généralement compris sous ce nom toutes les altérations de la moelle : inflammation, ramollissement, sclérose, dégénérescences.

Étiologie. — Les causes sont de plusieurs sortes. Les glissades, les chutes, les traumatismes susceptibles d'ébranler fortement la colonne vertébrale peuvent déterminer de la myélite aiguë ou chronique.

Certains auteurs accusent les refroidissements brusques sur des chevaux aux prises avec un état de dépression cérébro-spinale assez accusé, l'influence prolongée du froid humide dans les régions pluvieuses ou marécageuses, le rhumatisme.

L'abus des saillies, surtout sur les étalons ardents, aboutit fatalement à la myélite chronique.

J'en ai relevé plusieurs cas sur des étalons de l'État.

Les maladies infectieuses : gourme, pasteurellose, peuvent se compliquer de myélite (myélite infectieuse).

Enfin les myélites accompagnent toujours les fractures, les caries des vertèbres.

Symptômes. — Si la myélite est peu étendue et peu accusée on observe seulement de l'incertitude dans la marche et surtout de la difficulté dans la propulsion des membres postérieurs, qui se heurtent, s'entre-croisent ou traînent sur le sol.

La démarche est ataxique, presque automatique. Les mouvements du reculer et du tourner sont difficiles et douloureux.

Barrier et Wéber signalent une incoordination des mouvements portant tantôt sur un membre, tantôt sur un autre.

Dans la forme grave, l'animal se tient debout difficilement. Il se déplace avec peine et toujours en faisant entendre une plainte. L'entre-croisement et le fléchissement des membres sont encore plus accusés. Des paralysies partielles apparaissent. Bientôt les symptômes s'exagèrent, la paralysie devient générale et la mort survient.

Cagny a attiré l'attention de la Société centrale de médecine vétérinaire, à la séance du 8 juillet 1891, sur une maladie des poulains de course appelée le *mal des chiens*, sorte d'ataxie locomotrice due à de la myélite chronique accasionnée par l'infection streptococcique (1).

Des observations de Jacoulet et de Mathieu tendent à prouver la nature infectieuse de cette maladie.

Moyens préventifs. — Les mêmes que ceux employés pour combattre préventivement les hémorragies de la moelle.

Quant à ce qui concerne le « mal des chiens » des poulains de course, je ne saurais trop mettre en garde les éleveurs, les propriétaires, les entraîneurs, contre la pasteurellose et la pneumonie infectieuse. Qu'ils fassent tout pour éviter ces

(1) Cagny, *Bulletin de la Soc. Cent.*, 8 juillet 1891.

maladies et qu'ils s'en rapportent entièrement à leurs vétérinaires.

Hémiplégie. — On l'a observée plusieurs fois chez le cheval, où elle est consécutive à une hémorragie de la moelle ou à certaines altérations partielles. Prévost a donné une relation intéressante d'un cas d'hémiplégie chez le cheval, et dans lequel il a constaté de l'amaurose, de la cécité presque complète.

Cette maladie se caractérise surtout par la paralysie de la moitié du corps.

Paraplégie. — C'est la paralysie des membres postérieurs. Très fréquente chez le cheval, elle se montre sous la forme d'une paralysie complète (paraplégie), ou sous la forme d'une paralysie incomplète (parésie).

ÉTIOLOGIE. — La paraplégie est souvent la conséquence d'une maladie de la moelle (congestion, myélite, hémorragie, compression), surtout lorsque ces différentes altérations ont leur siège au niveau du renflement lombaire.

La compression de la moelle peut avoir pour cause des tumeurs, des abcès gourmeux, des lésions de fractures, d'entorses, d'arthrite. On a relevé des cas de paraplégie consécutifs à des lésions des nerfs du plexus lombo-sacré.

Les ruptures des psoas dues à des efforts violents, à des chutes, à des traumatismes, déterminent des symptômes de paraplégie. Il en est de même des oblitérations artérielles, surtout de l'aorte, des fémorales et des artères iliaques primitives.

Enfin on a vu des chevaux sanguins, pléthoriques, surmenés par un travail intensif, et nourris abondamment, être frappés tout à coup dans les brancards de paraplégie.

D'autres sont tombés en paralysie pour être restés trop longtemps au repos sans qu'on ait pensé à diminuer leur ration. J'en ai relevé plusieurs cas.

Les relations des vétérinaires sur la paraplégie sont très

nombreuses. Je citerai celles de Bernard, Wœhrling, Hue.

D'autre part j'ai constaté *trois cas* de paraplégie sur des chevaux entiers, dus à la masturbation.

Mongin cite un cas de paraplégie de nature tuberculeuse. Je crois volontiers que, dans le cas de Mongin, la paraplégie a été surtout due à la compression de la moelle par les tubercules.

La paraplégie, qui est toujours la conséquence de la dourine, est de nature infectieuse.

SYMPTÔMES. — Faiblesse des membres postérieurs au point que l'animal ne peut pas rester dans la station debout. Le malade reste assis ou couché du derrière et cherche de temps en temps, par des efforts brusques, à soulever son avant-main.

Si l'animal se tient encore debout, la station est difficile, instable et pénible. La marche est traînante, surtout de l'arrière-main.

Cagny et Gobert décrivent ainsi la progression de la paralysie dans les membres pelviens : «La faiblesse des membres pelviens est d'abord marquée dans l'articulation du boulet et dans celle des phalanges, d'où elle gagne ensuite plus haut ; la pointe du pied traîne d'abord, racle le pavé et fait broncher le malade sur le terrain inégal ; puis le jarret fléchit sous le poids du corps, ainsi que l'articulation du grasset, et les membres sont soulevés par des mouvements caractéristiques de la hanche et du bassin. La sensibilité est en même temps diminuée (1). »

Si la paraplégie est complète dès le début, la station debout est tout à fait impossible. La paraplégie incomplète a quelque ressemblance avec l'effort du rein, surtout dans la démarche vascillante de l'arrière-main.

D'autres symptômes se montrent aussi très accusés : flaccidité de la queue, relâchement de l'anus, constipation, rétention ou incontinence d'urine.

____

(1) Cagny et Gobert, *Dictionnaire vétérinaire*, t. II.

Comme symptômes généraux : respiration troublée, légère fièvre, troubles circulatoires.

Paraplégie infectieuse. — Cette forme de la paraplégie a été observée pour la première fois par CoICny sur des chevaux de troupe.

De suite, CoICny reconnut à cette maladie un caractère infectieux.

La paraplégie infectieuse peut revêtir la forme ordinaire ou bien se présenter sous une véritable forme enzootique.

ÉTIOLOGIE. — Il semble que cette maladie a pour agent infectieux, comme la méningite cérébro-spinale épizootique du cheval, un micrococque.

Mais, quel que soit l'agent déterminant de la maladie, on ne peut plus nier le caractère infectieux, sinon contagieux, de cette affection. D'après certains vétérinaires, l'infection s'opérerait par les voies génitales.

Les vétérinaires allemands attribuent certains cas de paraplégie infectieuse à une sorte d'intoxication par des fourrages renfermant en grande quantité des prêles (queue de cheval).

SYMPTÔMES. — La maladie débute par de la paralysie de l'arrière-main. Mais l'évolution de la maladie est très rapide, et bientôt la paralysie gagne d'arrière en avant. C'est en quelque sorte de la paralysie ascendante.

Le cas de paralysie ascendante relaté par Le Calvé dans le *Recueil d'hygiène militaire* de 1900 n'était-il pas de la paraplégie infectieuse (1) ?

Rohr donne, dans le *Recueil d'hygiène* de 1902, une relation de paralysie ascendante à laquelle il reconnaît un caractère contagieux. Les symptômes qu'il en donne sont exactement les mêmes que ceux de la maladie de CoICny (2).

Peupion cite un cas de paraplégie infectieuse (3).

(1) Le Calvé, *Recueil d'hygiène*, année 1900.
(2) Rohr, *id.*, année 1902.
(3) Peupion, *id.*, année 1900.

Moi-même j'ai relevé quatre cas de paraplégie franchement infectieuse.

Dans tous les cas, la mort survient très rapidement, et toutes les autopsies ont révélé une forte congestion des méninges au niveau de la région lombaire.

MOYENS PRÉVENTIFS. — *Hémiplégie*. — Éviter toutes les causes susceptibles de provoquer des hémorragies de la moelle ou ses altérations.

Paraplégie. — On combattra préventivement cette maladie par les moyens déjà indiqués pour combattre les hémorragies et les myélites. On évitera aussi les chutes et les traumatismes sur la colonne vertébrale, les efforts violents.

L'hygiène et le travail des chevaux sanguins pléthoriques seront particulièrement surveillés : travail régulier, sans à-coups, sans surmenage ; boissons blanches de temps en temps, nourriture rafraîchissante. Éviter les refroidissements brusques, les fourrages irritants ou toxiques.

Diminuer la ration de tout cheval qui devra être laissé momentanément dans un repos prolongé. S'il est de tempérament sanguin, en profiter pour lui donner des aliments rafraîchissants.

Contre le défaut de masturbation assez fréquent chez les chevaux entiers, il n'y a qu'un remède : la castration.

Enfin on surveillera la marche de la gourme, de la pasteurellose, ces maladies pouvant se compliquer de paraplégie.

Paraplégie infectieuse. — Lorsque, dans une écurie, on aura constaté un cas de paraplégie infectieuse, les mesures les plus rigoureuses seront ordonnées : isolement du malade et de ses deux voisins ; enlèvement et incinération des litières des trois chevaux isolés ; désinfection rigoureuse des intervalles.

A l'égard des autres chevaux : bains d'air, travail régulier, mais modéré, entretien des litières ; suppression de l'éponge dans le pansage.

Le microbe de la paraplégie infectieuse pouvant très bien prospérer dans les litières, le mieux serait d'enlever complètement la litière de l'écurie entière, de l'incinérer et de procéder ensuite à une désinfection complète de l'écurie.

L'eau des boissons sera surveillée ; si besoin est, on en précipitera les matières organiques par l'addition de sulfate de fer. On éliminera de la ration les fourrages poussiéreux, humides, même ceux de qualité médiocre.

Méningite cérébro-spinale épizootique. — Maladie due à l'infection des centres nerveux par un microbe spécifique se développant dans les méninges cérébrales et spinales (Nocard et Leclainche). Elle peut revêtir un caractère épizootique. On l'a vue plusieurs fois à l'état enzootique, en Saxe, en Angleterre, en Hongrie, en Russie, et même aux États-Unis.

C'est une maladie à évolution rapide et toujours mortelle.

ÉTIOLOGIE. — C'est une affection de printemps et d'été, que favorisent à un haut degré les mauvaises conditions hygiéniques, l'état pléthorique, le surmenage.

Mais le véritable agent, l'agent déterminant de la maladie, est un microcoque découvert par Siedamgrotzky et Schlegel, d'une part, et Johne, d'autre part.

Mais la découverte de cet agent n'a pas jeté un grand jour sur le mode de transmission de la maladie. On ignore encore comment elle se propage et quels sont les rayons d'action de la contagion.

Les litières jouent-elles un certain rôle ? Je le crois volontiers.

Dans la Saxe, où la maladie est souvent épizootique, on s'accorde à dire que c'est surtout une maladie à foyers.

SYMPTÔMES.—Les caractères de la méningite apparaissent violents dès le début de la maladie. On observe alternativement de l'excitation avec hyperesthésie cutanée, de la dépression, de la somnolence, du coma.

La fièvre est assez accusée. Le thermomètre oscille entre 39 et 41°.

D'autres symptômes sont spéciaux à cette maladie :

contractures des muscles de la face et de l'encolure, des lèvres, de l'œil, des muscles de la nuque.

Ces contractures ont un caractère tout particulier et sont très accusées. Elles déterminent souvent du strabisme, du trismus. La contracture des muscles de la nuque et de la partie supérieure de l'encolure avec extension forcée et douloureuse de la tête est en quelque sorte un signe pathognomonique de la maladie. Dans la Saxe, on désigne cette contracture sous le nom de *crampe de la nuque*.

Souvent il y a de la contracture des muscles du pharynx avec dysphagie consécutive. Tous les sphincters sont également contractés.

Lorsque ces contractures cessent, le malade est immobile, prostré et insensible à tout ce qui se passe autour de lui. Il se déplace difficilement dans sa stalle, pousse au mur, ou est à bout de longe. Si on le met en liberté, il a de la tendance à marcher en cercle. Si on l'oblige à marcher, il butte et tombe fréquemment. L'allure d'ailleurs a un véritable caractère ataxique.

Puis des symptômes de paralysie apparaissent avec constipation opiniâtre, rétention ou incontinence d'urine. Finalement le malade meurt de paralysie ascendante, absolument comme dans la paraplégie infectieuse.

Moyens préventifs. — Mêmes mesures que pour combattre la paraplégie infectieuse.

Ataxie locomotrice. — Je crois pouvoir comprendre sous ce nom un ensemble de symptômes communs à diverses maladies du système cérébro-spinal. C'est ainsi qu'on observe des symptômes ataxiques dans la paraplégie infectieuse et dans la méningite cérébro-spinale épizootique à leur début, dans les myélites, dans la méningo-encéphalite, dans les maladies du cervelet et du bulbe, dans la dourine.

J'ai eu l'occasion de soigner, au 2e Hussards, un cas très intéressant d'ataxie locomotrice.

J'ai porté le diagnostic ataxie locomotrice sans autre

vocable, parce que je ne me suis pas senti assez autorisé pour diagnostiquer une lésion bien déterminée du cerveau et de la moelle. Peut-être l'autopsie aurait-elle éclairé ma lanterne, mais le cheval a eu l'outrecuidante maladresse de guérir.

SYMPTÔMES. — L'ataxie locomotrice se manifeste par l'incoordination des mouvements, sans paralysie des muscles mais avec disparition, comme chez l'homme, de certains réflexes. On constate surtout de l'irrégulairté de la marche très manifeste dans la propulsion des membres postérieurs.

MOYENS PRÉVENTIFS. — Les symptômes de l'ataxie sont certainement liés à une infection microbienne. On devra donc user des moyens indiqués pour combattre la paraplégie infectieuse. On surveillera, surtout pendant les épizooties, la marche de la gourme et de la pasteurellose.

CHAPITRE XIX

MALADIES CONTAGIEUSES ET INFECTIEUSES

Affections morvo-farcineuses. — Lymphangite épizootique. — Lymphangite ulcéreuse.

Morve. — C'est une maladie contagieuse, inoculable, qui se manifeste par la production de tubercules dans certains organes, d'ulcérations sur les muqueuses et sur la peau, et qui est due à la pullulation dans l'organisme d'un microbe spécifique.

On a observé la morve chez l'homme et chez tous les animaux domestiques ; mais elle n'est le résultat d'une contagion vraiment naturelle que chez le cheval, le mulet et l'âne.

Depuis que les derniers travaux ont jeté une grande lumière sur l'étiologie et la nature de cette maladie, il est reconnu et admis par tous aujourd'hui que la morve peut revêtir deux formes absolument distinctes, quoique de nature absolument indentique : une forme dans laquelle les lé-

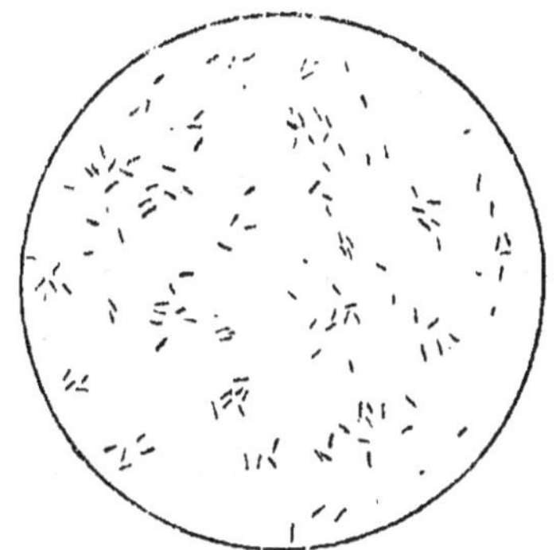

Fig. 35. — Bacilles de la morve provenant d'une culture sur pomme de terre) (Galtier, *Maladies contagieuses*).

sions ont leur siège sur les muqueuses et sur le poumon, c'est la morve *proprement dite* ; une autre forme dans laquelle les lésions sont surtout localisées à la peau, c'est le *farcin* ou *morve cutanée*.

Suivant que les symptômes et les lésions évoluent plus

ou moins rapidement et avec plus ou moins d'intensité, ils donnent naissance à la *morve aiguë* ou à la *morve chronique*.

Les divisions de la morve chronique en *farcin* ou *morve cutanée, morve nasale, morve laryngo-trachéale, morve pulmonaire* ou *morve interne*, ne sont que des manifestations diverses d'un même état pathologique.

ÉTIOLOGIE. — La morve a pour agent déterminant un microbe spécifique dont la pullulation dans l'organisme donne naissance aux diverses manifestations citées plus haut. Ce microbe est un fin bacille aérobie, qui se colore par les bleus de Lœffler ou de Kühne, et qui se cultive facilement dans presque tous les milieux dont la température oscille entre 25 et 40°.

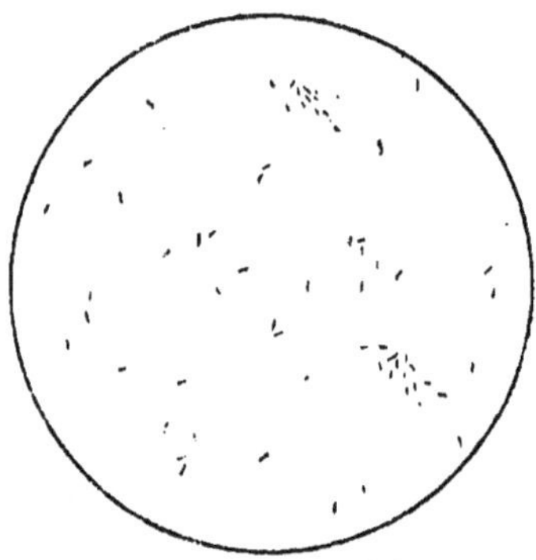

Fig. 36. — Bacilles de la morve provenant d'une culture en bouillon (Galtier, *Maladies contagieuses*).

MODE DE CONTAGION. — On admet que, dans la morve aiguë, si commune chez l'âne, la virulence est disséminée dans tout l'organisme, tandis que, dans la morve chronique, ce sont surtout les lésions spécifiques qui sont virulentes. De même les produits de sécrétion ou d'excrétion : salive, jetage, urine, mucus intestinal, excréments, peuvent devenir contagieux lorsqu'ils ont été souillés au contact des lésions spécifiques.

La contagion peut se faire par contact direct, de cheval à cheval, de naseaux à naseaux, lorsque des chevaux sont les voisins d'un cheval morveux. Mais le plus souvent elle s'effectue par l'intermédiaire des objets qui ont été souillés par les matières virulentes : litières, fourrages, mangeoires, râteliers, bat-flancs, seaux, abreuvoirs, baquets, brosses, étrilles, éponges, harnachement, couvertures, etc.

La transmission de la maladie a lieu surtout dans les locaux habités par les chevaux, écuries des régiments, surtout les écuries de la remonte, où la morve est quelquefois apportée de chez les marchands, et même de chez les éleveurs. Elle peut se faire sous les hangars à ferrer, dans les camps, et lorsque les chevaux sont à la corde, dans les cantonnements pendant les grandes manœuvres, et dans les routes, où les chevaux sont exposés à occuper des locaux contaminés. Les chevaux errants, chevaux de halage, sont plus exposés que d'autres à contracter la morve.

En 1906, pendant la route d'aller du 5e régiment d'artillerie de Besançon à Pontarlier pour les écoles à feu, un cheval de la 13e Batterie a séjourné pendant une nuit et un jour dans une écurie de marchand de porcs où se trouvait un cheval atteint de morve. Le propriétaire du cheval savait-il

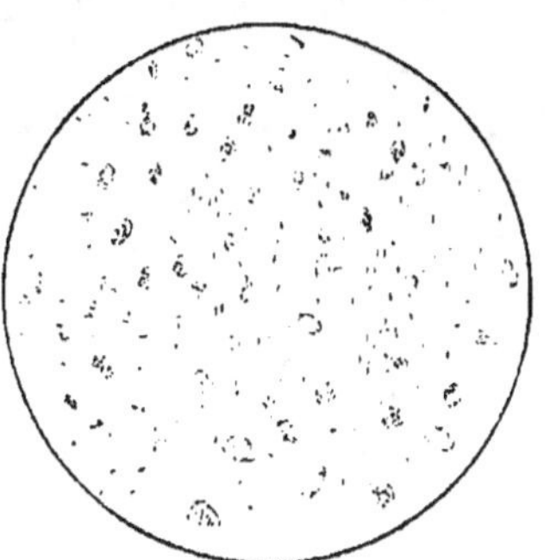

Fig. 37. — Bacilles de la morve provenant d'un chancre nasal d'un cheval (Galtier, *Maladies contagieuses*).

ou ignorait-il que son cheval était atteint de cette redoutable maladie? Mais ce qu'il y a de certain, c'est que, le matin même de l'arrivée dans le cantonnement de la 13e Batterie, il enleva son cheval et laissa occuper l'intervalle par le cheval du capitaine commandant la Batterie.

Quinze jours après, le cheval de ce propriétaire était abattu pour morve, et le régiment n'était informé de ce fait qu'un mois après l'abatage du cheval.

Ce fut dans le régiment un émoi indescriptible. Mais je n'hésitai pas. J'isolai aussitôt le cheval suspect et 7 chevaux qui avaient été en contact plus direct avec lui, et je soumis ces huit chevaux à l'épreuve de la malléine. Le résultat de la malléinisation fut négatif pour les huit chevaux. Voilà donc un cheval qui séjourne vingt-quatre heures dans une écurie contaminée, et à la place même occupée la veille par un cheval morveux, et qui sort indemne de cette situation. Pourquoi? Tout simplement parce que ce cheval n'eut pas l'occasion d'absorber le virus morveux, parce qu'il n'avait pas de portes ouvertes à l'infection, ou bien encore parce qu'il était absolument réfractaire. On ne peut plus nier aujourd'hui que certains sujets sont absolument réfractaires aux maladies contagieuses. Il y a des chevaux réfractaires à la morve, à la pasteurellose, comme il y a des hommes réfractaires à la tuberculose.

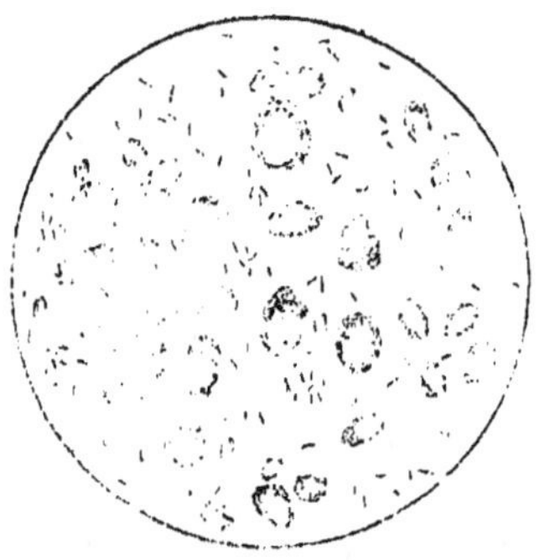

Fig. 38. — Bacilles de la morve provenant d'un chancre trachéal d'un cheval (Galtier, *Maladies contagieuses*).

Tout cela est une affaire d'équilibre, et le cheval en question, cheval d'officier, était en très bon état, sans plaies extérieures, parfaitement sain et par conséquent en parfait état d'équilibre.

Mais les choses ne se présentent pas toujours ainsi, et c'est encore trop souvent que les régiments rapportent la morve des grandes manœuvres, maladie qu'ils ont contractée dans les cantonnements, soit dans les écuries des propriétaires, soit dans les écuries d'auberge, soit aux abreuvoirs communs, qu'on avait oublié de désinfecter.

La contagion peut aussi se faire dans les wagons, lorsque ceux-ci ont été contaminés et incomplètement désinfectés.

Enfin la contagion de la morve est d'autant plus redoutable que la morve chronique peut passer pendant longtemps inaperçue, qu'elle peut être méconnue, même des vétérinaires, et devenir ainsi un danger permanent. On a vu des animaux sains en apparence propager la maladie.

C'est généralement par les voies digestives, apporté par les fourrages, les boissons, que pénètre l'agent spécifique de la maladie. Il peut aussi pénétrer par les muqueuses, surtout la muqueuse nasale, lorsque celles-là sont enflammées ou présentent des érosions ou des plaies.

Une fois introduit dans l'organisme, le microbe de la morve produit-il toujours et fatalement des ravages ?

Nocard et Leclainche ont démontré que, contrairement aux convictions acquises, la pénétration accidentelle du bacille morveux est loin d'être fatale chez le cheval. Les animaux résistent dans la grande majorité des cas à une première invasion, et ils guérissent s'ils sont soustraits à des infections nouvelles (1).

Est-ce ce qui s'est passé à l'égard du cheval du 5e régiment d'Artillerie?

Néanmoins on ne doit pas ignorer que, si le bacille de la morve est un microbe peu résistant, peu tenace, et qui meurt volontiers, les nombreuses conditions dans lesquelles il se propage le rendent dangereux au premier chef. J'en ai acquis la certitude à mes débuts dans

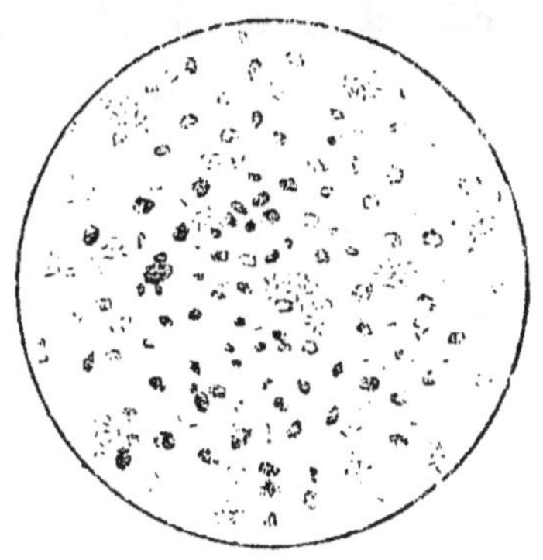

Fig. 39. — Bacilles de la morve provenant d'un tubercule pulmonaire d'un cheval (Galtier, *Maladies contagieuses*).

l'armée. En 1878, à ma sortie de Saumur, je débutai au 4e Dragons, à Joigny. C'était un début assez original, puisque je tombais, sans m'en douter, dans un régiment contaminé par la morve. On abattait trois ou quatre chevaux par mois, et je me souviens avoir contracté, en pratiquant l'autopsie d'un cheval morveux, mort d'infection purulente, un superbe tubercule anatomique.

Toutes les mesures prises restaient sans effet, et il semblait impossible de se débarrasser de la maladie, quand le hasard voulut qu'un jour je découvris, à la bibliothèque de la ville, un petit ouvrage manuscrit sur le séjour des Prussiens dans

____

(1) Nocard et Leclainche, *Maladies microbiennes*.

la ville de Joigny pendant la guerre de 1870. Je lus dans cet ouvrage que le quartier de Joigny avait été affecté pendant un certain temps à une infirmerie, sorte de dépôt de campagne, et que l'écurie d'où partait en quelque sorte les poussées morveuses avait renfermé des chevaux morveux et suspects de morve.

Sept ans après, le régiment se débattait toujours contre la morve, et ce ne fut que lorsque l'écurie cause de tout le mal fut complètement rasée que la morve disparut à tout jamais du quartier.

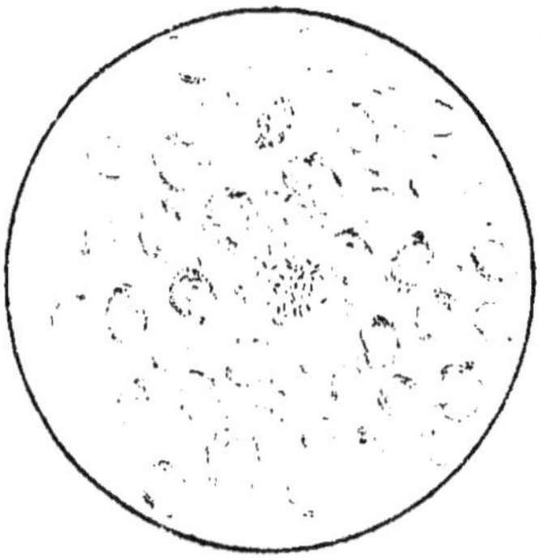

Cela prouve que le microbe de la morve est plus résistant qu'on ne le croit généralement, et combien il est urgent de ne pas hésiter à prendre contre cette maladie les mesures non seulement les plus rigoureuses, mais les plus draconiennes.

La morve est une maladie essentiellement contagieuse. Presque tous les animaux domestiques peuvent la contracter. Les animaux les plus sensibles sont l'âne,

Fig. 40. — Bacilles de la morve provenant d'un ganglion malade d'un cheval (Galtier, *Maladies contagieuses*).

le mulet, le cheval ; chez l'âne, elle revêt très souvent la forme aiguë. Enfin l'homme peut contracter la morve. Le nombre des vétérinaires et des hommes d'écurie qui sont morts de cette redoutable maladie est malheureusement trop grand.

Morve aiguë. — Symptômes. — Dès le début, on observe une fièvre accusée ; la température atteint 40 et 41° ; l'appétit est nul, la soif intense ; toutes les muqueuses sont injectées, le poil est terne, piqué, et déjà les déplacements dans la stalle et la locomotion sont pénibles.

Au bout de deux ou trois jours apparaissent des manifestations locales. La pituitaire laisse voir très apparentes des taches ecchymotiques, au centre desquelles se montrent des vésico-pustules, qui s'ouvrent rapidement et laissent à découvert de petites surfaces ulcéreuses qui forment bientôt autant de *chancres* (chancres morveux).

En même temps les naseaux laissent écouler un jetage, d'abord séreux, puis muco-purulent. Ce jetage, souvent strié de sang, est de teinte jaune foncé, poisseux et assez abondant.

Ces symptômes s'accompagnent presque toujours d'engorgement œdémateux des membres, des épaules, du fourreau et de l'extrémité inférieure de la tête.

Les ganglions sous-glossiens, inguinaux, sont très tuméfiés, très douloureux. Quelquefois ils s'abcèdent dans leur centre et laissent écouler un pus mal lié, de couleur safranée ou lie de vin.

Des traînées lymphatiques se forment un peu partout avec des boutons disséminés sur leur trajet ou des cordes très apparentes.

Bientôt les boutons se ramollissent et forment des plaies chancreuses, de couleur rouge sombre, ayant une certaine tendance à creuser.

Puis les symptômes généraux s'aggravent. La température se maintient à 41°; l'animal maigrit et finit par mourir épuisé entre le vingtième et le trentième jour.

Pendant le cours de la morve aiguë, des complications surviennent toujours : orchite, vaginite, arthrites, synovites morveuses.

Morve chronique. — La morve chronique se présente ou sous la forme de *farcin* ou morve cutanée, ou bien encore sous la forme plus commune de *morve proprement dite.*

Farcin, morve cutanée. — Le farcin peut exister seul ou accompagner la morve proprement dite.

Sur les parties du corps où la peau est particulièrement fine, telles que la face interne des cuisses, les flancs, l'encolure, apparaissent de petites tuméfactions du volume d'une noisette à un œuf, et qui sont formées aux dépens de la peau et du tissu conjonctif sous-cutané.

Bientôt ces tuméfactions s'affaissent, et il reste un nodule arrondi, indolore, fluctuant à son centre. Ce nodule (*bouton farineux*) s'abcède au bout de quelques jours et laisse écouler un liquide jaunâtre, visqueux, strié de sang.

La nature huileuse de ce liquide lui a fait donner le nom d'*huile de farcin*.

La plaie qui résulte de l'abcédation du bouton farcineux prend bien vite un caractère ulcéreux. Elle se creuse, s'étend en surface, alors que ses bords sont taillés à pic. C'est le *chancre farcineux*.

Lorsque plusieurs chancres sont voisins, ils peuvent se réunir et former une large plaie qui va toujours en s'étendant et en creusant.

En même temps que se forment les boutons, la lymphangite farcineuse apparaît. Tous les ganglions situés dans le voisinage des boutons s'enflamment Des œdèmes chauds, douloureux, se forment, au centre desquels se montrent toujours des traînées lymphatiques et un cordon dur, volumineux, faisant hernie sur la surface de l'engorgement. Ce cordon est formé par les parois enflammées et épaissies du vaisseau lymphatique. C'est la *corde de farcin*.

Sur la corde de farcin apparaissent souvent, sur plusieurs points de son trajet, des renflements arrondis ou ovalaires formant une sorte de chapelet (*chapelet farcineux*).

Ces renflements, de la grosseur d'une noisette, constituent autant de tumeurs qui évoluent à la façon du bouton farcineux.

Cependant que la corde farcineuse se forme, on voit apparaître, au niveau des ganglions, un engorgement œdémateux, chaud et douloureux.

C'est la période d'évolution de l'*adénite farcineuse*.

On voit aussi se produire quelquefois sur les côtes des *kystes farcineux*.

Morve proprement dite. — Dans l'énumération des symptômes, j'adopterai la classification établie par Nocard et

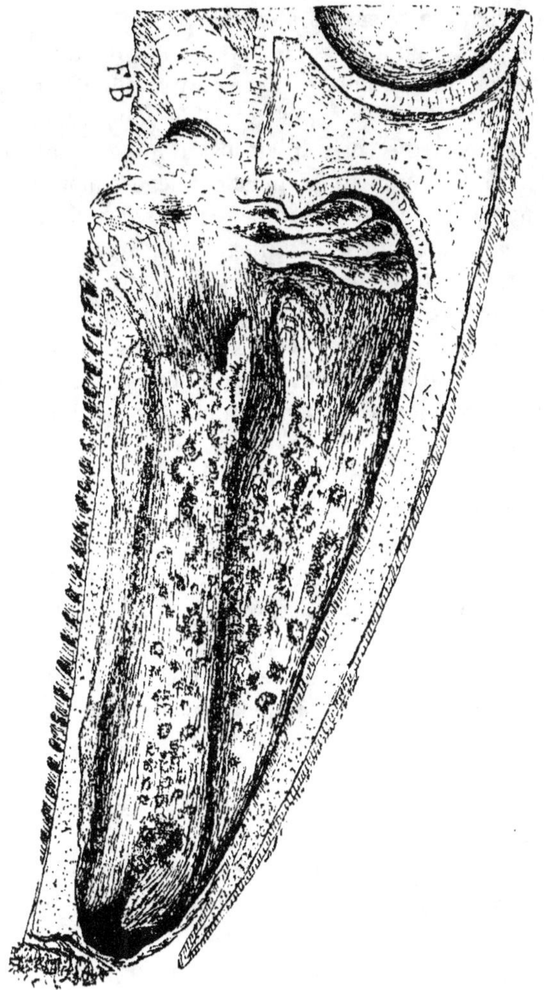

Fig. 41. — Morve de la pituitaire (Galtier, *Maladies contagieuses*).

Leclainche : *morve nasale*, *morve laryngo-trachéale*, *morve pulmonaire*.

Morve nasale. — Les trois symptômes principaux de la morve nasale, les symptômes en quelque sorte classiques, sont le *chancre*, le *jetage* et la *glande*.

Chancre. — Le chancre se forme sur la pituitaire, où il se présente sous l'apparence d'une petite plaie arrondie, à bords saillants et taillés à pic, durs, de consistance cartilagineuse. Le fond de cette plaie est d'un gris jaunâtre et recouvert d'un liquide muco-purulent légèrement poisseux.

Le chancre débute soit par une vésicule, soit par un bouton qui s'abcède à son centre et finit par s'ulcérer.

La formation des chancres sur la pituitaire détermine dans un rayon assez étendu de la thrombose des vaisseaux veineux. Certains de ces vaisseaux s'obstruent simplement, d'autres se rupturent en produisant des *épistaxis* qui sont alors d'une importance diagnostique des plus caractéristiques.

Jetage. — Le jetage de la morve nasale chronique varie en raison de l'intensité, de l'étendue et de l'ancienneté des lésions.

Le plus souvent ce jetage est unilatéral, continu, plus abondant cependant pendant l'exercice et le travail. Il est de nature visqueuse, poisseuse, adhérent aux ailes du nez, autour desquelles il se dessèche en croûtes gris foncé.

Au début, le jetage est simplement muqueux ; ce n'est que lorsque les chancres sont formés qu'il devient muco-purulent, jaunâtre. Il renferme quelquefois, surtout dans la morve déjà ancienne, des grumeaux caséeux. Il est presque toujours strié de sang.

Glande. — La glande qui accompagne l'ulcération de la pituitaire a son siège dans l'auge. Elle est unilatérale ou bilatérale, arrondie, indolore, uniformément dure, mamelonnée à sa surface, rarement adhérente à la peau, fixée profondément dans l'auge, où elle semble soudée au maxillaire.

Mais ces caractères de la glande morveuse n'existent aussi accusés que lorsque la morve est déjà ancienne. Au début, elle n'est pas aussi caractéristique, et il est possible de la confondre avec d'autres glandes.

La glande morveuse suppure rarement. Dans la morve

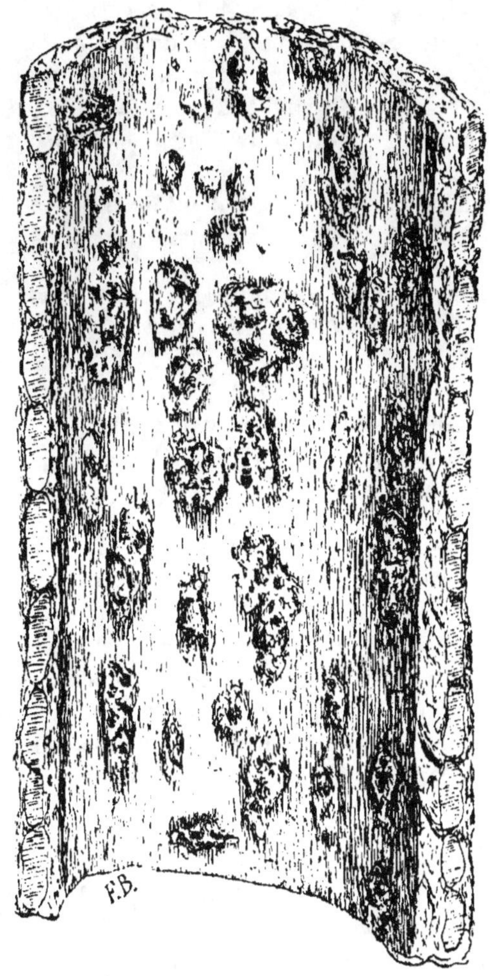

Fig. 42. — Morve laryngo-trachéale (Galtier, *Maladies contagieuses*).

nasale chronique, comme dans la morve aiguë, on observe souvent des épistaxis abondantes.

Morve laryngo-trachéale.—Cette forme de la morve a été

étudiée pour la première fois par Abadie, d'où le nom qui lui a été donné de *morve d'Abadie*. Elle se caractérise par la présence de chancres sur la muqueuse du larynx, ou sur celle de la trachée, ou sur les deux muqueuses à la fois. On constate alors une grande sensibilité du larynx et de la trachée, de la toux et de l'expectoration de mucosités purulentes striées de sang.

Cette forme de la morve est d'autant plus dangereuse qu'elle peut très bien être méconnue.

Morve pulmonaire (*Morve interne*). — Dans cette forme de la morve, les symptômes sont généralement peu accusés, souvent nuls.

Lorsqu'ils existent, ils ne sont pas suffisants pour permettre au praticien de porter un diagnostic sûr.

Tantôt on note des signes de bronchite chronique, tantôt des signes de pleurésie locale.

COMPLICATIONS. — Pendant le cours de la morve chronique, on observe souvent des complications dont les principales sont la *collection des sinus*, la *collection des poches gutturales*, la *lymphangite réticulaire*, l'*orchite morveuse*, les *arthrites*, les *synovites*, plus rarement la *kératite morveuse ulcéreuse*.

Enfin des symptômes généraux de la morve chronique méritent d'être signalés : anémie profonde, amaigrissement, appétit capricieux, poil terne, piqué.

Certains auteurs signalent la fragilité des os des membres des chevaux atteints de morve chronique.

MARCHE DE LA MALADIE. — Elle a une grande importance au point de vue de la contagion. Généralement cette marche est variable. Sur certains sujets, la maladie peut se caractériser par des formes muettes et passer inaperçue pendant des années. Sur d'autres, la morve évolue plus rapidement et par poussées subaiguës successives.

Mais ne perdons pas de vue que les chevaux en parfait état d'équilibre, les chevaux bien nourris, ne présentent pas un terrain favorable à l'envahissement de la maladie.

RÉCEPTIVITÉ. — Ce sont les **solipèdes** qui sont le plus exposés à contracter la morve. Par ordre d'impressionnabilité décroissante, l'*âne* occupe le premier rang, le *mulet* le deuxième rang, le *cheval* le troisième rang.

Chez l'âne, la morve se montre toujours, ou presque toujours, à l'état aigu ; chez le mulet, à l'état subaigu ; chez le cheval, à l'état chronique.

L'homme, comme presque tous les animaux, peut contracter la morve soit sous la forme de morve proprement dite, soit sous celle de farcin.

DIAGNOSTIC DIFFÉRENTIEL. — On ne doit pas pouvoir confondre la morve avec l'*anasarque*, la *fièvre charbonneuse*, la *gourme*, la *pasteurellose*. Les lésions relevées sur la muqueuse pituitaire suffisent à différencier la morve de ces **quatre maladies.**

Dans certains cas d'*anasarque*, losrqu'il y a nécrose de la pituitaire, gangrène et jetage de mauvais aspect, la différenciation est plus difficile. Cependant il est possible de fixer son diagnostic en tenant compte des autres symptômes qui peuvent exister. Mais, dans les cas douteux, il est prudent d'isoler et de prendre des mesures sanitaires énergiques.

Le *horse-pox* ne doit pas être confondu avec la morve. Les symptômes généraux sont peu accusés. En outre, il est rare qu'on ne trouve pas une éruption pustuleuse sur la muqueuse buccale, sur la conjonctive, même sur la peau autour des lèvres et des naseaux.

Le *farcin chronique* peut être confondu avec la *lymphangite simple*, la *lymphangite ulcéreuse*, la *lymphangite épizootique.*

Dans la lymphangite simple, la maladie se termine ordinairement par résolution en dix ou quinze jours. Les abcès qui se forment se cicatrisent facilement. La lymphorragie persiste rarement.

La lymphangite ulcéreuse se caractérise par des boutons qui s'abcèdent et donnent écoulement à du pus huileux. Les plaies qui en résultent ressemblent assez au chancre farcineux ; mais elles se cicatrisent assez facilement.

La lymphangite épizootique (*farcin de Naples, farcin d'Afrique*) donne surtout naissance à des plaies bourgeonneuses. Elle guérit assez facilement.

PROPHYLAXIE. — La morve étant contagieuse à l'homme, on comprendra qu'on ne saurait employer pour la combattre des mesures prophylactiques trop rigoureuses.

Toute la prophylaxie roule sur les deux principes suivants : 1º découvrir les animaux malades, douteux ou suspects. 2º Empêcher par tous les moyens la propagation et la diffusion de la maladie dans les milieux infectés ou non infectés.

Mais comment découvrir les morveux ?

Cette découverte sera facilitée par l'inspection rigoureuse des foires et marchés, des abattoirs hippophagiques, des clos d'équarrissage. D'autre part, l'opération du recensement des chevaux peut faciliter aussi, dans une certaine mesure, la découverte des chevaux morveux.

Si, par suite de ces différentes inspections, un cheval morveux est découvert, une enquête complète doit être faite afin d'établir les origines de l'animal et de bien relever les différentes phases et étapes de son existence. Même enquête sera faite lorsqu'un vétérinaire découvrira un cheval morveux dans le rayon de sa clientèle.

Les chevaux des grandes compagnies, les chevaux des loueurs qui circulent beaucoup, les chevaux de halage, des voyageurs de commerce, des marchands ambulants, des forains, des romanichels, doivent être aussi très surveillés.

La suspicion de morve s'applique :

1º Aux animaux qui ont cohabité avec un cheval morveux ou qui ont séjourné dans un milieu infecté ;

2º Aux animaux qui présentent des lésions persistantes ayant quelque ressemblance avec les lésions de la morve : glande persistante, jetage chronique, lymphangite avec cordes et plaies persistantes.

MESURES A PRENDRE A L'ÉGARD DES CHEVAUX MORVEUX

ET DES SUSPECTS. — Tout cheval reconnu atteint de morve devra être *sans délai* abattu.

Les chevaux déclarés suspects devront être isolés et soumis sans aucun retard à l'épreuve de la malléine.

Les chevaux qui présenteront une réaction complète à la suite de la malléinisation et en même temps quelques signes cliniques de morve devront être abattus.

Ceux qui présenteront simplement de la réaction (complète ou incomplète) sans signes cliniques seront isolés et soumis un mois après à une deuxième épreuve de malléine.

Ceux qui ne réagiront pas pourront être considérés comme sains.

Lorsqu'un cheval morveux a été découvert dans un effectif nombreux de chevaux, il est prudent de soumettre tous les chevaux de cet effectif à l'épreuve de la malléine. C'est une mesure qui rassure et peut empêcher de véritables ravages.

MESURES SANITAIRES GÉNÉRALES. — *Locaux.* — Les locaux dans lesquels on aura découvert un cheval morveux devront être entièrement évacués et désinfectés. Les murs seront raclés avant la désinfection, le sol refait si possible. Les litières seront incinérées.

Les ustensiles d'écurie seront brûlés.

Les coffres à avoine désinfectés.

Harnachement. — Voitures. — Le harnachement et les voitures auxquelles le cheval morveux a pu être attelé seront désinfectés rigoureusement.

Des mesures plus rigoureuses encore peuvent et devraient toujours être appliquées, ce sont celles rendues réglementaires dans l'armée. J'estime que ces mesures ont leur place marquée dans cet ouvrage, parce qu'elles sont applicables aussi bien aux chevaux isolés qu'aux chevaux qui sont réunis dans de grandes agglomérations.

PRESCRIPTIONS RELATIVES AUX ANIMAUX ATTEINTS DE MORVE OU DOUTEUX. — Dans les régiments où la morve règne, l'attention des vétérinaires doit particulièrement se porter sur les animaux en mauvais état et difficiles à refaire, sur ceux atteints de toux chronique, de boiterie sans cause appréciable, ou d'un appétit capricieux, sur ceux qui présentent des jetages intermittents, même sans mauvais caractères ; sur ceux qui laissent voir sur la pituitaire des taches rougeâtres, des élevures, des tubercules ou des granulations, sur ceux enfin qui ont au nez ou aux lèvres les moindres boutons ou plaies ulcéreuses.

Tous ces chevaux doivent être retirés du rang et mis à part pour être l'objet d'une surveillance journalière vétérinaire ; si le casernement le permet, ils seront isolés dans un local spécial.

Les chefs de corps veilleront rigoureusement à l'exécution de ces prescriptions (1).

Lorsque l'affection farcino-morveuse sera constatée dans un corps ou dans une fraction de corps, les autres corps de la garnison devront en être immédiatement prévenus, afin qu'ils puissent prendre des dispositions pour éviter, autant que possible, tout contact avec le régiment infecté (2).

Un intérêt de premier ordre s'attachant à ce que l'autorité civile soit immédiatement avisée de l'existence d'une épizootie dans un corps de troupes à cheval, afin qu'elle puisse prendre, en temps utile, les mesures propres à empêcher l'extension du mal chez les particuliers, l'administration préfectorale sera avertie sans délai des épizooties qui viendraient à se déclarer dans les corps de troupes à cheval (3).

Par réciprocité, l'autorité militaire doit toujours être prévenue par l'autorité civile de l'existence des maladies contagieuses,

Les circulaires du 4 mai 1885, du 12 mai 1887, du 13 janvier 1896, prescrivent la déclaration à faire par les commissions de classement aux préfets, et par les préfets à l'auto-

(1) Note ministérielle du 27 janvier 1878.
(2) Note ministérielle du 10 mai 1886.
(3) Circulaire ministérielle du 18 novembre 1886.

rité militaire. lorsque la morve aura été reconnue dans une région.

Les vétérinaires chefs de service peuvent être autorisés à pratiquer des inoculations de contrôle dans les cas douteux de morve, lorsque l'utilité en sera reconnue. L'âne étant le meilleur réactif de la morve, les corps pourront, le cas échéant, acheter sur les fonds de la masse d'entretien du harnachement et ferrage un animal de cette espèce, même lorsque le prix d'achat dépassera 20 francs.

Les inoculations intrapéritonéales se feront sur des cobayes mâles, qui seront payés sur les mêmes fonds que les ânes.

L'expérience ayant démontré que la morve pouvait se communiquer par l'intermédiaire des abreuvoirs publics, une circulaire ministérielle prescrit de faire boire en route et dans les cantonnements autant que possible dans les cours d'eaux ou ruisseaux voisins de ces cantonnements, de préférence aux abreuvoirs de la localité.

Lorsqu'on sera forcé de recourir aux abreuvoirs publics, ces abreuvoirs seront vidés, nettoyés, et, quand cela sera possible, désinfectés avec de l'acide sulfurique (5 p. 100).

MALLÉINISATION. — Dès qu'un cas de morve est constaté, tous les animaux qui ont séjourné dans l'écurie du morveux doivent être soumis à l'épreuve de la malléine. Ses deux voisins immédiats sont isolés comme suspects ; mais, à partir de ce moment, aucun autre changement ne sera fait dans l'assiette du casernement.

Tout mélange entre chevaux des pelotons ou batteries, aussi bien que dans l'ordre des attelages, est interdit, soit pour les exercices journaliers, soit pour les manœuvres, pendant toute la durée des malléinisations.

ART. 3. — Après l'épreuve, les animaux seront divisés en trois groupes :

a. Le premier groupe comprendra ceux qui n'ont éprouvé aucune réaction organique ou thermique et qui peuvent être considérés comme sains ;

b. Dans le deuxième groupe seront rangés tous les animaux dont la température s'est élevée de plus de 1°, la réaction organique ayant fait plus ou moins défaut ;

c. Le troisième groupe sera composé de tous ceux qui auront réagi d'une façon complète : œdème volumineux, sensible, persistant, tristesse, prostration, tremblements musculaires, perte d'appétit, hyperthermie minima de 1°,5 au-dessus de la normale.

Les groupes *b* et *c* composeront la catégorie des suspects.

Art. 4. — Ces trois groupes seront, sans délai, isolés rigoureusement l'un de l'autre. Un personnel spécial, des ustensiles de pansage et d'attache, ainsi que des abreuvoirs ou des seaux seront affectés à leur usage exclusif.

Les animaux du groupe *a* conserveront leurs places respectives dans leur écurie ; ils prendront part aux travaux de l'escadron ou de la batterie. Ils seront soumis à une deuxième épreuve de la malléine un mois après la première, de façon à s'assurer qu'aucun d'eux n'avait au moment de la première épreuve le germe de la maladie.

Les animaux des groupes *b* et *c* sont suspects, mais à des degrés différents, ceux du groupe *c* plus que ceux du groupe *b* ; ils devront être l'objet d'une surveillance toute particulière.

Les animaux de ces deux groupes seront soumis à de nouvelles épreuves de la malléine.

Ceux du groupe *c* ne seront abattus que sur une seconde indication positive de la malléine ; ils seront enfermés dans des cellules individuelles, s'il en existe ou, à défaut, isolés au piquet ; en tout cas, ils seront mis hors d'état de nuire ou de se nuire entre eux. On veillera à ce que les animaux des groupes *b* et *c* ne pénètrent dans aucune écurie ou stalle autre que la leur, et surtout à ce qu'ils ne boivent jamais aux auges ou abreuvoirs communs.

A chacune des injections mensuelles, les animaux du groupe *b* qui viendraient à réagir complètement passeront au groupe *c*.

Ceux qui, à deux injections successives de malléine, répétées à un mois d'intervalle, n'auront présenté aucune réaction organique ou thermique, seront déclarés sains et remis dans le rang.

Les animaux du groupe *c* qui, à deux injections successives de malléine, pratiquées à un mois d'intervalle, auront continué à présenter une réaction complète et sans atténuation sensible, devront être abattus, même en l'absence de tout signe clinique.

Ceux d'entre eux qui, en outre de la réaction organique et thermique à la malléine, viendraient à présenter l'un quelconque des signes cliniques de la morve ou du farcin (glande, jetage, épistaxis, lymphangite, sarcocèle, |ulcération nasale ou cutanée), seront abattus sans délai.

Au contraire, ceux dont les réactions à la malléine iraient en s'atténuant seront conservés isolés, puis injectés tous les mois. Lorsqu'ils auront pu subir deux injections successives de malléine sans réaction aucune, thermique ou organique, ils seront déclarés sains et reprendront leur service normal.

Art. 5. — En principe, tout animal qui, ayant été soumis à l'épreuve de la malléine, n'a présenté aucune réaction organique et thermique doit être regardé comme indemne de morve, quelle que soit l'apparence des symptômes qu'il présente.

Néanmoins, toutes les fois que l'on pourra recueillir sur l'animal suspect soit du jetage, soit du pus, on sera tenu de faire, en outre de l'injection de malléine et parallèlement à elle, des inoculations de contrôle, soit sur l'âne, soit sur le cobaye mâle...

Art. 6. — Seront considérés comme suspects et donneront lieu aux épreuves de malléine et d'inoculations de contrôle tous les cas de lymphangites suppurantes ou autres qui se manifesteront dans les corps de troupes ou établissements militaires.

Art. 7. — Il est formellement interdit de soumettre à un traitement médical quelconque un animal morveux, ou simplement suspect de morve ou de farcin. Dans ce dernier cas, sont seules autorisées les interventions destinées à déceler l'existence de la morve.

Art. 8. — Dans les escadrons, batteries ou groupes ayant présenté un seul cas de morve, ou même un seul cas suspect, on dressera aussitôt et on affichera dans les écuries des listes de voisinage, fixant l'emplacement actuellement occupé par chaque animal.

A partir de ce moment, toute mutation sera interdite jusqu'à nouvel ordre, et l'on assurera, autant que possible, l'affectation individuelle des moyens d'attache, des bridons, des effets de pansage et de harnachement.

Pour la technique de la malléinisation, voir *Instruction et règlement du 20 septembre 1895.*

Une instruction nouvelle sur les mesures à prendre en cas de morve a paru le 20 décembre 1906 (1).

____

(1) *Bulletin officiel*, part. régl., p. 1701.

Cette instruction complète celle du 20 septembre 1895 modifiée par les circulaires du 8 avril 1900 et du 26 avril 1905. Elle contient des paragraphes relatifs à la malléinisation, à la nature de la malléine, à la technique de la malléinisation, à l'action de la malléine chez les chevaux sains ou non morveux, chez les chevaux morveux, à la catégorisation des sujets, aux inoculations de contrôle, à la désinfection partielle, à la désinfection générale.

Cette instruction reproduit toutes les prescriptions renfermées dans l'instruction de 1895 et en ajoute d'autres.

Parmi celles qui arment encore plus les vétérinaires contre la contagion, il y a lieu de retenir :

Art. 4. — L'usage des éponges doit être supprimé pendant toute la durée de l'épizootie.

Art. 6. — Seront considérés comme suspects et donneront lieu aux épreuves de malléine :

a. **Tous les animaux présentant un symptôme quelconque pouvant faire craindre l'existence de la morve** et ceux dont le mauvais état est permanent ;

b. **Tous ceux qui ont été voisins immédiats d'un cheval abattu pour morve, ou qui ont habité la même écurie que lui.**

Art. 18 (Catégorisation des sujets). — Les animaux sont divisés en quatre groupes : A, B, C, D.

Le groupe D, — groupe nouveau, — comprend les animaux provenant d'un milieu contaminé ou suspects pour une raison quelconque, et qui ne peuvent être malléinés parce qu'ils sont déjà hyperthermiques.

Art. 19. — Les groupes B, C, D, seront, sans délai, isolés rigoureusement.

Art. 20. — Dans aucun cas, un animal ne pourra être isolé plus de six mois. Passé ce délai, il sera abattu par mesure économique. Le délai ne sera que de trois mois s'il existe des symptômes cliniques de suspicion de morve, et les douteux seront abattus alors même que les inoculations seraient restées sans résultat.

Art. 21 (Inoculations de contrôle). — On sera tenu de faire, en outre de l'injection de malléine, et parallèlement à elle, des inoculations de contrôle, soit sur l'âne, soit sur le cobaye, soit, si possible, sur le chien...

Toutes les fois qu'il sera possible de récolter un produit suspect au sein d'une lésion (corde, bouton lymphatique, etc.), on utilisera de préférence ce produit pour l'inoculation critère.

Le jetage devra être recueilli avec toutes les précautions d'asepsie et autant que possible dans la profondeur des cavités nasales à l'aide d'un écouvillon stérilisé.

Alors même que l'animal ne présenterait pas de jetage, l'écouvillonnage des cavités nasales est susceptible de fournir un produit qui peut être utilement employé.

Les inoculations seront pratiquées autant que possible simultanément chez l'âne, le chien et le cobaye ; sur les deux premiers animaux, à l'aide de scarifications frontales, et sur le cobaye mâle par injection intrapéritonéale ou sous-cutanée. Chez l'âne et le chien, en cas de résultat positif, les scarifications qui semblaient en voie de cicatrisation se rouvrent bientôt et prennent l'aspect de tranchées ulcéreuses caractéristiques. Très rapidement, la mort survient chez l'âne, par poussée de morve aiguë, tandis que chez le chien la cicatrisation se produit lentement.

Des *résultats positifs* donnent lieu à l'*abatage immédiat* du cheval suspect. Chez le cobaye, à la suite d'inoculation sous-cutanée, un abcès local évolue qui s'ouvre en laissant une plaie ulcéreuse, tandis que le ganglion s'indure et s'hypertrophie. A la suite de l'inoculation intrapéritonéale, une orchite apparaît qui tue l'animal en un temps variable de cinq, huit à trente jours.

Toutefois, des microbes autres que les bacilles morveux étant susceptibles de produire, chez le cobaye, cette même réaction testiculaire, il convient de procéder à l'autopsie du cobaye inoculé, dans le but d'identifier, au microscope, les microbes contenus dans le pus de la gaine vaginale.

Dans le cas où cette opération ne pourrait être effectuée sur place, il conviendrait d'adresser à un laboratoire qualifié des lames de verre sur lesquelles on déssechera à l'air, après l'avoir étalée, une quantité de pus recueilli dans la gaine vaginale.

Des inoculations critères peuvent être exécutées également avec fruit pour l'identification des lésions nodulaires trouvées à l'autopsie d'animaux suspects ou morts accidentellement, ou sacrifiés pour une cause quelconque.

Il pourra être parfois utile d'adresser à un laboratoire qualifié, dans le but de pratiquer un séro-diagnostic, une petite quantité de sérum, ou, à défaut, de sang. Cette même récolte devra être pratiquée dans un but identique, chez les chevaux suspects qu'on ne pourra malléiner ou chez lesquels la malléine aurait donné une réaction atypique.

Chez les chevaux morveux, l'injection de malléine détermine les accidents suivants : tuméfaction inflammatoire chaude, tendue, douloureuse, toujours volumineuse, au niveau du point de l'injection ; traînées lymphatiques chaudes sensibles, partant du contour de la tumeur et se dirigeant vers les ganglions voisins. La tumeur s'accroît pendant trente-six heures et persiste pendant plusieurs jours. Elle ne disparaît qu'après cinq à six jours.

En même temps des symptômes généraux se produisent. L'animal est triste, prostré, sa face est grippée, son regard anxieux, son poil terne et hérissé. Le flanc se retrousse, la respiration se précipite. Des frissons apparaissent dans la région des muscles olécraniens et cruraux antérieurs. L'état général subit aussi des modifications, le cheval devient mou, paresseux, indifférent à tout ce qui l'entoure. Tous ces symptômes sont d'ordre organique et constituent la *réaction organique*.

La réaction thermique réside dans l'augmentation de la température, qui, chez le cheval morveux malléiné, s'élève graduellement de 1°,5, 2°, 2°,5, et plus au-dessus de la température normale.

Ces phénomènes organiques et thermiques peuvent durer vingt-quatre, trente-six et quarante-huit heures. Puis la température descend lentement pour revenir à la normale.

MESURES DE DÉSINFECTION. — ART. 14. — La désinfection sera de deux sortes :

1° Partielle ou locale, lorsqu'elle s'appliquera à des cas se manifestant successivement ou isolément dans des centres parfaitement circonscrits et déterminés, ne dépassant pas les limites du peloton ou d'un groupe d'animaux occupant une seule et même écurie ;

2° Générale, dans toutes les épizooties graves, comme, par exemple, lorsque plusieurs cas de morve éclatent simultanément sur divers points plus ou moins disséminés d'une agglomération importante ; et aussi toutes les fois que le rayon de dispersion de la maladie contagieuse dépassera les limites du peloton et du groupe.

DÉSINFECTION PARTIELLE OU LOCALE. — ART. 15. — Elle

s'effectuera en même temps que les épreuves de malléine prescrites par l'article 2 du présent règlement, sans que rien soit changé dans l'assiette du casernement. Elle portera tout d'abord sur les places occupées par le morveux et ses deux voisins. Elle s'étendra ensuite aux places occupées par les animaux formant les catégories *b* et *c* prévues par l'article 3.

Des recherches récentes ont établi que c'est par les voies digestives que s'effectue le plus souvent l'infection morveuse. En conséquence, l'effort de la désinfection portera surtout sur les *ingesta* et sur les réceptacles ou supports habituels, tels que : eau d'alimentation, litières, auge, seaux, baquets, mangeoires et râteliers ; puis sur les objets le plus souvent en contact avec la bouche des animaux, tels que brides, bridons, chaîne d'attache et de conduite ; effets de pansage, murs, pavages et séparations accessibles au lécher des animaux, etc.

On ne perdra pas de vue que le frottement prolongé et soigneux avec la brosse rude constitue l'élément essentiel d'une bonne désinfection.

On se rappellera en outre que le microbe de la morve est l'un des moins résistants qui existent et qu'il suffit d'une tempétarure de 58 à 60° pour le détruire ; qu'il ne résiste même pas à la simple dessiccation à l'air libre, lorsque celle-ci est complète et porte sur la totalité des mucosités susceptibles de l'enrober et de le conserver.

a. *Écuries.* — 1° Les intervalles à désinfecter seront débarrassés de toutes leurs litières et aliments quelconques contenus dans leur râtelier et dans leur mangeoire. Les interstices de leurs pavés seront raclés et soigneusement balayés. On incinérera ou l'on enfouira profondément tous ces détritus.

Nota. — Je ne suis pas partisan de l'enfouissement. On enfouit beaucoup trop de choses, même les morts, et cela constitue un danger. Je ne conçois que l'incinération, et j'estime que toute litière contaminée doit être incinérée.

2° Immédiatement après l'enfouissement ou l'incinération : premier lavage à grande eau des râteliers, mangeoires, murs de face et de côtés, séparations et pavés, toutes portes et fenêtres du voisinage étant ouvertes. Puis deuxième lavage plus soigneux avec la brosse dure et de l'eau aussi chaude que possible, contenant 4 p. 100 de crésyl ou de lysol. On s'attachera surtout à faire disparaître la crasse ou autres souillures apparentes, à faire pénétrer le liquide désinfectant dans tous les points, fissures et interstices des boiseries et des murs, en insistant surtout sur les parties vernissées ou revêtues d'un enduit gras quelconque. Ces deux lavages seront facilités, s'il est nécessaire, par des grattages superficiels ou profonds.

Nota. — Je recommande plus spécialement les projections de vapeur d'eau à plus de 100° s'il est possible. C'est encore la meilleure des désinfections préparatoires.

3º Deux jours après, badigeonnage général de tous les objets ci-dessus indiqués, avec un lait de chaux vive ayant une consistance semi-liquide, soigneusement étendu avec de volumineux pinceaux en crin. Ce lait de chaux sera préparé avec de la chaux vive d'excellente qualité, au moment même de son application.

L'emploi du coaltar est prohibé, à cause de ses propriétés agglutinantes.

4º Les places désinfectées ne seront pas réoccupées avant trois jours au plus tôt ; on se basera du reste, pour prolonger ce délai, s'il y a lieu, sur les circonstances climatériques et locales. Il y aura toujours avantage à le prolonger autant que possible.

b. *Abreuvoirs.* — 5º Les auges contaminées ou ayant pu l'être seront immédiatement vidées. On veillera à ce que leur contenu ne puisse souiller les auges voisines. Elles seront recouvertes d'une claie, et leur usage sera interdit pendant toute la durée de la désinfection.

6º L'intérieur et l'extérieur de ces auges, ainsi que leurs abords, seront soumis à un nettoyage complet, suivi d'un lavage très soigneux avec de l'eau contenant 5 p. 100 d'acide sulfurique du commerce.

Le nettoyage se fera avec l'aide de balais, de curettes en fer et de brosses dures, de façon à faire disparaître toutes traces de matières organiques, animales et végétales. Le lavage qui suivra ce premier nettoyage se fera avec l'aide de tampons d'étoupe fixés à des bâtons ; on aura soin de faire pénétrer la solution sulfurique dans toutes les fentes ou fissures des abreuvoirs et de leurs dépendances immédiates.

On terminera par un dernier lavage à grande eau. Les auges pourront être rendues à leur destination dans le délai minimum de vingt-quatre heures.

c. *Effets de pansage et harnachement.* — A l'exception des

éponges ayant servi aux animaux contaminés, aucun effet de **pansage** ne sera détruit. Ces effets, musette comprise, seront le plus tôt possible soumis à une immersion de quinze minutes dans de l'eau maintenue à la température d'au moins 60° et contenant 3 p. 100 de crésyl ou de lysol. Ils ne pourront être remis en service qu'après dessiccation complète à l'air libre.

Nota. — Là encore je préfère l'incinération.

7° On disposera dans chaque écurie contaminée un ou plusieurs baquets contenant une émulsion de crésyl ou de lysol à 3 p. 100 renouvelée toutes les vingt-quatre heures, dans laquelle tous les cavaliers ou gradés laveront leur éponge et leurs mains aussitôt qu'ils auront terminé le pansage d'un cheval et avant de passer à un autre.

Nota. — Il serait préférable de supprimer complètement l'éponge, qui, en dépit de toutes les précautions prises, est un *danger permanent.*

8° Dans l'escadron, la batterie, ou le groupe contaminés, toutes les brides avec leurs rênes, tous les bridons, les licols ou colliers, ainsi que tous les autres moyens d'attache et de conduite, seront désinfectés, même s'il n'y a qu'un seul cas de morve (Voir note B du règlement du 26 décembre 1876). Le lysol ou le crésyl seront substitués au chlorure de chaux pour le lavage des cuirs.

9° Les autres objets de harnachement, tels que selle, couverture, etc., ne seront désinfectés que dans le cas de manifestations cutanées de la morve (farcin), et seulement dans le peloton ou le groupe dans lesquels ces manifestations se seront produites.

Par extension, seront considérées comme des manifestations farcineuses et donneront également lieu à la désinfection du harnachement toutes les lymphangites suppurantes.

DÉSINFECTION GÉNÉRALE. — ART. 16. — La désinfection est générale lorsqu'elle s'étend à toutes les écuries d'un escadron ou d'une batterie, ou à toutes les écuries d'un régiment ou d'un établissement. Elle n'est nécessaire que dans les conditions spécifiées par le deuxième paragraphe de l'article 14.

a. Dans tous les cas, elle sera immédiatement précédée de l'évacuation totale des locaux occupés par l'escadron, la batterie ou le régiment, c'est-à-dire de la mise à la corde, ou sous des hangars spéciaux, de tous les animaux sans exception qu'ils contenaient.

Dans cette nouvelle situation, ces animaux seront placés exactement dans le même ordre que celui qui leur était assigné avant.

b. Aussitôt l'évacuation des locaux faite, on leur appliquera identiquement les mêmes mesures de désinfection que celles prescrites par l'article 15 pour la désinfection partielle ou locale en les étendant à la totalité de leur mobilier et de leurs surfaces internes et externes (façade, pavage, etc.), toitures non comprises.

Point ne sera besoin, lorsqu'il s'agira de morve, de recourir au dépavage des écuries, au grattage des murs, ni à la destruction des boiseries, à moins que les uns et les autres ne soient en si mauvais état que leur réfection immédiate s'impose.

L'exemple que j'ai cité du vieux quartier de Joigny s'inscrit en faux contre cette théorie.

Je suis partisan du grattage des murs, de la réfection du sol, dans la morve, autant que pour la tuberculose chez les animaux et chez l'homme.

c. On opposera des barrières sérieuses à toute incursion, dans ces locaux, des animaux sains ;

d. Toutes les auges, sans exception, du quartier ou de l'établissement, seront successivement désinfectées, comme il a été dit au paragraphe *b* de l'article 15 ;

e. Les dispositions du paragraphe *c* de l'article 15, en ce qui concerne les effets de pansage et le harnachement, seront exactement appliquées ;

f. Pendant trois jours au moins et pendant plus longtemps, si les circonstances et la saison le permettent, les locaux désinfectés resteront très largement ouverts et aussi complètement aérés que possible. Puis les animaux y reprendront exactement les mêmes places qu'ils occupaient avant la désinfection.

Transmission à l'homme. — Les mesures sanitaires que je viens d'exposer ont d'autant plus d'importance et doivent être appliquées d'autant plus rigoureusement que la morve est transmissible à l'homme, chez lequel elle amène toujours fatalement la mort.

Les cas de morve chez l'homme sont encore trop nombreux. On les a surtout relevés sur des palefreniers, des charretiers, des cultivateurs, des vétérinaires, sur les hommes enfin qui ont un commerce fréquent avec les chevaux.

Bollinger a relevé 10 cas sur des vétérinaires.

En France, nous en avons plusieurs.

La contagion se fait par les muqueuses et les plaies de la peau. Le jetage, le pus des boutons et des ulcères farcineux, sont les agents de la contagion.

L'homme peut contracter la morve en pansant des chevaux morveux, surtout s'il porte des plaies aux mains ou au visage. Les autopsies, la manipulation de cadavres de chevaux morveux, peuvent devenir une cause de contagion. C'est ainsi que les vétérinaires sont exposés à contracter la morve. De même des équarrisseurs et des bouchers. C'est pourquoi, lorsque la morve aura été constatée dans une écurie, on devra s'attacher de la façon la plus rigoureuse à ce que les hommes qui pansent les chevaux reconnus suspects ne portent pas de plaies aux mains ni au visage. Du savon et une solution de sublimé corrosif à 2 p. 1 000 seront mis à leur disposition, et ils ne devront jamais quitter l'écurie des suspects sans s'être savonnés et lavés les mains et le visage avec la solution de sublimé.

Quelques mots de législation. — *France.* — La loi de 1881 ordonne l'abatage des animaux reconnus atteints de morve. Aucune indemnité n'est accordée.

La chair des animaux abattus ne peut être livrée à la consommation.

Voir articles 44, 46, 70, du règlement de 1882 pour détail de la législation.

Allemagne. — Les animaux atteints de morve sont abattus ainsi que ceux qui présentent des symptômes suspects. Il est accordé une indemnité égale aux trois quarts de la valeur des animaux (Loi du 23 juin 1880).

Autriche. — Les malades sont abattus ; les suspects isolés et surveillés pendant six semaines. Les animaux exposés à la contagion sont soumis à une surveillance de deux mois (Loi du 29 février 1880). Il est accordé une indemnité ne devant pas dépasser dans aucun cas 1 000 francs (Loi du 11 avril 1891).

Belgique. — Les animaux atteints sont abattus. Les suspects sont surveillés pendant soixante jours ; le ministre peut ordonner leur abatage si cette mesure est reconnue nécessaire (Loi du 15 septembre 1883, et règlement du 20 septembre 1883.) Il est accordé une indemnité égale au tiers de la valeur pour les solipèdes employés exclusivement à l'agriculture, au cinquième de la valeur pour les solipèdes employés à tout autre usage. L'indemnité ne peut dépasser, dans le premier cas, 150 francs pour un cheval, 50 francs pour un âne ; dans le second, 100 francs pour un cheval, 50 francs pour un âne (Arrêté du 3 juin 1890). Si les animaux abattus sont reconnus indemnes à l'autopsie, l'indemnité est fixée à la moitié de la valeur, avec un maximum de 300 francs (Arrêté du 6 juillet 1887).

Danemark. — Les malades sont abattus. Une indemnité des quatre cinquièmes est accordée (Loi du 14 avril 1893).

Grande-Bretagne. — Les animaux atteints ou suspects de morve ou de farcin sont abattus. Indemnité de la moitié de la valeur des animaux pour ceux atteints de morve avec un maximum de 500 francs ; de la totalité pour les suspects. De même pour les animaux qui ont été exposés à la contagion et dont l'abatage a été ordonné (Ordre du 26 septembre 1892).

Hollande. — Les animaux atteints sont abattus avec une indemnité égale à la moitié de la valeur. Les suspects sont surveillés pendant trente jours (Loi du 20 mai 1890).

Suède. — Abatage des animaux atteints. Séquestration des suspects pendant trois mois et abatage, si la suspicion persiste. Indemnité de moitié pour les malades abattus, et totale pour ceux reconnus sains à l'autopsie (Loi du 23 septembre 1887).

Suisse. — Abatage des malades. Séquestration des suspects sous la surveillance d'un vétérinaire (Loi de 1872, et Règlement de 1886).

Roumanie. — Abatage des malades ; séquestration ou abatage des suspects. Indemnité totale pour les suspects abattus et trouvés sains (maximum 200 francs), moitié pour les animaux affectés (Loi du 27 mai 1882).

Lymphangites. — Lymphangite épizootique. — Maladie

virulente, inoculable, tout à fait spéciale aux équidés, caractérisée par des suppurations des lymphatiques superficiels et due à un microbe spécifique. On l'a confondue pendant longtemps avec le farcin, d'où les appellations suivantes : *farcin de rivière, farcin en cul de poule, farcin curable.*

C'est Delorme qui le premier fait une distinction entre le véritable farcin et le *farcin bénin.* Barrier père soutient plus tard que le *farcin d'Algérie, farcin de Naples,* ou *lymphangite épizootique,* est une maladie particulière qui n'a rien de commun avec la morve. Delamotte et Tixier combattent cette théorie, qui est reprise énergiquement par Chénier en 1881 (1). Puis viennent les observations de Jaubart, Quielet, Jacoulet (2), Debrade, Wiart, Peupion et Boinet, Chauvrat (3), Blaise (4), Adrian (5), etc.

Peuch donne une leçon clinique de la lymphangite épizootique (6).

Enfin Nocard retrouve le cryptocoque dans le pus et dans les tissus (7).

La maladie est donc due à un cryptocoque légèrement ovoïde, et qui se reproduit par bourgeonnement.

ÉTIOLOGIE. — Le cryptocoque, du genre micrococoque, est généralement répandu avec le pus dans les litières, dans les auges, dans les mangeoires, sur les bat-flancs, les couvertures, les musettes, les objets de pansage, les effets des hommes, le harnachement, etc.

Jacoulet incrimine les eaux croupies, vaseuses, toutes les boues en général, les fumiers, les litières malpropres, les interstices des pavés des écuries.

Le cryptocoque s'introduit dans la circulation lympha-

(1) Chénier, *La lymphangite farcineuse.*
(2) Jacoulet, Lymphangite farcinoïde (*Recueil d'hygiène,* 1888).
(3) Chauvrat, Étude sur le farcin d'Afrique (*Recueil d'hygiène,* 1887).
(4) Blaise, Farcin d'Afrique (*Recueil d'hygiène,* 1888).
(5) Adrian, Lymphangite d'Afrique (*Recueil d'hygiène,* 1888).
(6) Peuch, *Leçon clinique.*
(7) Nocard, *Sur le diagnostic de la lymphangite épizootique.*

tique soit par une plaie, soit par une excoriation. La réceptivité semble limitée au cheval, à l'âne et au mulet. On a cependant observé quelques cas de lymphangite épizootique sur les bovidés.

La lymphangite épizootique n'existe plus en France qu'à l'état exceptionnel. Encore un bienfait de l'hygiène. On l'observe encore en Algérie. Elle est fréquente en Italie, au Japon, à la Guadeloupe.

Symptômes. — Les accidents se manifestent sur la peau exceptionnellement sur les muqueuses.

Accidents cutanés. — La lymphangite se montre de préférence sur les membres, surtout sur les membres postérieurs. Elle débute toujours au voisinage d'une plaie (atteinte, excoriations, plaie opératoire, blessure du harnachement). Alors la plaie s'étend et change d'aspect. Les bourgeons charnus pâlissent, s'indurent et donnent écoulement à du pus séreux et mal lié, ou blanchâtre et cailleboté. Il se forme en même temps des croûtes peu adhérentes. Des reliefs sinueux se forment autour des lymphatiques enflammés. Puis, après un temps plus ou moins long, lorsque la plaie d'inoculation est cicatrisée, il se forme, au niveau de la cicatrice, une tumeur indolore, dure, du volume d'une olive à celui d'un œuf de pigeon. Cette tumeur finit par s'abcéder et donne écoulement à du pus épais, bien lié, ou mélangé de grumeaux jaunâtres.

A ce moment la lymphangite gagne les ganglions et les vaisseaux voisins, et bientôt apparaissent sur le trajet des cordes formées de petites tumeurs fluctuantes et très douloureuses. L'ouverture de ces tumeurs laisse écouler du pus crémeux et jaunâtre.

Les plaies qui résultent de l'ouverture de ces tumeurs (*plaies en cul de poule*) se remplissent de bourgeons charnus, exubérants, saignant au moindre contact et donnant un pus jaunâtre et de consistance huileuse. Il arrive quelquefois que plusieurs plaies se réunissent et forment une véritable tranchée ulcéreuse.

Accidents sur les muqueuses. — Assez rares. Ces accidents consistent en ulcérations isolées ou confluentes se développant sur la pituitaire et ayant quelque ressemblance avec les chancres de la morve aiguë.

MESURES PROPHYLACTIQUES. — Ces mesures sont prévues dans l'armée par la note ministérielle du 11 février 1887.

Dans les corps où la lymphangite farcineuse ou épizootique viendra à apparaître, les mesures suivantes seront prises :

1º Visites de santé au moins deux fois par semaine. L'examen portera sur les parties du corps exposées aux atteintes, aux coups de pied, aux embarrures, aux blessures du harnachement.

2º Suppression de l'éponge dans le pansage des chevaux et dans le service de l'infirmerie.

3º Les cavaliers devront signaler tout cheval atteint d'engorgements, de boutons, de blessures, ou de plaies, quels qu'en soient d'ailleurs l'aspect et l'étendue.

4º Dans le traitement des accidents traumatiques, on ne perdra pas de vue que la lésion par laquelle débute fréquemment la lymphangite farcineuse a des caractères semblables à ceux d'une plaie simple.

Si on est obligé de faire usage de topiques liquides, on ne versera dans une sébile que la quantité nécessaire ; le pansement terminé, ce vase sera nettoyé à fond.

Je préfère à la sébile en bois, qui est d'un nettoyage et d'une désinfection difficiles, un vase en verre, en porcelaine, en faïence ou en tôle émaillée.

On évitera, autant que possible, de se servir de substances spongieuses, susceptibles de s'imprégner de matières virulentes.

On évitera surtout, et en toutes circonstances, d'imprégner des étoupes et du coton hydrophile de liquides médicamenteux en les appliquant sur le goulot du flacon servant de récipient. Celles qui auront servi au pansement des plaies, soit comme objets de pansement, soit pour l'application des topiques liquides, seront détruites, même lorsqu'il s'agira de plaies paraissant de bonne nature.

5º Les animaux reconnus atteints, ainsi que ceux qui seraient déclarés douteux, seront isolés des autres catégories de malades, et, si le casernement le permet, séquestrés dans des cellules individuelles.

6° Pour les chevaux malades, les effets de pansage devront être individuels.

7° Toutes les fois que les lésions seront limitées à une région, on instituera un traitement chirurgical.

On recommande de traiter les abcès par la cautérisation actuelle et les cordes par l'extirpation.

8° Les plaies faisant suite à l'intervention chirurgicale seront traitées comme des plaies ordinaires, mais en prenant les précautions les plus minutieuses pour éviter le transport du virus d'un malade à un autre par les instruments et les matières à pansement.

9° Lorsque les accidents spécifiques offriront une trop grande ténacité et surtout lorsque, par leur extension, ils auront une tendance à se généraliser, les animaux seront abattus.

10° La désinfection du harnachement, des effets de pansage et des places occupées par les malades, etc., se fera d'après les règles applicables à la morve (1).

Lymphangite ulcéreuse. — Maladie simulant le farcin et caractérisée par des abcès et des plaies ulcéreuses siégeant sur les lymphatiques superficiels.

ÉTIOLOGIE. — La lymphangite ulcéreuse est due à un bacille spécifique aérobie, isolé pour la première fois par Nocard. Même contagion que pour la lymphangite épizootique.

SYMPTÔMES. — Engorgement des régions inférieures des membres postérieurs. Production de boutons dans le derme avec tendance à l'abcédation. Les abcès ainsi formés donnent écoulement à du pus d'abord crémeux puis huileux. Des cordes se forment qui gagnent les ganglions voisins, qui s'enflamment sans pour cela s'abcéder. C'est précisément ce défaut d'abcédation des ganglions qui différencie la lymphangite ulcéreuse du farcin.

MESURES PROPHYLACTIQUES. — Les mêmes que celles employées pour combattre la lymphangite épizootique.

(1) Note ministérielle du 11 février 1887.

CHAPITRE XX

MALADIES CONTAGIEUSES ET INFECTIEUSES

(SUITE)

Pasteurellose.

Pasteurellose (*fièvre typhoïde, influenza, pneumonie infectieuse, pneumo-entérite infectieuse des fourrages*). — Maladie épizootique, qui a pour agent déterminant primitif un microbe spécifique isolé par Lignières, et auquel il a donné le nom de *Pasteurella*.

Pendant longtemps, en France, non seulement on a nié la contagion de cette maladie, mais on a été jusqu'à en nier l'existence. En 1877, j'ai connu des vétérinaires militaires (des principaux s'il vous plaît) qui niaient systématiquement l'existence de la fièvre typhoïde. A cette époque, c'était le nom sous lequel on désignait la pasteurellose de Lignières.

Il a fallu la fameuse épidémie de 1881-1882 pour convaincre les plus entêtés et établir d'une façon définitive le caractère infectieux et la contagiosité de la maladie. C'est à ce moment que Dieckerhoff publie un travail remarquable sur cette maladie, à laquelle il reconnaît trois formes cliniques distinctes : la fièvre typhoïde proprement dite (*Pferdestaupe*), la pneumonie infectieuse (*Brutseuche*) et la grippe ou bronchite infectieuse (*Scalma*).

Plus tard, en 1887, Schütz découvre, dans les lésions de la pneumonie infectieuse, une bactérie ovoïde (bactérie de Schütz). En 1889, Babes, Sarcovici et Calinesco ne font de la fièvre typhoïde et de la pneumonie infectieuse qu'une seule et même maladie, qu'ils rangent dans le groupe des septicémies hémorragiques de Hueppe.

En France, Galtier et Violet publient un remarquable ouvrage sur les affections dites typhoïdes. Leurs recherches microbiologiques les amène à découvrir dans des lésions, récentes de la fièvre typhoïde et de la pneumonie infectieuse deux microbes spéciaux, le *Streptococcus pneumo-enteritis equi* et le *Diplococcus pneumo-enteritis equi*, qui déterminent chacun une affection spéciale, tout en laissant confondues cliniquement ces deux affections.

D'après Galtier et Violet, ces deux microbes proviennent du sol et sont apportés avec les eaux ou les fourrages et pénètrent avec les poussières par les voies respiratoires ou avec les aliments ou les boissons par les voies digestives. La contagion ne jouerait alors qu'un rôle secondaire.

Galtier a classé ces infections sous le nom de *pneumo-entérites infectieuses* (1).

Lignières, dans des travaux récents, essaie de démontrer à la fois sous le champ du microscope, et en s'inspirant des observations publiées par plusieurs vétérinaires militaires (Sambelle, Rohr, Morisot, etc.) que la fièvre typhoïde et les pneumonies infectieuses constituent une seule et même maladie : la *pasteurellose* du cheval, due à un microbe spécifique qui en est toujours la tache originelle : la *Pasteurella*.

Il reprend le groupe d'affections créé par Hueppe en 1886 et les classe en deux groupes : les *pasteurelloses*, dont le type est la bactérie du choléra des poules, et les *Salmonelloses*, dont l'infection type jusqu'alors connue est le *hog-cholera* ou peste du porc.

Lorsque Lignières commença ses recherches, son maître, Nocard, lui dit sans ménagement : « C'est la bouteille à l'encre ; vous allez vous y noyer ; tant d'autres, plus qualifiés, y ont perdu leur temps sans en rien tirer. »

Nous sommes plusieurs qui à ce moment étions aux prises avec des épidémies de pneumonie infectieuse, et je me souviens d'avoir adressé à Lignières moult pipettes renfermant du sang et des lésions provenant d'animaux morts de pneumonie infectieuse.

Les résultats des recherches patientes de Lignières furent

----

(1) Galtier, *Traité des maladies contagieuses.*

que le cocco-bacille fut enfin découvert, et dès lors nous le
chargeâmes, non sans raison, de tous les péchés d'Israël. La
pneumonie infectieuse, la fièvre typhoïde des anciens vétérinaires, l'influenza, la grippe, ne sont plus qu'une seule et
même maladie, ayant la même origine, mais se manifestant
avec des caractères et des symptômes différents sous
l'influence de greffes d'autres maladies, telle l'infection
streptococcique succédant à l'infection par la *Pasteurella*.

Donc il paraît dé-
montré aujourd'hui
que toutes ces mani-
festations diverses :
fièvre typhoïde,
grippe, influenza ,
pneumonie infec -
tieuse, ne sont que
l'expression d'une
seule entité morbide,
protéiforme selon la
plus ou moins grande
vulnérabilité des or-
ganismes à l'action
d'une virulence va-
riable.

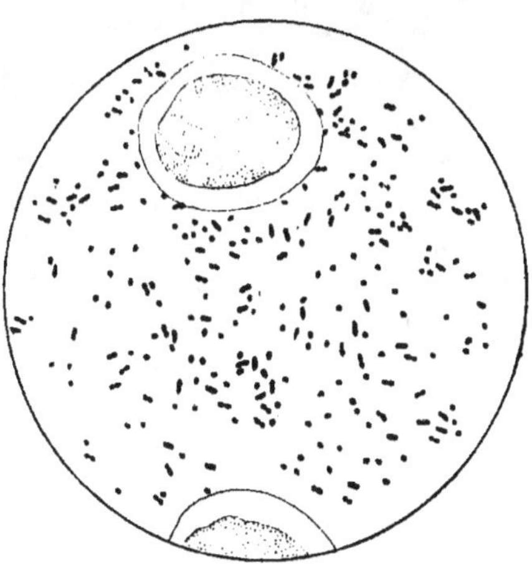

Fig. 43. — Culture de pasteurella (Lignières,
Bulletin Société centrale, 22 juillet 1897).

C'est cette plus ou
moins grande vulnérabilité qui a fait adopter à Rohr cette
division de la pasteurellose équine en forme hyperpyré-
tique aiguë, latente ou ambulatoire, et abortive (1).

ÉTIOLOGIE. — La pasteurellose a pour agent déterminant
une *Pasteurella* qui se présente sous la forme d'une fine
bactérie, courte, à extrémités arrondies, moins grosse que
celle du choléra des poules. Elle affecte dans les cultures
la forme de très petits diplocoques, ou même de *Coccus*
isolés (cocco-bacilles). Cette bactérie est immobile, aérobie,

______
(1) Rohr, *Contribution à l'étude de la pasteurellose équine.*

et se colore assez bien avec le violet de gentiane et la fuchsine ; elle se décolore par le procédé de Gram.

D'après Lignières, le cocco-bacille typhique agit surtout par ses toxines, qui sont des plus redoutables ; mais, dans de nombreuses expériences, Lignières a démontré que le plus souvent la réaction organique a raison du microbe ; il est détruit dans les tissus, si bien détruit que, si le malade ne succombe pas rapidement, ou succombe à de la pneumonie, on ne trouve plus à l'examen microscopique de cocco-bacilles. Mais alors l'état d'intoxication déterminé par la *Pasteurella* met l'organisme dans un état propre à recevoir les autres microbes, et plus spécialement le *streptocoque*, surtout s'il y a de la gourme dans les milieux ou règne la pasteurellose.

En effet, le streptocoque, accoutumé à la vie parasitaire par une série de passages dans les organismes, cultive presque à coup sûr dans le poumon, même dans le cas d'une infection légère et bénigne par le cocco-bacille (Nocard et Leclainche).

C'est à la pullulation du streptocoque dans un terrain en quelque sorte préparé par les toxines de la bactérie ovoïde que sont dues les déterminations thoraciques de la pleuro-pneumonie infectieuse, qui continue si souvent dans les épizooties la pasteurellose.

Il ne faut pas perdre de vue que le streptocoque existe pour ainsi dire à l'état presque permanent dans les premières voies respiratoires. Il ne devient pathogène que sur des organismes déprimés et en rupture d'équilibre. Or la dépression organique déterminée par l'infection du cocco-bacille et de ses toxines est une des plus favorables à l'infection streptococcique.

A ce moment, la *Pasteurella* disparaît complètement, et il ne faut pas s'étonner si, dans les recherches faites sur des lésions provenant d'animaux morts de pneumonie infectieuse pendant le cours d'une épizootie de pasteurellose, on ne trouve que des streptocoques et point de *Pasteurella*.

La pasteurellose équine frappe le cheval, le mulet et l'âne.

Elle se transmet par infection proprement dite et par contagion.

L'infection proprement dite a lieu par les bactéries saprophytes, qui existent dans l'intestin, ou qui y sont amenées par les grains, les fourrages et les eaux des boissons, et qui, sous l'influence de certaines conditions encore imparfaitement déterminées, deviennent pathogènes.

Galtier et Violet sont très affirmatifs à ce sujet : « Le *Streptococcus* et le *Diplococcus pneumo-enteritis equi* viennent incontestablement du sol. Ils sont soulevés du sol par les éclaboussures qu'occasionnent les pluies; ils sont entraînés par les eaux; on les trouve sur les fourrages, sur les foins, les luzernes, les avoines, mouillés, inondés, vasés, récoltés dans des terres marécageuses ; ils peuvent exister dans les eaux croupissantes, etc. (1). »

D'autre part, de nombreuses et intéressantes relations de vétérinaires militaires ont nettement établi que, dans beaucoup de régiments où la pasteurellose et la pneumonie infectieuse s'étaient montrées fréquentes, l'épidémie avait toujours fait son apparition après l'ingestion de fourrages vasés, moisis ou poussiéreux, et de grains avariés. Gobert a observé plusieurs fois sur des jeunes chevaux une épizootie de laryngo-trachéite infectieuse, à la suite de distribution de luzerne ; la maladie cessait dès qu'on substituait le foin à la luzerne (2).

Il est démontré aussi que les microbes de la pasteurellose et de la pneumonie infectieuse ne vivent pas seulement dans les eaux stagnantes et croupissantes, dans les terrains marécageux, mais aussi dans les litières mal entretenues, dans les fosses à fumier, autour des cuisines, où sont trop souvent répandus des eaux grasses et des résidus de toutes sortes.

Rohr, lors de son épidémie de 1896 à 1897, a relevé, à proximité des écuries dock, où l'épidémie débutait, un voisinage infectant au plus haut point, représenté par les balayures du quartier et les fumiers accumulés en plus grande quantité qu'à l'ordinaire. De plus, ajoute-t-il, des écuries dock

<hr>

(1) Galtier, *Maladies contagieuses*.
(2) Cagny et Gobert, *Dictionnaire vétérinaire*.

sont d'un côté très rapprochées des fossés qui contiennent des eaux stagnantes, et, du côté opposé, elles ont une canalisation alimentée par l'eau de ces fossés, qui, par les temps de pluie, se trouve mélangée au purin des fumiers. Or le véhicule le plus actif du cocco-bacille, selon Lanartie, est le purin (1).

J'ai fait la même remarque à propos d'une épizootie de pasteurellose qui a sévi sur les chevaux du 14e Chasseurs, en 1906. Dans un des quartiers, j'ai trouvé des magasins à fourrages touchant la fosse à fumier. Malgré les précautions prises au moment des distributions, du foin et de la paille étaient répandus à terre, puis relevés absolument souillés. Cet état de choses n'a pas été sans influence sur le développement de la maladie.

Dans d'autres régiments, on a dû incriminer les litières, qui étaient devenues à la longue de véritables gâteaux épais, dans la chaleur desquels on aurait pu cultiver tous les microbes de la création.

Contagion. — La contagion se fait avec les plus grandes facilités. Les grandes agglomérations de chevaux la favorisent à un haut degré ; c'est pourquoi on observe généralement la pasteurellose sous forme épizootique dans l'armée et dans les écuries des grandes administrations.

Lorsqu'il y a complication de pneumonie, de bronchite, la contagion se fait par l'intermédiaire du jetage. Dans la pasteurellose abdominale, les déjections intestinales deviennent un élément de contagion. Le jetage et les déjections intestinales souillent les aliments, les boissons, qui deviennent alors un danger permanent.

Les animaux qui séjournent dans des écuries contaminées sont exposés à contracter la maladie, même s'ils n'ont pas été voisins de chevaux atteints.

A mon avis, cette dissémination de la maladie dans les écuries se fait :

(1) Rohr, *Contribution à l'étude de la pasteurellose équine.*

1º Par les poussières soulevées au moment du balayage et par le va-et-vient des chevaux et des hommes, poussières qui sont presque toujours contaminées;

2º Par les rongeurs (souris et rats) qui vagabondent dans les écuries.

Les rongeurs sont, à n'en pas douter, de véritables agents transmetteurs de la maladie.

Par leur vagabondage dans les litières, dans les mangeoires, sous le nez même des chevaux, dans les râteliers, sur les bat-flancs, dans les magasins à fourrages, les souris disséminent un peu partout les agents infectieux de la pasteurellose et de la pneumonie infectieuse.

Dans deux épidémies de pasteurellose avec lesquelles j'ai été aux prises en 1895 et en 1903, je me suis livré dans les écuries du quartier, à Senlis, à une véritable destruction de souris. Cette destruction, faite à l'aide de la pompe à incendie, n'a pas été sans influence sur le mouvement et l'allure de la maladie.

Il est très possible aussi que les moineaux qui pullulent dans les écuries pendant l'hiver concourent pour une certaine part à la contagion.

Les transports en chemin de fer dans les wagons infectés sont une cause sûre de transmission de la maladie lorsqu'elle agit sur des jeunes chevaux ou des chevaux déprimés par la longueur et la fatigue du voyage.

Dans les écuries, la maladie peut être disséminée par les objets de pansage, surtout par l'éponge, qui est l'objet de pansage le plus dangereux en temps d'épidémie, par les mors de bride et de bridon, par l'homme lui-même, dont les effets peuvent être contaminés.

D'autres causes adjuvantes exercent aussi une certaine influence à la fois sur l'évolution de la maladie et sur sa dissémination.

La fatigue physique, les dépressions nerveuses, le surme-nage, la rupture d'équilibre, sont des états anormaux qui préparent les sujets à la réceptivité des agents infectieux.

L'âge a aussi son influence. Dans les diverses épidémies

que j'ai eu à combattre, j'ai observé que les chevaux de quatre à huit ans étaient atteints dans une plus grande proportion que les chevaux de dix à quinze ans.

Rohr a fait la même remarque (1).

L'acclimatement est aussi une cause prédisposante, surtout s'il a lieu pendant la saison froide, parce qu'il amène toujours une certaine dépression dans l'état physique, parce qu'il rompt en quelque sorte l'équilibre.

L'encombrement enfin constitue un milieu des plus favorables à la propagation de la maladie.

Mais la maladie ne se présente pas toujours sous forme épizootique. « Tandis que certaines formes, malignes ou bénignes, sont nettement épizootiques, d'autres ont peu de tendance à la diffusion. C'est ainsi que la pasteurellose est entretenue, entre les grandes poussées épizootiques, sous un type enzootique ou nettement sporadique (2). »

Lignières dit qu'on trouve des cas sporadiques où il est bien difficile, pour ne pas dire impossible, de faire intervenir la contagion. Il cite à ce propos l'exemple d'un poulain de deux ans mourant de typhoïde bien constatée dans la ferme où il était né, alors que le fermier ne se rappelait pas avoir vu un cas semblable et que la maladie était inconnue dans les environs.

Nous avons tous observé des cas sporadiques de pasteurellose et de pneumonie infectieuse. Mais il ne faut pas perdre de vue que, dans des locaux étroits, obscurs, insuffisamment aérés et éclairés, un seul cas sporadique peut devenir l'origine d'une épidémie grave. Lorsqu'une épidémie de pasteurellose commence, doit-on favoriser la dissémination de la maladie ou l'entraver ? Les Allemands penchent en faveur de la dissémination, arguant de ce fait que, plus la maladie frappe de sujets, plus vite elle est arrêtée. Mais ont-ils bien compté avec la mortalité et les suites dans l'avenir ?

____

(1) Rohr, vétérinaire-major, *Pasteurellose équine.*
(2) Nocard et Leclainche, *Maladies contagieuses.*

Je penche, moi, en faveur de toutes les mesures sanitaires, de tous les moyens prophylactiques, qui ont pour but d'entraver la dissémination et d'enrayer la marche envahissante de la maladie.

Lorsqu'une écurie est contaminée, je ne vois pas la nécessité de répandre partout la maladie et de favoriser la contagion, alors que, par des mesures rigoureusement appliquées, on peut enrayer cette contagion. Mais le paradoxe est de tous les temps et de tous les pays. Il réussit quelquefois.

SYMPTÔMES. — Variables suivant que la pasteurellose revêt un caractère grave ou bénin. Dans les formes graves que l'on observe souvent au commencement et à la fin des épizooties, le caractère dominant des symptômes observés est l'invasion brusque, la fièvre intense et une prostration très accusée. Quelquefois l'invasion est si brusque et la maladie prend si rapidement une forme grave qu'on a vu la mort survenir d'une façon foudroyante, ou quelques heures après l'invasion.

Les formes graves comprennent la *forme suraiguë* et la *forme aiguë*.

Forme suraiguë. — La maladie débute brusquement par la perte de l'appétit et une grande prostration. De minutes en minutes, les symptômes s'aggravent et deviennent inquiétants. On a vu des morts foudroyantes dans les écuries et pendant le travail sur le terrain de manœuvre. J'en ai relevé pour mon compte plusieurs cas.

Dès la période d'invasion, la température atteint 41 et 42°. La respiration est accélérée, courte, dyspnéique. La circulation est fortement troublée, et on sent que, pour mieux résister à l'infection, le cœur se surmène en efforts désespérés. Le pouls est vite, petit, insaisissable, misérable, tandis que le cœur, qui semble crier au secours, a des battements violents et tumultueux. C'est à ce moment de la maladie que, chez beaucoup de malades, on constate du pouls veineux des deux jugulaires. Rohr l'a observé, et moi-même je l'ai enregistré dans beaucoup de cas.

Les conjonctives sont très infiltrées, rougeâtres sur un fond jaune sale, tuméfiées avec ce caractère surtout qui manque rarement dans la forme grave, qu'il se forme un bourrelet œdémateux, saillant, en même temps que sur le fond rougeâtre de la muqueuse apparaissent des pétéchies de couleur plus foncée. La circulation est si intense que les vaisseaux de la conjonctive sont gonflés et font hernie à la surface de la muqueuse. L'œil est fixe, saillant et pleureur.

Toutes les muqueuses participent à cette tuméfaction intense. La pituitaire est violacée et couverte de pétéchies ; la muqueuse buccale est rouge foncé, et autour des gencives se montre un liséré violacé caractéristique. Le malade, très prostré, est à bout de longe, la tête basse et indifférent à ce qui se passe autour de lui. Il se déplace difficilement dans sa stalle. Les mouvements latéraux sont pénibles et automatiques. Si on oblige le cheval à marcher, la marche est traînante avec une sorte d'affaissement et une oscillation de l'arrière-main qui n'est aussi caractéristique dans aucune autre maladie.

Il y a de la constipation. Les excréments sont durs et sanguinolents. Quelquefois il y a de la diarrhée, même de la dysenterie.

On observe aussi à ce moment des symptômes de congestion pulmonaire. Et, si la réaction organique n'est pas assez puissante, si les efforts du cœur sont vaincus, les malades meurent dans le coma en moins de trente-six heures.

Forme aiguë. — Mêmes symptômes, mais un peu atténués. Tristesse, somnolence, perte d'appétit, hyperthermie accusée, tels sont les caractères dominants de la maladie. Les autres symptômes ressemblent assez à ceux de la forme suraiguë, surtout ceux se rattachant aux muqueuses.

Les symptômes de la congestion pulmonaire apparaissent généralement quarante-huit heures après la période d'invasion. On observe souvent à ce moment des répercussions

sur l'appareil digestif : coliques légères, constipation, puis
diarrhée, ventre levretté, douloureux, rein raide, amaigrissement rapide.

La mort survient par épuisement ou par le fait de complications pulmonaires.

La résolution s'annonce par une atténuation assez rapide
de tous les symptômes et le retour de l'appétit.

Forme abdominale. — Lors des deux grandes épizooties
de pasteurellose avec lesquelles je me suis trouvé aux prises‘
j'ai relevé un grand nombre de cas sans localisations pulmonaires et dont les symptômes se rattachaient, comme
localisation, uniquement à l'appareil digestif.

Cette forme peu grave se caractérise par de l'hyperthermie et de l'entérite infectieuse : coliques intermittentes,
alternative de constipation et de diarrhée, ventre levretté
et douloureux, amaigrissement très rapide. J'ai eu des
sujets qui sont devenus à l'état squelettique en quelques
jours.

Comme dans les autres formes de la pasteurellose, la convalescence est très longue ; les sujets restent pendant longtemps mous, faibles et maigres.

Dans toutes les formes de la pasteurellose et de ses nombreuses complications, un symptôme commun que l'on observe
presque toujours, c'est l'albuminurie. Je me suis livré à de
nombreuses analyses de l'urine de mes malades. Chez presque
tous j'ai trouvé de l'albumine. Cette albuminurie est tout
simplement due à de la néphrite occasionnée par l'élimination
par les reins des toxines irritantes sécrétées par les microbes.
C'est justement cette néphrite qui justifie dans le traitement
l'emploi des diurétiques doux et antiseptiques.

Un symptôme auquel on doit attacher une grande importance, c'est l'hyperthermie. L'importance de la température
est si grande que nous la verrons tout à l'heure jouer un
grand rôle à propos de la prophylaxie. C'est elle qui non
seulement guide le praticien, mais qui lui permettra d'aller
surprendre les malades au début même de la maladie.

COMPLICATIONS. — *Complications pulmonaires.* — Ce sont les plus fréquentes de la pasteurellose. Lignières a démontré que, si la réaction organique qui essaie de triompher de l'infection par les *Pasteurella* réussit dans son œuvre de défense, l'organisme n'en reste pas moins un terrain très préparé à l'invasion des autres microbes, et plus particulièrement du streptocoque, d'où la pneumonie et la pleuro-pneumonie infectieuses (Voir *Pneumonie infectieuse*).

Dans certaines épidémies, la maladie s'attache surtout à la muqueuse respiratoire ; c'est la *bronchite infectieuse* de Joly, la *scalma* de Dieckerhoff, la *grippe* de Leclainche, la *laryngo-trachéite* de Lignières et Rohr (Voir *Bronchite infectieuse*). L'infection streptococcique est encore favorisée par l'état gourmeux.

Complications nerveuses. — La pasteurellose se complique quelquefois d'accidents nerveux ; c'est ce que certains auteurs ont appelé la forme cérébrale, forme médullaire, suivant que les accidents ont lieu sur le cerveau ou sur la moelle. La forme cérébrale se caractérise, en outre des symptômes communs à l'état typhoïde, par de la congestion cérébrale. La forme médullaire a pour principal caractère de la paralpégie ou de la paralysie ascendante.

Complications cardiaques. — Elles se montrent sous forme de myocardite, d'endocardite, de péricardite avec répercussion sur le foie et sur les reins. Ces altérations du cœur sont surtout des *altérations d'intoxication.*

Fourbures.—La fourbure peut se montrer au début de la maladie ou à son déclin. J'en ai observé plusieurs cas.

Complications rhumatismales. — Assez fréquentes, elles intéressent les muscles ou les articulations.

Synovites. — Très fréquentes pendant la convalescence. Elles compliquent surtout la pneumonie infectieuse.

Complications oculaires. — Elles se présentent sous forme de conjonctivite, d'ophtalmie, de kératite ou d'iritis.

Complications hémorragiques. — Les épistaxis sont assez fréquentes pendant le cours de la pasteurellose, surtout lorsqu'il y a de la congestion pulmonaire. Rohr, Ollier, Morisot en ont observé de nombreux cas sur leurs malades. Dans tous les cas, les hémorragies amenaient un abaissement notable de la température.

PROPHYLAXIE. — Toutes les mesures que nous avons énumérées à propos de la pneumonie infectieuse sont applicables à la pasteurellose, qui le plus souvent est la cause originelle de cette maladie si redoutable du cheval.

Je vais résumer ces mesures en quelques mots :

Entretien des quartiers et des écuries dans le plus grand état de propreté.

Ne pas laisser séjourner dans les cours et autour des cuisines des balayures et des résidus de toutes sortes.

Veiller à ce que les fosses à fumier ne soient pas constamment remplies de fumier en fermentation. Éviter que le purin ne se répande dans le voisinage des fosses.

Aération et éclairage naturel des écuries.

Entretien du sol de ces écuries, nettoyage quotidien, surtout des coins, des anfractuosités, et autour des coffres à avoine.

Destruction des rongeurs.

Désinfection générale au moins une fois pendant l'année.

Si plusieurs cas de pasteurellose se présentent dans une ou plusieurs écuries, on ne devra pas hésiter à recourir aux mesures sanitaires les plus rigoureuses.

Isolement des malades et des suspects.

Évacuation des locaux contaminés et mise à la corde, loin du quartier, de tous les chevaux. J'insiste d'une façon toute particulière sur cette mesure, qui ne présente aucun danger, même en hiver, et qui s'affirme comme une des mesures les plus efficaces.

Dans les écuries non contaminées, on pourra laisser les chevaux occuper leurs intervalles ; mais des listes de présence seront affichées dans toutes les écuries, et aucune mutation ne devra être faite.

Les denrées alimentaires et l'eau des boissons seront très surveillées. Il est prudent, en temps d'épidémie, de mélanger du sulfate de fer à l'eau des abreuvoirs dans le but de précipiter les matières organiques. Les auges devront être désinfectées à l'aide de l'acide sulfurique et nettoyées tous les jours.

Les fourrages avariés ou suspects seront impitoyablement refusés.

Les écuries contaminées seront désinfectées avec le plus grand soin, puis blanchies à la chaux. Elles ne seront occupées de nouveau qu'un mois après la disparition du dernier cas.

Le travail sera modifié et devra surtout consister en promenades de santé. De longs bains d'air seront donnés aux chevaux qui ne seront pas mis à la corde.

Les pansages seront longs et fréquents, afin d'activer les fonctions de la peau. On les fera sous forme de *pansages-massages*. On supprimera l'éponge, qui est un agent de transmission infaillible, et tous les autres instruments de pansage seront chaque jour baignés dans une solution de crésyl ou de lysol.

Les litières seront arrosées avec la même solution et réduite autant que possible. Les gâteaux en fermentation seront rigoureusement proscrits. On fera chaque jour dans les écuries occupées des épandages de chlorure de chaux, et on arrosera le sol avec du crésyl.

Mais une mesure sanitaire que je considère comme capitale, et que pas un vétérinaire ne doit ignorer, est celle qui consiste à aller chercher les malades dans les écuries.

Chaque jour les vétérinaires doivent passer derrière les chevaux au moment des repas, afin de s'assurer de la façon dont ils attaquent leur ration. Tout cheval qui boude sur sa ration, ou qui tousse en mangeant son foin ou son avoine, devra être examiné. Sa température devra être prise sur place. Grâce à cette mesure sanitaire, les vétérinaires pourront surprendre les malades au début même de la maladie.

Voir pour détail des autres mesures le chapitre relatif à la pneumonie infectieuse. Mais j'insiste d'une façon toute particulière sur la surveillance des fourrages. Galtier et Violet ont démontré d'une façon irréfutable que les luzernes et les foins avariés, souillés, humides, moisis, que les avoines altérées, sont une des principales causes des affections dites typhoïdes, dont le type était à leur avis : la *pneumo-entérite des fourrages* causée par le *Streptococcus pneumo-enteritis equi* (1).

Les nombreuses expériences qu'ils ont faites ont démontré le rôle pathogène des fourrages avariés, et surtout des fourrages provenant de prairies inondées ou marécageuses.

Nous ne saurions donc trop, dans l'armée, nous attacher à procurer à nos chevaux une alimentation saine et nutritive et veiller à ce que toujours et partout les fourrages soient de bonne qualité.

Pendant le cours de la dernière épidémie que j'ai eue à combattre au 2e Hussards, je suis convaincu d'avoir évité à quantité de chevaux la pneumonie infectieuse par les deux moyens suivants :

J'allais chercher moi-même les malades dans les écuries. Dès que je rencontrais un cheval qui boudait sur sa ration ou me paraissait triste, je prenais sa température. A la moindre hyperthermie je pratiquais aussitôt et les jours suivants des injections de sérum de Marmoreck. Puis la litière était aussitôt incinérée.

Le sérum antistreptococcique est surtout un sérum préventif. Il résulte des expériences que j'ai faites qu'on peut éviter aux malades des complications pulmonaires en employant ce sérum dès le début de la maladie.

Je voudrais voir mes camarades de l'armée l'essayer sur une plus grande échelle.

(1) Galtier, *Traité des maladies contagieuses.*

CHAPITRE XXI

MALADIES CONTAGIEUSES ET INFECTIEUSES

(SUITE)

Gourme. — Gourme purulente. — Gourme septicémique. — Horse-pox. — Anasarque.

Gourme. — La gourme est une maladie contagieuse, virulente, inoculable, microbienne, spéciale aux solipèdes et due à la multiplication dans l'organisme du *Streptococcus equi* de Schütz.

C'est une maladie contagieuse protéiforme, évoluant sous les aspects les plus différents, avec des manifestations complexes dont la plus commune est la tendance à la suppuration. Elle se caractérise généralement par des catarrhes des muqueuses, par la formation d'abcès et de phlegmons dans l'auge, au voisinage de la gorge et des parotides, dans le poumon, sur l'intestin, dans le foie, même dans le cerveau.

Quelquefois elle se manifeste simplement par une éruption plus ou moins persistante à la peau.

La gourme peut se montrer sous une forme tout à fait bénigne, ou revêtir dès son début une forme maligne avec tous les caractères d'une septicémie.

Mais étant donnée la grande aptitude du cheval à la suppuration, la gourme augmente encore dans une large mesure cette tendance à la pyogénie ; et ce caractère particulier a une grande importance au point de vue de la prophylaxie. Il est à retenir parce qu'il fait de cette maladie une des affections les plus contagieuses et le plus facilement transmissibles.

L'âne et le mulet sont moins exposés que le cheval aux atteintes de la gourme. Chez ces trois espèces, une première atteinte confère une immunité temporaire.

ÉTIOLOGIE. — On a cru pendant longtemps que la gourme était une maladie inflammatoire et qu'elle pouvait naître spontanément. La découverte de l'agent infectieux a détruit l'hypothèse de cette théorie, et il est aujourd'hui démontré que cette maladie a pour cause déterminante un agent pathogène : le *Streptococcus equi* découvert par Schütz.

Ce microbe se présente sous des aspects différents suivant les milieux. Dans le pus des abcès gourmeux, il affecte la forme de chaînettes de dimensions variées (3, 4, 5 articles). Dans les parenchymes, il forme des paquets de filaments enchevêtrés, ou réunis en amas simulant des staphylocoques.

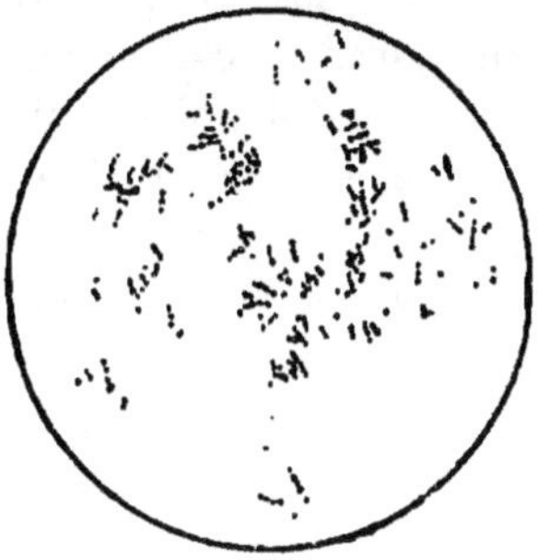

Le microbe de la gourme est à la fois aérobie et anaérobie ; il se colore facilement. Il est presque toujours associé aux microbes de la suppuration.

Galtier a trouvé dans la gourme un bacille et un microcoque (streptocoque).

Fig. 44. — Microbe pathogène de la gourme (culture en bouillon) (Galtier, *Maladies contagieuses*).

Rivolta a trouvé une bactérie et un microcoque. Mais on reconnaît facilement le streptocoque par les colorations doubles, car il prend très bien le Gram et le Weigert.

Le microbe de la gourme pullule dans le jetage de la gourme catarrhale, dans le pus des abcès et des phlegmons gourmeux, dans tous les foyers de suppuration gourmeuse.

Dans la gourme maligne, à forme septicémique, le streptocoque existe dans le sang, qui devient alors virulent.

Joly et Leclainche ont trouvé des streptocoques dans la peau au niveau des éruptions spécifiques (1).

L'agent contagieux de la gourme est donc le streptocoque, et les véhicules transmetteurs sont le jetage, le pus, le sang,

---

(1) Joly et Leclainche, *Étude sur la gourme cutanée.*

dans certains cas, et le contenu des éruptions spécifiques de la peau.

Le streptocoque de la gourme peut exister à l'état saprophyte dans l'organisme du cheval ; il ne devient pathogène que sous l'influence de certaines conditions : fatigue, surmenage, rupture d'équilibre, etc.

Il devient alors pathogène à un haut degré, et très rapidement, si rapidement qu'il peut déterminer une gourme qui devient mortelle en très peu de temps.

Quelques auteurs refusent au streptocoque gourmeux une spécificité absolue. Ils le considèrent comme un microbe banal ayant une certaine ressemblance avec le streptocoque pyogène vulgaire, avec ceux de l'infection purulente, du phlegmon simple, de l'érysipèle, de la pneumo-entérite de Galtier, de la pneumonie infectieuse.

MODES DE L'INFECTION. — L'infection se fait par le jetage et le pus des abcès, quelquefois par les éruptions cutanées. Le jetage répandu sur les mangeoires, les râteliers, les bat-flancs, les objets de pansage, dans la litière, dans les auges, sur le harnachement, sur les tord-nez, les couvertures, est un agent de contagion de premier ordre. Il en est de même du pus provenant de la ponction des abcès de l'auge et de la gorge.

Les éruptions cutanées contaminent surtout les objets de pansage : brosse, bouchon, étrille, époussette. L'éponge est surtout contaminée par le jetage et le pus.

La contagion d'écurie à écurie se fait par le va-et-vient des hommes qui transportent les microbes avec leurs vêtements, leurs chaussures, leurs mains, souillés par le pus et le jetage. Il arrive aussi que du fourrage souillé vienne contaminer des chevaux éloignés des malades.

Les chiens, les chats, les poules qui errent et vagabondent dans les écuries sont aussi des agents de transmission de la maladie, ainsi que les rongeurs.

Dans l'armée, la gourme est le plus souvent apportée dans es écuries par des chevaux venant directement du lieu d'achat, ou des dépôts et des annexes de remonte. Il suffit qu'un cheval malade ait été embarqué avec les autres pour contaminer bientôt tout le lot.

Dans un convoi de jeunes chevaux dirigés sur un régiment, un cheval, un seul, peut être sous le coup de l'incubation de la maladie. Cela suffit pour que, quelques jours après, s'il échappe à la surveillance du corps, bientôt toute l'écurie où il aura séjourné soit infectée.

Dans les corps de cavalerie, on constate aujourd'hui très peu de cas de gourme. Cela tient à ce que les jeunes chevaux passent tous, ou à peu près tous, par les dépôts de transition où ils vivent de la vie au grand air et passent la période dangereuse de leur prime jeunesse.

Dans l'artillerie, au contraire, où les chevaux de remonte arrivent à trois ans et demi et quatre ans, venant souvent directement du lieu d'achat, il n'y a pas de régiments où les vétérinaires n'aient à traiter tous les ans 50 à 60 cas de gourme extrathoracique et 15 à 20 cas de gourme intra-thoracique. Les grandes agglomérations, les écuries des marchands, les champs de foire, les écuries d'auberge, sont des foyers permanents de contagion. Les chevaux achetés sur les champs de foire ou sur les marchés transportent la maladie dans le pays où ils sont amenés. S'ils voyagent en chemin de fer en compagnie d'autres chevaux, ils conta-minent leurs voisins et les wagons.

La contagion de la gourme est si facile que peu, très peu de chevaux échappent à cette maladie. C'est ce qui a fait considérer la gourme pendant longtemps par nos ancêtres comme une crise fatale, nécessaire, aux jeunes chevaux.

D'autres causes dites prédisposantes ou préparatoires influent sur le développement de la gourme. Toutes ces causes démontrent que cette maladie, comme toutes les maladies contagieuses, s'attaque aux sujets déprimés, fatigués, en rupture d'équilibre, et offrant par conséquent à l'infection des portes largement ouvertes.

Les causes qu'on invoque généralement sont le jeune âge, la dentition, l'acclimatement, les changements de saison, les variations atmosphériques surtout pendant l'hiver, le changement de régime, la préparation à la vente, le travail et le dressage hâtifs, la mise en service prématurée, les déplacements, les voyages en chemin de fer, les voyages sur mer, toutes choses qui dépriment les animaux et mettent l'état d'équilibre en défaut.

Voie de pénétration du virus. — Le microbe pénètre généralement dans la muqueuse des premières voies respiratoires et digestives. Il est rare que le poumon, l'estomac, l'intestin, se laissent pénétrer directement par le streptocoque.

L'infection peut aussi se faire par les muqueuses vulvaires et vaginales pendant la saillie et par toutes les solutions de continuité de la peau.

On a relevé des cas de gourme sur des poulinières allaitant des poulains contaminés.

Le streptocoque peut aussi pénétrer dans l'organisme par les plaies opératoires, surtout par les plaies de castration, lorsque celles-ci sont pansées avec des éponges qui peuvent très bien être infectées.

Pathogénie. — Les microbes, une fois introduits sur la muqueuse des premières voies respiratoires, peuvent cultiver sur place et provoquer une congestion intense de la muqueuse avec catarrhe purulent. La congestion gagne toujours les muqueuses du pharynx et du larynx. La gourme se manifeste alors sous forme de coryza, de pharyngite et de laryngite. C'est la forme la plus fréquente de la maladie, celle qui donne le plus grand nombre des cas de gourme extrathoracique des statistiques militaires.

Mais il arrive souvent que les microbes, entraînés dans l'organisme, pénètrent dans la voie sanguine et déterminent, s'ils ne sont pas détruits par les leucocytes, des congestions et des suppurations graves intéressant les principaux organes : poumon, intestin, foie, cerveau. C'est la forme grave de la gourme.

Symptômes. — Au point de vue des symptômes, on peut diviser la gourme en *gourme purulente* et *gourme septicémique*.

Gourme purulente. — Cette forme de la gourme est la plus fréquente ; c'est aussi la moins grave. Elle affecte généralement les muqueuses et revêt un caractère catarrhal. D'autres fois elle se localise dans les parenchymes sous forme de suppurations gourmeuses.

Gourme catarrhale. — Elle consiste dans l'inflammation catarrhale de la muqueuse des premières voies respiratoires, avec tendance à la suppuration.

Au début, tristesse, somnolence, abattement, perte d'appétit. Le malade prend encore volontiers quelques brins de fourrage et de paille, mais il refuse l'avoine et boit difficilement. Les déplacements latéraux et la marche se font avec mollesse, sans entrain. Les muqueuses sont très injectées, la bouche est chaude, sèche, pâteuse ; la température atteint quelquefois 40 et 40°,5.

Dès les premiers jours, le coryza apparaît ; puis on constate des symptômes de pharyngite et de laryngite avec tuméfaction de la gorge, des parotides et des ganglions de l'auge, qui deviennent très douloureux.

Le jetage est d'abord grisâtre, mousseux et mélangé de parcelles alimentaires ; puis il devient jaunâtre, purulent. Il est presque toujours bilatéral et très abondant. La toux, sèche, quinteuse au début, ne tarde pas à devenir grasse et forte. Elle suit en quelque sorte les progrès de la suppuration. On la provoque facilement par la pression de la gorge, de même qu'elle s'exagère par l'impression du froid, les gaz irritants des litières, le passage des aliments et des boissons.

A ce moment la mastication et la déglutition sont difficiles et douloureuses. On constate de la dysphagie et un ptyalisme abondant et pour ainsi dire permanent. Des parcelles alimentaires sont rejetées avec le jetage par les cavités nasales et aussi par la bouche. Ces parcelles sont mêlées, lorsqu'elles sont rejetées par la bouche, à de la salive mousseuse.

Il m'est arrivé souvent de constater du cornage très accusé sans qu'il y ait cependant d'abcès pharyngiens ou de collection des poches gutturales. Une forte inflammation de la muqueuse du larynx justifie ce cornage. Avec le temps, la suppuration s'établit. Le jetage devient purulent, des foyers de suppuration se forment dans les ganglions de l'auge, dans le pharynx, souvent même dans les parotides et dans les poches gutturales. Le pus qui s'écoule des abcès est jaunâtre et crémeux.

A ce moment l'hyperthermie subit une certaine dépression ; mais les forces du malade diminuent de plus en plus, parce qu'il ne s'alimente pas et parce qu'il est épuisé par la suppuration. Quelques sujets maigrissent avec une rapidité extraordinaire. Des complications à côté peuvent se produire, telles la *collection des sinus*, la *collection des poches gutturales*, l'*abcédation des parotides*, la *trachéite*, la *bronchite*, la *bronchopneumonie*, la *pleuro-pneumonie*.

La *collection des sinus* est assez fréquente. Il en est de même de la *collection des poches gutturales*. La *trachéite* et la *bronchite* sont le plus souvent consécutives à la laryngite.

Dans la bronchite gourmeuse, la toux est sèche, profonde, et survient par quintes douloureuses qui ébranlent le corps tout entier. La température s'élève encore et atteint quelquefois 41°. Lorsqu'il y a laryngite et bronchite, la respiration est troublée. Son rythme est irrégulier, coupé de soubresauts. Le flanc est retroussé ; la respiration est courte et saccadée.

Si les petites bronches s'enflamment, il se produit de la bronchite capillaire avec tous ses caractères : hyperthermie, dyspnée, poussées congestives du côté du poumon.

Lorsqu'il y a résolution, la convalescence ne commence que vers le quinzième jour.

La *bronchopneumonie* peut succéder à la bronchite capillaire ou s'établir sur les sujets lymphatiques et déprimés par la maladie. Elle est généralement grave.

La *pleuro-pneumonie* est plus rare. On ne l'observe dans

la gourme que lorsqu'un abcès du poumon vient s'ouvrir dans la plèvre.

Suppurations gourmeuses. — Les suppurations gourmeuses compliquent la gourme catarrhale ou s'établissent d'emblée dans différentes régions, dans les principaux organes et dans les ganglions.

C'est ainsi qu'on voit se produire, pendant le cours de la gourme, des abcès aux régions qui sont en contact avec le harnachement : garrot, pointe de l'épaule, dos, rein.

Les animaux nouvellement castrés sont souvent atteints de suppurations gourmeuses dans la région opérée (*gourme de castration*).

Les sujets deviennent tristes, abattus et maigrissent rapidement. La température est très accusée : 40°, 40°,5. La région du fourreau devient le siège d'un engorgement œdémateux au centre duquel se forment plusieurs foyers de suppuration.

Les abcès se succèdent à de courts intervalles et donnent écoulement à un pus abondant, crémeux et jaunâtre.

Lorsque les abcès se forment dans la partie supérieure de la gaine vaginale, ils peuvent s'ouvrir dans la cavité abdominale et déterminer une péritonite mortelle.

Les abcès du *bassin* se forment généralement aux dépens du tissu conjonctif périrectal. Sur l'appareil digestif, les abcès se localisent sur le voile du palais, dans le pharynx, sur les parois de l'intestin, sur le mésentère, dans le foie.

Les abcès de l'*intestin* mettent très longtemps à se former. J'ai relevé en 1905 un cas mortel d'abcès gourmeux de l'intestin sur un cheval qui était convalescent de gourme depuis huit mois, et dont la santé était restée chancelante.

Dans l'*appareil respiratoire*, les abcès gourmeux se forment dans le tissu péritrachéal, dans les bronches, dans le poumon.

Les abcès du tissu péritrachéal et des bronches amènent du cornage et de la dyspnée. La mort peut survenir par asphyxie.

Les abcès du poumon se compliquent souvent de gangrène

du poumon et d'infection purulente. La pleurésie purulente est toujours consécutive à l'ouverture d'un abcès dans la plèvre.

On a vu aussi se produire, pendant le cours de la gourme, des *lymphangites suppuratives* : lymphangites des ganglions de l'auge, des ganglions rétro-pharyngiens, phlébites suppuratives, etc.

Dans le *système nerveux central*, les abcès gourmeux du cerveau sont assez fréquents. J'en ai relevé plusieurs cas. Ces abcès se forment dans les hémisphères et dans les méninges. On observe alors de la méningo-encéphalite toujours mortelle.

Dans l'*appareil locomoteur*, les abcès se forment dans les muscles et autour des articulations, surtout dans les jointures.

Wiart a constaté des caries osseuses et des périostites de nature gourmeuse.

Gourme septicémique. — La gourme septicémique peut revêtir la forme aiguë ou la forme subaiguë.

Forme subaiguë. — C'est la gourme hémorragique de Wiart. Elle se caractérise par des accidents congestifs sur la peau, sur les muqueuses et sur les organes intérieurs.

Gourme cutanée (*herpès gourmeux de Bouley, farcin volant des hippiatres*). Le plus souvent l'infection gourmeuse se traduit par un simple exanthème. Trasbot l'a assimilée à la variole et en a fait la *variole du cheval.*

Les symptômes de l'exanthème gourmeux sont : tristesse, abattement, hyperthermie assez accusée (39 à 40°), puis, après vingt-quatre à quarante-huit heures, éruption cutanée généralisée. La peau se couvre de petites vésicules d'un volume variant de la tête d'une épingle à celui d'un pois et produites par le soulèvement de l'épiderme. On constate aussi de véritables phlyctènes. Au niveau des lésions, il se produit une exsudation formant un enduit poisseux qui agglutine les poils. Souvent ceux-ci tombent et laissent de petites places dénudées.

D'après Wiart, il se forme quelquefois de véritables tumeurs œdémateuses, bien circonscrites, du diamètre d'une pièce de deux francs, disséminées sur tout le corps ou localisées à la partie inférieure de la tête, aux épaules, sur les côtes et aux cuisses. C'est l'*échauboulure gourmeuse* de Wiart (1).

L'évolution a lieu en six à dix jours.

Dans les régions où la peau est fine : fourreau, pourtour de l'anus et de la vulve, gorge, on observe quelquefois des crevasses, des plaies. La peau s'épaissit, et les papilles du derme s'hypertrophient.

Muqueuses. — Les mêmes accidents peuvent se produire sur la pituitaire, la conjonctive, les lèvres, la muqueuse génitale.

Les accidents sur la muqueuse génitale apparaissent quelques jours après un coït infectant. Letard, Jouquan ont décrit ces accidents gourmeux sous le nom de *gourme coïtale* (2).

Dans les dépôts de transition, on a observé la gourme coïtale alors que la contagion par le coït ne pouvait plus être invoquée. Dans ce cas, la contagion se fait par les instruments de pansage, par l'éponge, par les mains de l'homme.

Les accidents sur les muqueuses débutent par de la tristesse, de l'abattement et de la fièvre. Puis on constate de l'engorgement œdémateux des lèvres, de la vulve. Des plaques se forment, puis des vésicules, des pustules apparaissent qui ne tardent pas à s'ouvrir, laissant de petites plaies granuleuses.

Anasarque gourmeuse. — Des accidents plus graves s'observent pendant le cours de l'infection gourmeuse. C'est ainsi que l'on observe une véritable anasarque gourmeuse Hyperthermie très accusée, 1 à 2° ; engorgements œdémateux des membres au niveau des articulations, apparition de

(1) Wiart, *Affections gourmeuses.*
(2) Letard, *Gourme coïtale.* — Jouquan, *Gourme coïtale et exanthème coïtal.*

nombreuses pétéchies sur la pituitaire. Dans les cas graves, plaies bourgeonneuses au niveau des articulations, foyers de suppuration, ou d'escarres gangreneuses, tuméfaction des naseaux et des lèvres, pharyngite, cornage.

La mort peut survenir par suite de complications purulentes ou septiques.

Accidents sur le poumon. — On peut observer de la *congestion pulmonaire* et de la *pneumonie.*

La pneumonie se complique souvent de suppuration et de gangrène.

Intestin. — Les accidents sur l'intestin se produisent presque toujours pendant la convalescence. Ils s'annoncent par des coliques sourdes, intermittentes.

Séreuse. — Dans la gourme septicémique, la *pleurésie* est encore assez fréquente. C'est une conséquence de l'infection.

La *péricardite* est plus rare. Sur 1 000 cas de gourme septicémique, Wiart a relevé seulement 4 cas de péricardite.

Les *synovites* et les *arthrites* sont plus fréquentes. Les synoviales les plus atteintes sont les gaines grande et petite sésamoïdiennes, les gaines articulaires du jarret, du boulet, de l'épaule, du grasset, les gaines carpienne et tarsienne. Les synovites s'accompagnent souvent d'engorgements persistants.

FORME AIGUE. —On observe généralement cette forme de la gourme septicémique pendant le cours de la gourme purulente.

Les accidents débutent brusquement par une prostration très accusée. Le malade reste debout, immobile, planté sur ses quatre membres. L'appétit est nul ; les déplacements latéraux sont difficiles, la marche est traînante et titubante.

Les muqueuses sont très congestionnées, cyanosées et présentent parfois des taches ecchymotiques, surtout sur la conjonctive. La respiration est accélérée et troublée dans son rythme ; le pouls est petit et vite ; les mouvements du cœur sont plus précipités et très violents, comme dans toutes les infections générales. L'hyperthermie est assez accusée, 1 à 2°.

La gourme septicémique à forme aiguë est une maladie à marche rapide. La guérison est rare.

PROPHYLAXIE DE LA GOURME. — Tous les essais de vaccination qui ont été essayés contre la gourme ont échoué.

Toute la prophylaxie consiste donc à combattre les causes de contagion.

Dans les petites agglomérations, surtout lorsqu'on dispose de locaux en nombre suffisant, la contagion peut être facilement évitée ou enrayée.

J'ai dit que toujours, dans une agglomération de chevaux, le premier cas de gourme était apporté du dehors par un animal nouvellement acheté. Il est donc tout indiqué de soumettre à une quarantaine les jeunes chevaux avant de les introduire dans les écuries communes.

Dans les régiments de cavalerie et d'artillerie, les écuries de quarantaine n'existent pas. Les corps qui en possèdent sont des corps privilégiés, et on les compte. De sorte que les jeunes chevaux qui arrivent des dépôts de remonte ou des dépôts de transition sont introduits dans les écuries affectées aux jeunes chevaux. Le vétérinaire en passe bien la revue ; mais cela est insuffisant, car, malgré toute sa science et sa bonne volonté, il ne peut découvrir les chevaux qui sont sous l'influence de la période d'incubation.

Une écurie de quarantaine s'impose donc dans tous les corps de troupes à cheval, dans laquelle séjourneraient pendant un ceratin temps tous les chevaux venant du dehors. Dans certains corps d'artillerie, où les chevaux ne passent qu'à titre exceptionnel par les annexes de remonte, le service vétérinaire est empoisonné pendant six mois par la gourme.

Deux mesures d'hygiène s'imposent contre cet état de choses : généraliser aux régiments d'artillerie le passage des jeunes chevaux par les annexes de remonte, établir dans tous les régiments de cavalerie et d'artillerie une écurie de quarantaine.

Dans les corps de troupes à cheval, un abreuvoir spécial doit être affecté aux chevaux de la remonte. Les chevaux nouvellement arrivés devraient boire dans un seau et non à l'abreuvoir commun.

Je suis étonné de voir la gourme sévir pour ainsi dire en permanence dans les écuries des marchands, alors qu'elle pourrait être facilement évitée.

Les marchands de chevaux ne doivent pas ignorer que les jeunes chevaux qui voyagent par lots peuvent contracter la gourme sur les bateaux, dans les wagons, où ils sont mélangés, dans les écuries d'auberge où ils sont obligés souvent de séjourner pendant une nuit. Ils ont donc intérêt, eux aussi, à avoir une petite écurie de quarantaine.

Lorsque la gourme se déclare dans une écurie de plusieurs chevaux, des mesures énergiques doivent être aussitôt prises.

Isolement des malades et des voisins.

Enlèvement et incinération de leur litière ; désinfection complète des intervalles. Le mieux, si possible, serait d'évacuer l'écurie entière, d'enlever toute la litière et de désinfecter.

Mais cette mesure étant souvent d'une application difficile, je recommande, pendant une épizootie de gourme, *toutes les mesures intérieures* que j'ai prescrites à l'égard de la pneumonie infectieuse et de la pasteurellose, pas une de plus, pas une de moins (Voir *Pneumonie infectieuse* et *Pasteurellose*).

J'ai vu souvent ouvrir des abcès gourmeux dans les cours des infirmeries, sous le hangar aux opérations, sous le hangar des forges, devant la porte des écuries ou des cellules. C'est une faute hygiénique. Le pus, en tombant sur le sol, le contamine. Puis, lorsqu'il se dessèche, il est transporté un peu partout avec les poussières. Le pus des abcès gourmeux doit être reçu dans un récipient, puis détruit par le feu. Le vase est ensuite désinfecté.

Horse-pox (*grease pustuleux, variole du cheval*). — Le horse-pox est une maladie éruptive qui, communiquée à la vache, donne le cow-pox, et à l'enfant donne le vaccin.

Cette maladie, encore appelée *maladie vaccinogène*, parce qu'elle renferme le vaccin, est assez fréquente chez le cheval.

On l'observe sur les chevaux entiers, les chevaux hongres, les juments, les ânes, les ânesses. Elle est si bénigne que souvent elle passe inaperçue. Elle peut cependant se montrer sous une véritable forme épizootique (1).

ÉTIOLOGIE. — Le horse-pox, cow-pox, vaccine, ne sont qu'une seule et même maladie, essentiellement contagieuse, se transmettant du cheval à la vache, du cheval au cheval et à l'homme, de la vache à l'homme, de l'homme à l'homme, etc.

La contagion peut se faire de plusieurs façons. Les animaux peuvent contracter la maladie par contact avec un cheval affecté de horse-pox, ou une vache atteinte de cow-pox. On a relevé des cas produits dans l'accouplement par le fait du mâle, dont la verge portait des éruptions spécifiques.

La maladie peut aussi se transmettre par l'intermédiaire des aliments, des litières, des objets de pansage, du harnachement, des instruments de contention, surtout le tord-nez.

L'homme, par ses effets, ses mains, peut être un agent transmetteur de la maladie. C'est surtout dans les locaux contaminés que la contagion s'opère.

Il ne faut pas oublier non plus que la peau et les muqueuses sont facilement pénétrables par l'agent infectieux, et que les plaies de la peau, les inflammations des muqueuses, comme dans la gourme, sont des portes ouvertes à l'infection.

La contagion s'opère du reste avec la plus grande facilité. Boulcy a démontré qu'une stalle infectée pouvait communiquer la maladie à tous les chevaux séjournant dans cette stalle.

Il a été démontré aussi que la dessiccation n'altère pas la virulence de l'agent infectieux. La matière virulente desséchée et répandue dans l'atmosphère avec les poussières de l'écurie, peut donc communiquer la maladie.

Quel est l'agent infectieux de la maladie. On n'est pas

____

(1) Galtier, *Enzootie de variole équine dans la Haute-Loire.*

encore bien fixé à ce sujet. Les premières recherches de Chauveau (1868) ont démontré que l'agent virulent du virus vaccinal avait une forme corpusculaire, et c'est tout.

Des recherches plus récentes de Cohn, Wiegert, Luist, Voigt, Guarnieri, Pfeiffer, ont abouti à la découverte de

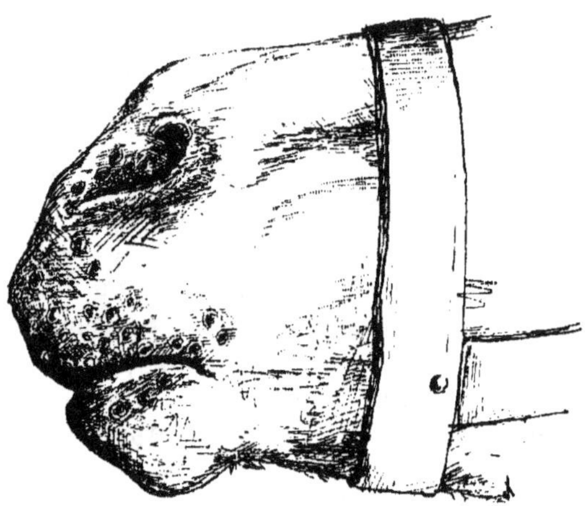

Fig. 45. — Horse-pox des lèvres et du nez (Galtier).

plusieurs microbes, sans qu'on puisse en démontrer la spécificité.

Buttersack a découvert des microorganismes affectant des formes variées (baguettes et coccus).

Le microbe du horse-pox ou de la vaccine reste donc à trouver.

SYMPTÔMES. — Quelques troubles généraux : tristesse, fièvre. Mais le plus souvent ces troubles passent inaperçus.

Très rapidement l'éruption apparaît sur la pituitaire, la conjonctive, la muqueuse génitale et sur les régions fines de la peau.

Sur la muqueuse buccale, il se forme de petites ampoules ou vésicules ressemblant à de petites perles de teinte opaline légèrement rosée. On les trouve surtout à la face interne des lèvres, des joues, sur le frein et les bords de la langue. Au bout de quelques jours, par suite de la mastication, ces ampoules sont déchirées, et il reste de petites plaies finement granuleuses. Ces plaies rendent la mastication difficile et douloureuse. Les animaux salivent abondamment.

Souvent l'éruption gagne au dehors, et plusieurs pustules se montrent sur les lèvres, le bout du nez et autour des naseaux.

L'éruption de la pituitaire se caractérise par des vésico-pustules de la grosseur d'une tête d'épingle ou d'une lentille. Ces pustules peuvent être isolées ou confluentes. Cette éruption s'accompagne toujours d'un jetage muco-purulent, jaunâtre, épais et de consistance gélatineuse.

Les ganglions sous-glossiens sont engorgés et douloureux.

L'éruption sur la conjonctive est plus rare. On constate alors de la photophobie, du larmoiement et même de l'ophtalmie externe.

L'éruption génitale se montre sur le pénis du cheval entier ou sur la muqueuse vulvaire de la jument. Cette éruption gagne souvent le périnée, le fourreau, les mamelles et la face interne des cuisses.

L'éruption cutanée peut se localiser dans certaines régions, ou se montrer sur tout le corps. Elle affectionne surtout les membres.

D'après ces symptômes, on ne doit pas confondre le horse-pox avec l'exanthème gourmeux, l'acné contagieuse, l'exanthème pustuleux, le farcin, les eaux aux jambes, la morve.

PROPHYLAXIE. — Isolement des malades. Enlèvement et incinération des litières, désinfection des intervalles.

Lorsque des cas de horse-pox se sont déclarés dans une écurie de plusieurs chevaux, les poussières soulevées par le va-et-vient des hommes et des chevaux, par le pansage, pouvant être contaminées, et devenir un agent de transmission de la maladie, le mieux serait d'évacuer l'écurie, d'enlever les litières et de désinfecter.

Comme mesures sanitaires générales, interdire la monte aux étalons infectés ; dans le doute, ne pas faire saillir les juments. Éviter de faire voyager par voie de terre, par voie de mer et en wagons des animaux atteints de horse-pox.

Dans les écuries contaminées, les objets de pansage devront baigner constamment dans une solution de crésyl ou de lysol. On supprimera l'éponge. Les bourgerons et les tabliers des hommes seront désinfectés.

A propos des étalons et des juments poulinières, Galtier recommande :

1° De faire visiter une fois par mois, durant la saison de la monte, les étalons par le vétérinaire sanitaire ;

2° De surveiller assidument l'état des animaux et de s'assurer le plus fréquemment possible de l'intégrité de la verge et des organes génitaux en général ;

3° De vérifier avec le plus grand soin l'état de chaque jument présentée et d'examiner surtout la région vulvaire ;

4° D'écarter temporairement de la monte tout étalon malade ou suspect en attendant la visite du vétérinaire sanitaire ;

5° De refuser à la saillie toute jument dont l'état inspirerait quelque doute pouvant faire craindre l'existence d'une maladie contagieuse ;

6° De refuser toute bête ayant un écoulement, une tuméfaction maladive de la vulve, des boutons, des pustules ou des plaies sur cette région ;

7° De n'accepter une jument qui leur paraîtrait suspecte que sur la présentation d'un certificat de santé délivré, depuis moins de quarante-huit heures, par le vétérinaire sanitaire (1).

Lorsqu'une écurie de plusieurs chevaux est contaminée, si on ne peut séparer les chevaux, G. Joly recommande d'inoculer tous les chevaux en faisant des scarifications à l'encolure avec du virus provenant des pustules d'un animal malade.

______

(1) Galtier, *Traité des maladies contagieuses.*

Anasarque. — Maladie assez fréquente du cheval, d'origine probablement microbienne, qui peut se déclarer d'emblée, ou survenir en complication d'une maladie primitive : gourme, pneumonie infectieuse, pasteurellose, etc. On la désignait autrefois sous le nom d'*hydropisie cellulaire, mal de tête de contagion, charbon blanc.*

ÉTIOLOGIE. — Les nombreuses recherches faites en vue de découvrir l'agent spécifique infectieux de la maladie n'ont pas encore abouti. Les recherches sont d'autant plus difficiles que le plus souvent l'anasarque complique une maladie infectieuse préexistante : gourme, pneumonie infectieuse, de sorte qu'il n'a pas encore été possible, au milieu des streptocoques et des staphylocoques, d'isoler le véritable agent spécifique de la maladie.

Certains auteurs prétendent même que l'anasarque est produite par les toxines sécrétées par les streptocoques et les staphylocoques, lesquelles toxines ont une action vasodilatatrice très prononcée. Ce serait la raison pour laquelle cette maladie complique si souvent la gourme et la pneumonie infectieuse.

On a remarqué cependant que les animaux à tempérament lymphatique y sont plus exposés que les sujets sanguins ou nerveux. Les refroidissements, les difficultés de l'acclimatement chez les jeunes chevaux, le travail quotidien sur les bords des rivières (chevaux de halage), peuvent aussi agir comme causes prédisposantes.

Mais ce qu'il nous faut retenir surtout, c'est que l'anasarque est une maladie infectieuse qui évolue facilement dans les milieux où existent déjà la gourme et la pneumonie infectieuse. Je la crois contagieuse à un haut degré, et j'estime que l'on doit prendre à son égard des mesures prophylactiques rigoureuses.

SYMPTOMES. — Que la maladie se montre d'emblée ou qu'elle complique une autre maladie infectieuse, elle débute toujours brusquement par l'apparition de plaques œdémateuses se localisant surtout aux naseaux, aux lèvres, à l'encolure, aux flancs et à l'extrémité supérieure des membres.

Ces œdèmes, de volume variable, durs, tendus, et d'abord parfaitement délimités, ne tardent pas à se réunir et à former de larges plaques œdémateuses.

Les membres s'engorgent et deviennent énormes. Le même engorgement se montre sous le ventre, au fourreau, à la poitrine et à la tête.

L'énorme tuméfaction de la tête donne au cheval une physionomie toute particulière, qu'on ne retrouve dans aucune autre maladie. Partout où des engorgements œdémateux se forment, on voit que les œdèmes sont nettement séparés des parties saines par un bourrelet bien délimité. Ces bourrelets donnent aussi à l'ensemble du cheval un aspect singulier. Des pétéchies d'étendue variable apparaissent sur les muqueuses : pituitaire, conjonctive, buccale et vulvaire. Celles de la pituitaire sont caractéristiques et toujours nombreuses. A mesure que la maladie fait des progrès, les œdèmes augmentent en étendue et en épaisseur et deviennent de plus en plus durs.

L'œdème de la glotte et la tuméfaction des naseaux déterminent du cornage, quelquefois si accusé qu'on a dû recourir, pour sauver les malades, à l'opération de la trachéotomie.

J'ai à mon actif plusieurs opérations de ce genre sur des chevaux atteints d'anasarque et menacés d'asphyxie.

Souvent les naseaux donnent écoulement à un jetage gris rougeâtre, d'odeur fétide, quelquefois d'odeur gangreneuse.

L'appétit est généralement conservé ; mais la préhension des aliments est difficile et douloureuse. Les malades prennent volontiers par succion les buvées et les barbotages.

La résolution est très fréquente ; mais les malades peuvent mourir asphyxiés, ou par complication de pneumonie ou d'infection septique.

Tous ces symptômes peuvent revêtir une *forme suraiguë* ou une *forme subaiguë*.

Dans la forme suraiguë, les symptômes marchent avec

rapidité. Dès le début, la fièvre s'accuse par une hyperthermie de 1 à 2°. On constate plus que de l'abattement, de la prostration. En six jours, l'animal succombe par asphyxie ou par intoxication.

Dans la forme subaiguë, la maladie évolue plus lentement, et la résolution survient presque toujours vers le dixième jour. Chez presque tous les chevaux que j'ai soignés pour de l'anasarque, j'ai toujours trouvé de l'albuminurie due à une forte irritation des reins par l'élimination des toxines. Cette albuminurie disparaît pendant la convalescence.

COMPLICATIONS. — Les complications de l'anasarque sont la *pneumonie*, qui a toujours une grande tendance à la gangrène ; l'*entérite diarrhéique* avec gangrène de l'intestin ; l'*intoxication septique*.

Un caractère particulier de l'anasarque est la tendance à la gangrène. J'ai relevé des gangrènes des cornets, du pharynx, du poumon, de l'intestin, des escarres gangreneuses de la peau.

On ne doit pas confondre l'anasarque avec le horse-pox, le charbon, le farcin, la morve.

PROPHYLAXIE. — Isolement des malades et des suspects ; incinération des litières ; désinfection des intervalles. Dès le début, les animaux atteints devront être traités par des injections hypodermiques de sérum antistreptococcique. On ne devra jamais perdre de vue que, dans toutes les recherches microbiologiques qui ont été faites au sujet de l'anasarque, on a toujours trouvé des colonies de streptocoques, et que certains auteurs considèrent, jusqu'à preuve du contraire, ces microbes comme étant les agents spécifiques de la maladie. En employant le traitement antistreptococcique, non seulement on évitera des complications graves sur les sujets atteints, mais on enrayera la contagion.

Comme mesures générales, on agira comme je l'ai recommandé à l'égard du streptocoque de la gourme et du streptocoque de la pneumonie infectieuse (Voir ces maladies).

Les relations des vétérinaires sur l'anasarque sont très nombreuses. Je citerai celles de Méthion, Cavalin, Jobelot, François, Meyranx, parues dans le *Recueil d'hygiène militaire.*

CHAPITRE XXII

MALADIES CONTAGIEUSES

Tétanos. — Septicémies. — Septicémie gangreneuse. — Infection
putride. — Infection purulente. — Botryomycose.

Tétanos. — Maladie virulente, inoculable, contagieuse,
dont le caractère essentiel se manifeste par des contractures
permanentes des muscles uniquement dues à une intoxication du système nerveux central par les toxines d'un
microbe spécifique.

Espèces affectées. — Il faut placer en première ligne les
solipèdes : le cheval, l'âne, le mulet. Vient ensuite l'homme.
Le tétanos est rare chez le bœuf ; on l'observe chez la vache
à la suite des parturitions difficiles ou dystociques et de la
non-délivrance, surtout s'il y a eu blessures ou déchirures
pendant les manœuvres. On l'observe aussi chez le mouton
et le bouc à la suite de la castration.

Rare chez le porc, il est plus rare encore chez le chien et
chez le chat.

Étiologie. — Le tétanos est dû à la présence dans l'organisme d'un microbe spécifique, le *bacille de Nicolaïer*, lequel
microbe sécrète des toxines qui sont des poisons violents,
redoutables.

Le microbe du tétanos est anaérobie et cultive avec la plus
grande facilité dans divers milieux, surtout à l'abri de l'air,
ou en présence d'un gaz inerte comme l'hydrogène.

Il prospère dans les sols humides, marécageux, dans les
terres maraîchères, dans les eaux limoneuses, dans les
marais et les marécages, dans les fosses à purin, dans les

fumiers, dans les litières en fermentation. On le rencontre aussi dans la poussière des routes, sur les végétaux, surtout sur ceux de la culture maraîchère.

Il traverse le tube digestif sans être altéré, de sorte qu'on le retrouve intact dans les excréments. Les milieux souillés par les déjections animales sont souvent très riches en spores tétaniques.

L'infection tétanique se fait par les plaies de la peau, ou des muqueuses, que ces plaies soient accidentelles ou chirurgicales. Les plaies souillées de terre, de fumier, peuvent se compliquer de tétanos si elles n'ont pas été traitées par les moyens antiseptiques, ou par les injections préventives de sérum antitétanique. Les plaies les plus dangereuses sont les plaies étroites et profondes des extrémités : clou de rue, piqûre, enclouûre, javart, blessures de la sole, de la fourchette, du paturon, etc. Si on n'ouvre pas largement ces plaies pour les désinfecter, elles enferment le microbe, qui, à l'abri de l'air, peut proliférer à son aise.

Mais ce n'est pas seulement les plaies des extrémités qui peuvent se compliquer de tétanos. Certainement elles sont plus exposées que d'autres à l'infection, parce qu'elles sont plus directement en contact avec la boue des routes et les litières ; mais toutes les plaies en général peuvent être infectées : plaies de la face, plaies de l'encolure, plaies de la bouche, du vagin, du rectum, etc.

J'ai encore présent à la mémoire un cas de tétanos survenu dans les circonstances suivantes : un cheval s'échappe de son écurie, galope un train d'enfer dans la cour du quartier, et finalement vient s'abattre près de la fosse à fumier. Dans sa chute, il se fait une plaie à l'orbite droit. Nulle part ailleurs il n'y avait trace de blessures.

La plaie traitée aux indisponibles est cicatrisée au bout de cinq jours. Quatre jours après la cicatrisation complète de la plaie, c'est-à-dire neuf jours après la chute, le tétanos se déclare.

Autrefois, avant que les méthodes aseptiques et antiseptiques fussent connues, les plaies opératoires se compliquaient souvent de tétanos : castration, amputation de la queue, saignée au palais, sétons, opération de la hernie ombilicale et de la hernie inguinale, névrotomie (1).

On cite des régions où, pendant certaines années, sur dix chevaux castrés, cinq mouraient de tétanos.

L'infection se faisait par les instruments malpropres, les casseaux infectés, le lit de paille, et surtout par les litières, et les éponges, dont les palefreniers se servaient à cette époque pour panser la plaie de castration.

Aujourd'hui, si une plaie opératoire se complique de tétanos, c'est parce que l'opérateur aura négligé d'asepsier la région à opérer, parce qu'il aura opéré avec des instruments malpropres et non asepsiés, et qu'il n'aura pas pansé la plaie d'opération d'après les procédés antiseptiques connus.

Le tétanos s'observe aussi à la suite de la parturition (tétanos puerpéral), surtout lorsque les juments reposent sur des litières souillées. Chez les poulains, la plaie ombilicale peut s'infecter aussi par les litières.

Les litières malpropres, les litières en fermentation, les gâteaux, constituent donc un milieu des plus favorables à la culture du microbe du tétanos. Elles sont donc un danger permanent.

PATHOGÉNIE. — J'ai dit, en commençant ce chapitre, que le microbe du tétanos est *anaérobie*. Il cultive donc difficilement sur les plaies superficielles mises au contact de l'air. Par contre, il se développe avec une facilité et une rapidité extraordinaire dans les plaies profondes, anfractueuses, ou fistuleuses, sous les croûtes et les escarres.

De nombreuses causes à côté peuvent favoriser la pullulation du microbe et l'infection tétanique : la rupture d'équilibre, le mauvais état général, la fatigue, toutes causes qui entravent la défense phagocytaire.

L'association de microbes étrangers, ceux de la suppuration surtout, favorise l'infection tétanique.

(1) Prévost, *Recueil d'hygiène*, année 1902.

On ne doit pas ignorer non plus que le tétanos peut se déclarer alors même que la plaie de pénétration est complètement cicatrisée. J'en ai cité un exemple plus haut.

Maintenant que se passe-t-il dans l'infection?

Nocard et Leclainche s'expriment ainsi à ce sujet : « Les spores tétaniques déposées dans les tissus et placées dans des conditions qui permettent leur germination donnent des bacilles qui cultivent sur place. Au contraire de ce que l'on observe dans les autres maladies virulentes, les microbes ne dépassent point le foyer, souvent très restreint, du traumatisme d'inoculation. Ils sécrètent sur place un poison extrêmement actif, auquel sont dus tous les accidents constatés. »

Ce sont donc les toxines tétaniques qui, résorbées par l'organisme, agissent sur les centres nerveux, où elles sont apportées par la circulation. L'incubation est plus ou moins longue suivant que la résorption et le transport du poison tétanique jusqu'au centre nerveux ont été plus ou moins rapides.

Le microbe du tétanos est assez résistant. Les spores tétaniques résistent très bien aux causes ordinaires de destruction. La chaleur elle-même les influence peu. Il faut, pour les détruire complètement, les soumettre pendant dix minutes à une température humide de 100", et pendant cinq à une température de 115°. Les antiseptiques sont incertains. On prétend cependant que la virulence peut être détruite par le nitrate d'argent à 1 p. 100 en une minute, et en quelques minutes par le sublimé à 1 p. 1 000, l'acide phénique, la créoline à 5 p. 100.

SYMPTÔMES. — Le tétanos, abstraction faite de la période d'incubation qui est variable, peut se déclarer subitement ou progressivement. Il arrive en effet que le tétanos semble s'annoncer deux ou trois jours auparavant par un peu de raideur de l'encolure, de la difficulté et de la raideur dans la marche. La raideur gagne peu à peu les oreilles, la queue et enfin la mâchoire. A ce moment, on constate déjà de la gêne dans les mouvements de la langue et dans la déglutition, et de la fixité dans le regard.

Mais le plus souvent la maladie débute subitement, et, dès le premier jour, on constate de violentes contractions toniques intéressant les muscles de différentes régions. Des crampes de durée variable et très douloureuses s'emparent de certains muscles, qui sont en quelque sorte privilégiés : nuque, muscles de l'encolure, de la région dorsale et des membres. Pendant la durée des crampes, on constate la raideur de la nuque, une violente et douloureuse extension du cou, des contractures des membres qui sont écartés au repos et pendant la marche. Des tremblements musculaires se montrent dans les muscles des autres régions. La queue est relevée très haut, ou tenue horizontalement ; les oreilles sont dressées et immobiles, les naseaux sont très dilatés, les yeux sont fixes, le facies est grippé, la physionomie annonce à la fois de l'anxiété et de grandes souffrances.

Dans certains cas, tous les muscles sont violemment contractés, ce qui donne au malade l'aspect d'un corps rigide, d'un animal en bois. Sous l'influence des contractures douloureuses, le corps tout entier se couvre d'une sueur abondante.

Au début, les contractures ne sont pas permanentes ; elles surviennent par accès ; ce n'est qu'au bout du troisième ou quatrième jour qu'elles deviennent constantes.

Dans le tétanos traumatique, le plus fréquent d'ailleurs, les contractures débutent toujours dans les muscles qui avoisinent la région traumatisée.

Dans les cas graves, lorsque la maladie est devenue générale, les symptômes s'aggravent rapidement. Les malades en contracture musculaire permanente restent immobiles dans leur box. Si on les oblige à se déplacer, ils marchent difficilement, d'une façon automatique, sans fléchir les membres et soulevant à peine les pieds. Si on les fait appuyer ou tourner, ils se déplacent tout d'une pièce et sont exposés à chaque instant à tomber. Le reculer est complètement impossible.

Ces déplacements sont **extrêmement** douloureux, et, si on insiste, le facies se grippe de plus en plus et le corps se couvre de sueur.

Lorsqu'un cheval est atteint de tétanos, il ne se couche pas. Il sent bien qu'il ne se relèverait qu'au **prix de grands** efforts et d'une grande souffrance. Ceux qui tombent par suite de fatigue et d'épuisement ne se relèvent pas.

Le trismus qui accompagne toujours le tétanos donne à la bouche des aspects différents. Quelquefois la bouche est complètement fermée, et on a beaucoup de peine à l'ouvrir. Dans d'autres cas, la bouche est à demi ouverte, et il est impossible de la fermer.

A mesure que la maladie fait des progrès, les contractures et les souffrances augmentent d'intensité. Tous les muscles sont tendus, durs et saillants ; la peau est adhérente au tissu cellulaire sous-jacent ; elle semble collée sur les muscles.

La sensibilité générale est considérablement augmentée, et il suffit, pour réveiller les souffrances du malade, d'un simple attouchement, d'un peu de bruit, d'une lumière plus vive, d'un appel de la voix.

Lorsque les contractures musculaires sont devenues permanentes, les souffrances sont à leur paroxysme. De temps en temps les muscles, tout en restant contractés, sont agités de violentes secousses convulsives, d'élancements fulgurants qui parcourent les membres, le tronc, l'encolure, véritables crampes plus douloureuses encore que celles qui affolent l'ataxique.

Zundel cite le cas d'un cheval qui, dans une contracture, s'est broyé les huitième, neuvième et dixième vertèbres dorsales. Jusqu'à la dernière période de la maladie, l'appétit est conservé; mais la préhension et la mastication des aliments sont si difficiles que les malades se contentent de prendre par succion les buvées et les barbotages. La soif est conservée, mais la déglutition des liquides est difficile par suite de la contraction spasmodique du pharynx. Toutes les grandes fonctions sont troublées. Presque toujours on observe une constipation opiniâtre. Quelques praticiens citent des cas de défécation involontaire et de diarrhée.

La respiration est d'autant plus troublée que la maladie est plus ancienne. Les mouvements respiratoires sont plus nombreux, plus courts, plus heurtés. On a compté jusqu'à 50, 60 et 70 mouvements respiratoires par minute. Si les muscles inspirateurs se contractent, se convulsent, on constate de la dyspnée et de véritables symptômes d'asphyxie.

Dans certains cas graves, on a vu se produire de la congestion pulmonaire et de la pneumonie.

La circulation, elle aussi, est troublée. Le pouls est dur, petit. Dans la dernière période, il s'accélère et devient plus mou.

Le cœur se défend contre l'infection. Les battements sont plus précipités et plus forts. Généralement, dans les premiers jours du tétanos, on constate peu de fièvre. C'est à peine si le température monte de quelques dixièmes. Mais, si la maladie s'aggrave et si elle doit se terminer par la mort, on voit subitement se produire une hyperthermie très accusée : 2, 3 et 4° au-dessus de la normale.

La haute hyperthermie dans le tétanos est toujours un signe de mort prochaine.

On cite plusieurs cas de tétanos partiel, c'est-à-dire de tétanos localisé à certaines régions musculaires. Le plus fréquent est le *trismus*, localisé aux muscles élévateurs de la mâchoire inférieure. On l'observe surtout chez les jeunes animaux. Le tétanos cervical et le tétanos dorsal sont plus rares en tant que tétanos partiel.

DURÉE DE LA MALADIE. — TERMINAISON. — La durée de la maladie est variable. La mort peut survenir en moins de vingt-quatre heures. Elle peut se produire en deux ou cinq jours ; mais c'est généralement vers le huitième jour que les animaux succombent. Si les malades résistent quinze à vingt jours, la guérison peut être obtenue. Mais je dis tout de suite que cette guérison est presque une exception. Les meilleurs traitements n'ont jamais donné plus de 15 guérisons pour 100.

MOYENS PRÉVENTIFS. — Le tétanos est une des maladies du cheval les plus redoutables. L'hygiéniste doit donc se multiplier en efforts pour l'empêcher.

J'ai dit dans quels milieux prospérait le microbe du tétanos. Ces milieux, il faut les éviter autant que possible et même les assainir.

Dans les fermes, dans les quartiers de cavalerie et d'artillerie, la fosse à fumier devrait être isolée dans une cour spéciale fermée. Je condamne de la façon la plus absolue les fosses à purin, et je fais des vœux pour qu'on renonce à tout jamais à abreuver les chevaux dans les mares.

Dans les écuries, les crottins devront toujours être enlevés dès qu'ils auront été répandus sur la litière. Les corvées de litière devront être faites régulièrement, et toute litière souillée ou en voie de fermentation devra être aussitôt enlevée. Partout et toujours la litière doit être blanche, propre et sèche.

Toutes les fois qu'un cheval aura subi un traumatisme et que la plaie résultant du trauma aura pu être souillée de terre, de boue ou par les litières, on devra recourir aux antiseptiques et désinfecter soigneusement cette plaie. Il sera fait de même pour toutes les plaies ou blessures qui peuvent être en contact avec la litière ou les crottins : clous de rue, piqûre, enclouûre, blessures de la sole, de la fourchette, atteintes, crevasses, etc. Mais il peut arriver qu'une désinfection même rigoureuse ne soit pas suffisante.

Un moyen sûr de prévenir le tétanos dans le cas de traumatisme, le seul efficace, est l'injection de sérum antitétanique.

Depuis longtemps j'emploie *dans une large mesure* les injections de sérum antitétanique, comme moyen préventif, dans le traitement de toutes les plaies, de toutes les blessures, que je suppose avoir pu être souillées de terre, de boue ou par les fumiers. Depuis plus de dix ans, je n'ai pas eu à soigner pour mon compte personnel un seul cas de tétanos.

Si cette mesure hygiénique, ou plutôt préventive, était largement appliquée, le tétanos ne serait plus qu'une maladie tout à fait exceptionnelle.

La pratique de l'injection de sérum antitétanique est simple. Elle consiste à pratiquer une première injection le jour même ou le lendemain du trauma, puis une deuxième huit jours après.

Le traitement préventif par les injections de sérum antitétanique est infaillible. Avant toutes les opérations chirurgicales, la région à opérer devra être parfaitement asepsiée ; les instruments devront être désinfectés et flambés. On procédera aussi à la désinfection des mains de l'opérateur, et tous les objets de pansement devront être rendus aseptiques. L'opération de la castration devra être l'objet de soins particuliers avant et après l'opération. Après l'opération, éviter les attouchements sur la région opérée, suppression de l'éponge dans les soins à donner.

Après la castration, je me contente d'irriguer la région opérée avec une solution crésylée, soit à l'aide d'une seringue, soit à l'aide d'une pompe à douche.

Ici encore je recommande l'injection de sérum antitétanique avant l'opération, comme je la recommande aussi pour l'amputation de la queue et toutes les opérations graves. L'immunité conférée au cheval par une injection de sérum antitétanique de 10 centimètres cubes peut durer six semaines.

Septicémies. — Les maladies que l'on a groupées sous le nom de septicémies — je ne parle pas ici des septicémies hémorragiques de Hueppe — se caractérisent par une infection générale, l'altération du sang et l'absence de suppuration. Je ne retiendrai ici que les affections septicémiques dues à l'indroduction dans l'organisme de microbes pathogènes, qui, par leur pullulation, finissent par amener la mort sans déterminer de suppuration.

Le type de ces septicémies, dites *septicémies vraies*, est la *septicémie gangreneuse*.

Septicémie gangreneuse (*œdème malin, gangrène traumatique, infection putride des anciens*). — Maladie infectieuse, virulente, qui survient en complication des traumatismes, des plaies opératoires ou accidentelles, et qui est due à l'introduction dans l'organisme d'un microbe : le *vibrion septique de Pasteur*. La septicémie gangreneuse est assez fréquente chez l'homme et chez le cheval, rare dans les autres espèces.

Étiologie. — J'ai dit que la septicémie était due à l'envahissement des tissus par le vibrion septique.

Le vibrion septique se présente avec des caractères différents suivant qu'on l'examine dans le sang ou dans les tumeurs. Dans le sang, il est long et flexueux. Dans les tumeurs, il est droit et court.

Le microbe de la septicémie est doué de mouvements ; il est anaérobie et cultive facilement en présence d'un gaz inerte et même dans le vide. De toutes les espèces, ce sont les solipèdes qui sont le plus sensibles à l'action du vibrion septique. Le jeune âge favorise la pullulation dans l'organisme.

On trouve le vibrion septique dans tous les milieux : dans la terre, dans les eaux, dans les déjections animales, et surtout dans les cadavres. La gangrène septique apparaît lorsque les plaies profondes, anfractueuses, ont été souillées par de la terre, du fumier, des déjections ou des débris cadavériques en voie de putréfaction.

Dans les opérations chirurgicales, l'opérateur, s'il n'a pas pris toutes les précautions antiseptiques d'usage, peut infecter les plaies d'opération soit avec ses mains, soit avec les instruments, ou les objets de pansement.

Autrefois, avant l'emploi des antiseptiques et la pratique de l'asepsie, la gangrène traumatique était très fréquente à la suite de la castration et des opérations chirurgicales les plus simples.

Contre les plaies infectées, les meilleurs antiseptiques restent souvent impuissants, car le microbe résiste très bien aux agents de destruction. Il faut six heures à de l'acide phénique à 36" et en solution à 3 p. 100 pour tuer le microbe.

Le virus frais est détruit facilement par l'exposition à une température humide de 100°. Le virus desséché est plus résistant ; il faut pour le détruire une température de 120" pendant un quart heure.

Symptômes. — La plaie infectée cesse tout à coup de suppurer et devient le siège d'un engorgement œdémateux, chaud, gagnant même les régions voisines. Ses lèvres prennent une teinte rouge livide, ou plombée, et laissent sourdre une sérosité citrine.

En même temps les grandes fonctions se troublent. La respiration et la circulation s'accélèrent, les muqueuses s'injectent, et la température monte de 2 et de 3".

Vingt-quatre heures après l'infection, l'œdème augmente en étendue et en épaisseur. Chaud et très douloureux sur ses bords, il est froid et insensible au centre. La plaie laisse écouler un liquide roussâtre d'odeur très fétide.

Vers le troisième ou le quatrième jour, la gangrène apparaît très nettement. L'engorgement de plus en plus froid et insensible présente de l'infiltration gazeuse. Au toucher, on perçoit de la crépitation ; la peau se parchemine et se décolle par places. Des plaies de teinte brune ou violacée se forment.

La température subit une dépression sensible ; le pouls est insaisissable, alors que les battements du cœur sont violents, tumultueux. Le malade est dans un grand état de prostration. La mort survient généralement vers le cinquième jour.

Moyens préventifs. -- Le vibrion septique prospérant dans les terres humides, dans les eaux, dans les fumiers, toutes les prescriptions que j'ai indiquées à l'égard du tétanos sont applicables dans le combat contre l'infection septique. Mêmes précautions antiseptiques et aseptiques à l'égard des plaies opératoires avant et après l'opération, à l'égard des plaies accidentelles.

J'ai dit que les vibrions septiques envahissaient l'organisme après la mort. Cela me donne l'occasion de m'élever avec force contre l'enfouissement des cadavres, aussi bien ceux de l'espèce humaine que ceux des autres espèces.

Cette pratique de l'enfouissement des cadavres est dangereuse au premier chef. Je suis convaincu que beaucoup de maladies infectieuses nous viennent de la terre, à laquelle nous confions volontairement des milliards de microbes. La terre est un milieu de culture parfait pour beaucoup de microbes. Nous avons tort de lui rendre nos cadavres. Les sauvages qui brûlent leurs morts sont à ce point de vue plus sages et plus avisés que nous, qui sommes civilisés.

La mort appelle l'incinération, ou elle devient un danger pour les vivants. Mais on ne détruit pas des préjugés avec cent lignes d'un chapitre sur l'hygiène, surtout quand ces préjugés engagent les espérances de l'éternité.

Infection putride (*intoxication putride, septicémie chronique*). — L'infection putride complique quelquefois les blessures, les plaies suppurantes, les plaies gangreneuses. Elle évolue plus lentement que la septicémie, d'où son nom de septicémie chronique, et elle en diffère parce qu'elle n'amène jamais la gangrène de la région traumatisée. Elle diffère aussi de l'infection purulente parce qu'elle ne se complique pas d'abcès métastatiques dans les organes.

Bien que sa nature ne soit pas parfaitement déterminée, on est autorisé à admettre qu'elle est une sorte d'intoxication de l'organisme par les toxines, les ptomaïnes, qui se forment dans les foyers suppurants ou gangreneux. On a aussi démontré que des microcoques, des staphylocoques, des bactéries, absorbés par les plaies, n'étaient pas sans influence sur la production de l'infection putride.

Plus les produits absorbés sont abondants, et plus les microbes sont virulents, plus la maladie évolue rapidement. L'infection putride peut amener la mort en quatre ou cinq jours ; mais le **plus souvent la marche de la maladie** est plus lente et revêt en quelque sorte une forme chronique.

Symptômes. — Si la maladie a une tendance à évolution rapide, on constate dès le premier jour de la tristesse, de l'abattement et une fièvre assez accusée. Les plaies suppurent abondamment, et il se forme des cloaques anfractueux au centre desquels se fait un véritable travail de macération. Les malades peuvent mourir très rapidement, empoisonnés par les produits infectieux résorbés.

Si la maladie évolue lentement, les malades s'affaiblissent; une anémie progressive se déclare avec amaigrissement prononcé. Finalement les sujets meurent dans le marasme. J'ai vu des chevaux atteints d'infection putride devenir à l'état squelettique.

Moyens préventifs. — Il est facile d'éviter l'infection putride. Pour cela, toutes les plaies devront être traitées dès le premier jour par les procédés antiseptiques : solution de sublimé, de permanganate de potasse, de crésyl, de lysol, cautérisation au nitrate d'argent. Les plaies profondes, anfractueuses, fistuleuses, devront être *largement* débridées et drainées. Je recommande tout spécialement les drains en gaze iodoformée, qui m'ont toujours donné d'excellents résultats.

Le mal de garrot devra toujours être l'objet de soins médicaux et chirurgicaux constants : débridements, contre-ouvertures, drains iodoformés, injections antiseptiques.

Dans les plaies suppurantes, on facilitera l'écoulement du pus par des irrigations et des injections désinfectantes, après avoir fait de larges ouvertures.

Infection purulente (*pyohémie*). — L'infection purulente est une complication des plaies due à la pénétration dans la circulation et dans l'organisme de microbes pathogènes : streptocoques, staphylocoques. Elle est assez fréquente chez le cheval.

Étiologie. — Les plaies les plus exposées à se compliquer d'infection purulente sont les plaies profondes, les plaies anfractueuses s'accompagnant de décollements étendus, les plaies fistuleuses avec clapiers, surtout lorsque ces plaies sont abandonnées à elles-mêmes et lorsque les animaux qui en sont atteints sont placés dans de mauvaises conditions hygiéniques. Le type des plaies exposées à l'infection purulente est le mal de garrot, qui présente quelquefois des clapiers inexplorables.

Mais les agents déterminants de la maladie sont les microbes ordinaires de la suppuration : streptocoques et staphylocoques. Ces agents infectieux pénètrent dans la circulation et dans l'organisme par les blessures et par les plaies. Dans le cas de phlébite suppurative, les microbes peuvent être entraînés directement dans la circulation.

Les plaies susceptibles de se compliquer d'infection purulente sont les maux de garrot, le mal de nuque, les phlébites, les javarts cutanés, les arthrites suppurées, les synovites avec abcès, les nécroses, les caries.

Certaines maladies internes infectieuses peuvent se compliquer de pyohémie : l'anasarque, la gourme, la morve.

Je me souviens avoir fait l'autopsie de deux chevaux morveux morts d'infection purulente ; je m'en souviens si bien qu'à la suite d'une piqûre à l'index de la main gauche j'ai contracté un tubercule anatomique.

Chez les jeunes animaux, la phlébite du cordon ombilical peut se compliquer d'infection purulente.

Symptômes. — L'infection purulente se déclare le plus souvent alors que les plaies couvertes de bourgeons charnus sont en pleine suppuration. La maladie débute toujours brusquement par de la tristesse, de l'abattement et de la fièvre ; l'appétit diminue pour disparaître complètement ; la respiration s'accélère, le pouls devient vite, irrégulier ; les muqueuses prennent une coloration jaune sale.

Comme symptômes locaux, les plaies cessent tout à coup de suppurer ; les bourgeons charnus s'affaissent et se dessèchent.

Dans les derniers jours, les animaux tombent dans le coma, et les malades succombent à une véritable intoxication.

Moyens préventifs. — Les mêmes que ceux employés contre l'infection putride. Dans le cas de phlébite, il y a urgence à déplacer le caillot obturateur.

Les animaux présentant des plaies anfractueuses avec clapiers devront être placés dans de bonnes conditions hygiéniques. On s'attachera à les prémunir contre l'infection à l'aide de toniques généraux et de désinfectants internes : quinquina, strychnine, arsenic, salol, benzo-naphtol, alcool, thé, café, etc.

Botryomycose. — Maladie caractérisée par la présence de tumeurs cutanées ou sous-cutanées et paraissant de nature parasitaire.

Bien que la botryomycose soit surtout une maladie externe, je la décris ici parce que, dans beaucoup de cas, on a trouvé à l'autopsie des lésions importantes du poumon.

Étiologie. — La botryomycose est occasionnée par un champignon, le *Botryomyces* ou *Discomyces equi*. Ce champignon, d'aspect uniforme, semble formé de microcoques associés ou zooglées.

On n'est pas bien fixé sur l'habitat naturel du *Botryomyces* ni sur la façon dont il pénètre dans l'organisme. Je crois que les litières souillées, les harnais malpropres, les objets de pansage, les poussières des écuries, sont les véhicules transmetteurs de la maladie.

L'inoculation se produit généralement par une plaie.

Symptômes. — Les tumeurs de la botryomycose se forment dans les régions où frottent les harnachements : garrot, dos, rein, pointe de l'épaule. On les a remarquées aux mamelles, à la queue, au scrotum, au boulet, dans les ganglions de l'auge, dans le poumon. Le champignon de la castration est une botryomycose

Les tumeurs de la botryomycose sont indolentes, dures, élastiques, mobiles sous la peau et d'un volume très variable. Elles ne sont pas entourées d'une zone inflammatoire et déterminent rarement des traînées lymphatiques. Elles présentent souvent à leur centre des fistules sinueuses donnant écoulement à du pus renfermant des granulations jaunâtres de nature parasitaire.

Moyens préventifs. — Toute la prophylaxie de la botryomycose doit rouler, à mon avis, sur la propreté des litières, des écuries et du harnachement. D'autre part, le harnachement devra toujours être parfaitement ajusté afin d'en diminuer autant que possible les pressions et les frottements intempestifs.

De même que l'on procède tous les ans à la désinfection des écuries, le harnachement devrait être désinfecté au moins deux fois par an.

CHAPITRE XXIII

MALADIES CONTAGIEUSES

(SUITE)

Charbon bactéridien.

Le *charbon bactéridien*, ou *fièvre charbonneuse*, est une maladie virulente, inoculable, transmissible aux animaux et à l'homme, occasionnée par un microbe spécifique, le *Bacillus anthracis*, ou *bactéridie charbonneuse, bactéridie de Davaine*.

Dans le langage courant, on lui donne encore les noms d'*anthrax*, de *sang de rate*.

BACTÉRIOLOGIE. — Le microbe de la fièvre charbonneuse, du charbon bactéridien, est une bactéridie aérobie qui se cultive facilement à une température moyenne de 30 à 35°. Cultivée dans des bouillons de viande, elle donne bientôt un nuage floconneux ; flottant au milieu du liquide limpide. Ensemencée sur des plaques de gélatine, elle se

Fig. 46. — Sang d'un cobaye charbonneux (Galtier).

multiplie en colonies d'aspect blanchâtre. Ensemencée sur pomme de terre, elle forme des couches épaisses de couleur gris sale.

La bactéridie charbonneuse se reproduit par segmentation, ou en donnant des spores. Cependant la reproduction par spores n'est possible qu'au contact de l'air et sous une température de 16 à 42°. Elle se colore très bien par les couleurs d'aniline et prend bien les colorations de Gram et de Weigert.

La bactéridie est pathogène pour toutes les espèces animales. Les herbivores : cheval, bœuf, mouton, chèvre, sont des terrains très favorables à son développement.

Une fois introduite dans l'organisme, la bactéridie charbonneuse se rencontre dans le sang et dans les tissus, sous la forme d'un bacille immobile, cloisonné, et de dimensions variables. On la rencontre aussi dans le jetage, dans les excréments et dans l'urine.

Fig. 47. — Sang d'un lapin charbonneux (Galtier).

RÉPARTITION GÉOGRAPHIQUE. — Le charbon bactéridien existe en *France*, en *Belgique*, en *Allemagne*, en *Suisse*, en *Autriche*, en *Angleterre*, à l'exception du pays de *Galles*, dans certaines régions de l'*Italie* et dans toutes les *principautés Danubiennes*. La *Hollande*, la *Suède*, la *Norvège*, le *Danemark* fournissent très peu de cas.

En *Asie*, le charbon, sous le nom de *Gaswa*, *peste sibérienne*, cause de véritables ravages dans la population chevaline. De même dans l'*Inde*. Au *Japon*, la fièvre charbonneuse, introduite seulement en 1879, cause aussi de grandes pertes. Encore un méfait de la civilisation moderne.

En *Afrique*, on ne le rencontre guère que dans les colonies anglaises du Sud.

En *Amérique*, il sévit au Chili et au Brésil.

En *Australie*, il sévit surtout sur les moutons. Dans le comté de Cumberland, on lui a donné le nom de *Cumberland disease*.

ÉTIOLOGIE. — MODES DE L'INFECTION NATURELLE. — Depuis quelque temps déjà, on admet que le charbon bactéridien est une maladie de **région** qui a surtout une origine *tellurique*. La certitude de cette origine est surtout basée sur ce fait, observé dans tous les pays par tous les praticiens, que le charbon ne rayonne jamais au loin et qu'il reste, comme le tétanos, d'ailleurs, qui a la même origine, localisé à la région où on le constate.

C'est ainsi que, dans certains pays depuis très longtemps infectés, le séjour de la cavalerie ou des troupeaux sur certains territoires est des plus dangereux. Les *champs maudits de la Beauce* et les *montagnes dangereuses de l'Auvergne* ont acquis à ce sujet une célébrité redoutable.

Jusqu'alors l'influence du sol, qui, à mon avis, est une contamination, a surtout été établie par l'observation, si bien établie que les bergers de la Beauce prétendent que le meilleur moyen d'enrayer la marche d'une épidémie charbonneuse, c'est de faire le désert dans les milieux infectés, c'est-à-dire de recourir à l'émigration.

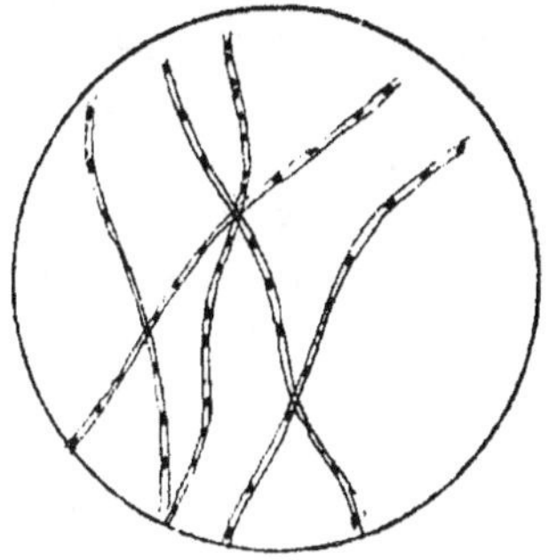

Fig. 48. — Mycélium en état de sporulation (Galtier).

Ce qui justifie encore l'origine tellurique du charbon, c'est que, lorsqu'un pays a été infecté une première fois, il l'est pendant longtemps, et que, d'autre part, on a constaté que, contrairement aux autres maladies contagieuses, le charbon n'est pas transmissible par les causes ordinaires de contagion. Jamais le charbon ne rayonne au loin et ne trace comme la fièvre aphteuse et la péripneumonie contagieuse.

Davaine a émis l'hypothèse de la transmissibilité du charbon par les mouches. Cette opinion a été admise pendant longtemps, admise à ce point qu'on a été jusqu'à créer une espèce de mouche : les *mouches charbonneuses*.

La transmissibilité du charbon par les mouches peut être

admise, mais d'une façon tout à fait exceptionnelle. Ce sont surtout les mouches bleues et les mouches vertes qui fréquentent les cadavres, qui peuvent, je le répète, tout à fait exceptionnellement, transmettre le charbon.

En 1878, Pasteur, Chamberland et Roux démontrent que les spores de la bactéridie, mélangées aux aliments et ingérées par les animaux, peuvent déterminer la mort chez le mouton, et ils prouvent en même temps que l'inoculation charbonneuse est favorisée par la présence dans les aliments de corps piquants : chardons, épillets d'orge des murs, etc. Mais ce qu'ils démontrent surtout, c'est la présence des spores charbonneuses dans le sol des *champs maudits* de la Beauce.

Cette présence des spores charbonneuses dans le sol, Pasteur l'attribue à la souillure des terrains par des cadavres charbonneux qui ont été enfouis.

Des expériences ont été faites qui ont prouvé que le sol dans lequel on avait enfoui des cadavres charbonneux renfermait, dix-huit mois après l'enfouissement, des spores charbonneuses en grande quantité.

Dans le Jura, en 1878, des vaches mortes du charbon avaient été enfouies à 2 mètres de profondeur. Deux ans après de la terre a été recueillie, et on en a extrait des dépôts qui ont donné le charbon.

Mais comment les spores charbonneuses enfouies avec les cadavres à 2 mètres de profondeur arrivent-elles à la surface du sol?

Pasteur, Chamberland et Roux s'expriment ainsi : « Ce sont les vers de terre qui sont les messagers des germes et qui, des profondeurs de l'enfouissement, ramènent à la surface du sol le terrible parasite. C'est dans les petits cylindres de terre, à très fines particules terreuses, que les vers rendent et déposent à la surface du sol, après les rosées du matin, ou après la pluie, que se trouvent, outre une foule d'autres germes, les germes du charbon. Il est facile d'en faire l'expérience directe : que dans de la terre à laquelle on a mêlé des spores de bactéridie on fasse vivre des vers ; qu'on ouvre

leur corps après quelques jours pour en extraire les cylindres terreux qui remplissent leur canal intestinal, on y
retrouve en grand nombre les spores charbonneuses.

Il est de toute évidence que, si la terre meuble de la surface
des fosses à animaux charbonneux renferme des germes
du charbon, et souvent en grande quantité, ces germes
proviennent de la désagrégation par la pluie des petits
cylindres excrémentitiels des vers. La poussière de cette
terre désagrégée se répand sur les plantes à ras du sol,
et c'est ainsi que les animaux trouvent au parcage et dans
certains fourrages les germes du charbon, par lesquels ils
se contagionnent, comme dans celles de nos expériences où
nous avons communiqué le charbon en souillant directement de la luzerne (1). »

Ce sont donc, d'après Pasteur, les vers de terre qui ramènent des profondeurs du sol à la surface les spores charbonneuses. Cette théorie porte en soi la condamnation de
l'enfouissement et, à mon avis, même de l'enfouissement
après dénaturation.

Le séjour des herbivores sur les terrains où ont été enfouis,
même depuis longtemps, des cadavres charbonneux est donc
dangereux. Il en est de même des fourrages qui ont été
récoltés sur ces terrains et qui, fatalement, sont infectés

Cette démonstration de la contamination par le sol et
les fourrages justifie l'émigration et son efficacité.

Soyka a démontré que l'humidité de la terre favorisait
à un haut degré la culture de la bactéridie charbonneuse.

D'autre part, le rôle des vers de terre a été de nouveau
démontré par Feltz et Bollinger. Karlinski accuse certaines
limaces voyageuses, et notamment l'*Arion subfuscus* (2).

Certains agents de transmission, mais secondaires, jouent
aussi un certain rôle dans la transmissibilité de la maladie,
tels les chiens, les poules, les pigeons, qui vont vagabonder
sur des sols infectés.

Il y a quelque temps, on a incriminé des engrais qui

(1) Pasteur, Chamberland et Roux, *C. R. Académie des Sciences*, 1880.
(2) Karlinski, *Centralbl. f. Bakter.*, tome V, 1889, page 5.

avaient conservé une certaine virulence. Nocard rapporte l'histoire de l'importation du charbon dans le Berry par des sangs desséchés. Léon Faucher cite des faits semblables. Galtier a observé l'infection d'un ruisseau par les eaux de trempage d'une tannerie. Abadie, Uhlich citent des accidents à la suite de la souillure des terrains par les chaintres et les débris de laine.

Étant démontré que les spores charbonneuses se trouvent répandues à la surface du sol, il apparaît tout naturellement que les agents introducteurs de ces spores dans l'organisme sont les fourrages.

A la théorie pasteurienne Koch a opposé une théorie étiogénique, d'une interprétation beaucoup plus large. D'après la conception de Koch, la bactéridie ne serait parasitaire qu'accidentellement, et elle vivrait à l'état de saprophyte dans les eaux et dans certains sols humides. Cette théorie est appuyée sur ce fait que le charbon est fréquent dans les régions humides, au voisinage d'étangs ou de ruisseaux et à la suite des inondations. Koch a démontré que la bactéridie cultive dans les eaux stagnantes, dans les mares, à la surface des sols humides et des végétaux qui croissent sur ses sols, et que sa sporulation est très active pendant les saisons chaudes et humides. Alors si, par suite de pluies continuelles, des inondations viennent à se produire, les spores charbonneuses sont répandues dans les prairies et viennent se déposer sur les végétaux.

Évidemment cette théorie de Koch ne peut être appliquée aux plateaux secs de la Beauce; mais combien d'autres régions sont là qui lui donnent raison.

La théorie de Pasteur et celle de Koch sont vraies toutes les deux. Il n'y a pas qu'une cause du charbon, il y en a cent. Il n'y a pas qu'un seul mode de contagion, il y en a dix.

Cela prouve que, si l'on doit fuir les sols dans lesquels ont été enfouis des cadavres charbonneux, il faut aussi se défier des régions humides, des sols où les mares, les marais sont nombreux, les sols nouvellement desséchés.

Mon camarade Bourgès cite, à l'appui de la théorie de

Koch, plusieurs cas de charbon à Yang-Tsoum sur des chevaux ayant été abreuvés dans des mares suspectes. Seuls les chevaux ayant bu à la mare furent atteints, et il suffit d'une interdiction sévère pour arrêter la maladie (1).

D'autre part, Bourgès s'est trouvé, au camp de Chambaran, dans l'Isère, aux prises avec une épidémie de charbon bactéridien qui causa 27 pertes. L'étude qu'il en fait dans le *Recueil d'hygiène et de médecine vétérinaires militaires* est parfaite. Dans cette étude, il semble incriminer les boissons, la dispersion des poussières par les vents violents, qu'on observe généralement à Chambaran pendant le mois d'août, et la contamination du sol (2).

Des renseignements qui me furent donnés par M. le vétérinaire en second Gouyrand, qui était aussi au camp pendant le plus fort de l'épidémie, il résulte que la contamination du sol de Chambaran date de longtemps et qu'elle semble s'expliquer par le nom lui-même.

En effet Chambaran veut dire : *champ bon à rien*. Cela ressemble un peu aux *champs maudits* de la Beauce, aux *montagnes dangereuses* d'Auvergne.

Pour Bourgès et Gouyrand, ce plateau de Chambaran, recouvert d'étangs et de bois très humides, constitue un milieu de culture microbienne parfait. Et il est à remarquer que l'éclosion du charbon suivit de très près une période de pluies torrentielles.

Les faits signalés par Bourgès et appuyés par Gouyrand tendent donc à prouver que le charbon bactéridien peut avoir son origine dans les eaux souillées, dans les fourrages contaminés. Et là encore, comme en Beauce, comme en Auvergne, il a suffi de fuir devant l'épidémie pour la voir s'arrêter.

La contagion par ingestion d'aliments souillés, d'eau polluée, est donc indiscutable. L'infection par les voies digestives est absolument démontrée. Les expériences de Barthélemy, de Renault, sont à ce sujet des plus concluantes.

(1) Bourgès, *Recueil d'hygiène militaire*, année 1906.
(2) Bourgès, *id.*

Decroix a constaté que l'ingestion des matières virulentes était inoffensive. Je vous conseille de ne point vous y fier.

Toussaint a démontré que les lésions de la muqueuse bucco-pharyngienne sont des portes ouvertes à l'infection.

Comme Pasteur, le Dr de Maurans considère les fourrages piquants comme une cause occasionnelle, préparant l'infection.

Galtier assure que l'air peut être contaminé par les poussières charbonneuses transportées au loin par les vents (1).

Des causes purement externes peuvent favoriser l'infection charbonneuse. C'est ainsi que les plaies de la peau, les excoriations, les crevasses, peuvent être infectées, soit directement par le contact avec des cadavres charbonneux, des dépouilles provenant d'animaux morts, soit par l'intermédiaire des mouches.

SYMPTÔMES. — Le charbon bactéridien chez le cheval peut se manifester sous la forme interne ou sous la forme externe.

Forme interne. — Au début, état de prostration très prononcé, avec des intermittences d'excitation provoquées par des coliques assez violentes. Dans l'état de prostration, le cheval est à bout de longe ; il porte la tête basse allongée sur l'encolure ; son regard est fixe, sans expression. Il se campe fréquemment, rejette de temps en temps de l'urine foncée et des excréments liquides. Dès le début aussi les symptômes généraux sont très accusés. La température monte rapidement à 40, 41°,5. Les muqueuses sont fortement injectées, le pouls est vite, filant, alors que les battements du cœur, très précipités, sont violents, tumultueux. Là encore il semble que le cœur se surmène et se défende avec énergie contre l'infection. La respiration est peu troublée ; on a pourtant observé des cas où elle se montrait précipitée, courte, haletante et coupée de soubresauts violents.

La marche est pénible, traînante. La circulation des extré-

(1) Galtier, *Traité des maladies contagieuses.*

mités est si troublée qu'on constate à la partie inférieure des membres des poussées alternatives de chaleur et de refroidissement.

Des tremblements musculaires se montrent aux épaules, à l'encolure, aux fesses et à la croupe.

En quelques heures ces symptômes prennent une gravité extraordinaire. La prostration est de plus en plus accusée ; la marche est titubante, le malade se tient à peine. Les coliques cessent généralement et sont quelquefois remplacées par de véritables accès de vertige. La température se maintient entre 41 et 41°,5 ; les muqueuses prennent une teinte cyanosée ; le pouls est de plus en plus filant, mais l'artère reste tendue et dure. Les battements du cœur, toujours très précipités, sont moins violents. On sent que l'organe se fatigue et perd de sa résistance. La respiration, qui jusqu'à ce moment était restée à peu près calme, devient haletante, dyspnéique. Les tremblements musculaires s'accusent encore et gagnent d'autres régions : les ars, le grasset, les oreilles.

Le flanc, très rétracté, accuse la douleur générale, surtout celle du ventre. Une diarrhée persistante se montre. Le malade rejette des excréments liquides en quantité. On constate souvent de la dysenterie.

Si à ce moment on pratique une saignée, on obtient une saignée baveuse, donnant écoulement à un filet de sang noir visqueux et incoagulable.

Tous ces symptômes s'aggravent très rapidement, puisque généralement en moins de trente heures la maladie se termine par la mort. Les cas de mort presque foudroyante en quelques heures ne sont pas rares. Bourgès, dans son épidémie de Chambaran, en a observé plusieurs.

Dans la période ultime de la maladie, c'est à peine si le malade peut se tenir debout. Des sueurs profuses se montrent dans toutes les régions du corps avec des refroidissements alternatifs ; une véritable dysenterie apparaît ; l'urine elle-même devient sanguinolente, puis l'animal meurt complètement épuisé. Quelquefois le charbon évolue plus lentement avec des symptômes moins nets, moins caractéristiques. Dès le début, on constate simplement un peu de faiblesse, de mollesse et d'essoufflement. Puis des symptômes divers apparaissent : coliques intermittentes, diarrhée, urine sanguinolente, hyperthermie, boiterie, engorgement des extrémités. Ce n'est qu'au bout de vingt-quatre à trente-six heures que les véritables symptômes du charbon se montrent, et dès ce moment ils s'aggravent rapidement.

Forme externe. — Le charbon externe se manifeste par l'apparition soudaine, au niveau de l'épaule, de l'encolure, de la gorge, de la tête, de l'aine, d'une tumeur œdémateuse, chaude, douloureuse, dont le volume augmente très rapidement, au point d'atteindre une proportion considérable en moins de douze heures.

En même temps des symptômes généraux apparaissent. L'appétit a complètement disparu. Du moins les malades boivent encore les buvées d'orge. La température monte rapidement à 40°, 41°,5. Le pouls est petit et vite, les battements du cœur sont précipités et violents. Si on n'intervient pas rapidement, la tumeur s'étend rapidement. On a vu des tumeurs primitivement localisées à l'épaule envahir l'encolure jusqu'à la parotide et fuir jusque vers le garrot et la paroi thoracique.

Puis l'infection se généralise, et la mort survient du troisième au huitième jour.

PROPHYLAXIE. — Elle a d'autant plus d'importance que le charbon bactéridien est une maladie redoutable qui se termine presque toujours par la mort des animaux qui en sont atteints et qui offre en même temps le danger d'être inoculable à l'homme.

Toute la prophylaxie, selon Nocard et Leclainche, doit rouler sur deux ordres de mesures : les unes auront pour but de rendre les organismes réfractaires à l'infection, les autres tendront à éviter la contamination (1).

.1) Nocard et Leclainche, *Maladies microbiennes.*

Les mesures du premier ordre sont tout entières dans la *vaccination charbonneuse* ; celle du second ordre ressortissent à la *police sanitaire*.

VACCINATION CHARBONNEUSE. — C'est Pasteur qui le premier, avec Chamberland et Roux, en 1881, entreprit des expériences sur la vaccination charbonneuse et en démontra l'efficacité. Ces expériences furent faites à Pouilly-le-Fort, près de Melun. Depuis, ces expériences furent renouvelées à Fresne, à Chartres, à Nevers, à Artenay, à Toulouse, à Mer, à Bordeaux, à Montpellier, à Angoulême, à Clermont-Ferrand. A l'étranger, des expériences semblables furent faites à Budapest et Kopuror en Hongrie ; à Packisch et Borschuetz en Allemagne, à Elvaux en Suisse, à Turin en Italie. Toutes ces expériences confirmèrent celles de Pasteur, celles de Rossignol, et affirmèrent hautement et pour toujours l'efficacité des vaccinations charbonneuses.

D'ailleurs jamais vaccination n'entra plus vite dans le domaine de la pratique. Dès l'année 1881, 62 000 moutons et 6 000 bovidés sont vaccinés en France. L'année suivante, 300 000 moutons et près de 50 000 bovidés et chevaux reçoivent le vaccin charbonneux.

En même temps les vaccinations charbonneuses se répandent à l'Étranger et donnent, comme en France d'ailleurs, les meilleurs résultats.

TECHNIQUE DE LA VACCINATION. — La vaccination charbonneuse se fait de préférence au printemps. Les vaccins sont expédiés en tubes par l'Institut Pasteur. Autant que possible les tubes doivent être utilisés peu de temps après leur réception, et chaque tube ouvert doit être utilisé immédiatement, le contenu s'altérant rapidement au contact de l'air.

Les inoculations se pratiquent avec deux vaccins à douze ou quinze jours d'intervalle, et à l'aide d'une seringue de Pravaz d'une contenance de 1 centimètre cube, et dont la tige du piston ne porte, comme graduation, que huit divisions au lieu de vingt.

Chez le cheval, l'injection se fait sur les faces de l'encolure ; on injecte deux huitièmes de centimètre cube. Douze jours après, on fait une nouvelle injection avec un vaccin plus fort.

SUITES DE LA VACCINATION.—Le plus souvent la vaccination charbonneuse n'est suivie d'aucun trouble local ou général. Cependant on voit se produire quelquefois chez le cheval des tumeurs locales avec œdème périphérique. Ces tumeurs disparaissent généralement au bout de quelques jours.

Chez certains sujets, on constate un léger mouvement fébrile avec prostration et inappétence. On a relevé aussi quelques accidents mortels. Ces accidents sont très rares chez le cheval. Des nombreuses observations qui ont été faites, il résulte que plus les animaux sont jeunes et affaiblis, plus ils sont sensibles à l'action du vaccin.

IMMUNITÉ. — L'immunité est conférée quinze jours après la seconde vaccination ; elle dure environ un an. Donc, dans les pays dangereux comme la Beauce, l'Auvergne, il est indispensable de procéder tous les ans à la vaccination des animaux.

MESURES SANITAIRES. — Bien que la contagion immédiate ne joue pas un rôle bien important dans la propagation du charbon, tous les malades devront être isolés, séquestrés, ainsi que les suspects. Les locaux occupés seront désinfectés de la façon la plus rigoureuse : sublimé corrosif, acide sulfurique, chlorure de chaux. Les litières et les fourrages contaminés seront incinérés. J'insiste tout particulièrement sur l'incinération des fourrages et des litières. Dans les endroits où seront morts des animaux, la désinfection se fera avec une solution forte et acide de sublimé corrosif : 3 grammes p. 1 000.

Les herbages qui auront été reconnus infectés devront être aussitôt évacués ; les fourrages provenant de ces herbages ne devront être donnés qu'à des animaux vaccinés, et, à défaut, détruits par le feu.

Les sols suspects devront être drainés, et pendant long-temps on évitera d'y parquer des animaux.

Il ne faut jamais perdre de vue que les cadavres sont les principaux agents de la contagion ; et j'estime que, quand il s'agit d'une maladie aussi redoutable que le charbon, on ne doit être arrêté par aucune difficulté dans le combat.

C'est pourquoi je blâme de la façon la plus absolue l'*enfouissement*, même l'*enfouissement après destruction par les procédés chimiques*. C'est à l'enfouissement que des régions ont dû d'être infectées pour longtemps, pour toujours peut-être. N'avons-nous pas assez des cimetières empoisonneurs qu'il nous faille encore contaminer nos champs ?

Enfouir des cadavres quand on dispose pour les détruire du feu purificateur est une hérésie hygiénique des plus condamnables. Elle mérite l'excommunication de la science.

On a proposé la *cuisson*, la *solubilisation dans l'acide sul-furique*. A défaut de l'incinération, je préfère encore ces deux procédés de destruction aux diverses opérations d'équarrissage et à l'enfouissement.

Les opérations qui se font dans les clos d'équarrissage sont loin d'être parfaites, et on cite des exemples de champs contaminés par des poudres d'os, du sang desséché, des engrais animaux provenant des clos d'équarrissage. La désin-fection des peaux est impossible, et, comme elles ne sont pas toujours tailladées ou détruites, elles deviennent, elles aussi, un danger.

D'après les règlements de police sanitaire, l'enfouissement devrait se faire dans des endroits bien déterminés, dans des *cimetières d'animaux* éloignés des herbages et des parcages et clos de murs. Cela se fait-il toujours? D'autre part, le trans-port des cadavres constitue lui-même un danger, car les liquides qui s'en échappent pendant le trajet renferment des bactéridies qui se trouvent alors répandues sur les che-mins, dans les champs. On parle bien de voitures parfaite-ment étanches. Mais où existent-elles donc, ces voitures?

Dans un village, un cheval meurt du charbon. Le vété-rinaire sanitaire fait son devoir, tout son devoir, mais c'est tout ce qu'il peut faire. Il n'empêchera pas l'enfouissement dans un coin quelconque après une destruction plus ou moins complète par des substances chimiques. Et quelles sont les substances chimiques capables de détruire dans un cadavre toutes les bactéridies et toutes les spores charbonneuses, surtout quand ce cadavre est celui d'un cheval? Je désire les connaître. Et je persiste à dire qu'un càdavre de cheval ou de bœuf, enfoui après avoir été arrosé d'acide sulfurique, de sublimé corrosif, d'acide phénique, d'essence de térébenthine, de permanganate de potasse, de chlorure de chaux, constitue encore un danger, et qu'un jour viendra où de cette fosse sortira la mort, comme elle sort tous les jours de nos cimetières.

Les animaux enfouis devront avoir la peau tailladée ; on ne devra jamais enlever les sabots ni les crins de la crinière et de la queue.

Lorsque des cas de charbon se seront déclarés dans une région, on devra surveiller les fourrages et l'abreuvage des chevaux.

On ne perdra pas de vue que les fourrages qui renferment des **plantes** piquantes peuvent déterminer des blessures de la bouche, du pharynx, et ouvrir des portes à l'infection. Ces fourrages devront être proscrits. L'abreuvage devra être surveillé. On donnera autant que possible de l'eau pure dont les matières oragniques auront été précipitées à l'aide du sulfate de fer. On évitera de faire boire dans les mares, dans les marais, dans les fossés bourbeux.

Pendant quelque temps, on n'enverra pas les chevaux et les poulains dans les herbages. On ne laissera dans les cours des fermes, autour des écuries, aucun débris de cuisine susceptible d'attirer les mouches, qui sont quelquefois un moyen de contamination pour les animaux et pour l'homme.

Police sanitaire. — Elle est réglée en France par des lois, règlements et arrêtés ministériels.

Elle se rattache à l'isolement des malades et des suspects, à la déclaration, à l'inspection des foires et marchés, à l'abatage des animaux dans certaines circonstances, à la destruction des cadavres charbonneux : enfouissement, équarrissage, à la désinfection, à la déclaration de désinfection, à l'émigration, etc.

A la frontière, les animaux reconnus atteints du charbon sont abattus sur place par assommement ; les cadavres sont enfouis après destruction ou livrés à l'équarrissage. Les animaux suspects sont marqués et repoussés.

En Algérie, les mesures sanitaires sont les mêmes qu'en France.

A l'Étranger, les mesures sont à peu de chose près semblables. En Suisse, un terrain qui a été infecté ne doit pas être utilisé durant trois ans, ni pour la culture fourragère, ni comme pâturages.

CHAPITRE XXIV

MALADIES CONTAGIEUSES

Piroplasmoses. — Malaria. — Trypanosomes. — Mal de Cadera. —
Nagana. — Surra. — Dourine. — Peste du cheval.

Piroplasmoses. — Maladies infectieuses déterminées
par un *sporozoaire* du genre *piroplasma* et parasite des globules rouges du sang.

On distingue plusieurs espèces de pirosplasmas pathogènes ;
le *piroplasma bigeminum*, qui détermine la piroplasmose du
bœuf ; le *piroplasma ovis*, qui donne la piroplasmose du
mouton ; le *piroplasma equi*, à qui nous devons la piroplasmose du cheval ; le *piroplasma canis*, qui infecte le chien.

Piroplasmose du cheval. — Cette maladie est endémique
dans l'Afrique du Sud : Natal, Transvaal, Cap. Elle est tout
à fait exceptionnelle en Europe. On a observé quelques cas
en Italie.

La piroplasmose du cheval ne doit pas être confondue
avec la malaria, dont l'agent infectieux est un sporozoaire
polymorphe : le *Plasmodium malariæ*.

ÉTIOLOGIE. — L'agent déterminant infectieux de la maladie
est le *Piroplasma equi*, sporozoaire endoglobulaire formé
d'éléments sphériques ou ovalaires.

Sur les animaux habitant les pays infectés, la maladie
revêt généralement la forme sporadique, la plupart de ces
animaux étant en quelque sorte vaccinés. Mais, sur les animaux importés, elle prend rapidement un caractère enzootique et fait d'épouvantables ravages.

L'émigration des animaux des hauts plateaux vers les prairies basses, marécageuses, favorise à un haut degré l'éclosion de la maladie. Il est peu de ces émigrés qui ne soient atteints par le mal. De même les chevaux qui sont laissés en liberté dans les prairies offrent plus de prise à la maladie que ceux qui séjournent dans les écuries.

Toutes causes de dépression physique : fatigue, surmenage, mauvaises conditions hygiéniques, pénurie de fourrages, saison des pluies, etc., ouvrent autant de portes à l'infection.

La piroplasmose du cheval se montre surtout avant et après la saison des pluies.

On n'est pas très bien fixé sur le mode d'infection. Il est probable que les mouches, les moustiques, ne sont pas étrangers à la contagion.

Une première atteinte de la maladie confère une immunité assez longue.

SYMPTÔMES. — Dans la forme aiguë, la maladie débute brusquement, et la mort survient très rapidement. S'il y a guérison, la convalescence est très longue, comme dans toutes les maladies où il y a infection du sang. Dans la forme chronique, il semblerait qu'il y eût des rémittences ressemblant assez à des apparences de guérison.

Le début de la maladie est toujours marqué par des frissons et une grande fièvre. Le malade est très abattu, prostré, à bout de longe ; la respiration est pricipitée, anxieuse; le pouls est petits, filant ; les battements du cœur sont violents, tumultueux. Les muqueuses prennent très vite une teinte ictérique. On constate alternativement de la constipation et de la diarrhée. L'amaigrissement est si rapide que, en quelques jours, les animaux tombent à l'état squelettique. Dans la forme aiguë, la mort arrive vers le cinquième jour. Dans la forme chronique, elle survient après trois ou quatre semaines.

MOYENS PRÉVENTIFS. — Éviter autant que faire se peut l'émigration des hauts plateaux vers les prairies basses.

Dans les pays infectés, multiplier les soins hygiéniques, donner le plus de confortable possible aux animaux dans les habitations, renoncer aux bivouacs, même dans la journée, fuir la prairie, surveiller l'alimentation, l'eau des boissons, éviter aux animaux des fatigues inutiles, faire la guerre aux moustiques et aux mouches.

Toutes ces mesures sont évidemment des plus difficiles à mettre en pratique ; elles doivent être laissées à l'appréciation des commandants de colonne et des vétérinaires chargés du service, c'est-à-dire de ceux qui sont aux prises avec des difficultés de toutes sortes et qui sont seuls juges des mesures opportunes.

Malaria ou **Paludisme**. — Maladie que l'on observe dans les pays chauds et humides, et due à la présence dans le sang d'un parasite spécial, découvert par Laveran : le *Plasmodium malariæ*.

On l'observe chez l'homme, chez le cheval, chez le mulet, dans nos principales colonies, et surtout à Madagascar. La malaria existe aussi en Sicile, en Algérie, même dans la région marécageuse des Dombes.

Étiologie. — La malaria a pour agent infectieux le *Plasmodium malariæ*, sporozoaire polymorphe, que l'on trouve dans le sang sous quatre états différents : forme sphérique, flagella, corps en croissant, corps segmentés ou en rosaces.

On ne connaît guère les modes d'infection ; mais ce que l'on sait, c'est que la maladie est contagieuse par contact direct, ou contact indirect.

La maladie est fréquente pendant les saisons chaudes lorsque les marécages se dessèchent et mettent à nu des sols infectés riches en flore microbienne.

Les travaux de terrassement dans des terres vierges, et dont la végétation est très riche, ont toujours été marqués par une recrudescence de la maladie.

Depuis quelques années, on attribue aux moustiques un rôle prépondérant dans la contagion de la maladie.

Toutes les conditions hygiéniques amenant une dépression physique, une rupture dans l'équilibre, sont favorables
à la maladie et à sa propagation.

Ce sont les importés surtout qui paient le plus fort tribut
à la maladie.

SYMPTÔMES. — Tristesse, abattement, fièvre accusée,
caractérisée surtout par des accès, tremblements, refroidissements, démarche pénible, traînante. La température
atteint souvent 42°. Les conjonctives sont injectées, avec des
taches plus foncées; il y a du larmoiement. Dans certains
cas, la cornée est infiltrée et opaque.

La peau est sèche, avec des alternatives de chaleur et
de refroidissements ; le pouls est irrégulier, petit, presque
imperceptible. Les battements du cœur sont violents. La
respiration est accélérée.

Les accès durent généralement plusieurs heures, quelquefois un ou deux jours; puis tout rentre dans l'ordre. Mais
à la longue les sujets finissent par s'anémier.

Des *complications* peuvent survenir : toux, jetage muco-
purulent, bronchite, congestion pulmonaire, hémoglobinurie, endocardite, gastro-entérite avec diarrhée fétide ou
dysenterie, méningo-encéphalite, paralysie infectieuse. On
a vu des cas se compliquer d'ophtalmie interne, d'orchite,
de gangrène des extrémités.

Dans la *forme chronique* : tristesse, somnolence, mollesse
au travail, anémie profonde, amaigrissement, ascite, hydrothorax.

PRONOSTIC. — Grave, 90 p. 100 des animaux importés
succombant à la maladie.

MOYENS PRÉVENTIFS. — Les mêmes que ceux employés
pour combattre la piroplasmose. On fuira surtout la maladie
par l'émigration.

Trypanosomes. — Les trypanosomes sont des infusoires

flagellés, de forme vermiculaire, très mobiles, pourvus d'une membrane ondulante et d'un long flagelle, et dont la présence dans le sang détermine certaines affections aujourd'hui parfaitement étudiées.

On rencontre les trypanosomes dans le sang de tous les mammifères. Les maladies engendrées par ces parasites ont entre elles certaines analogies : anémie profonde, amaigrissement rapide en dépit de la conservation de l'appétit, paralysie progressive.

Au point de vue de l'*étiologie générale* de ces maladies,

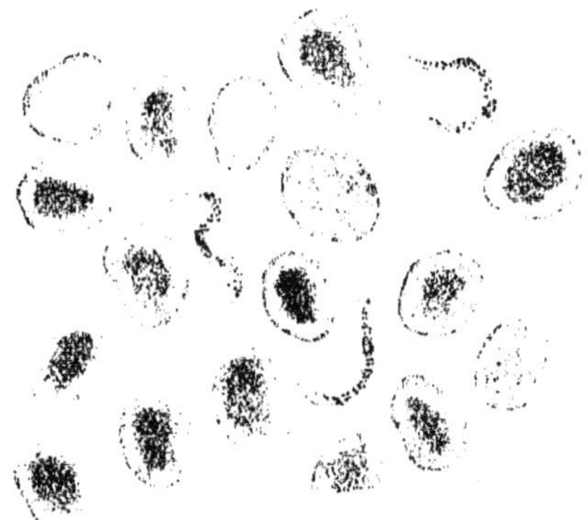

Fig. 49. — Trypanosome du mal de Caderas (Malkmus, Monvoisin).

on a remarqué que les trypanosomes existent en permanence dans l'organisme de certains animaux dits *tolérants* : bœuf pour le surra, animaux sauvages pour le nagana. La maladie serait alors transmise des animaux infectés aux animaux sains par l'intermédiaire d'insectes armés : moustiques, certaines mouches. Les équidés sont surtout éprouvés par les trypanosomes.

On reconnaît quatre maladies dues aux trypanosomes : le *mal de Cadera*, le *nagana*, le *surra*, la *dourine*.

Mal de Cadera. — On l'observe surtout dans l'Amérique du Sud, où il aurait les mouches pour agents transmetteurs. L'agent infectieux est le *Trypanosoma Elmassiani*.

SYMPTÔMES. — Anémie, amaigrissement, faiblesse générale, accès de fièvre : 41°,5, 42°, parésie des membres postérieurs, puis paraplégie, et paralysie ascendante, avec hématurie (1).

La maladie a une évolution lente. Elle dure d'un mois à un an et cause dans les régions infectées une mortalité effroyable.

Nagana. — Le nagana est dû au *Trypanosoma Brucei*. Il sévit dans l'Afrique australe et dans l'Afrique centrale. Comme le mal de Cadera, il affecte surtout les solipèdes.

ÉTIOLOGIE. — L'agent transmetteur de la maladie serait la mouche tsé-tsé.

SYMPTÔMES. — Abattement, prostration, mollesse au travail, tendance au sommeil, comme dans la maladie du sommeil chez l'homme ; anémie, amaigrissement très accusé et rapide, mais conservation de l'appétit. Conjonctivite et coryza purulents ; œdème des membres. Dans la dernière période de la maladie, les malades tombent dans un véritable état cachectique. C'est le signe avant-coureur de la mort.

Surra. — Maladie infectieuse due à la présence dans le sang du *Trypanosoma Evansi*, et qui sévit surtout dans l'Inde.

ÉTIOLOGIE. — Les agents transmetteurs de la maladie sont les insectes armés, surtout le taon des tropiques.

SYMPTÔMES. — Fièvre intense se manifestant sous forme d'accès. Conservation de l'appétit, mais amaigrissement, faiblesse générale. Conjonctivite purulente avec pétéchies sur la muqueuse, œdème des membres, paraplégie, puis paralysie progressive. Durée de la maladie : quarante à soixante jours.

Ces trois maladies : mal de Cadera, nagana, surra, ont

(1) Lignières, *Contribution à l'étude de la trypanosomose des équidés.*

donc certaines analogies au point de vue de l'étiologie et de la symptomatologie. Elles affectent de préférence les sujets importés et surtout ceux qui sont déprimés et vivent dans de mauvaises conditions hygiéniques.

MOYENS PRÉVENTIFS. — Ce que l'on doit procurer avant tout aux animaux importés dans les régions dangereuses, c'est une bonne hygiène : nourriture abondante et saine, locaux sains et aérés, travail modéré, toniques médicamenteux : ferrugineux, quinquina.

En dehors des heures de travail, tenir les animaux dans les écuries ou locaux indigènes, à l'abri des insectes armés. Faire la guerre à ceux-ci et les éloigner des habitations par tous les moyens.

Si la maladie devient enzootique, l'émigration est indiquée.

Dourine. — La Dourine est une affection parasitaire, contagieuse, qui sévit sur les équidés, se transmet par le coït et se manifeste par des troubles divers, et surtout par des perturbations dans le système nerveux central.

La dourine sévit surtout en Espagne et en Algérie. On en a observé quelques cas dans le sud de la France.

ÉTIOLOGIE. — Les recherches récentes de Schneider et Buffard semblent démontrer que la dourine est une *trypanosomose* due à un parasite spécial, à un infusoire du genre trypanosome, ayant beaucoup de parenté avec les trypanosomes qui déterminent le mal de Cadera, le surra, le nagana. Il se présente sous la forme d'une anguille mobile, longue de 25 à 30 μ. On le rencontre surtout dans le sang au niveau des engorgements et des plaques. Son action destructive s'exerce surtout sur les globules sanguins.

MATIÈRES VIRULENTES. — Le mucus vaginal est virulent, mais à certaines périodes. Le sang des plaques cutanées est très virulent. Celui pris dans la circulation générale l'est aussi, mais beaucoup moins. De même la sérosité qui s'écoule des œdèmes, les sécrétions urétrale et vaginale, les liquides encéphalique et oculaire. On a trouvé des trypanosomes dans la synovie des articulations. Le sperme est rarement virulent. Par contre, la moelle rachidienne présente une certaine virulence.

MODES DE CONTAGION. — L'inoculation accidentelle est rare. La contagion s'opère généralement par le coït.

Malgré les travaux de Chauvrat, Nocard, de Lignières, de Rouget, Schneider et Buffard, les observations d'Adrian, Marchal, Busy, etc., la pathogénie de la maladie reste encore entourée d'une certaine obscurité.

Il semblerait que les plaques et les engorgements issus de l'infection parasitaire sont déterminés par des embolies renfermant des parasites en grande quantité. Mais un fait parfaitement démontré, c'est que le parasite cultive de préférence au niveau des méninges rachidiennes et détermine des lésions mécaniques de la moelle par embolie et thrombose des vaisseaux. De là les troubles importants du système nerveux central.

La dourine a surtout pour propagateurs ces étalons rouleurs, ces chevaux malingres, chétifs, ainsi que ces baudets de marchés, qui font des saillies répétées, et qui échappent à la surveillance (1). Mais il est nécessaire que l'agent spécifique de la maladie pénètre dans l'organisme. On a des exemples de juments saillies par des étalons dourinés qui n'ont pas été contaminées, et des étalons qui ont sailli des juments dourinées, et qui n'ont pas été infectés.

Le baudet est l'animal contagionnant par excellence. Il résiste facilement à la dourine et contamine les juments qui lui sont livrées. Alors, si les juments ne sont pas fécondées, elles infectent les étalons à qui elles sont offertes. C'est généralement vers la fin de mai et le commencement de juin que les étalons deviennent dourinés. Ce sont donc les dernières saillies qui sont les plus dangereuses, celles qui font le plus de victimes.

(1) Adrian, vétérinaire principal, *loc. cit.*

Symptômes. — La dourine se présente sous la forme *aiguë* et sous la *forme chronique*. Cette dernière est la plus fréquente.

Dourine chronique. — Son évolution comprend trois périodes : la première période ou *période des œdèmes*, la deuxième période ou *période des plaques*, la troisième période ou *période de troubles nerveux*.

Première période. — *Mâle.* — Environ onze ou vingt jours après un coït infectant, il se produit un œdème très accusé du fourreau. Ce premier signe est souvent d'une importance capitale. L'extrémité libre de la verge est infiltrée et devient volumineuse pendant l'érection. Les ganglions de l'aine sont engorgés, douloureux. Avec le temps, l'engorgement de ces ganglions disparaît, et il ne reste plus que de l'œdème des organes génitaux. L'érection est douloureuse, la miction de l'urine difficile. L'animal maigrit assez rapidement, alors même que l'appétit est conservé et que les fonctions digestives semblent se faire normalement. La sensibilité du rein est exagérée.

Femelle. — Cinq ou six jours après un coït infectant, les lèvres de la vulve se tuméfient et laissent écouler un liquide abondant de consistance visqueuse. La muqueuse vulvaire est enflammée, quelquefois ulcérée par places. Toute la région vulvaire et le périnée sont œdématiés ; au bout de quelques jours, l'œdème, d'abord chaud et douloureux, devient froid et indolore. La jument atteinte reste continuellement en chaleur ; elle maigrit rapidement, son rein est d'une sensibilité exagérée.

Aussi bien chez le mâle que chez la femelle, la fièvre de la première période est peu accusée ; le thermomètre monte rarement à plus de 38°.

Comme on le voit, les manifestations de la première période sont plutôt discrètes.

Deuxième période. — Après quarante ou soixante jours, des plaques cutanées, arrondies, en saillie, d'un diamètre variable — pièce de 2 francs à la paume de la main — se montrent dans diverses régions de la peau : croupe, rein, dos, côtes, flancs, plus rarement à l'encolure et sur les membres. Les poils au niveau de ces plaques sont durs et hérissés ; la peau est épaissie.

Dans beaucoup de cas, l'apparition des plaques cutanées est précédée d'une véritable poussée d'échauboulure plus ou moins étendue et d'une persistance variable (1).

Parfois les plaques font défaut. On constate alors un simple hérissement des poils par places.

Les plaques constituent en quelque sorte le symptôme pathognomonique de la maladie. Elles se développent en vingt-quatre heures et disparaissent vers le huitième jour.

A signaler dans cette période l'engorgement des ganglions lymphatiques dans presque toutes les régions, de la toux, du catarrhe bronchique, quelques paralysies locales. L'amaigrissement augmente encore ; les malades, très affaiblis, restent couchés et se relèvent difficilement.

Des boiteries postérieures apparaissent ; la marche est déjà caractéristique et a quelque chose d'automatique.

Un prurit violent tourmente les malades et les incite à se gratter et à se mordre.

Les étalons ne peuvent plus effectuer le coït, sauf le baudet, qui est plus résistant ; souvent les femelles pleines avortent.

Troisième période. — Amaigrissement très accusé ; état squelettique ; faiblesse extrême, appétit nul ou capricieux, irrégulier. Urine trouble, épaisse, miction difficile, quelquefois impossible. Troubles oculaires (kératite ulcéreuse) ; paralysie complète de la verge ; paralysie des membres postérieurs, puis paralysie ascendante avec état cachectique. Enfin mort par épuisement.

Prophylaxie. — Étant donné que la dourine est une maladie grave, contagieuse, transmissible par le rapprochement des deux sexes, incurable, même après un traitement énergique et prolongé, il est évident que c'est à la prophylaxie

(1) Marchal, vétérinaire en premier, *Étude clinique de la dourine.*

que l'on doit avoir recours pour empêcher se propagation. Plusieurs lois et décrets règlent la police sanitaire relative à la dourine.

Les premières instructions en date sont celles du 25 février 1879, émanant du ministre de la Guerre. Puis vient la loi générale du 21 juillet 1881 sur la police sanitaire des animaux, laquelle loi est rendue applicable à l'Algérie par décret du 12 novembre 1887.

Entre temps avaient paru le décret du 22 juin 1882, la loi du 14 août 1885 relative à la surveillance des étalons.

Des arrêtés locaux complètent le décret du 22 juin 1882 et la loi du 14 août 1885 : arrêtés du préfet de Constantine du 12 janvier 1888 et du 16 novembre 1892 ; arrêté du préfet d'Alger du 5 novembre 1891 ; circulaire du préfet d'Alger du 26 février 1893.

MESURES PROPRES A EMPÊCHER L'INTRODUCTION DE LA DOURINE PAR L'IMPORTATION D'ANIMAUX ATTEINTS: ÉTALONS OU JUMENTS. — La première défense d'un pays, d'une région, contre une maladie infectieuse, quelle qu'elle soit, est de s'opposer à son introduction sur le territoire. Cette défense est surtout applicable à la dourine. Bien que cette maladie soit très rare en France, il est nécessaire d'empêcher toute importation en France d'animaux dourinés, de même que l'Algérie doit aussi se défendre contre toute invasion d'animaux atteints.

Sous aucun prétexte les animaux atteints ou suspects de dourine ne doivent être exportés. S'ils arrivent jusqu'à la frontière ou jusqu'au port d'embarquement, ils doivent être arrêtés et repoussés, puis séquestrés.

Il est interdit d'introduire en France et en Algérie des solipèdes atteints ou suspects de la maladie du coït. Dans tout arrivage par terre ou par mer, si on constatait ou si on soupçonnait l'existence de la dourine, on appliquerait immédiatement les mesures prescrites par l'article 70-6° du décret du 22 juin 1882.

Les animaux qui ont été reconnus malades à leur débarquement en France ou en Algérie sont marqués et repoussés.

Ceux qui sont arrivés par mer sont séquestrés aux frais du propriétaire jusqu'au moment de leur réembarquement.

Les animaux reconnus suspects pourront être repoussés ou simplement mis en observation.

Le vétérinaire sanitaire visitera régulièrement les animaux mis en surveillance.

MESURES APPLICABLES AUX REPRODUCTEURS. — Dans les régions où l'extension de la Dourine est à craindre, les étalons et les baudets devraient être l'objet d'une surveillance constante aussi bien de la part des vétérinaires militaires que de la part des vétérinaires sanitaires. Pendant la saison de la monte, cette surveillance devrait se traduire par une visite exercée au moins deux fois par mois. Cette mesure n'exclura pas les visites minutieuses avant la saillie.

Tous les animaux reproducteurs, étalons et juments, ânesses, baudets, doivent être soigneusement visités avant d'être admis à la saillie. Les juments et ânesses ne devraient être autorisées à recevoir l'étalon que munies d'un certificat de santé délivré depuis moins de quarante-huit heures, sans exclusion, bien entendu, de la visite sanitaire sur place.

La saillie sera refusée à toute jument ou ânesse qui présentera un écoulement, un œdème, ou de la tuméfaction de la vulve, des boutons, des pustules, des plaies dans cette région. Celles qui présenteront sur la muqueuse vulvo-vaginale des marbrures violacées, des excoriations, des boutons, des taches ecchymotiques, des ulcérations, ainsi que les bêtes étiques, en mauvais état, celles qui boiteront d'un membre postérieur sans cause appréciable, qui présenteront dans la marche une certaine oscillation de l'arrière-main, ne devront pas êtres offertes à l'étalon.

D'autre part, une surveillance devra être exercée en tout temps sur les étalons et les baudets, surtout dans les pays où règne la dourine.

Avant la saillie, il sera procédé à l'examen des plus minutieux de la verge et des organes génitaux. On écartera de la monte tout étalon malade ou suspect, notamment ceux qui présenteront de l'œdème au fourreau et aux bourses, des excoriations, des érosions, des ulcérations de la verge, ou de la boiterie des membres postérieurs.

Des soins de propreté et de protection seront appliqués aux organes génitaux des deux sexes : enduire d'huile d'olive les lèvres de la vulve des juments avant la saillie, nettoyer et désinfecter la verge de l'étalon avant et après la saillie.

Toutes ces mesures sont réglées par une circulaire du préfet d'Alger en date du 26 février 1893 :

« Malgré les précautions prises, il arrive encore que certains étalons de l'État contractent la dourine en saillissant des juments qui paraissent cependant saines au moment de l'accouplement.

« Les indigènes ont l'habitude de présenter leurs juments successivement à plusieurs mâles : ils les font saillir fréquemment par des baudets rouleurs avant de les conduire à l'étalon de l'État ; et, comme il est bien reconnu que le baudet peut être infecté de virus dourinique sans en manifester la moindre trace extérieure, il en résulte que la jument mise en premier rapport avec lui communique le virus à l'étalon en déjant l'examen le plus attentif.

« Pour éviter de pareilles conséquences, il est nécessaire de compléter les dispositions de police sanitaire à l'égard des étalons rouleurs (chevaux et baudets), en prescrivant que toutes les juments saillies par eux devront être marquées, sur le côté droit de la croupe, d'une raie bien apparente faite avec des ciseaux par le propriétaire de l'étalon.

« Les juments ainsi marquées seront exclues des stations de l'État. »

Mais ces mesures sont-elles suffisantes? Je ne le crois pas.

« Le seul moyen, dit Adrian, de s'opposer à l'action nocive de ces géniteurs de rencontre est la castration obligatoire, d'urgence, car ces étalons sont surtout la plaie, le chancre rivé aux flancs de l'industrie chevaline, et qui arrête la reconstitution du beau type de cheval barbe (1). »

(1) Adrian, *loc. cit.*

Pour si draconienne que paraisse cette mesure, elle se justifie par les désastres causés par la maladie du coït.

En attendant que cette mesure soit appliquée, il est de toute nécessité d'exiger la production du certificat de santé, aussi bien pour les étalons que pour les juments.

MESURES PROPRES A ENRAYER LA PROPAGATION DE LA DOURINE. — Interdiction de la vente ou mise en vente des animaux atteints ou suspects de dourine. Tenir la main à ce que les propriétaires de chevaux, juments, baudets, ânesses, atteints de dourine, en fassent la déclaration.

Isolement et séquestration des animaux atteints ou suspects.

Une circulaire du ministre de la Guerre Gresley prévoit l'abatage des chevaux atteints de dourine avec indemnité montant à la moitié de la valeur des animaux et un maximum de 500 francs.

Désinfection des locaux occupés par des animaux dourinés : râteliers, mangeoires, bat-flancs, murs, boiseries, licols, bridons.

Incinération des litières, des éponges.

La désinfection se fera avec l'acide sulfurique étendu, 30 grammes pour 1 litre d'eau ; solution d'acide phénique à 5 p. 100 ; solution de sublimé à 2 p. 1 000.

Peste du cheval. — Maladie spéciale au cheval et au mulet, qui sévit surtout dans l'Afrique australe (Transvaal, Natal, Malabeleland, Cap).

ÉTIOLOGIE. — La maladie revêt presque toujours une forme épizootique. Elle sévit surtout dans les régions basses, humides, où elle fait des ravages considérables avec une mortalité de 90 p. 100, mortalité surtout accusée dans le Rhodésia. Certains mois sont favorables à l'éclosion de la maladie : mois d'été, et surtout du mois de décembre au mois de mars. C'est d'ailleurs à ces époques que les indigènes font émigrer leurs chevaux vers les hauts plateaux, afin de fuir la maladie.

Les chevaux qui sont laissés dans les pâturages pendant la journée et pendant la nuit sont plus atteints que ceux qui restent dans les écuries. On incrimine comme agents transmetteurs de l'agent infectieux les insectes nocturnes, qui, par leurs piqûres, inoculeraient la maladie au même titre que la malaria.

SYMPTÔMES. — On reconnaît trois formes à la maladie : la *forme suraiguë*, la *forme aiguë*, la *forme subaiguë*.

Forme suraiguë. — Hyperthermie accusée avec des rémissions pendant la nuit ; inappétence, ou appétit perverti ; tristesse, prostration, troubles de la respiration, coliques intermittentes, tremblements musculaires. Mort généralement rapide.

Forme aiguë. — Hyperthermie accusée, mêmes symptômes généraux que dans la forme suraiguë ; muqueuses apparentes congestionnées, cyanosées ; troubles respiratoires : gargouillements bronchiques, râles sibilants, toux convulsive, respiration dyspnéique.

Les sujets sont vite épuisés et meurent en deux ou trois jours.

Cependant la guérison survient dans la moitié des cas ; mais la convalescence est longue ; les sujets restent faibles et anémiques pendant longtemps.

Forme subaiguë. — Elle se caractérise par des œdèmes dans diverses régions et une grande fatigue musculaire. Hyperthermie accusée, grande dépression nerveuse. Coliques. Troubles respiratoires, accidents nerveux.

50 p. 100 des malades guérissent.

La mort survient vers le quatrième jour. Les convalescents traînent pendant longtemps, affaiblis et anémiques.

MOYENS PRÉVENTIFS. — La maladie se montrant pendant les saisons chaudes et humides, et du mois de décembre au mois de mars, le meilleur des moyens préventifs consiste dans l'émigration, c'est-à-dire à fuir, si possible, la maladie en émigrant vers les hauts plateaux. Dans le Transvaal, les Boers appliquent cette mesure préventive.

Lorsque la peste sévit dans une région, il est indiqué de multiplier les mesures hygiéniques : user le moins possible de la prairie, et laisser le plus longtemps possible, en dehors des heures de travail, les chevaux dans les écuries. Défendre les écuries contre l'invasion des moustiques pendant la nuit; alimentation saine, nutritive, bons pansages, travail modéré.

CHAPITRE XXV

DE LA DÉSINFECTION

La désinfection s'appliquant aux animaux, à leurs habitations, aux moyens de transport, est régie par les articles 4, 5, 16, 33, 37, de la loi du 21 juillet 1881 ; les articles 5, 12, 15, 17, 19, 20, 28, 32, 38, 41, 42, 46, 56, 58, 60, 77, 79, 88, 89, 93, 94, 95, du règlement d'administration publique du 22 juin 1882 ; les articles 4, 5, 18, 40, 46, du Décret du 12 novembre 1887 ; les articles 4, 12, 15, 20, de l'arrêté ministériel du 30 avril et du 12 mai 1883.

La désinfection doit rigoureusement s'appliquer à toutes les choses et objets qui peuvent cacher et recéler les agents de la contagion.

1º Aux locaux habités par les animaux (écuries, étables, bergeries, porcheries, etc.) et à tous les objets, tout le matériel, toutes les matières que peuvent renfermer ces locaux : fourrages, litières, ustensiles et objets d'écurie, mobilier ;

2º Aux ruisseaux, conduits, rigoles, servant à l'écoulement des déjections liquides des animaux, aux fosses à fumier, aux fosses à purin ;

3º Aux cours, enclos, herbages et pâtures où ont stationné les animaux malades ;

4º Aux rues, routes et chemins parcourus par les animaux malades, ou par les véhicules chargés de leurs cadavres ou de leurs fumiers ;

5º Aux véhicules qui ont servi au transport des animaux atteints ou soupçonnés d'être atteints de maladies contagieuses ou de leurs cadavres ou de fumiers provenant des locaux, cours, enclos ou herbages déclarés infectés ;

6º Aux cadavres et à leurs débris ;

7° Aux fosses d'enfouissement;

8° Aux personnes qui, par leurs rapports avec les malades, leurs cadavres ou débris, leurs fumiers, peuvent devenir les agents de la transmission des maladies contagieuses;

9° Aux emplacements où ont stationné les animaux destinés à l'exportation, ainsi que tous les appareils, passerelles, etc;

10° Au sol des halles, étables, parcs de comptage, de tous autres emplacements où les animaux ont stationné, et qu'ils ont pu souiller pendant la tenue des marchés;

11° Aux locaux qui, dans les abattoirs où les tueries particulières, ont contenu des animaux atteints de maladies contagieuses;

12° Au matériel employé au transport des animaux sur les voix ferrées, ou par terre, ou par eau.

Tout cela sans préjudice de la désinfection du matériel employé au transport des animaux sur les voies ferrées, par terre et par eau, désinfection régie par les arrêtés du 30 avril et du 12 mai 1883.

Une circulaire du ministre de la Guerre du 2 mars 1883 règlemente la désinfection périodique des écuries.

D'autres circulaires règlent la désinfection des locaux en cas de morve, des abreuvoirs des quartiers, des abreuvoirs publiques, des locaux contaminés de maladies contagieuses ou de maladies parasitaires.

Les opérations de désinfection en ce qui concerne les locaux doivent être adoptées à la nature des maladies contagieuses.

La désinfection des cours, enclos, herbages et pâtures consiste :

1° Dans l'enlèvement des déjections qui sont mises en tas, arrosées avec un liquide désinfectant, puis enfouies;

2° Lavage à grand eau des cours, arrosage avec un liquide désinfectant des places où se trouvaient les déjections;

3° Pour les pâtures, herbages et enclos, arrosage avec un liquide désinfectant des places où se trouvaient les déjections.

Le fumier extrait des locaux infectés et celui qui a pu être souillé de matières contagieuses sont arrosés abondamment avec un liquide désinfectant et recouverts ensuite d'une couche de terre.

Les ruisseaux, rigoles et conduits d'écoulement des purins sont lavés à grande eau et arrosés avec un liquide désinfectant.

La désinfection des fosses à purin se fait en y versant une dissolution de sulfate de zinc ou de nitro-sulfate de zinc.

Les fumiers et purins, désinfectés comme il vient d'être dit, sont employés de préférence pour la fumure des terres arables et des jardins.

Je m'élève de la façon la plus absolue contre cette mesure. Qui peut répondre de la désinfection complète, parfaite, de ces fumiers?

La seule mesure sanitaire à employer contre les fumiers et litières contaminés, c'est la *destruction complète par l'incinération*. Je la pratique dans mon service sur une large échelle.

Pour la désinfection des routes et chemins parcourus par des animaux atteints de maladies contagieuses, les déjections sont ramassées avec soin, mises en tas, dans un endroit écarté, et traitées comme les fumiers. L'emplacement des déjections est saupoudré de chlorure de chaux et arrosé avec un liquide désinfectant. Les objets qui ont servi au ramassage et au transport des déjections sont ensuite lavés avec un liquide désinfectant. Les voitures qui ont servi au transport des animaux atteints de maladies contagieuses, de leurs cadavres ou de leurs fumiers, sont grattées, balayées, puis lavées à grande eau, et enfin arrosées avec un liquide désinfectant.

Les pelle, balai, brouette, sont traités de la même manière.

Toute personne qui a été en contact avec des animaux atteints de maladies contagieuses, avec leurs cadavres, leurs débris, leurs fumiers, et dont les vêtements, les chaussures, les mains peuvent être souillés de matières contagieuses, est tenue de se soumettre aux mesures de désinfection suivantes :

Lavage, savonnage des mains et des bras ; lavage des chaussures ; lavage et lessivage des vêtements de toile. Fumigation au chlore dans un endroit clos des vêtements de laine et autres objets qui ne pourraient être lavés sans être altérés.

Avant l'enfouissement, c'est-à-dire avant le transport, les cadavres sont désinfectés avec un liquide désinfectant.

La vente des peaux provenant d'animaux atteints de maladies contagieuses est permise après désinfection : sulfate de zinc à 2 p. 100. Cette mesure est trop large. Je voudrais voir imposer la destruction.

Pour le charbon, les peaux doivent être tailladées. La désinfection des locaux se fait par le grattage du sol après enlèvement des litières ; grattage à fond des mangeoires, râteliers, bat-flancs, murs de face, seaux, barbotoirs, et de toutes les surfaces sur lesquelles les matières contagieuses ont pu être déposées.

Lavage de ces parties et objets avec un liquide désinfectant.

Lavage du sol, des murs, des boiseries, des fenêtres avec un liquide désinfectant.

Destruction des litières par le feu.

Suivant la maladie, destruction des objets de pansage et moyens d'attache par le feu, ou immersion dans l'eau bouillante.

Les locaux ainsi désinfectés devront être largement aérés, puis soumis à un dégagement d'acide sulfureux pendant douze heures, toutes les ouvertures étant parfaitement closes.

Après le dégagement d'acide sulfureux, on fera dans les locaux désinfectés des épandages de chlorure de chaux, et on arrosera le sol avec un liquide désinfectant : crésyl, lysol.

Le harnachement, les objets en fer : bride, bridon, étrilles, étriers, etc., seront immergés dans une solution phéniquée bouillante, ou flambés.

Les mangeoires, les auges seront désinfectés avec de l'acide sulfurique étendu : 30 grammes pour 1 litre d'eau.

On n'hésitera pas à se servir, pour la désinfection des locaux, des appareils à projection de vapeur d'eau surchauffée. C'est un très bon procédé de désinfection.

Dans le lavage à grande eau des locaux, on se servira, si possible, d'une pompe à incendie. Je suis très partisan d'un lavage préalable avec une lessive de potasse, qui rend le nettoyage beaucoup plus facile.

Une fois désinfectés, les locaux seront largement aérés, ventilés et éclairés.

AGENTS DÉSINFECTANTS. — Le feu, l'eau bouillante, la vapeur d'eau surchauffée, le chlorure de chaux, le chlorure de zinc, le sulfate et le nitro-sulfate de zinc, l'acide phénique, le bichlorure de mercure, l'acide sulfurique, l'acide chlorhydrique, l'acide phényl-sulfurique, le crésyl, créoline, le lysol, le sulfate de cuivre, l'essence de térébenthine, l'huile lourde de gaz, le chlore gazeux, l'acide sulfureux, la potasse et la soude, le permanganate de potasse.

Le chlorure de zinc s'emploie à 20 grammes pour 1 litre d'eau.

Le sulfate et le nitro-sulfate de zinc, à 20 grammes pour 1 litre d'eau.

L'acide phénique dans la même proportion.

Le bichlorure de mercure, 1 gramme p. 1 000. Je préfère la solution à 2 grammes p. 1 000. Elle est plus sûre.

L'acide sulfurique, 20 à 30 grammes pour 1 litre d'eau.

L'acide chlorhydrique, 40 à 50 grammes pour 1 litre d'eau.

Le crésyl et le lysol, 40 à 50 grammes pour 1 litre d'eau.

L'essence de térébenthine, 300 grammes pour 1 litre d'eau.

La potasse et la soude, 50 grammes pour 1 litre d'eau.

Le sulfate de cuivre, 100 grammes pour 1 litre d'eau.

Cadavres. — De même que j'ai condamné l'utilisation

des litières contaminées, je condamne pour les mêmes raisons l'enfouissement des cadavres après destruction plus ou moins complète par les agents chimiques. Leur destruction ne peut se faire que par le feu.

Pour répandre partout la maladie et la mort, nous avons assez des cimetières. C'est mon dernier mot.

TABLE DES MATIÈRES